普通高等教育 电气工程/自动化 系列教材

工业以太网与现场总线

李正军　李潇然　编著

机械工业出版社

本书是在作者教学与科研实践经验的基础上，结合20年现场总线与工业以太网技术的发展编写而成的。本书秉承"新工科"理念，从科研、教学和工程实际应用出发，理论联系实际，全面系统地讲述了现场总线、工业以太网及其应用系统设计，同时介绍了工业互联网技术。

全书共9章，主要内容包括绪论、CAN FD 现场总线、CAN FD 应用系统设计、CC-Link 现场总线与开发应用、PROFIBUS-DP 现场总线、PROFINET 与工业无线以太网、EtherCAT 工业以太网、EtherCAT 主站与从站应用系统设计和工业互联网技术。本书内容丰富、体系先进、结构合理、理论与实践相结合，尤其注重工程应用技术。

本书可作为高等院校自动化、机器人、机电一体化、电气工程等专业的教材，也可供从事现场总线与工业以太网控制系统设计的工程技术人员参考。

本书配有电子课件、习题答案等配套教学资源，欢迎选用本书作教材的教师登录 www.cmpedu.com 注册下载，或发邮件至 jinacmp@163.com 索取。

图书在版编目（CIP）数据

工业以太网与现场总线/李正军，李潇然编著 . —北京：机械工业出版社，2022.5（2024.2重印）

普通高等教育电气工程自动化系列教材

ISBN 978-7-111-70335-8

Ⅰ.①工… Ⅱ.①李… ②李… Ⅲ.①工业企业-以太网-高等学校-教材 Ⅳ.①TP393.18

中国版本图书馆 CIP 数据核字（2022）第 042799 号

机械工业出版社（北京市百万庄大街22号 邮政编码100037）
策划编辑：吉 玲　　　　责任编辑：吉 玲
责任校对：陈 越 王 延 封面设计：张 静
责任印制：常天培
北京机工印刷厂有限公司印刷
2024 年 2 月第 1 版第 2 次印刷
184mm×260mm · 21.25 印张 · 539 千字
标准书号：ISBN 978-7-111-70335-8
定价：65.00 元

电话服务　　　　　　　　网络服务
客服电话：010-88361066　　机 工 官 网：www.cmpbook.com
　　　　　010-88379833　　机 工 官 博：weibo.com/cmp1952
　　　　　010-68326294　　金 书 网：www.golden-book.com
封底无防伪标均为盗版　　机工教育服务网：www.cmpedu.com

前　　言

经过 20 多年的发展，现场总线已经成为工业控制系统中重要的通信网络，并在不同的领域和行业得到了广泛的应用。近几年，无论是在工业、电力、交通领域，还是在机器人等运动控制领域，工业以太网都得到了迅速发展和应用。

在汽车领域，随着人们对数据传输带宽要求的增加，传统的 CAN 总线由于带宽的限制难以满足需求。此外，为了缩小 CAN 网络（最大传输速度 1Mbit/s）与 FlexRay（最大传输速度 10Mbit/s）网络的带宽差距，2011 年，BOSCH 公司推出了 CAN FD 方案。

EtherCAT 是由德国 BECKHOFF 自动化公司于 2003 年提出的实时工业以太网技术。它具有高速和高数据有效率的特点，支持多种设备连接拓扑结构。其从站节点使用专用的控制芯片，主站使用标准的以太网控制器。EtherCAT 是一项高性能、低成本、应用简易、拓扑灵活的工业以太网技术，并于 2007 年成为国际标准。EtherCAT 技术协会（EtherCAT Technology Group，ETG）负责推广 EtherCAT 技术和对该技术的持续研发。

本书共 9 章。第 1 章对现场总线与工业以太网进行了概述；第 2 章详述了 CAN 的技术规范、CAN FD 通信协议、内嵌 CANFD 的微控制器 LPC546xx、具有集成收发器的 CAN FD 控制器 TCAN4550；第 3 章讲述了 CAN FD 高速收发器、CAN FD 收发器隔离器件、TCAN4550 的应用程序设计、USB 转 CAN FD 接口卡；第 4 章讲述了 CC-Link 现场总线与开发应用，包括 CC-Link 现场总线概述、CC-Link 和 CC-Link/LT 通信规范、CC-Link 通信协议、CC-Link IE 网络、CC-Link 产品的开发流程、CC-Link 产品的开发方案及未来可视化工厂的解决方案；第 5 章详述了 PROFIBUS 通信协议、PROFIBUS 通信控制器 SPC3 和 ASPC2 及网络接口卡、PROFIBUS-DP 从站的硬件设计、PROFIBUS-DP 从站的软件设计和 PMM2000-DP 从站的 GSD 文件；第 6 章先介绍 PROFINET 通信基础、PROFNET 运行模式、PROFINET 端口的 MAC 地址、PROFINET 数据交换、PROFINET 诊断、PROFINET IRT 通信、PROFINET 控制器、PROFINET 设备描述与应用行规和 PROFINET 的系统结构，然后介绍工业无线以太网、SCALANCE X 工业以太网交换机和 SIEMENS 工业无线通信；第 7 章介绍了 EtherCAT 通信协议、EtherCAT 数据链路层、EtherCAT 从站控制器的应用层控制、EtherCAT 从站控制器的存储同步管理、EtherCAT 从站信息接口和 EtherCAT 从站控制器 LAN9252；第 8 章讲述了 EtherCAT 主站分类、TwinCAT3 EtherCAT 主站、基于 LAN9252 的 EtherCAT 从站硬件电路系统设计、基于 LAN9252 的 EtherCAT 从站驱动和应用程序代码包架构、基于 LAN9252 的 EtherCAT 从站驱动和应用程序的设计实例、EtherCAT 通信中的数据传输过程和 EtherCAT 主站软件的安装与从站的开发调试；第 9 章介绍了工业互联网的内涵与特征、工业互联网发展现状、工业互联网技术体系、工业互联网体系架构、工业互联网标准体系、无源光纤网络（PON）技术与工业 PON 技术、工业互联网与信息物理系统的关系和国内外主流工业互联网平台。

　　本书是作者科研实践和教学的总结，书中实例取自作者 20 年来的现场总线与工业以太网科研攻关课题。在本书写作过程中，作者翻阅了大量的文献资料，在此对文献资料的作者表示衷心的感谢。

　　由于作者水平有限，加上时间仓促，书中错误和不妥之处在所难免，敬请广大读者不吝指正。

作　者

目　　录

前言
第1章　绪论 ………………………… 1
1.1　现场总线概述 ……………………… 1
  1.1.1　现场总线的产生 ……………… 1
  1.1.2　现场总线的本质 ……………… 2
  1.1.3　现场总线的特点和优点 ……… 3
  1.1.4　现场总线标准的制定 ………… 5
  1.1.5　现场总线的现状 ……………… 6
  1.1.6　现场总线网络的实现 ………… 7
1.2　工业以太网概述 …………………… 8
  1.2.1　以太网技术 …………………… 8
  1.2.2　工业以太网技术 ……………… 9
  1.2.3　工业以太网通信模型 ………… 10
  1.2.4　工业以太网的优势 …………… 11
  1.2.5　实时以太网 …………………… 12
  1.2.6　实时工业以太网模型分析 …… 13
  1.2.7　几种实时工业以太网的比较 …… 13
1.3　现场总线简介 ……………………… 15
  1.3.1　FF …………………………… 15
  1.3.2　CAN 和 CAN FD …………… 15
  1.3.3　DeviceNet …………………… 16
  1.3.4　PROFIBUS …………………… 17
  1.3.5　CC-Link ……………………… 18
  1.3.6　ControlNet …………………… 21
1.4　工业以太网简介 …………………… 24
  1.4.1　EtherCAT …………………… 24
  1.4.2　Ethernet/IP ………………… 27
  1.4.3　POWERLINK ………………… 28
  1.4.4　PROFINET …………………… 31
  1.4.5　EPA …………………………… 33
习题 ……………………………………… 36
第2章　CAN FD 现场总线 ………… 37
2.1　CAN 的特点 ……………………… 37

2.2　CAN 的技术规范 ………………… 38
  2.2.1　CAN 的基本概念 …………… 38
  2.2.2　CAN 的分层结构 …………… 39
  2.2.3　报文传送和帧结构 …………… 41
2.3　CAN FD 通信协议 ………………… 41
  2.3.1　CAN FD 概述 ……………… 41
  2.3.2　CAN 和 CAN FD 报文结构 …… 43
  2.3.3　从传统的 CAN 升级到
      CAN FD ……………………… 51
2.4　内嵌 CAN FD 的微控制器
    LPC546xx ………………………… 51
  2.4.1　LPC546xx 概述 …………… 51
  2.4.2　LPC546xx 的特点和优势 …… 53
  2.4.3　LPC546xx 的功能描述 …… 55
  2.4.4　LPC546xx 的应用领域 …… 57
2.5　具有集成收发器的 CAN FD
    控制器 TCAN4550 ……………… 57
  2.5.1　TCAN4550 概述 …………… 57
  2.5.2　TCAN4550 的特性 ………… 58
  2.5.3　TCAN4550 引脚分配和功能 …… 59
  2.5.4　TCAN4550 的功能模式 …… 60
  2.5.5　TCAN4550 的编程 ………… 62
  2.5.6　微控制器与 TCAN4550 的
      接口电路 …………………… 66
习题 ……………………………………… 67
第3章　CAN FD 应用系统设计 …… 68
3.1　CAN FD 高速收发器 …………… 68
  3.1.1　TJA1057 高速 CAN 收发器 …… 68
  3.1.2　MCP2561/2FD 高速 CAN 灵活
      数据速率收发器 …………… 70
3.2　CAN FD 收发器隔离器件 ……… 73
  3.2.1　HCPL-772X 和 HCPL-072X 高速
      光耦合器 …………………… 73

3.2.2 ACPL-K71T/K72T/K74T/K75T
高速低功耗数字光耦合器 ··········· 74
3.2.3 CTM3MFD/CTM5MFD 隔离 CAN FD
收发器 ·············· 76
3.3 TCAN4550 的应用程序设计 ········· 78
3.3.1 TCAN4550 初始化程序 ········· 79
3.3.2 TCAN4550 配置程序 ··········· 80
3.3.3 TCAN4550 发送程序 ··········· 84
3.3.4 TCAN4550 接收程序 ··········· 85
3.4 USB 转 CAN FD 接口卡 ··········· 86
3.4.1 USBCANFD-200U/100U 概述 ····· 86
3.4.2 USBCANFD-200U/100U 的
功能特点 ·············· 86
3.4.3 典型应用 ··············· 87
3.4.4 设备硬件接口 ············· 87
习题 ····················· 88

第 4 章 CC-Link 现场总线与开发
应用 ················ 89
4.1 CC-Link 现场总线概述 ··········· 89
4.1.1 CC-Link 现场总线的组成与
特点 ················· 89
4.1.2 CC-Link Safety 通信协议 ······· 91
4.1.3 CC-Link Safety 系统构成与
特点 ················· 94
4.2 CC-Link 和 CC-Link/LT 通信规范 ···· 94
4.3 CC-Link 通信协议 ············· 96
4.3.1 CC-Link 通信协议概述 ········· 96
4.3.2 CC-Link 物理层 ············ 100
4.3.3 CC-Link 数据链路层 ········· 100
4.3.4 CC-Link 应用层 ··········· 100
4.4 CC-Link IE 网络 ············· 101
4.4.1 CC-Link IE Field Basic
现场网络 ············· 102
4.4.2 CC-Link IE Control 控制网络 ···· 103
4.4.3 CC-Link IE Field 现场网络 ····· 104
4.4.4 CC-Link IE TSN 网络 ······· 106
4.5 CC-Link 产品的开发流程 ········· 111
4.5.1 选择 CC-Link 的网络类型 ······ 111
4.5.2 选择 CC-Link 站的类型 ······· 111
4.5.3 选择 CC-Link 的开发方法 ······ 112
4.5.4 选择 CC-Link 的开发对象 ······ 112
4.5.5 CC-Link 系列系统配置文件
CSP+ ··············· 113
4.5.6 SLMP 通用协议 ··········· 114

4.5.7 CC-Link 一致性测试 ········· 115
4.6 CC-Link 产品的开发方案 ········· 116
4.6.1 三菱电机开发方案 ·········· 116
4.6.2 赫优讯的 netX 开发方案 ······· 117
4.6.3 HMS 的 Anybus 开发方案 ······ 118
4.6.4 瑞萨电子的 LSI 开发方案 ······ 120
4.7 CC-Link 现场总线的应用 ········· 121
4.7.1 CC-Link 应用领域 ·········· 121
4.7.2 CC-Link 应用案例 ·········· 122
习题 ···················· 122

第 5 章 PROFIBUS-DP 现场总线 ····· 124
5.1 PROFIBUS 概述 ············· 124
5.2 PROFIBUS 的协议结构 ·········· 126
5.2.1 PROFIBUS-DP 的协议结构 ····· 127
5.2.2 PROFIBUS-FMS 的协议结构 ···· 127
5.2.3 PROFIBUS-PA 的协议结构 ····· 127
5.3 PROFIBUS-DP 现场总线系统 ······ 127
5.3.1 PROFIBUS-DP 的 3 个版本 ···· 128
5.3.2 PROFIBUS-DP 系统组成和
总线访问控制 ·········· 131
5.3.3 PROFIBUS-DP 系统工作过程 ··· 133
5.4 PROFIBUS-DP 的通信模型 ······· 136
5.4.1 PROFIBUS-DP 的物理层 ····· 136
5.4.2 PROFIBUS-DP 的数据链路层 ··· 139
5.4.3 PROFIBUS-DP 的用户层 ····· 145
5.4.4 PROFIBUS-DP 的用户接口 ···· 146
5.5 PROFIBUS-DP 的总线设备类型和
数据通信 ················ 148
5.5.1 概述 ················ 148
5.5.2 DP 设备类型 ············ 149
5.5.3 DP 设备之间的数据通信 ······ 150
5.5.4 PROFIBUS-DP 循环 ······· 153
5.5.5 采用交叉通信的数据交换 ····· 155
5.5.6 设备数据库文件 ·········· 155
5.6 PROFIBUS 通信用 ASICs ········ 155
5.6.1 DPC31 从站通信控制器 ······ 156
5.6.2 SPC3 从站通信控制器 ······· 157
5.6.3 ASPC2 主站通信控制器 ······ 157
5.6.4 ASICs 应用设计概述 ········ 158
5.7 PROFIBUS-DP 从站通信控制器
SPC3 ················· 159
5.7.1 SPC3 功能简介 ·········· 159
5.7.2 SPC3 引脚说明 ·········· 160
5.7.3 SPC3 存储器分配 ········· 161

5.7.4　PROFIBUS-DP 接口 ·············· 165
5.7.5　SPC3 输入/输出缓冲区的状态 ··· 166
5.7.6　通用处理器总线接口 ·········· 169
5.7.7　SPC3 的 UART 接口 ··········· 170
5.7.8　PROFIBUS-DP 接口 ·············· 171
5.8　主站通信控制器 ASPC2 与网络
　　　接口卡 ································ 172
5.8.1　ASPC2 介绍 ················· 172
5.8.2　CP5611 网络接口卡 ········· 173
5.9　PROFIBUS-DP 从站的设计 ············· 174
5.9.1　PROFIBUS-DP 从站的
　　　　硬件设计 ···················· 174
5.9.2　PROFIBUS-DP 从站的
　　　　软件设计 ···················· 175
习题 ··· 175

第6章　PROFINET 与工业无线
　　　　以太网 ································ 177
6.1　PROFINET 概述 ···················· 177
6.1.1　PROFINET 功能与通信 ········· 178
6.1.2　PROFINET 网络 ············· 179
6.2　PROFINET 通信基础 ············· 181
6.2.1　PROFINET 现场设备连接 ····· 182
6.2.2　设备模型与 PROFINET
　　　　通信服务 ···················· 182
6.2.3　PROFINET 实时通信原理 ····· 183
6.2.4　PROFINET 实时类别 ········· 184
6.2.5　应用关系和通信关系 ········· 185
6.3　PROFINET 运行模式 ············· 189
6.3.1　从系统工程到地址解析 ····· 189
6.3.2　PROFINET 系统工程 ········· 189
6.4　PROFINET 端口的 MAC 地址 ······ 192
6.5　PROFINET 数据交换 ············· 192
6.5.1　循环数据交换 ··············· 194
6.5.2　非循环数据交换的序列 ····· 194
6.5.3　多播通信关系 ··············· 194
6.6　PROFINET 诊断 ···················· 195
6.7　PROFINET IRT 通信 ················ 198
6.7.1　IRT 通信介绍 ··············· 198
6.7.2　IRT 通信的时钟同步 ········· 200
6.7.3　IRT 数据交换 ··············· 201
6.7.4　等时同步模式下的报警报文 ··· 201
6.7.5　在 IRT 通信模式下的设备替换 ··· 201
6.8　PROFINET 控制器 ················ 201
6.9　PROFINET 设备描述与应用行规 ······ 202

6.9.1　PROFINET 设备描述 ············ 202
6.9.2　PROFINET 应用行规 ············ 203
6.10　PROFINET 的系统结构 ············ 205
6.11　工业无线以太网 ················ 205
6.11.1　工业无线以太网概述 ········ 205
6.11.2　移动通信标准 ··············· 206
6.11.3　工业移动通信的特点 ········ 207
6.12　SCALANCE X 工业以太网交换机 ····· 208
6.13　SIEMENS 工业无线通信 ············ 209
6.13.1　SIEMENS 工业无线通信概述 ··· 209
6.13.2　工业无线通信网络产品
　　　　　SCALANCE W ·············· 209
6.13.3　SCALANCE W 的特点 ········· 210
习题 ··· 211

第7章　EtherCAT 工业以太网 ········· 212
7.1　EtherCAT 通信协议 ················ 212
7.1.1　EtherCAT 物理拓扑结构 ······· 214
7.1.2　EtherCAT 数据链路层 ········· 215
7.1.3　EtherCAT 应用层 ············· 215
7.1.4　EtherCAT 系统组成 ··········· 218
7.1.5　EtherCAT 系统主站设计 ······· 221
7.2　EtherCAT 从站控制器概述 ········· 222
7.2.1　EtherCAT 从站控制器功能块 ··· 223
7.2.2　EtherCAT 协议 ··············· 225
7.2.3　帧处理 ····················· 230
7.2.4　FMMU ······················· 230
7.2.5　同步管理器 ·················· 231
7.2.6　EtherCAT 从站控制器存储空间 ··· 232
7.2.7　EtherCAT 从站控制器特征信息 ··· 235
7.3　EtherCAT 从站控制器的数据
　　　链路控制 ·························· 237
7.3.1　EtherCAT 从站控制器的
　　　　数据帧处理 ················ 237
7.3.2　EtherCAT 从站控制器的
　　　　通信端口控制 ·············· 239
7.3.3　EtherCAT 从站控制器的
　　　　数据链路错误检测 ·········· 240
7.3.4　EtherCAT 从站控制器的
　　　　数据链路地址 ·············· 240
7.3.5　EtherCAT 从站控制器的
　　　　逻辑寻址控制 ·············· 241
7.4　EtherCAT 从站控制器的应用层控制 ··· 241
7.4.1　EtherCAT 从站控制器的状态机
　　　　控制和状态 ················ 241

7.4.2 EtherCAT 从站控制器的
中断控制 ………… 241
7.4.3 EtherCAT 从站控制器的
WDT 控制 …… 242
7.5 EtherCAT 从站控制器的存储
同步管理 ………… 242
7.5.1 EtherCAT 从站控制器存储
同步管理器 ……… 242
7.5.2 SM 通道缓存区的数据交换 …… 243
7.5.3 SM 通道邮箱数据通信模式 …… 244
7.6 EtherCAT 从站信息接口 …… 245
7.6.1 EEPROM 中的信息 …… 245
7.6.2 EEPROM 的操作 …… 246
7.6.3 EEPROM 操作的错误处理 …… 249
7.7 EtherCAT 从站控制器 LAN9252 …… 250
7.7.1 LAN9252 概述 …… 250
7.7.2 LAN9252 的典型应用和内部结构 … 252
7.7.3 LAN9252 工作模式 …… 252
7.7.4 LAN9252 引脚 …… 253
7.7.5 LAN9252 寄存器映射 …… 261
7.7.6 LAN9252 系统中断 …… 262
7.7.7 LAN9252 中断寄存器 …… 265
7.7.8 LAN9252 主机总线接口 …… 268
7.7.9 LAN9252 的以太网 PHY …… 271
7.7.10 LAN9252 的 EtherCAT 功能 …… 272
习题 …… 275

第8章 EtherCAT 主站与从站应用
系统设计 …… 276
8.1 EtherCAT 主站分类 …… 276
8.1.1 概述 …… 276
8.1.2 主站分类 …… 277
8.2 TwinCAT3 EtherCAT 主站 …… 278
8.2.1 TwinCAT3 概述 …… 278
8.2.2 TwinCAT3 编程 …… 281
8.3 基于 LAN9252 的 EtherCAT 从站硬件
电路系统设计 …… 285
8.4 基于 LAN9252 的 EtherCAT 从站驱动和
应用程序代码包架构 …… 288
8.4.1 EtherCAT 从站驱动和应用程序
代码包的组成 …… 288
8.4.2 EtherCAT 通信协议和应用层
控制相关的文件 …… 288
8.5 基于 LAN9252 的 EtherCAT 从站
驱动和应用程序的设计实例 …… 292

8.5.1 EtherCAT 从站代码包解析 …… 292
8.5.2 从站驱动和应用程序的入口 …… 300
8.5.3 EtherCAT 从站周期性过程
数据处理 …… 302
8.5.4 EtherCAT 从站状态机转换 …… 304
8.6 EtherCAT 通信中的数据传输过程 …… 309
8.6.1 EtherCAT 从站到主站的数据
传输过程 …… 309
8.6.2 EtherCAT 主站到从站的数据
传输过程 …… 311
8.7 EtherCAT 主站软件的安装与从站的
开发调试 …… 313
8.7.1 主站 TwinCAT 的安装 …… 313
8.7.2 TwinCAT 安装主站网卡驱动 …… 313
8.7.3 EtherCAT 从站的开发调试 …… 314
习题 …… 315

第9章 工业互联网技术 …… 316
9.1 工业互联网概述 …… 316
9.1.1 工业互联网的诞生 …… 316
9.1.2 工业互联网的发展 …… 317
9.2 工业互联网的内涵与特征 …… 317
9.2.1 工业互联网的内涵 …… 317
9.2.2 工业互联网的特征 …… 318
9.3 工业互联网发展现状 …… 319
9.3.1 美国工业互联网联盟 …… 319
9.3.2 德国"工业4.0"平台 …… 320
9.3.3 中国工业互联网产业联盟 …… 320
9.4 工业互联网技术体系 …… 320
9.5 工业互联网体系架构 …… 321
9.6 工业互联网标准体系 …… 324
9.6.1 工业互联网总体标准体系 …… 324
9.6.2 工业互联网基础共性标准体系 … 325
9.6.3 工业互联网应用标准体系 …… 325
9.7 无源光纤网络（PON）技术与工业
PON 技术 …… 326
9.8 工业互联网与信息物理
系统的关系 …… 327
9.8.1 信息物理系统的概念内涵 …… 328
9.8.2 信息物理系统的技术特点 …… 328
9.8.3 信息物理系统的相关技术 …… 328
9.9 国内外主流工业互联网平台 …… 329
习题 …… 330

参考文献 …… 331

第 1 章

绪　　论

随着"工业4.0"战略的实施,计算机技术、通信技术、信息技术的发展已经渗入到工控领域,其中最主要的表现就是现场总线和工业以太网技术,并且为自动化技术带来了深刻变革。工业以太网技术是满足工业需求的以太网技术,兼容商用以太网标准,但在时延特性、稳定性、可靠性、环境适应性等方面满足工业界实际现场使用的需求。

本章首先对现场总线与工业以太网进行概述,讲述现场总线的产生、现场总线的本质、现场总线的特点和优点、现场总线标准的制定、现场总线的现状和现场总线网络的实现。同时讲述了工业以太网技术及其通信模型、实时以太网和实时工业以太网模型分析。然后介绍了比较流行的现场总线 FF、CAN 和 CAN FD、DeviceNet、PROFIBUS、CC-Link、ControlNet,并对常用的工业以太网 EtherCAT、Ethernet/IP、POWERLINK、PROFINET 和 EPA 进行了介绍。

1.1　现场总线概述

现场总线(Fieldbus)自产生以来,一直是自动化领域技术发展的热点之一,被誉为自动化领域的计算机局域网。各自动化厂商纷纷推出自己的现场总线产品,并在不同的领域和行业得到了越来越广泛的应用,现在已处于稳定发展期。近几年,无线传感网络与物联网(IoT)技术也融入到工业测控系统中。

现场总线是一种应用于生产现场,在现场设备之间、现场设备与控制装置之间实行双向、串行、多节点数字通信的技术。这是由 IEC/TC65 负责测量和控制系统数据通信部分国际标准化工作的 SC65/WG6 定义的。它作为工业数据通信网络的基础,建立了生产过程现场级控制设备之间及其与更高控制管理层之间的联系。它不仅是一个基层网络,还是一种开放式、新型全分布式控制系统。这项以智能传感、控制、计算机、数据通信为主要内容的综合技术,已受到世界范围的关注而成为自动化技术发展的热点,并将导致自动化系统结构与设备的深刻变革。

1.1.1　现场总线的产生

在过程控制领域中,从20世纪50年代至今一直都在使用4~20mA的模拟信号标准。20世纪70年代,数字式计算机引入到测控系统中,而此时的计算机提供的是集中式控制处理。20世纪80年代,微处理器在控制领域得到应用,微处理器被嵌入到各种仪器设备中,形成了分布式控制系统。在分布式控制系统中,各微处理器被指定一组特定任务,通信则由一个带有附属"网关"的专有网络提供,网关的程序大部分是由用户编写的。

随着微处理器的发展和广泛应用,产生了以 IC 芯片代替常规电子线路,以微处理器为核心,实施信息采集、显示、处理、传输及优化控制等功能的智能设备。一些具有专家辅助推断分析与决策能力的数字式智能化仪表产品,其本身具备了诸如自动量程转换、自动调零、自校正、自诊断等功能,还能提供故障诊断、历史信息报告、状态报告、趋势图等功能。通信技术的发展促使传送数字化信息的网络技术开始广泛应用。与此同时,基于质量分析的维护管理、与安全相关系统的测试的记录、环境监视需求的增加,都要求仪表能在当地处理信息,并在必要时允许被管理和访问,这些也使现场仪表与上级控制系统的通信量大增。另外,从实际应用的角度,控制界也不断在控制精度、可操作性、可维护性、可移植性等方面提出新需求。由此,现场总线产生了。

现场总线就是用于现场智能化装置与控制室自动化系统之间的一个标准化的数字式通信链路,可进行全数字化、双向、多站总线式的信息数字通信,实现相互操作以及数据共享。现场总线的主要目的是用于控制、报警和事件报告等工作。现场总线通信协议的基本要求是响应速度和操作的可预测性的最优化。现场总线是一个低层次的网络协议,在其之上还允许有上级的监控和管理网络,负责文件传送等工作。现场总线为引入智能现场仪表提供了一个开放平台,基于现场总线的分布式控制系统(FCS)是继集散控制系统(DCS)后的又一代控制系统。

1.1.2 现场总线的本质

由于标准实质上并未统一,所以对现场总线有不同的定义。但现场总线的本质含义主要表现在以下 6 个方面。

1. 现场通信网络

现场通信网络是用于过程以及制造自动化的现场设备或现场仪表互连的通信网络。

2. 现场设备互连

现场设备或现场仪表是指传感器、变送器和执行器等,这些设备通过一对传输线互连,传输线可以使用双绞线、同轴电缆、光纤和电源线等,并可根据需要因地制宜地选择不同类型的传输介质。

3. 互操作性

现场设备或现场仪表种类繁多,没有任何一家制造商可以提供一个工厂所需的全部现场设备,所以,互相连接不同制造商的产品是不可避免的。用户不希望为选用不同的产品而在硬件或软件上花很大气力,而希望选用各制造商性能价格比最优的产品,并将其集成在一起,实现"即接即用";用户希望对不同品牌的现场设备统一组态,构成其所需要的控制回路。这些就是现场总线设备互操作性的含义。现场设备互连是基本的要求,只有实现互操作性,用户才能自由地集成 FCS。

4. 分散功能块

FCS 废弃了 DCS 的输入/输出单元和控制站,把 DCS 控制站的功能块分散地分配给现场仪表,从而构成虚拟控制站。例如,流量变送器不仅具有流量信号变换、补偿和累加输入模块,而且有 PID 控制和运算功能块;调节阀的基本功能是信号驱动和执行,还内含输出特性补偿模块,也可以有 PID 控制和运算模块,甚至有阀门特性自检验和自诊断功能。由于功能块分散在多台现场仪表中并可统一组态,用户可灵活选用各种功能块,构成所需的控制系统，所以能够实现彻底的分散控制。

5. 通信线供电

通信线供电方式允许现场仪表直接从通信线上获得电量，对于要求本征安全的低功耗现场仪表，可采用这种供电方式。众所周知，化工、炼油等企业的生产现场有可燃性物质，因此所有现场设备都必须严格遵循安全防爆标准。现场总线设备也不例外。

6. 开放式互连网络

现场总线为开放式互连网络，它既可与同层网络互连，也可与不同层网络互连，还可以实现网络数据库的共享。不同制造商的网络互连十分简便，用户不必在硬件或软件上花太多气力。通过网络对现场设备和功能块统一组态，可以把不同厂商的网络及设备融为一体，构成统一的 FCS。

1.1.3 现场总线的特点和优点

1. 现场总线的结构特点

现场总线打破了传统控制系统的结构形式。

传统模拟控制系统采用一对一的设备连线，按控制回路分别进行连接。位于现场的测量变送器与位于控制室的控制器之间，控制器与位于现场的执行器、开关、电动机之间均为一对一的物理连接。

现场总线控制系统由于采用了智能现场设备，能够把原先 DCS 中处于控制室的控制模块、各输入/输出模块置入现场设备，加上现场设备具有通信能力，现场的测量变送仪表可以与阀门等执行机构直接传送信号，因而控制系统功能能够不依赖控制室的计算机或控制仪表，直接在现场完成，实现了彻底的分散控制。现场总线控制系统（如 FCS）与传统控制系统（如 DCS）结构对比如图 1-1 所示。

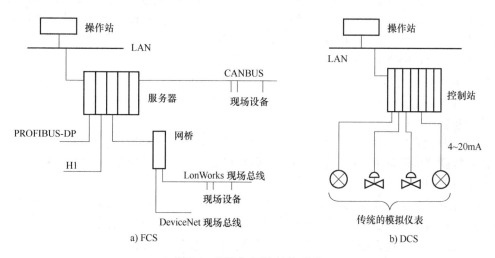

图 1-1 FCS 与 DCS 结构对比

由于现场总线控制系统采用数字信号替代模拟信号，因而可实现一对电线上传输多个信号，如运行参数值、多个设备状态、故障信息等，同时又为多个设备提供电源，现场设备以外不再需要 A/D、D/A 转换器件。这样就为简化系统结构、节约硬件设备、节约连接电缆与各种安装、维护费用创造了条件。表 1-1 为 FCS 和 DCS 的详细对比。

表 1-1　FCS 和 DCS 的详细对比

项目	FCS	DCS
结构	一对多：一对传输线接多台仪表，双向传输多个信号	一对一：一对传输线接一台仪表，单向传输一个信号
可靠性	可靠性好：数字信号传输抗干扰能力强，精度高	可靠性差：模拟信号传输不仅精度低，而且容易受干扰
失控状态	操作员在控制室既可以了解现场设备或现场仪表的工作状况，也能对设备进行参数调整，还可以预测或寻找故障，始终处于操作员的远程监视与可控状态之中	操作员在控制室既不了解模拟仪表的工作状况，也不能对其进行参数调整，更不能预测故障，导致操作员对仪表处于"失控"状态
互换性	用户可以自由选择不同制造商提供的性能价格比最优的现场设备和仪表，并将不同品牌的仪表互连。即使某台仪表故障，换上其他品牌的同类仪表照样工作，实现"即接即用"	尽管模拟仪表统一了信号标准 4~20mA DC，可是大部分技术参数仍由制造厂自定，致使不同品牌的仪表无法互换
仪表	智能仪表除了具有模拟仪表的检测、变换、补偿等功能外，还具有数字通信能力，并且具有控制和运算的能力	模拟仪表只具有检测、变换、补偿等功能
控制	控制功能分散在各个智能仪表中	所有的控制功能集中在控制站中

2. 现场总线的技术特点

（1）系统的开放性　开放系统是指通信协议公开，各不同厂家的设备之间可进行互连并实现信息交换，现场总线开发者就是要致力于建立统一的工厂底层网络的开放系统。这里的开放是指对相关标准的一致性、公开性，强调对标准的共识与遵从。一个开放系统可以与任何遵守相同标准的其他设备或系统相连。一个具有总线功能的现场总线网络系统必须是开放的，开放系统把系统集成的权利交给了用户，用户可按自己的需要和对象把来自不同供应商的产品组成大小随意的系统。

（2）互可操作性与互用性　互可操作性是指实现互连设备间、系统间的信息传送与沟通，可实行点对点、一点对多点的数字通信。而互用性意味着不同生产厂家的性能类似的设备可进行互换而实现互用。

（3）现场设备的智能化与功能自治性　它将传感测量、补偿计算、工程量处理与控制等功能分散到现场设备中完成，仅靠现场设备即可完成自动控制的基本功能，并可随时诊断设备的运行状态。

（4）系统结构的高度分散性　由于现场设备本身已可完成自动控制的基本功能，使得现场总线已构成一种新的全分布式控制系统的体系结构，从根本上改变了现有 DCS 集中与分散相结合的集散控制系统体系，简化了系统结构，提高了可靠性。

（5）对现场环境的适应性　工作在现场设备前端，作为工厂网络底层的现场总线，是专为在现场环境工作而设计的，它可支持双绞线、同轴电缆、光缆、射频、红外线、电力线等，具有较强的抗干扰能力，能采用两线制实现送电与通信，并可满足本质安全防爆要求等。

3. 现场总线的优点

由于现场总线的以上特点，特别是现场总线系统结构的简化，使控制系统从设计、安装、投运到正常生产运行及检修维护，都体现出优越性。

（1）节省硬件数量与投资 由于现场总线系统中分散在设备前端的智能设备能直接执行多种传感、控制、报警和计算功能，因而可减少变送器的数量，不再需要单独的控制器、计算单元等，也不再需要 DCS 的信号调理、转换、隔离技术等功能单元及其复杂接线，还可以用工业控制计算机作为操作站，从而节省了一大笔硬件投资；由于控制设备的减少，还可减少控制室的占地面积。

（2）节省安装费用 现场总线系统的接线十分简单，由于一对双绞线或一条电缆上通常可挂接多个设备，因而电缆、端子、槽盒、桥架的用量大大减少，连线设计与接头校对的工作量也大大减少。当需要增加现场控制设备时，无须增设新的电缆，可就近连接在原有的电缆上，既节省了投资，也减少了设计、安装的工作量。据有关典型试验工程的测算资料，可节约安装费用 60% 以上。

（3）节约维护开销 由于现场控制设备具有自诊断与简单故障处理的能力，并通过数字通信将相关的诊断维护信息送往控制室，用户可以查询所有设备的运行，诊断维护信息，以便早期分析故障原因并快速排除，缩短了维护停工时间，同时由于系统结构简化、连线简单而减少了维护工作量。

（4）用户具有高度的系统集成主动权 用户可以自由选择不同厂商所提供的设备来集成系统，避免因选择某一品牌的产品而被限制设备的选择范围，不会为系统集成中不兼容的协议及接口而一筹莫展，使系统集成过程中的主动权完全掌握在用户手中。

（5）提高了系统的准确性与可靠性 由于现场总线设备的智能化、数字化，与模拟信号相比，它从根本上提高了测量与控制的准确度，减少了传送误差。同时，由于系统的结构简化，设备与连线减少，现场仪表内部功能加强；减少了信号的往返传输，提高了系统的工作可靠性。

此外，由于它的设备标准化和功能模块化，因而还具有设计简单、易于重构等优点。

1.1.4 现场总线标准的制定

数字技术的发展完全不同于模拟技术，数字技术标准的制定往往早于产品的开发，标准决定着新兴产业的健康发展。国际电工委员会/国际标准协会（IEC/ISA）自 1984 年起着手现场总线标准工作，但统一的标准至今仍未完成。

IEC TC65（负责工业测量和控制的第 65 标准化技术委员会）于 1999 年底通过的 8 种类型的现场总线作为 IEC 61158 最早的国际标准。

最新的 IEC 61158 Ed. 4 标准于 2007 年 7 月出版。

IEC 61158 第 4 版由多个部分组成，主要包括以下内容：

IEC 61158-1 总论与导则；

IEC 61158-2 物理层服务定义与协议规范；

IEC 61158-300 数据链路层服务定义；

IEC 61158-400 数据链路层协议规范；

IEC 61158-500 应用层服务定义；

IEC 61158-600 应用层协议规范。

IEC 61158 Ed. 4 标准包括的现场总线类型如下：

Type 1 IEC 61158（FF 的 H1）；

6

Type 2   CIP 现场总线；

Type 3   PROFIBUS 现场总线；

Type 4   P-Net 现场总线；

Type 5   FF HSE 现场总线；

Type 6   SwiftNet 被撤销；

Type 7   WorldFIP 现场总线；

Type 8   INTERBUS 现场总线；

Type 9   FF H1 以太网；

Type 10   PROFINET 实时以太网；

Type 11   TCnet 实时以太网；

Type 12   EtherCAT 实时以太网；

Type 13   POWERLINK 实时以太网；

Type 14   EPA 实时以太网；

Type 15   Modbus-RTPS 实时以太网；

Type 16   SERCOS Ⅰ、Ⅱ 现场总线；

Type 17   VNET/IP 实时以太网；

Type 18   CC-Link 现场总线；

Type 19   SERCOS Ⅲ 现场总线；

Type 20   HART 现场总线。

每种总线都有其产生的背景和应用领域。总线是为了满足自动化发展的需求而产生的，由于不同领域的自动化需求各有其特点，因此在某个领域中产生的总线技术一般对这一特定领域的满足度高一些，应用多一些，适用性好一些。

1.1.5　现场总线的现状

世界上许多公司推出了自己的现场总线技术，但大多存在差异的标准和协议，会给实践带来复杂性和不便，影响开放性和互操作性。因此，IEC/ISA 开始标准统一工作，减少现场总线协议的数量，以达到单一标准协议的目标。各种协议标准合并的目的是为了达到国际上统一的总线标准，以实现各家产品的互操作性。

1. 多种总线共存

现场总线国际标准 IEC 61158 中采用了 8 种协议类型，以及其他一些现场总线。每种总线都有其产生的背景和应用领域。随着时间的推移，占有市场 80% 左右的总线将只有六七种，而且其应用领域比较明确，如 FF、PROFIBUS-PA 适用于冶金、石油、化工、医药等流程行业的过程控制，PROFIBUS-DP、DeviceNet 适用于加工制造业，LonWorks、PROFIBUS-FMS、DeviceNet 适用于楼宇、交通运输、农业。但这种划分不是绝对的，相互之间又互有渗透。

2. 每种总线各有其应用领域

每种总线都力图拓展其应用领域，以扩张其势力范围。在一定应用领域中已取得良好业绩的总线，往往会进一步根据需要向其他领域发展，如 PROFIBUS 在 DP 的基础上又开发出PA，以适用于流程工业。

3. 每种总线各有其国际组织

大多数总线都成立了相应的国际组织，力图在制造商和用户中创造影响，以取得更多方面的支持，同时想显示出其技术是开放的，如 WorldFIP 国际用户组织、FF 基金会、PROFI-BUS 国际用户组织、P-Net 国际用户组织及 ControlNet 国际用户组织等。

4. 每种总线均有其支持背景

每种总线都以一个或几个大型跨国公司为背景，公司的利益与总线的发展息息相关，如 PROFIBUS 以 Siemens 公司为主要支持，ControlNet 以 Rockwell 公司为主要背景，WorldFIP 以 Alstom 公司为主要后台。

5. 设备制造商参加多个总线组织

大多数设备制造商都积极参加不止一个总线组织，有些公司甚至参加 2~4 个总线组织。

6. 多种总线均作为国家和地区标准

每种总线大多将自己作为国家或地区标准，以加强自己的竞争地位。现在的情况是：P-Net 已成为丹麦标准，PROFIBUS 已成为德国标准，WorldFIP 已成为法国标准。上述 3 种总线于 1994 年成为并列的欧洲标准 EN 50170，其他总线也都形成了各组织的技术规范。

7. 协调共存

在激烈的竞争中出现了协调共存的局面。这种现象在欧洲标准制定时就出现过，欧洲标准 EN 50170 在制定时，将德国、法国、丹麦 3 个标准并列于一卷之中，形成了欧洲的多总线的标准体系，后又将 ControlNet 和 FF 加入欧洲标准的体系。各大企业除了力推自己的总线产品之外，也都力图开发接口技术，将自己的总线产品与其他总线相连接，如施耐德公司开发的设备能与多种总线相连接。在国际标准中，也出现了协调共存的局面。

8. 工业以太网引入工业领域

工业以太网的引入成为新的热点。工业以太网正在工业自动化和过程控制市场上迅速增长，几乎所有远程 I/O 接口技术的供应商均提供一个支持 TCP/IP 的以太网接口，如 Siemens、Rockwell、GE Fanuc 等，这些供应商销售各自的 PLC 产品，同时提供与远程 I/O 和基于个人计算机的控制系统相连接的接口。从美国 VDC 公司调查结果也可以看出，以太网的市场占有率将达到 20% 以上。FF 现场总线正在开发高速以太网，这无疑大大加强了以太网在工业领域的地位。

1.1.6 现场总线网络的实现

现场总线的基础是数字通信，通信就必须有协议，从这个意义上讲，现场总线就是一个定义了硬件接口和通信协议的标准。国际标准化组织（ISO）的开放系统互连（OSI）协议，是为计算机互联网而制定的 7 层参考模型，它对任何网络都是适用的，只要网络中所要处理的要素是通过共同的路径进行通信。目前，各个公司生产的现场总线产品没有一个统一的协议标准，但是各公司在制定自己的通信协议时，都参考 OSI 7 层协议标准，且大都采用了其中的第 1 层、第 2 层和第 7 层，即物理层、数据链路层和应用层，并增设了第 8 层即用户层。

1. 物理层

物理层定义了信号的编码与传送方式、传送介质、接口的电气及机械特性、信号传输速率等。现场总线有两种编码方式：Manchester 和 NRZ，前者同步性好，但频带利用率低，后者刚好相反。Manchester 编码采用基带传输，而 NRZ 编码采用频带传输。调制方式主要为连续相位移频键控（CPFSK）。现场总线传输介质主要有有线电缆、光纤和无线介质。

2. 数据链路层

数据链路层分为两个子层，即介质访问控制（MAC）层和逻辑链路控制（LLC）

层。MAC 功能是对传输介质传送的信号进行发送和接收控制，而 LLC 层是对数据链进行控制，保证数据传送到指定的设备上。现场总线网络中的设备可以是主站，也可以是从站，主站有控制收发数据的权利，而从站只有响应主站访问的权利。

关于 MAC 层，目前有 3 种协议：

（1）集中式轮询协议　其基本原理是网络中有主站，主站周期性地轮询各个节点，被轮询的节点允许与其他节点通信。

（2）令牌总线协议　这是一种多主站协议，主站之间以令牌传送协议进行工作，持有令牌的站可以轮询其他站。

（3）总线仲裁协议　其机理类似于多机系统中并行总线的管理机制。

3. 应用层

应用层可以分为两个子层：上面子层是应用服务（FMS）层，它为用户提供服务；下面子层是现场总线存取（FAS）层，它实现数据链路层的连接。

应用层的功能是进行现场设备数据的传送及现场总线变量的访问。它为用户应用提供接口，定义了如何应用读、写、中断和操作信息及命令，同时定义了信息、句法（包括请求、执行及响应信息）的格式和内容。应用层的管理功能在初始化期间初始化网络，指定标记和地址，同时按计划配置应用层，也对网络进行控制，统计失败和检测新加入或退出网络的装置。

4. 用户层

用户层是现场总线标准在 OSI 模型之外新增加的一层，是使现场总线控制系统开放与互操作性的关键。

用户层定义了从现场装置中读、写信息和向网络中其他装置分派信息的方法，即规定了供用户组态的标准"功能模块"。事实上，各厂家生产的产品实现功能块的程序可能完全不同，但对功能块特性描述、参数设定及相互连接的方法是公开统一的。信息在功能块内经过处理后输出，用户对功能块的工作就是选择"设定特征"及"设定参数"，并将其连接起来。功能块除了输入/输出信号外，还输出表征该信号状态的信号。

1.2　工业以太网概述

1.2.1　以太网技术

20 世纪 70 年代早期，国际上公认的第一个以太网系统出现于 Xerox 公司的 Palo Alto Research Center（PARC），它以无源电缆作为总线来传送数据，在 1000m 的电缆上连接了 100 多台计算机，并以曾经表示传播电磁波的以太（Ether）来命名，这就是如今以太网的鼻祖。以太网发展的历史如表 1-2 所示。

表 1-2　以太网的发展简史

标准及重大事件	标志内容，时间（速度）
Xerox 公司开始研发	1972 年
首次展示初始以太网	1976 年（2.94Mbit/s）

（续）

标准及重大事件	标志内容，时间（速度）
标准 DIX V1.0 发布	1980 年（10Mbit/s）
IEEE 802.3 标准发布	1983 年，基于 CSMA/CD 访问控制
10 Base-T	1990 年，双绞线
交换技术	1993 年，网络交换机
100 Base-T	1995 年，快速以太网（100Mbit/s）
千兆以太网	1998 年
万兆以太网	2002 年

IEEE 802 代表开放系统互连 7 层参考模型中一个 IEEE 802.n 标准系列，IEEE 802 介绍了此系列标准协议情况，主要描述了此局域网/城域网（LAN/MAN）系列标准协议概况与结构安排。IEEE 802.n 标准系列已被纳为国际标准化组织（ISO）的标准，其编号命名为 ISO 8802。以太网的主要标准如表 1-3 所示。

表 1-3 以太网的主要标准

标 准	内 容 描 述
IEEE 802.1	体系结构与网络互联、管理
IEEE 802.2	逻辑链路控制
IEEE 802.3	CSMA/CD 媒体访问控制方法与物理层规范
IEEE 802.3i	10 Base-T 基带双绞线访问控制方法与物理层规范
IEEE 802.3j	10 Base-F 光纤访问控制方法与物理层规范
IEEE 802.3u	100 Base-T、FX、TX、T4 快速以太网
IEEE 802.3x	全双工
IEEE 802.3z	千兆以太网
IEEE 802.3ae	10Gbit/s 以太网标准
IEEE 802.3af	以太网供电
IEEE 802.11	无线局域网访问控制方法与物理层规范
IEEE 802.3az	100Gbit/s 的以太网技术规范

1.2.2 工业以太网技术

人们习惯将用于工业控制系统的以太网统称为工业以太网。如果仔细划分，按照国际电工委员会 SC65C 的定义，工业以太网是用于工业自动化环境、符合 IEEE 802.3 标准、按照 IEEE 802.1D"介质访问控制（MAC）网桥"规范和 IEEE 802.1Q"局域网虚拟网桥"规范、对其没有进行任何实时扩展（extension）而实现的以太网。通过采用减轻以太网负荷、提高网络速度、采用交换式以太网和全双工通信、采用信息优先级和流量控制以及虚拟局域网等技术，到目前为止可以将工业以太网的实时响应时间做到 5~10ms，相当于现有的现场总线。采用工业以太网，由于具有相同的通信协议，能实现办公自动化网络和工业控制网络的无缝连接。

工业以太网和商用以太网的比较如表1-4所示。

表 1-4　工业以太网和商用以太网的比较

项　　目	工业以太网设备	商用以太网设备
元器件	工业级	商用级
接插件	耐腐蚀、防尘、防水，如加固型 RJ45、DB-9、航空插头等	一般 RJ45
工作电压	DC 24V	AC 220V
电源冗余	双电源	一般没有
安装方式	DIN 导轨和其他固定安装	桌面、机架等
工作温度	−40~85℃ 或−20~70℃	5~40℃
电磁兼容性标准	EN 50081-2（工业级 EMC） EN 50082-2（工业级 EMC）	办公室用 EMC
MTBF 值	至少 10 年	3~5 年

工业以太网即应用于工业控制领域的以太网技术，它在技术上与商用以太网兼容，但又必须满足工业控制网络通信的需求。在产品设计时，在材质的选用、产品的强度、可靠性、抗干扰能力、实时性等方面满足工业现场环境的应用。一般而言，工业控制网络应满足以下要求。

1）具有较好的响应实时性：工业控制网络不仅要求传输速度快，而且在工业自动化控制中还要求响应快，即响应实时性好。

2）可靠性和容错性要求：既能安装在工业控制现场，又能长时间连续稳定运行，在网络局部链路出现故障的情况下，能在很短的时间内重新建立新的网络链路。

3）力求简洁：减小软硬件开销，从而降低设备成本，同时可以提高系统的健壮性。

4）环境适应性要求：包括机械环境适应性（如耐振动、耐冲击）、气候环境适应性（工作温度要求为−40~85℃，至少为−20~70℃，并要耐腐蚀、防尘、防水）、电磁环境适应性或电磁兼容性（EMC）应符合 EN 50081-2/EN 50082-2 标准。

5）开放性好：由于以太网技术被大多数的设备制造商所支持，并且具有标准的接口，系统集成和扩展更加容易。

6）安全性要求：在易爆可燃的场合，工业以太网产品还需要具有防爆要求，包括隔爆、本质安全。

7）总线供电要求：现场设备网络不仅能传输通信信息，而且能够为现场设备提供工作电源。这主要是从线缆敷设和维护方便考虑，同时总线供电还能减少线缆，降低成本。IEEE 802.3af 标准对总线供电进行了规范。

8）安装方便：适应工业环境的安装要求，如采用 DIN 导轨安装。

1.2.3　工业以太网通信模型

工业以太网协议在本质上仍基于以太网技术，在物理层和数据链路层均采用了 IEEE 802.3 标准，在网络层和传输层则采用被称为以太网"事实上的标准"的 TCP/IP 簇（包括

UDP、TCP、IP、ICMP、IGMP 等协议），它们构成了工业以太网的低 4 层。在高层协议上，工业以太网协议通常都省略了会话层、表示层，而定义了应用层，有的工业以太网协议还定义了用户层（如 HSE）。工业以太网的通信模型如图 1-2 所示。

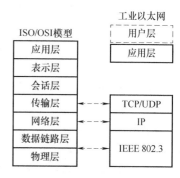

图 1-2 工业以太网的通信模型

工业以太网与商用以太网相比，具有以下特征：

（1）通信实时性 在工业以太网中，提高通信实时性的措施主要包括采用交换式集线器、使用全双工（full-duplex）通信模式、采用虚拟局域网（VLAN）技术、提高质量服务（QoS）、有效的应用任务的调度等。

（2）环境适应性和安全性

1）针对工业现场的振动、粉尘、高温和低温、高湿度等恶劣环境，对设备的可靠性提出了更高的要求。工业以太网产品针对机械环境、气候环境、电磁环境等需求，对线缆、接口、屏蔽等方面做出专门的设计，以符合工业环境的要求。

2）在易燃易爆的场合，工业以太网产品通过包括隔爆和本质安全两种方式来提高设备的生产安全性。

3）在信息安全方面，利用网关构建系统的有效屏障，对经过它的数据包进行过滤。随着加密解密技术与工业以太网的进一步融合，工业以太网的信息安全性也得到了进一步的保障。

（3）产品可靠性设计 工业控制的高可靠性通常包含 3 个方面内容：

1）可使用性好，网络自身不易发生故障。

2）容错能力强，网络系统局部单元出现故障，不影响整个系统的正常工作。

3）可维护性高，故障发生后能及时发现和及时处理，通过维修使网络及时恢复。

（4）网络可用性 在工业以太网系统中，通常采用冗余技术以提高网络的可用性，主要有端口冗余、链路冗余、设备冗余和环网冗余。

1.2.4 工业以太网的优势

从技术方面来看，与现场总线相比，工业以太网具有以下优势：

1）应用广泛。以太网是目前应用最为广泛的计算机网络技术，受到广泛的技术支持。几乎所有的编程语言都支持 Ethernet 的应用开发，如 Java、Visual C++、Visual Basic 等。这些编程语言由于使用广泛，并受到软件开发商的高度重视，具有很好的发展前景。因此，如果采用以太网作为现场总线，可以保证有多种开发工具、开发环境供选择。

2）成本低廉。由于以太网的应用广泛，受到硬件开发与生产厂商的高度重视与广泛支持，有多种硬件产品供用户选择，硬件价格也相对低廉。

3）通信速率高。目前以太网的通信速率为 10Mbit/s、100Mbit/s、1000Mbit/s、10Gbit/s，其速率比目前的现场总线快得多，以太网可以满足对带宽有更高要求的需要。

4）开放性和兼容性好，易于信息集成。工业以太网因为采用由 IEEE 802.3 所定义的数据传输协议，从而为 PLC 和 DCS 厂家广泛接受。

5）控制算法简单。以太网没有优先权控制意味着访问控制算法可以很简单。它不需要管理网络上当前的优先权访问级。还有一个好处是：没有优先权的网络访问是公平的，任何站点访问网络的可能性都与其他站相同，没有哪个站可以阻碍其他站的工作。

6）软硬件资源丰富。大量的软件资源和设计经验可以显著降低系统的开发和培训费用，从而可以显著降低系统的整体成本，并大大加快系统的开发和推广速度。

7）不需要中央控制站。令牌环网采用了"动态监控"的思想，需要有一个站负责管理网络的各种家务。传统令牌环网如果没有动态监测是无法运行的。以太网不需要中央控制站，它不需要动态监测。

8）可持续发展潜力大。由于以太网的广泛使用，它的发展一直受到广泛的重视和大量的技术投入，由此保证了以太网技术的不断发展。

9）易于与 Internet 连接。能实现办公自动化网络与工业控制网络的信息无缝集成。

1.2.5 实时以太网

工业以太网一般应用于通信实时性要求不高的场合。对于响应时间小于 5ms 的应用，工业以太网已不能胜任。为了满足高实时性能应用的需要，各大公司和标准组织纷纷提出各种提升工业以太网实时性的技术解决方案。这些方案建立在 IEEE 802.3 标准的基础上，通过对其和相关标准的实时扩展提高实时性，并且做到与标准以太网的无缝连接，这就是实时以太网（Realtime Ethernet，RTE）。

根据 IEC 61784-2—2010 标准定义，所谓实时以太网，就是根据工业数据通信的要求和特点，在 ISO/IEC 8802-3 协议基础上，通过增加一些必要的措施，使之具有实时通信能力：

1）网络通信在时间上的确定性，即在时间上，任务的行为可以预测。

2）实时响应、适应外部环境的变化，包括任务的变化、网络节点的增减、网络失效诊断等。

3）减少通信处理延迟，使现场设备间的信息交互在极小的通信延迟时间内完成。

2007 年出台的 IEC 61158 现场总线国际标准和 IEC 61784-2 实时以太网应用国际标准收录了以下 10 种实时以太网技术和协议，如表 1-5 所示。

表 1-5 IEC 国际标准收录的工业以太网

技术名称	技术来源	应用领域
Ethernet/IP	美国 Rockwell 公司	过程控制
PROFINET	德国 Siemens 公司	过程控制、运动控制
P-Net	丹麦 Process-Data A/S 公司	过程控制
Vnet/IP	日本 Yokogawa 横河	过程控制
TC-Net	东芝公司	过程控制
EtherCAT	德国 Beckhoff 公司	运动控制
POWERLINK	奥地利 B&R 公司	运动控制
EPA	浙江大学、浙江中控技术股份有限公司等	过程控制、运动控制
Modbus/TCP	法国 Schneider-electric 公司	过程控制
SERCOS Ⅲ	德国 Hilscher 公司	运动控制

1.2.6 实时工业以太网模型分析

实时工业以太网采用不同的实时策略来提高实时性能，根据其提高实时性策略的不同，实现模型可分为 3 种。实时工业以太网实现模型如图 1-3 所示。

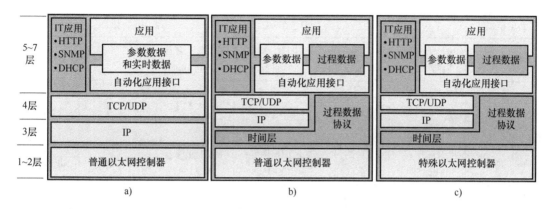

图 1-3 实时工业以太网实现模型

图 1-3a 是基于 TCP/IP 实现，在应用层上进行修改。此类模型通常采用调度法、数据帧优先级机制或使用交换式以太网来滤除商用以太网中的不确定因素。这一类工业以太网的代表有 Modbus/TCP 和 Ethernet/IP。此类模型适用于实时性要求不高的应用中。

图 1-3b 是基于标准以太网实现，在网络层和传输层上进行修改。此类模型采用不同机制进行数据交换，对于过程数据采用专门的协议进行传输，TCP/IP 用于访问商用网络时的数据交换。常用的方法有时间片机制。采用此模型的典型协议有 Ethernet POWERLINK、EPA 和 PROFINET RT。

图 1-3c 是基于修改的以太网，基于标准的以太网物理层，对数据链路层进行了修改。此类模型一般采用专门硬件来处理数据，实现高实时性，通过不同的帧类型来提高确定性。基于此结构实现的以太网协议有 EtherCAT、SERCOS Ⅲ 和 PROFINET IRT。

对于实时以太网的选取，应根据应用场合的实时性要求。

工业以太网的 3 种实现如表 1-6 所示。

表 1-6 工业以太网的 3 种实现

序号	技 术 特 点	说　　　明	应 用 实 例
1	基于 TCP/IP 实现	特殊部分在应用层	Modbus/TCP Ethernet/IP
2	基于标准以太网实现	不仅实现了应用层，而且在网络层和传输层做了修改	POWERLINK PROFINET RT
3	基于修改以太网实现	不仅在网络层和传输层做了修改，而且改进了底下两层，需要特殊的网络控制器	EtherCAT SERCOS Ⅲ PROFINET IRT

1.2.7 几种实时工业以太网的比较

几种实时工业以太网的对比如表 1-7 所示。

表 1-7　几种实时工业以太网的对比

实时工业以太网	EtherCAT	SERCOS Ⅲ	PROFINET IRT	POWERLINK	EPA	Ethernet/IP
管理组织	ETG	IGS	PNO	EPG	EPA 俱乐部	ODVA
通信机构	主/从	主/从	主/从	主/从	C/S	C/S
传输模式	全双工	全双工	半双工	半双工	全双工	全双工
实时特性	100轴，响应时间100μs	8个轴，响应时间32.5μs	100轴，响应时间1ms	100轴，响应时间1ms		1～5ms
拓扑结构	星形、线形、环形、树形、总线型	线形、环形	星形、线形	星形、树形、总线型	树形、星形	星形、树形
同步方法	时间片+IEEE1588	主节点+循环周期	时间槽调度+IEEE1588	时间片+IEEE1588	IEEE1588	IEEE1588
同步精度	100ns	<1μs	1μs	1μs	500ns	1μs

　　几个实时工业以太网数据传输速率对比如图 1-4 所示。实验中有 40 个轴（每个轴 20B 输入和输出数据），50 个 I/O 站（总计 560 个 EtherCAT 总线端子模块），2000 个数字量，200 个模拟量，总线长度 500m。结果测试得到 EtherCAT 网络循环时间是 276μs，总线负载 44%，报文长度 122μs，性能远远高于 SERCOS Ⅲ、PROFINET IRT 和 POWERLINK。

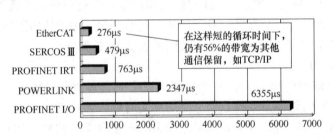

图 1-4　几个实时工业以太网数据传输速率对比

　　根据对比分析可以得出，EtherCAT 实施工业以太网各方面性能都很突出。EtherCAT 极小的循环时间、高速、高同步性、易用性和低成本使其在机器人控制、机床应用、CNC 功能、包装机械、测量应用、超高速金属切割、汽车工业自动化、机器内部通信、焊接机器、嵌入式系统、变频器、编码器等领域获得广泛的应用。

　　同时因拓扑的灵活、无须交换机或集线器、网络结构没有限制、自动连接检测等特点，使其在大桥减振系统、印刷机械、液压/电动冲压机、木材交工设备等领域具有很高的应用价值。

　　国外很多企业对 EtherCAT 的技术研究已经比较深入，而且已经开发出了比较成熟的产品，如德国 BECKHOFF、美国 Kollmorgen（科尔摩根）、意大利 Phase、美国 NI、SEW、TrioMotion、MKS、Omron、CopleyControls 等自动化设备公司都推出了一系列支持 EtherCAT 的驱动设备。国内对 EtherCAT 技术的研究尚处于起步阶段，而且国内的 EtherCAT 市场基本都被国外的企业所占领。

1.3 现场总线简介

由于技术和利益的原因，目前国际上存在着几十种现场总线标准，比较流行的主要有FF、CAN、DeviceNet、PROFIBUS、CC-Link、ControlNet 等现场总线。

1.3.1 FF

基金会现场总线（Foundation Fieldbus，FF）是在过程自动化领域得到广泛支持和具有良好发展前景的技术。以美国 Fisher-Rousemount 公司为首，联合 Foxboro、横河、ABB、西门子等 80 家公司制定了 ISP 协议；以 Honeywell 公司为首，联合欧洲等地的 150 家公司制定了 WorldFIP 协议。1994 年 9 月，制定上述两种协议的多家公司成立了现场总线基金会，致力于开发出国际上统一的现场总线协议。它以 ISO/OSI 开放系统互连模型为基础，取其物理层、数据链路层、应用层为 FF 通信模型的相应层次，并在应用层上增加了用户层。

基金会现场总线分低速 H1 和高速 H2 两种通信速率。H1 的传输速率为 31.25kbit/s，通信距离可达 1900m（可加中继器延长），可支持总线供电，支持本质安全防爆环境。H2 的传输速率为 1Mbit/s 和 2.5Mbit/s 两种，其通信距离为 750m 和 500m，可支持双绞线、光缆和无线发射，协议符合 IEC 1158-2 标准。

其物理媒介的传输信号采用曼彻斯特编码，每位发送数据的中心位置或是正跳变，或是负跳变。正跳变代表 0，负跳变代表 1，从而使串行数据位流中具有足够的定位信息，以保持发送双方的时间同步。接收方既可根据跳变的极性来判断数据的"1"和"0"状态，也可根据数据的中心位置精确定位。

为满足用户需要，Honeywell、Ronan 等公司已开发出可完成物理层和部分数据链路层协议的专用芯片，许多仪表公司已开发出符合 FF 协议的产品，H1 总线已通过 α 测试和 β 测试，完成了由 13 个不同厂商提供设备而组成的 FF 现场总线工厂试验系统。H2 总线标准也已形成。1996 年 10 月，在芝加哥举行的 ISA96 展览会上，由现场总线基金会组织实施，向世界展示了来自 40 多家厂商的 70 多种符合 FF 协议的产品，并将这些分布在不同楼层展览大厅、不同展台上的 FF 展品，用醒目的橙红色电缆互连为 7 段现场总线演示系统，各展台现场设备之间可实地进行现场互操作，展现了基金会现场总线的成就与技术实力。

1.3.2 CAN 和 CAN FD

控制器局域网（Controller Area Network，CAN）最早由德国 BOSCH 公司提出，用于汽车内部测量与执行部件之间的数据通信。其总线规范现已被国际标准化组织制定为国际标准，得到了 Motorola、Intel、Philips、Siemens、NEC 等公司的支持，已广泛应用在离散控制领域。

CAN 协议也是建立在国际标准化组织的开放系统互连模型基础上的，不过，其模型结构只有 3 层，只取 OSI 的物理层、数据链路层和应用层。其信号传输介质为双绞线，在 40m 的距离时，通信速率最高可达 1Mbit/s；在通信速率为 5kbit/s 时，直接传输距离最远可达 10km，可挂接设备最多可达 110 个。

CAN 的信号传输采用短帧结构，每一帧的有效字节数为 8 个，因而传输时间短，受干扰的概率低。当节点严重错误时，具有自动关闭的功能以切断该节点与总线的联系，使总线上的其他节点及其通信不受影响，具有较强的抗干扰能力。

CAN 支持多主方式工作，网络上任何节点均可在任意时刻主动向其他节点发送信息，支持点对点、一点对多点和全局广播方式接收/发送数据。它采用总线仲裁技术，当出现几个节点同时在网络上传输信息时，优先级高的节点可继续传输数据，而优先级低的节点则主动停止发送，从而避免了总线冲突。

目前已有多家公司开发生产了符合 CAN 协议的通信控制器，如 NXP 公司的 SJA1000、Microchip 公司的 MCP2515、内嵌 CAN 通信控制器的 ARM 和 DSP 等。还有插在 PC 上的 CAN 总线适配器，具有接口简单、编程方便、开发系统价格便宜等优点。

当今社会，汽车已经成为生活中不可缺少的一部分，人们希望汽车不仅仅是一种代步工具，更希望汽车是生活及工作范围的一种延伸。在汽车上就像呆在自己的办公室和家里一样，可以打电话、上网、娱乐和工作。因此，汽车制造商为了提高产品竞争力，将越来越多的功能集成到了汽车上。电子控制单元（ECU）大量增加使总线负载率急剧增大，传统的 CAN 总线越来越显得力不从心。

此外，为了缩小 CAN 网络（最大 1Mbit/s）与 FlexRay（最大 10Mbit/s）网络的带宽差距，BOSCH 公司于 2011 年推出了 CAN FD（CAN with Flexible Data-Rate）方案。

1.3.3　DeviceNet

DeviceNet 是一种低成本的通信连接，它将工业设备连接到网络，从而免去了昂贵的硬接线。DeviceNet 是一种简单的网络解决方案，在提供多供货商同类部件间的可互换性的同时，减少了配线和安装工业自动化设备的成本和时间。DeviceNet 的直接互连性不仅改善了设备间的通信，而且提供了相当重要的设备级诊断功能，这是通过硬接线 I/O 接口很难实现的。

DeviceNet 是一个开放式网络标准，规范和协议都是开放的，厂商将设备连接到系统时，无须购买硬件、软件或许可权。任何人都能以少量的复制成本从开放式 DeviceNet 供货商协会（ODVA）获得 DeviceNet 规范。任何制造 DeviceNet 产品的公司都可以加入 ODVA，并参加对 DeviceNet 规范进行增补的技术工作组。寻求开发帮助的公司可以通过任何渠道购买使其工作简易化的样本源代码、开发工具包和各种开发服务。关键的硬件可以从世界上最大的半导体供货商那里获得。

在现代的控制系统中，不仅要求现场设备完成本地的控制、监视、诊断等任务，还要能通过网络与其他控制设备及 PLC 进行对等通信，因此现场设备多设计成内置智能式。基于这样的现状，美国 Rockwell Automation 公司于 1994 年推出了 DeviceNet 网络，可实现低成本高性能的工业设备的网络互连。DeviceNet 具有如下特点：

1）DeviceNet 基于 CAN 总线技术，它可连接开关、光电传感器、阀组、电动机起动器、过程传感器、变频调速设备、固态过载保护装置、条形码阅读器、I/O 和人机界面等，传输速率为 125~500kbit/s，每个网络的最大节点数是 64 个，干线长度 100~500m。

2）DeviceNet 使用的通信模式是生产者/客户（Producer/Consumer）。该模式允许网络上的所有节点同时存取同一源数据，网络通信效率更高；采用多信道广播信息发送方式，各个客户可在同一时间接收到生产者所发送的数据，网络利用率更高。生产者/客户模式与传统的"源/目的"通信模式相比，前者采用多信道广播式，网络节点同步化，网络效率高；后者采用应答式，如果要向多个设备传送信息，则需要对这些设备分别进行"呼""应"通信，即使是同一信息，也需要制造多个信息包，这样增加了网络的通信量，网络响应速度受限制，难以满足高速的、对时间苛求的实时控制。

3）设备可互换性。各个销售商所生产的符合 DeviceNet 网络和行规标准的简单装置（如按钮、电动机起动器、光电传感器、限位开关等）都可以互换，灵活性和可选择性强。

4）DeviceNet 网络上的设备可以随时连接或断开，而不会影响网络上其他设备的运行，方便维护和减少维修费用，也便于系统的扩充和改造。

5）DeviceNet 网络上的设备安装比传统的 I/O 布线更加节省费用，尤其是当设备分布在几百米范围内时，更有利于降低布线安装成本。

6）利用 RS Network for DeviceNet 软件可方便地对网络上的设备进行配置、测试和管理。网络上的设备以图形方式显示工作状态，一目了然。

现场总线技术具有网络化、系统化、开放性的特点，需要多个企业相互支持、相互补充来构成整个网络系统。为便于技术发展和企业之间的协调，统一宣传推广技术和产品，通常每一种现场总线都有一个组织来统一协调。DeviceNet 总线的组织机构是开放式设备网络供货商协会（Open DeviceNet Vendor Association，ODVA）。它是一个独立组织，管理 DeviceNet 技术规范，促进 DeviceNet 在全球的推广与应用。

ODVA 实行会员制，会员分供货商会员（Vendor Member）和分销商会员（Distributor Member）。ODVA 现有 310 个供货商会员，其中包括 ABB、Rockwell、Phoenix Contact、Omron、Hitachi、Cutler-Hammer 等几乎所有世界著名的电器和自动化元件生产商。

ODVA 的作用是帮助供货商会员向 DeviceNet 产品开发者提供技术培训、产品一致性试验工具和试验，支持成员单位对 DeviceNet 协议规范进行改进；出版符合 DeviceNet 协议规范的产品目录，组织研讨会和其他推广活动，帮助用户了解掌握 DeviceNet 技术；帮助分销商开展 DeviceNet 用户培训和 DeviceNet 专家认证培训，提供设计工具，解决 DeviceNet 系统问题。

DeviceNet 是一个比较年轻的，也是较晚进入中国的现场总线。但 DeviceNet 价格低、效率高，特别适用于制造业、工业控制、电力系统等行业的自动化，适合于制造系统的信息化。

2000 年 2 月，上海电器科学研究所与 ODVA 签署合作协议，共同筹建 ODVA China，目的是把 DeviceNet 这一先进技术引入中国，促进我国自动化和现场总线技术的发展。

2002 年 10 月 8 日，DeviceNet 现场总线被批准为国家标准。DeviceNet 中国国家标准编号为 GB/T 18858.3—2012，名称为《低压开关设备和控制设备 控制器-设备接口（CDI）第 3 部分：DeviceNet》。该标准于 2013 年 2 月 1 日开始实施。

1.3.4 PROFIBUS

PROFIBUS 是作为德国国家标准 DIN 19245 和欧洲标准 EN 50170 的现场总线，ISO/OSI 模型也是它的参考模型。由 PROFIBUS-DP、PROFIBUS-FMS、PROFIBUS-PA 组成了 PROFIBUS 系列。

DP 型用于分散外设间的高速传输，适合于加工自动化领域的应用；FMS 意为现场信息规范，适用于纺织、楼宇自动化、可编程控制器、低压开关等一般自动化；PA 型则是用于过程自动化的总线类型，它遵从 IEC 1158-2 标准。PROFIBUS 技术是由西门子公司为主的十几家德国公司、研究所共同推出的。它采用了 OSI 模型的物理层、数据链路层，由这两部分形成了其标准第一部分的子集，DP 型隐去了 3~7 层，而增加了直接数据连接拟合作为用户接口；FMS 型只隐去第 3~6 层，采用了应用层，作为标准的第二部分；PA 型的标准目前还处于制定过程之中，其传输技术遵从 IEC 1158-2（H1）标准，可实现总线供电与本质安全防爆。

PROFIBUS 支持主-从系统、纯主站系统、多主多从混合系统等几种传输方式。主站具有对总线的控制权，可主动发送信息。对多主站系统来说，主站之间采用令牌方式传递信息，得到令牌的站点可在一个事先规定的时间内拥有总线控制权，并事先规定好令牌在各主站中循环一周的最长时间。按 PROFIBUS 的通信规范，令牌在主站之间按地址编号顺序沿上行方向进行传递。主站在得到控制权时，可以按主-从方式向从站发送或索取信息，实现点对点通信。主站可采取对所有站点广播（不要求应答），或有选择地向一组站点广播。

PROFIBUS 的传输速率为 9.6kbit/s ~ 12Mbit/s，最大传输距离在 9.6kbit/s 时为 1200m，1.5Mbit/s 时为 200m，可用中继器延长至 10km。其传输介质可以是双绞线，也可以是光缆，最多可挂接 127 个站点。

1.3.5　CC-Link

1996 年 11 月，以三菱电机为主导的多家公司以"多厂家设备环境、高性能、省配线"理念开发、公布和开放了现场总线 CC-Link，第一次正式向市场推出了 CC-Link 这一全新的多厂商、高性能、省配线的现场网络，并于 1997 年获得日本电机工业会（JEMA）颁发的杰出技术成就奖。

CC-Link 是 Control & Communication Link（控制与通信链路系统）的简称，即在工控系统中，可以将控制和信息数据同时以 10Mbit/s 高速传输的现场网络。CC-Link 具有性能卓越、应用广泛、使用简单、节省成本等突出优点。作为开放式现场总线，CC-Link 是唯一起源于亚洲地区的总线系统，CC-Link 的技术特点尤其适合亚洲人的思维习惯。

1998 年，汽车行业的马自达、五十铃、雅马哈、通用、铃木等也成为了 CC-Link 的用户，而且 CC-Link 迅速进入中国市场。

为了使用户能更方便地选择和配置自己的 CC-Link 系统，2000 年 11 月，CC-Link 协会（CC-Link Partner Association，CLPA）在日本成立，主要负责 CC-Link 在全球的普及和推进工作。为了全球化的推广能够统一进行，CLPA 在全球设立了众多的驻点，负责在不同地区在各个方面推广和支持 CC-Link 用户和成员的工作。

CLPA 由"Woodhead""Contec""Digital""NEC""松下电工"和"三菱电机"6 个常务理事会员发起。目前，CLPA 在全球拥有众多会员公司，其中包括浙江中控技术规范有限公司等中国大陆地区的会员公司。

1. CC-Link 现场网络的组成与特点

CC-Link 现场总线由 CC-Link、CC-Link/LT、CC-Link Safety、CC-Link IE Control、CC-Link IE Field、SLMP 组成。

CC-Link 协议已经获得许多国际和国家标准认可，如：
- ISO 15745（应用集成框架）。
- IEC 61784/61158（工业现场总线协议的规定）。
- SEMI E54.12。

● 中国国家标准 GB/T 19780—2005。

● 韩国工业标准 KSB ISO 15745-5。

CC-Link 网络层次结构如图 1-5 所示。

1）CC-Link 是基于 RS-485 的现场网络。CC-Link 提供高速、稳定的输入/输出响应，并具有优越的灵活扩展潜能。

① 丰富的兼容产品，超过 1500 多个品种。

② 轻松、低成本开发网络兼容产品。

③ CC-Link Ver.2.0 提供高容量的循环通信。

2）CC-Link/LT 是基于 RS-485 高性能、高可靠性、省配线的开放式网络。它解决了安装现场复杂的电缆配线或不正确的电缆连接。继承了 CC-Link 诸如开放性、高速和抗噪声等优异特点，通过简单设置和方便的安装步骤来降低工时，适用于小型 I/O 应用场合的低成本型网络。

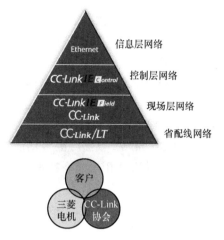

图 1-5 CC-Link 网络层次结构

① 能轻松、低成本地开发主站和从站。

② 适合于节省控制柜和现场设备内的配线。

③ 使用专用接口，能通过简单的操作连接或断开通信电缆。

3）CC-Link IE Control 是基于以太网的千兆控制层网络，采用双工传输路径，稳定可靠。其核心网络打破了各个现场网络或运动控制网络的界限，通过千兆大容量数据传输，实现控制层网络的分布式控制。凭借新增的安全通信功能，可以在各个控制器之间实现安全数据共享。作为工厂内使用的主干网，实现在大规模分布式控制器系统和独立的现场网络之间协调管理。

① 采用千兆以太网技术，实现超高速、大容量的网络型共享内存通信。

② 冗余传输路径（双回路通信），实现高度可靠的通信。

③ 强大的网络诊断功能。

4）CC-Link IE Field 是基于以太网的千兆现场层网络。针对智能制造系统设计，它能够在连接有多个网络的情况下，以千兆传输速度实现对 I/O 的"实时控制+分布式控制"。为简化系统配置，增加了安全通信功能和运动通信功能。在一个开放的、无缝的网络环境，它集高速 I/O 控制、分布式控制系统于一个网络中，可以随着设备的布局灵活敷设电缆。

① 千兆传输能力和实时性，使控制数据和信息数据之间的沟通畅通无阻。

② 网络拓扑的选择范围广泛。

③ 强大的网络诊断功能。

5）SLMP 可使用标准帧格式跨网络进行无缝通信，使用 SLMP 实现轻松连接。

CC-Link 是高速的现场网络，它能够同时处理控制和信息数据。在高达 10Mbit/s 的通信速度时，CC-Link 可以达到 100m 的传输距离并能连接 64 个逻辑站。

CC-Link 的特点如下：

1）高速和高确定性的输入/输出响应。除了能以 10Mbit/s 的高速通信外，CC-Link 还具有高确定性和实时性等通信优势，能够使系统设计者方便构建稳定的控制系统。

2）CC-Link 对众多厂商产品提供兼容性。CLPA 提供"存储器映射规则"，为每一类型产品定义数据。该定义包括控制信号和数据分布。众多厂商按照这个规则开发 CC-Link 兼容产品。用户不需要改变链接或控制程序，很容易将该处产品从一种品牌换成另一种品牌。

3）传输距离容易扩展。通信速率为 10Mbit/s 时，最大传输距离为 100m；通信速率为 156kbit/s 时，传输距离可以达到 1.2km。使用电缆中继器和光中继器可扩展传输距离。CC-Link 支持大规模的应用并减少了配线和设备安装所需的时间。

4）省配线。CC-Link 显著地减少了复杂生产线上所需的控制线缆和电源线缆的数量。它减少了配线和安装的费用，使完成配线所需的工作量减少并极大改善了维护工作。

5）依靠 RAS 功能实现高可能性。RAS 的可靠性、可使用性、可维护性功能是 CC-Link 另外一个特点，该功能包括备用主站、从站脱离、自动恢复、测试和监控，它提供了高可靠性的网络系统并使网络瘫痪的时间最小化。

6）CC-Link V2.0 提供更多功能和更优异的性能。通过 2 倍、4 倍、8 倍等扩展循环设置，最大可以达到 RX、RY 各 8192 点和 RWw、RWr 各 2048 字。每台最多可链接点数（占用 4 个逻辑站时）从 128 位，32 字扩展到 896 位，256 字。

CC-Link 在汽车制造、半导体制造、传送系统和食品生产等各种自动化领域可提供简单安装和省配线的产品。

CC-Link 工业网络结构如图 1-6 所示。

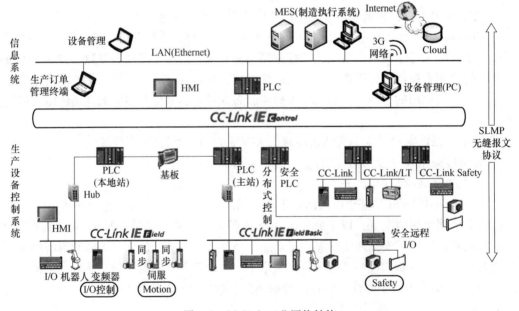

图 1-6　CC-Link 工业网络结构

2. CC-Link Safety 系统构成与特点

随着制造业的不断发展，对自动化水平提出了更高要求，特别是对远距离监控及安全生产的要求也越来越高。CC-Link Safety 把安全技术与工业网络相结合，提供了安全网络化解决方案。该方案不仅降低了布线、维护等成本，提高了生产效率，同时，它继承了 CC-Link 网络资源，能更加有效地保障安全生产，防止或最大限度地避免人身与财产安全事故的发生。国家标准化指导文件 GB/Z 29496.1.2.3—2013《控制与通信网络 CC-Link Safety 规范　第 3 部分》已于 2013 年正式发布。

CC-Link Safety 系统构成如图 1-7 所示。

图 1-7 CC-Link Safety 系统构成

CC-Link Safety 的特点如下：

1）高速通信的实现。实现 10Mbit/s 的安全通信速度，凭借与 CC-Link 同样的高速通信，可构筑具有高度响应性能的安全系统。

2）通信异常的检测。能实现可靠紧急停止的安全网络，具备检测通信延迟或缺损等所有通信出错的安全通信功能，发生异常时能可靠停止系统。

3）原有资源的有效利用。可继续利用原有的网络资源，可使用 CC-Link 专用通信电缆，在连接报警灯等设备时，可使用原有的 CC-Link 远程站。

4）RAS 功能。集中管理网络故障及异常信息，安全从站的动作状态和出错代码传送至主站管理，还可通过安全从站、网络的实时监视解决前期故障。

5）兼容产品开发的效率化。Safety 兼容产品开发更加简单，CC-Link Safety 技术已通过安全审查机构审查，可缩短兼容产品的安全审查时间。

1.3.6 ControlNet

1. ControlNet 的历史与发展

工业现场控制网络的许多应用不仅要求在控制器和工业器件之间的紧耦合，还应有确定性和可重复性。在 ControlNet 出现以前，没有一个网络在设备层或信息层能有效地实现这样的功能要求。ControlNet 是由美国罗克韦尔自动化公司（Rockwell Automation）于 1997 年推出的一种新的面向控制层的实时性现场总线网络。

ControlNet 是一种现代化的开放网络，它提供如下功能：

1）在同一链路上同时支持 I/O 信息，控制器实时互锁以及对等通信报文传送和编程操作。

2）对于离散和连续过程控制应用场合，均具有确定性和可重复性。

ControlNet 采用了开放网络技术一种全新的解决方案——生产者/消费者（Producer/Consumer）模型，它具有精确同步化的功能。ControlNet 是目前世界上增长最快的工业控制网络之一（网络节点数年均以 180% 的速度增长）。

近年来，ControlNet 广泛应用于交通运输、汽车制造、冶金、矿山、电力、食品、造纸、石油、化工、娱乐及很多其他领域的工厂自动化和过程自动化。福特汽车公司、通用汽车公司、巴斯夫公司、柯达公司、现代集团等公司，以及美国宇航局等政府机关都是 ControlNet 的用户。

2. ControlNet International 简介

为了促进 ControlNet 技术的发展、推广和应用，1997 年 7 月由罗克韦尔自动化等 22 家公司联合发起成立了控制网国际组织（ControlNet International，CI）。同时，罗克韦尔自动化将 ControlNet 技术转让给了 CI。CI 是一个为用户和供货厂商服务的非盈利性的独立组织，它负责 ControlNet 技术规范的管理和发展，并通过开发测试软件提供产品的一致性测试，出版 ControlNet 产品目录，进行 ControlNet 技术培训等，促进世界范围内 ControlNet 技术的推广和应用。因而，ControlNet 是开放的现场总线。CI 在全世界范围内拥有包括 Rockwell Automation、ABB、Honeywell、Toshiba 等 70 家著名厂商组成的成员单位。

CI 的成员可以加入 ControlNet 特别兴趣小组（Special Interest Group，SIG），该小组由两个或多个对某类产品有共同兴趣的供货商组成。该小组的任务是开发设备行规（Device Profile），目的是让加入 ControlNet 的所有成员对 ControlNet 某类产品的基本标准达成一致意见，这样使得同类的产品可以达到互换性和互操作性。SIG 开发的成果经过同行们审查再提交 CI 的技术审查委员会，经过批准，其设备行规将成为 ControlNet 技术规范的一部分。

3. ControlNet 简介

ControlNet 是一个高速的工业控制网络，在同一电缆上同时支持 I/O 信息和报文信息（包括程序、组态、诊断等信息），集中体现了控制网络对控制（Control）、组态（Configuration）、采集（Collect）等信息的完全支持。ControlNet 基于生产者/消费者这一先进的网络模型，该模型为网络提供更高有效性、一致性和柔韧性。

从专用网络到公用标准网络，工业网络开发商给用户带来了许多好处，但同时也带来了许多互不相容的网络。如果考虑网络的扁平体系和高性能的需要，就会发现为了增强网络的性能，有必要在自动化和控制网络这一层引进一种包含市场上所有网络优良性能的全新的网络，还应考虑数据的传输时间是可预测的，以及保证传输时间不受设备加入或离开网络的影响。所有的这些现实问题推动了 ControlNet 的开发和发展，它正是满足不同需要的一种实时的控制层的网络。

ControlNet 协议的制定参照了 OSI 7 层协议模型，并参照了其中的 1、2、3、4、7 层。其既考虑到网络的效率和实现的复杂程度，没有像 LonWorks 一样采用完整的 7 层，又兼顾到协议技术的向前兼容性和功能完整性，与一般现场总线相比增加了网络层和传输层。这对于和异种网络的互连及网络的桥接功能提供了支持，更有利于大范围的组网。

ControlNet 中网络和传输层的任务是建立和维护连接。这一部分协议主要定义了未连接报文管理（UCMM）、报文路由（Message Router）对象和连接管理（Connection Management）对象及相应的连接管理服务。以下将对 UCMM、报文路由等分别进行介绍。

ControlNet 上可连接以下典型的设备：

1）逻辑控制器（如可编程逻辑控制器、软控制器等）。

2）I/O 机架和其他 I/O 设备。

3）人机界面设备。

4）操作员界面设备。

5）电动机控制设备。

6）变频器。

7）机器人。

8）气动阀门。

9）过程控制设备。

10）网桥/网关等。

关于具体设备的性能及其生产商，用户可以向 CI 索取 ControlNet 产品目录。

ControlNet 网络上可以连接多种设备：

1）同一网络支持多个控制器。

2）每个控制器拥有自己的 I/O 设备。

3）I/O 机架的输入量支持多点传送（Multicast）。

ControlNet 提供了市场上任何单一网络不能提供的性能：

1）高速（5Mbit/s）的控制和 I/O 网络，增强的 I/O 性能和点对点通信能力，多主机支持，同时支持编程和 I/O 通信的网络，可以从任何一个节点甚至是适配器访问整个网络。

2）柔性的安装选择。使用可用的多种标准的低价的电缆，可选的媒体冗余，每个子网可支持最多 99 个节点，并且可放在主干网的任何地方。

3）先进的网络模型，对 I/O 信息实现确定和可重复地传送，介质访问算法确保传送时间的准确性，生产者/消费者模型最大限度优化了带宽的利用率，支持多主机、多点传送和点对点的应用关系。

4）使用软件进行设备组态和编程，并且使用同一网络。

ControlNet 物理媒介可以使用电缆和光纤：电缆使用 RG-6/U 同轴电缆（和有线电视电缆相同），其特点是廉价、抗干扰能力强、安装简单，使用标准 BNC 连接器和无源分接器（Tap），分接器允许节点放置在网络的任何地方，每个网段可延伸 1000m，并且可用中继器（Repeater）进行扩展；在户外、危险及高电磁干扰环境下可使用光纤，当与同轴电缆混接时可延伸到 25km，其距离仅受光纤的质量所限制。

介质访问控制使用时间片（Time Slice）算法保证每个节点之间的同步带宽的分配。根据实时数据的特性，带宽预先保留或预订用来支持实时数据的传送，余下的带宽用于非实时或未预订数据的传送。实时数据包括 I/O 信息和控制器之间对等信息的互锁（Interlocking），而非实时数据则包括显性报文（Explicit Messaging）和连接的建立。

传统的网络支持 2 类产品（主机和从机），ControlNet 支持 3 类产品。

1）设备供电：设备采用外部供电。

2）网络模型：生产者/消费者。

3）连接器：标准同轴电缆 BNC。

4）物理层介质：RG6 同轴电缆、光纤。

5）网络节点数：99 个最大可编址节点，不带中继器的网段最多 48 个节点。

6）带中继器最大拓扑：（同轴电缆）5000m，（光纤）30km。

7）应用层设计：面向对象设计，包括设备对象模型，类、实例、属性，设备行规（Profile）。

8）I/O 数据触发方式：轮询（Poll），周期性发送（Cyclic）/状态改变发送（Change Of State）。

9）网络刷新时间：可组态 2~100ms。

10）I/O 数据点数：无限多个。

11）数据分组大小：可变长 0~510B。

12）网络和系统特性：可带电插拔，确定性和可重复性，可选本征安全，网络重复节点检测，报文分段传送（块传送）。

1.4 工业以太网简介

1.4.1 EtherCAT

EtherCAT 是由德国 BECKHOFF 公司开发的，并且在 2003 年底成立了 ETG（Ethernet Technology Group）。EtherCAT 是一个可用于现场级的超高速 I/O 网络，它使用标准的以太网物理层和常规的以太网卡，介质可为双绞线或光纤。

1. 以太网的实时能力

目前，有许多方案力求实现以太网的实时能力。例如，CSMA/CD 介质存取过程方案，即禁止高层协议访问过程，而由时间片或轮询方式所取代的一种解决方案。另一种解决方案则是通过专用交换机精确控制时间的方式来分配以太网包。这些方案虽然可以在某种程度上快速准确地将数据包传送给所连接的以太网节点，但是，输出或驱动控制器重定向所需要的时间以及读取输入数据所需要的时间都要受制于具体的实现方式。

如果将单个以太网帧用于每个设备，从理论上讲，其可用数据率非常低。例如，最短的以太网帧为 84B（包括内部的包间隔 IPG）。如果一个驱动器周期性地发送 4B 的实际值和状态信息，并相应地同时接收 4B 的命令值和控制字信息，那么，即便总线负荷为 100% 时，其可用数据率也只能达到 4/84 即 4.8%。如果按照 10μs 的平均响应时间估计，则速率将下降到 1.9%。对所有发送以太网帧到每个设备（或期望帧来自每个设备）的实时以太网方式而言，都存在这些限制，但以太网帧内部所使用的协议是例外。

一般常规的工业以太网的传输方法都采用先接收通信帧，进行分析后作为数据送入网络中各个模块的通信方式，而 EtherCAT 的以太网协议帧中已经包含了网络中各个模块的数据。

数据的传输采用移位同步的方法进行，即在网络的模块中得到其相应地址数据的同时，数据帧可以传送到下一个设备，相当于数据帧通过一个模块时输出相应的数据后，立即转入下一个模块。由于这种数据帧的传送从一个设备到另一个设备延迟时间仅为微秒级，所以与其他以太网解决方法相比，性能比得到了提高。在网络段的最后一个模块结束了整个数据传输的工作，形成了一个逻辑和物理环形结构。所有传输数据与以太网的协议相兼容，同时采用双工传输，提高了传输的效率。

2. EtherCAT 的运行原理

EtherCAT 技术突破了其他以太网解决方案的系统限制：通过该项技术，无须接收以太网数据包，将其解码，再将过程数据复制到各个设备。EtherCAT 从站设备在报文经过其节点时读取相应的编址数据，同样，输入数据也是在报文经过时插入至报文中。整个过程中，报文只有几纳秒的时间延迟。

由于发送和接收的以太网帧压缩了大量的设备数据，所以有效数据率可达 90% 以上。100Mbit/s TX 的全双工特性完全得以利用，因此，有效数据率可大于 100Mbit/s。

符合 IEEE 802.3 标准的以太网协议无须附加任何总线即可访问各个设备。耦合设备中的物理层可以将双绞线或光纤转换为 LVDS 接口，以满足电子端子块等模块化设备的需求。

这样，就可以非常经济地对模块化设备进行扩展。

EtherCAT 通信协议模型如图 1-8 所示。EtherCAT 通过协议内部可区别传输数据的优先权（过程数据），组态数据或参数的传输是在一个确定的时间中通过一个专用的服务通道进行（非周期数据），EtherCAT 系统的以太网功能与传输的 IP 兼容。

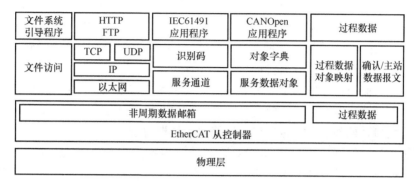

图 1-8　EtherCAT 通信协议模型

3. EtherCAT 的技术特征

EtherCAT 是用于过程数据的优化协议，凭借特殊的以太网类型，它可以在以太网帧内直接传送。EtherCAT 帧可包括几个 EtherCAT 报文，每个报文都服务于一块逻辑过程映像区的特定内存区域，该区域最大可达 4GB。数据顺序不依赖于网络中以太网端子的物理顺序，可任意编址。从站之间的广播、多播和通信均得以实现。当需要实现最佳性能，且要求 EtherCAT 组件和控制器在同一子网操作时，则直接采用以太网帧传输。

然而，EtherCAT 不仅限于单个子网的应用。EtherCAT UDP 将 EtherCAT 协议封装为 UDP/IP 数据报文，这意味着任何以太网协议栈的控制均可编址到 EtherCAT 系统之中，甚至通信还可以通过路由器跨接到其他子网中。显然，在这种变体结构中，系统性能取决于控制的实时特性和以太网协议的实现方式。因为 UDP 数据报文仅在第一个站才完成解包，所以 EtherCAT 网络自身的响应时间基本不受影响。

另外，根据主/从数据交换原理，EtherCAT 也非常适合控制器之间（主/从）的通信。自由编址的网络变量可用于过程数据以及参数、诊断、编程和各种远程控制服务，满足广泛的应用需求。主站/从站与主站/主站之间的数据通信接口也相同。

从站到从站的通信则有两种方法以供选择：

1）上游设备和下游设备可以在同一周期内实现通信，速度非常快。由于这种方法与拓扑结构相关，因此适用于由设备架构设计所决定的从站到从站的通信，如打印或包装应用等。

2）数据通过主站进行中继。这种方法适用于自由配置的从站到从站的通信，需要两个周期才能完成，但由于 EtherCAT 的性能非常卓越，因此该过程耗时仍然快于采用其他方法所耗费的时间。

EtherCAT 仅使用标准的以太网帧，无任何压缩。因此，EtherCAT 以太网帧可以通过任何以太网 MAC 发送，并可以使用标准工具。

EtherCAT 使网络性能达到了一个新境界。借助于从站硬件集成和网络控制器主站的直接内存存取，整个协议的处理过程都在硬件中得以实现，完全独立于协议栈的软件实时运行系统。

超高性能的 EtherCAT 技术可以实现传统的现场总线系统难以实现的控制理念。EtherCAT 使通信技术和现代工业计算机所具有的超强计算能力相适应，总线系统不再是控制理念的瓶颈，分布式 I/O 可能比大多数本地 I/O 接口运行速度更快。EtherCAT 技术原理具有可塑性，并不束缚于 100Mbit/s 的通信速率，甚至有可能扩展为 1000Mbit/s 的以太网。

现场总线系统的实际应用经验表明，有效性和试运行时间关键取决于诊断能力。只有快速而准确地检测出故障，并明确标明其所在位置，才能快速排除故障。因此，在 EtherCAT 的研发过程中，特别注重强化诊断特征。

试运行期间，驱动或 I/O 端子等节点的实际配置需要与指定的配置进行匹配性检查，拓扑结构也需要与配置相匹配。由于整合的拓扑识别过程已延伸至各个端子，因此，这种检查不仅可以在系统启动期间进行，也可以在网络自动读取时进行。

可以通过评估循环冗余校验（CRC），有效检测出数据传送期间的位故障。除断线检测和定位之外，EtherCAT 系统的协议、物理层和拓扑结构还可以对各个传输段分别进行品质监视，与错误计数器关联的自动评估还可以对关键的网络段进行精确定位。此外，对于电磁干扰、连接器破损或电缆损坏等一些渐变或突变的错误源，即便它们尚未过度应变到网络自恢复能力的范围，也可对其进行检测与定位。

选择冗余电缆可以满足快速增长的系统可靠性需求，以保证设备更换时不会导致网络瘫痪。可以很经济地增加冗余特性，仅需在主站设备端增加使用一个标准的以太网端口，无须专用网卡或接口，并将单一的电缆从总线型拓扑结构转变为环形拓扑结构即可。当设备或电缆发生故障时，也仅需一个周期即可完成切换。因此，即使是针对运动控制要求的应用，电缆出现故障时也不会有任何问题。EtherCAT 也支持热备份的主站冗余。由于在环路中断时 EtherCAT 从站控制器立刻自动返回数据帧，所以一个设备的失败不会导致整个网络的瘫痪。

为了实现 EtherCAT 安全数据通信，EtherCAT 安全通信协议已经在 ETG 组织内部公开。EtherCAT 被用作传输安全和非安全数据的单一通道。传输介质被认为是"黑色通道"而不被包括在安全协议中。EtherCAT 过程数据中的安全数据报文包括安全过程数据和所要求的数据备份。这个"容器"在设备的应用层被安全地解析。通信仍然是单一通道的，这符合 IEC 61784-3 附件中的模型 A。

EtherCAT 安全协议已经由德国技术监督局（TÜV）评估为满足 IEC 61508 定义的 SIL3 等级的安全设备之间传输过程数据的通信协议。设备上实施 EtherCAT 安全协议必须满足安全目标的需求。

4. EtherCAT 的实施

由于 EtherCAT 无须集线器和交换机，因此，在环境条件允许的情况下，可以节省电源、安装费用等设备方面的投资，只需使用标准的以太网电缆和价格低廉的标准连接器即可。如果环境条件有特殊要求，则可以依照 IEC 标准，使用增强密封保护等级的连接器。

EtherCAT 技术是面向经济的设备而开发的，如 I/O 端子、传感器和嵌入式控制器等。EtherCAT 使用遵循 IEEE 802.3 标准的以太网帧。这些帧由主站设备发送，从站设备只是在以太网帧经过其所在位置时才提取、插入数据。因此，EtherCAT 使用标准的以太网 MAC，这正是其在主站设备方面智能化的表现。同样，EtherCAT 从站控制器采用 ASIC 芯片，在硬件中处理过程数据协议，确保提供最佳实时性能。

EtherCAT 接线非常简单，并对其他协议开放。传统的现场总线系统已达到了极限，而 EtherCAT 则突破建立了新的技术标准，可选择双绞线或光纤，并利用以太网和因特网技术实现垂直优化集成。使用 EtherCAT 技术，可以用简单的线形拓扑结构替代昂贵的星形以太网拓扑结构，无须昂贵的基础组件。EtherCAT 还可以使用传统的交换机连接方式，以集成其他的以太网设备。其他的实时以太网方案需要与控制器进行特殊连接，而 EtherCAT 只需要价格低廉的标准以太网卡（NIC）便可实现。

EtherCAT 拥有多种机制，支持主站到从站、从站到从站以及主站到主站之间的通信。它实现了安全功能，采用技术可行且经济实用的方法，使以太网技术可以向下延伸至 I/O 级。EtherCAT 功能优越，可以完全兼容以太网，可将因特网技术嵌入到简单设备中，并最大化地利用了以太网所提供的巨大带宽，是一种实时性能优越且成本低廉的网络技术。

5. EtherCAT 的应用

EtherCAT 广泛适用于机器人、机床、包装机械、印刷机、塑料制造机器、冲压机、半导体制造机器、试验台、测试系统、抓取机器、电厂、变电站、材料处理应用、行李运送系统、舞台控制系统、自动化装配系统、纸浆和造纸机、隧道控制系统、焊接机、起重机和升降机、农场机械、海岸应用、锯木厂、窗户生产设备、楼宇控制系统、钢铁厂、风机、家具生产设备、铣床、自动引导车、娱乐自动化、制药设备、木材加工机器、平板玻璃生产设备、称重系统等。

1.4.2 Ethernet/IP

1998 年，ControlNet 国际组织（CI）开发了由 ControlNet 和 DeviceNet 共享的、开放的和广泛接受的基于 Ethernet 的应用层规范，利用该技术，CI、工业以太网协会（IEA）和 DeviceNet 供应商协会（ODVA）于 2000 年 3 月发布了 Ethernet/IP（以太网工业协议）规范，旨在将这个基于 Ethernet 的应用层协议作为自动化标准。Ethernet/IP 技术采用以太网芯片，并采用有源星形拓扑结构，将一组装置点对点地连接至交换机，而在应用层采用已在工业界广泛应用的开放协议——通用工业协议（Common Industrial Protocol，CIP）。CIP 控制部分用来实现实时 I/O 通信，信息部分用来实现非实时的报文交换。Ethernet/IP 的一个数据包最多可达 1500B，数据传输率达 10/100Mbit/s，因而能实现大量数据的高速传输。

1. Ethernet/IP 概述

Ethernet/IP 的成功之处在于在 TCP/UDP/IP 上附加了 CIP，提供了一个公共的应用层，Ethernet/IP 通信协议模型如图 1-9 所示。值得一提的是，CIP 除了作为 Ethernet/IP 的应用层协议外，还可以作为 ControlNet 和 DeviceNet 的应用层，3 种网络分享相同的应用对象库、对象和设备行规，使得多个供应商的装置能在上述 3 种网络中实现即插即用。

2. Ethernet/IP 的报文种类

在 Ethemet/IP 控制网络中，设备之间在 TCP/IP 的基础上通过 CIP 来实现通信。CIP 采用控制协议来实现实时 I/O 数据报文传输，采用信息协议来实现显性信息报文传输。CIP 把报文分为 I/O 数据报文、显性信息报文和网络维护报文。

（1）I/O 数据报文 I/O 数据报文是指实时性要求较高的测量控制数据，它通常是小数据包。I/O 数据交换通常属于一个数据源和多个目标设备之间的长期的内部连接，I/O 数据报文利用 UDP 的高速吞吐能力，采用 UDP/IP 传输。

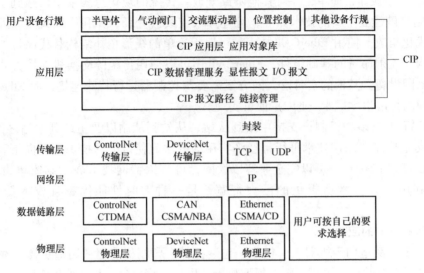

图 1-9 Ethernet/IP 通信协议模型

I/O 数据报文又称为隐性报文, 其中只包含应用对象的 I/O 数据, 没有协议信息, 数据接收者事先已知道数据的含义。I/O 数据报文仅能以面向连接的方式传送, 面向连接意味着数据传送前需要建立和维护通信连接。

(2) 显性信息报文 显性信息报文通常指实时性要求较低的组态、诊断、趋势数据等, 一般为比 I/O 数据报文大得多的数据包。显性信息交换是一个数据源和一个目标设备之间短时间内的连接。显性信息报文采用 TCP/IP, 并利用 TCP 的数据处理特性。

显性信息报文需要根据协议及代码的相关规定来理解报文的意义。显性信息报文传送可以采用面向连接的通信方式, 也可以采用非连接的通信方式来实现。

(3) 网络维护报文 网络维护报文是指在一个生产者与任意多个消费者之间起网络维护作用的报文。在系统指定的时间内, 由地址最低的节点在此时间段内发送时钟同步和一些重要的网络参数, 以使网络中各节点同步时钟, 调整与网络运行相关的参数。网络维护报文一般采用广播方式发送。

1.4.3 POWERLINK

POWERLINK 是由奥地利 B&R 公司开发的, 2002 年 4 月公布了 POWERLINK 标准, 其主要解决同步驱动和特殊设备的驱动要求。POWERLINK 通信协议模型如图 1-10 所示。

POWERLINK 协议对第 3 层和第 4 层的 TCP (UDP)/IP 栈进行了实时扩展, 增加的基于 TCP/IP 的 Async 中间件用于异步数据传输, Isochron 等时中间件用于快速、周期的数据传输。POWERLINK 栈控制着网络上的数据流量。POWERLINK 避免网络上数据冲突的方法是采用时间片通信网络管理机制 (Slot Communication Network Management, SCNM)。SCNM 能够做到无冲突的数据传输, 专用的时间片用于调度等时同步传输的实时数据; 共享的时间片用于异步的数据传输。在网络上, 只能指定一个站为管理站, 它为所有网络上的其他站建立一个配置表和分配的时间片, 只有管理站能接收和发送数据, 其他站只有在管理站授权下才能发送数据, 因此, POWERLINK 需要采用基于 IEEE 1588 的时间同步。

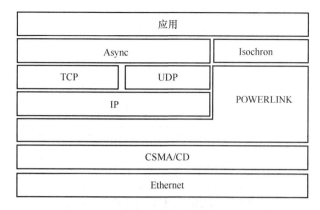

图 1-10 POWERLINK 通信协议模型

1. POWERLINK 通信模型

POWERLINK 是 IEC 国际标准，也是中国的国家标准（GB/T 27960—2011）。

如图 1-11 所示，POWERLINK 是一个 3 层的通信网络，它规定了物理层、数据链路层和应用层，这 3 层包含了 OSI 模型中规定的 7 层协议。

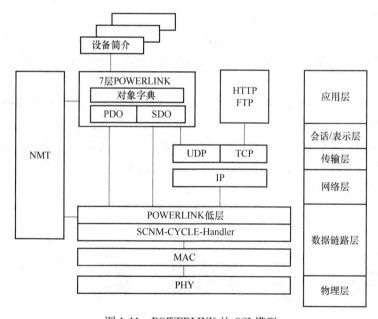

图 1-11 POWERLINK 的 OSI 模型

如图 1-12 所示，具有 3 层协议的 POWERLINK 在应用层上可以连接各种设备，如 I/O、阀门、驱动器等。在物理层下连接了 Ethernet 控制器，用来收发数据。由于以太网控制器的种类很多，不同的以太网控制器需要不同的驱动程序，因此在"Ethernet 控制器"和"POWERLINK 传输"之间有一层"Ethernet 驱动器"。

2. POWERLINK 网络拓扑结构

由于 POWERLINK 的物理层采用标准的以太网，因此以太网支持的所有拓扑结构它都支持。而且可以使用 HUB 和 Switch 等标准的网络设备，这使得用户可以非常灵活地组网，如菊花链、树形、星形、环形和其他任意组合。

图 1-12　POWERLINK 通信模型的层次

因为逻辑与物理无关，所以用户在编写程序时无须考虑拓扑结构。网路中的每个节点都有一个节点号，POWERLINK 通过节点号来寻址节点，而不是通过节点的物理位置来寻址，因此逻辑与物理无关。

由于协议独立的拓扑配置功能，POWERLINK 的网络拓扑与机器的功能无关。因此POWERLINK 的用户无须考虑任何网络相关的需求，只需专注满足设备制造的需求。

3. POWERLINK 的功能和特点

（1）一"网"到底　POWERLINK 物理层采用普通以太网的物理层，因此可以使用工厂中现有的以太网布线，从机器设备的基本单元到整台设备、生产线，再到办公室，都可以使用以太网，从而实现一"网"到底。

1）多路复用。网络中不同的节点具有不同的通信周期，兼顾快速设备和慢速设备，使网络设备达到最优。

一个 POWERLINK 周期中既包含同步通信阶段，也包括异步通信阶段。同步通信阶段即周期性通信，用于周期性传输通信数据；异步通信阶段即非周期性通信，用于传输非周期性的数据。因此 POWERLINK 网络可以适用于各种设备，如图 1-13 所示。

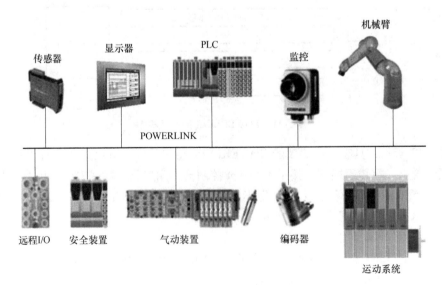

图 1-13　POWERLINK 网络系统

2）大数据量通信。POWERLINK 每个节点的发送和接收分别采用独立的数据帧，每个数据帧最大为 1490B，与一些采用集束帧的协议相比，通信量提高数百倍。在集束帧协议里，网络中的所有节点的发送和接收共用一个数据帧，这种机制无法满足大数据量传输的场合。

在过程控制中，网络的节点数多，每个节点传输的数据量大，因而 POWERLINK 很受欢迎。

3）故障诊断。组建一个网络并启动后，可能网络中的某些节点配置错误或者节点号冲突等会导致网络异常。因此需要有一些手段来诊断网络的通信状况，找出故障的原因和故障点，从而修复网络异常。

POWERLINK 的诊断有两种工具：Wireshark 和 Omnipeak。诊断的方法是将待诊断的计算机接入 POWERLINK 网络中，由 Wireshark 或 Omnipeak 自动抓取通信数据包，分析并诊断网络的通信状况及时序。这种诊断不占用任何宽带，并且是标准的以太网诊断工具，只需要一台带有以太网接口的计算机即可。

4）网络配置。POWERLINK 使用开源的网络配置工具 openCONFIGURATOR，用户可以单独使用该工具，也可以将该工具的代码集成到自己的软件中，成为软件的一部分。使用该软件可以方便地组建，配置 POWERLINK 网络。

（2）节点的寻址 POWERLINKMAC 的寻址遵循 IEEE 802.3，每个设备的地址都是唯一的，称为节点 ID。因此新增一个设备就意味着引入一个新地址。节点 ID 可以通过设备上的拨码开关手动设置，也可以通过软件设置，拨码 FF 默认为软件配置地址。此外还有 3 个可选方法，POWERLINK 也可以支持标准 IP 地址。因此，POWERLINK 设备可以通过万维网随时随地被寻址。

（3）热插拔 POWERLINK 支持热插拔，而且不会影响整个网络的实时性。根据该属性，可以实现网络的动态配置，即可以动态地增加或减少网络中的节点。

实时总线上，热插拔能力带给用户两个重要的好处：当模块增加或替换时，无须重新配置；在运行的网络中替换或激活一个新模块不会导致网络瘫痪，系统会继续工作，不管是不断扩展还是本地的替换，其实时能力不受影响。在某些场合中系统不能断电，如果不支持热插拔，即使小机器一部分被替换，都不可避免地导致系统停机。

配置管理是 POWERLINK 系统中最重要的一部分，它能本地保存自己和系统中所有其他设备的配置数据，并在系统启动时加载。这个特性可以实现即插即用，这使得初始安装和设备替换非常简单。

POWERLINK 允许无限制地即插即用，因为该系统集成了 CANopen 机制。新设备只需插入就可立即工作。

（4）冗余 POWERLINK 的冗余包括 3 种：双网冗余、环网冗余和多主冗余。

1.4.4 PROFINET

PROFINET 是由 PROFIBUS 国际组织（PROFIBUS International，PI）提出的基于实时以太网技术的自动化总线标准，将工厂自动化和企业信息管理层信息技术有机地融为一体，同时又完全保留了 PROFIBUS 现有的开放性。

PROFINET 支持除星形、总线型和环形之外的拓扑结构。为了减少布线费用，并保证高度的可用性和灵活性，PROFINET 提供了大量的工具帮助用户方便地实现 PROFINET 的安装。特别设计的工业电缆和耐用连接器满足 EMC 和温度要求，并且在 PROFINET 框架内形成标准化，保证了不同制造商设备之间的兼容性。

PROFINET 满足了实时通信的要求，可应用于运动控制。它具有 PROFIBUS 和 IT 标准的开放透明通信，支持从现场级到工厂管理层通信的连续性，从而增加了生产过程的透明度，优化了企业的系统运作。作为开放和透明的概念，PROFINET 也适用于 Ethernet 和任何其他现场总线系统之间的通信，可实现与其他现场总线的无缝集成。PROFINET 同时实现了分布式自动化系统，提供了独立于制造商的通信、自动化和工程模型，将通信系统、以太网转换为适应于工业应用的系统。

PROFINET 提供标准化的独立于制造商的工程接口，它能够方便地把各个制造商的设备和组件集成到单一系统中。设备之间的通信链接以图形形式组态，无须编程。它是最早建立自动化工程系统与微软操作系统及其软件的接口标准，使得自动化行业的工程应用能够被 Windows NT/2000 所接收，将工程系统、实时系统以及 Windows 操作系统结合为一个整体。PROFINET 的系统结构如图 1-14 所示。

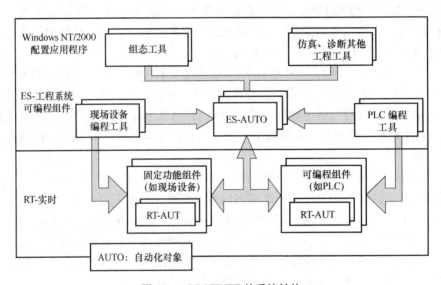

图 1-14　PROFINET 的系统结构

PROFINET 为自动化通信领域提供了一个完整的网络解决方案，包括诸如实时以太网、运动控制、分布式自动化、故障安全以及网络安全等当前自动化领域的热点问题。PROFINET 包括 8 个主要模块，分别为实时通信、分布式现场设备、运动控制、分布式自动化、网络安装、IT 标准集成与信息安全、故障安全和过程自动化。PROFINET 也实现了从现场级到管理层的纵向通信集成：一方面，方便管理层获取现场级的数据；另一方面，原本在管理层存在的数据安全性问题也延伸到了现场级。为了保证现场网络控制数据的安全，PROFINET 提供了特有的安全机制，通过使用专用的安全模块，可以保护自动化控制系统，使自动化通信网络的安全风险最小化。

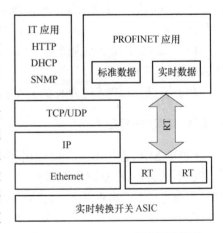

图 1-15　PROFINET 通信协议模型

PROFINET 是一个整体的解决方案，PROFINET 的通信协议模型如图 1-15 所示。

RT（实时）通道能够实现高性能传输循环数据和时间控制信号、报警信号，IRT（同步实时）通道实现等时同步方式下的数据高性能传输。PROFINET 使用了 TCP/IP 和 IT 标准，并符合基于工业以太网的实时自动化体系，覆盖了自动化技术的所有要求，能够实现与现场总线的无缝集成。更重要的是，PROFINET 所有的事情都在一条总线电缆中完成，IT 服务和 TCP/IP 开放性没有任何限制，它可以满足高性能、等时同步实时通信。

1.4.5 EPA

2004 年 5 月，由浙江大学、重庆邮电大学等制定的新一代现场总线标准——《用于工业测量与控制系统的 EPA 通信标准》（简称 EPA 标准）成为我国第一个拥有自主知识产权并被 IEC 认可的工业自动化领域国际标准。

EPA（Ethernet for Plant Automation）系统是一种分布式系统，它是利用 ISO/IEC 8802-3、IEEE 802.11、IEEE 802.15 等协议定义的网络，将分布在现场的若干个设备、小系统以及控制、监视设备连接起来，使所有设备一起运作，共同完成工业生产过程和操作过程中的测量和控制。EPA 系统可以用于工业自动化控制环境。

EPA 标准定义了基于 ISO/IEC 8802-3、IEEE 802.11、IEEE 802.15 以及 RFC 791、RFC 768 和 RFC 793 等协议的 EPA 系统结构、数据链路层协议、应用层服务定义与协议规范以及基于 XML 的设备描述规范。

1. EPA 技术与标准

EPA 根据 IEC 61784-2 的定义，在 ISO/IEC 8802-3 协议基础上，进行了针对通信确定性和实时性的技术改造，其通信协议模型如图 1-16 所示。

图 1-16 EPA 通信协议模型

除了 ISO/IEC 8802-3、IEEE 802.11、IEEE 802.15、TCP（UDP）/IP 以及 IT 应用协议等组件外，EPA 通信协议还包括 EPA 实时性通信进程、EPA 快速实时性通信进程、EPA 应用实体和 EPA 通信调度管理实体。针对不同的应用需求，EPA 确定性通信协议簇中包含了以下几个部分：

1）非实时性通信协议（N-Real-Time，NRT）。非实时性通信是指基于 HTTP、FTP 以及其他 IT 应用协议的通信方式，如 HTTP 服务应用进程、电子邮件应用进程、FTP 应用进程等进程运行时进行的通信。在实际 EPA 应用中，非实时性通信部分应与实时性通信部分利用网桥进行隔离。

2）实时性通信协议（Real-Time，RT）。实时性通信是指满足普通工业领域实时性需求的通信方式，一般针对流程控制领域。利用 EPA_CSME 通信调度管理实体，对各设备进行周期数据的分时调度，以及非周期数据按优先级进行调度。

3）快速实时性通信协议（Fast Real-Time，FRT）。快速实时性通信是指满足强实时控制领域实时性需求的通信方式，一般针对运动控制领域。快速实时性通信协议（FRT）部分在实时性通信协议（RT）上进行了修改，包括协议栈的精简和数据复合传输，以此满足如运动控制领域等强实时性控制领域的通信需求。

4）块实时性通信协议（Block Real-Time，BRT）。块实时性通信是指对于部分大数据量类型的成块数据进行传输，以满足其实时性需求的通信方式，一般指流媒体（如音频流、视频流等）数据。在 EPA 协议栈中，针对此类数据的通信需求定义了块状数据实时性通信协议及块状数据的传输服务。

EPA 标准体系包括 EPA 国际标准和 EPA 国家标准两部分。

1）EPA 国际标准包括一个核心技术国际标准和 4 个 EPA 应用技术标准。以 EPA 为核心的系列国际标准为新一代控制系统提供了高性能现场总线完整解决方案，可广泛应用于过程自动化、工厂自动化（包括数控系统、机器人系统运动控制等）、汽车电子等，可将工业企业综合自动化系统网络平台统一到开放的以太网技术上来。

基于 EPA 的 IEC 国际标准体系有如下协议：

① EPA 现场总线协议（IEC 61158/Type14）在不改变以太网结构的前提下，定义了专利的确定性通信协议，避免工业以太网通信的报文碰撞，确保了通信的确定性，同时保证了通信过程中不丢包，它是 EPA 标准体系的核心协议，该标准于 2007 年 12 月 14 日正式发布。

② EPA 分布式冗余协议（Distributed Redundancy Protocol，DRP）（IEC 62439-6-14）针对工业控制以及网络的高可用性要求，DRP 采用专利的设备并行数据传输管理和环网链路并行主动故障探测与恢复技术，实现了故障的快速定位与快速恢复，保证了网络的高可靠性。

③ EPA 功能安全通信协议 EPASafety（IEC 61784-3-14）针对工业数据通信中存在的数据破坏、重传、丢失、插入、乱序、伪装、超时、寻址错误等风险，EPASafety 功能安全通信协议采用专利的工业数据加解密方法、工业数据传输多重风险综合评估与复合控制技术，将通信系统的安全完整性水平提高到 SIL3 等级，并通过德国莱茵 TuV 的认证。

④ EPA 实时以太网应用技术协议（IEC 61784-2/CPF 14）定义了 3 个应用技术行规，即 EPA-RT、EPA-FRT 和 EPA-nonRT。其中 EPA-RT 用于过程自动化，EPA-FRT 用于工业自动化，EPA-nonRT 用于一般工业场合。

⑤ EPA 线缆与安装标准（IEC 61784-5-14）定义了基于 EPA 的工业控制系统在设计、安装和工程施工中的要求。从安装计划，网络规模设计，线缆和连接器的选择、存储、运输、保护、路由以及具体安装的实施等各个方面提出了明确的要求和指导。

2）EPA 国家标准则包括《用于测量与控制系统的 EPA 系统结构与通信规范》《EPA 一致性测试规范》《EPA 互可操作测试规范》《EPA 功能块应用规范》《EPA 实时性能测试规范》《EPA 网络安全通用技术条件》等。

2. EPA 确定性通信机制

为提高工业以太网通信的实时性，一般采用以下措施：

1）提高通信速率。

2）减少系统规模，控制网络负荷。

3）采用以太网的全双工交换技术。

4）采用基于 IEEE 802.3P 的优先级技术。

采用上述措施可以使其不确定性问题得到相当程度的缓解，但不能从根本上解决以太网通信不确定性的问题。

EPA 采用分布式网络结构，并在原有以太网协议栈中的数据链路层增加了通信调度子层——EPA 通信调度管理实体（EPA_CSME），定义了宏周期，并将工业数据划分为周期数据和非周期数据，对各设备的通信时段（包括发送数据的起始时刻、发送数据所占用的时间片）和通信顺序进行了严格的划分，以此实现分时调度。通过 EPA_CSME 实现的分时调度确保了各网段内各设备的发送时间内无碰撞发生的可能，以此达到了确定性通信的要求。

3. EPA-FRT 强实时通信技术

EPA-RT 标准是根据流程控制需求制定的，其性能完全满足流程控制对实时、确定通信的需求，但没有考虑到其他控制领域的需求，如运动控制、飞行器姿态控制等强实时性领域。这些领域提出了比流程控制领域更为精确的时钟同步要求和实时性要求，且其报文特征更为明显。

相比于流程控制领域，运动控制系统对数据通信的强实时性和高同步精度提出了更高的要求：

（1）高同步精度的要求　由于一个控制系统中存在多个伺服和多个时钟基准，为了保证所有伺服协调一致的运动，必须保证运动指令在各个伺服中同时执行。因此高性能运动控制系统必须有精确的同步机制，一般要求同步偏差小于 $1\mu s$。

（2）强实时性的要求　在带有多个离散控制器的运动控制系统中，伺服驱动器的控制频率取决于通信周期。高性能运动控制系统一般要求通信周期小于 1ms，周期抖动小于 $1\mu s$。

EPA-RT 系统的同步精度为微秒级，通信周期为毫秒，虽然可以满足大多数工业环境的应用需求，但对高性能运动控制领域的应用有所不足，而 EPA-FRT 系统的技术指标必须满足高性能运动控制领域的需求。

针对这些领域需求，对其报文特点进行分析，EPA 给出了对通信实时性的性能提高方法，其中最重要的两个方面为协议栈的精简和对数据的复合传输，以此解决特殊应用领域的实时性要求。比如在运动控制领域中，EPA 就针对其报文周期短、数据量小但交互频繁的特点提出了 EPA-FRT 扩展协议，满足了运动控制领域的需求。

4. EPA 的技术特点

EPA 具有以下技术特点：

（1）确定性通信　以太网由于采用 CSMA/CD（载波侦听多路访问/冲突检测）介质访问控制机制，因此具有通信"不确定性"的特点，并成为其应用于工业数据通信网络的主要障碍。虽然以太网交换技术、全双工通信技术以及 IEEE 802.1P、IEEE 802.1Q 规定的优先级技术在一定程度上避免了碰撞，但也存在着一定的局限性。

（2）"E"网到底　EPA 是应用于工业现场设备间通信的开放网络技术，采用分段化系统结构和确定性通信调度控制策略，解决了以太网通信的不确定性问题，使以太网、无线局域网、蓝牙等广泛应用于工业/企业管理层、过程监控层网络的 COTS（Commercial Off-The-Shelf）技术直接应用于变送器、执行机构、远程 I/O、现场控制器等现场设备间的通信。采用 EPA 网络，可以实现工业/企业综合自动化智能工厂系统中从底层的现场设备层到上层的控制层、管理层的通信网络平台基于以太网技术的统一，即所谓的"E（Ethernet）"网到底。

（3）互操作性　EPA 标准除了解决实时通信问题外，还为用户层应用程序定义了应用层服务与协议规范，包括系统管理服务、域上载/下载服务、变量访问服务、事件管理服务等。至于 ISO/OSI 通信模型中的会话层、表示层等中间层次，为降低设备的通信处理负荷，可以省略，而在应用层直接定义与 TCP/IP 的接口。

为支持来自不同厂商的 EPA 设备之间的互可操作，EPA 标准采用可扩展标记语言（Extensible Markup Language，XML）为 EPA 设备描述语言，规定了设备资源、功能块及其参数接口的描述方法。用户可采用通用 DOM 技术对 EPA 设备描述文件进行解释，而无须专用的设备描述文件编译和解释工具。

（4）开放性　EPA 标准完全兼容 IEEE 802.3、IEEE 802.1P、IEEE 802.1Q、IEEE 802.1D、IEEE 802.11、IEEE 802.15 以及 UDP（TCP）/IP 等协议，采用 UDP 传输 EPA 协议报文，以减少协议处理时间，提高报文传输的实时性。

（5）分层的安全策略　对于采用以太网等技术所带来的网络安全问题，EPA 标准规定了企业信息管理层、过程监控层和现场设备层 3 个层次，采用分层化的网络安全管理措施。

（6）冗余　EPA 支持网络冗余、链路冗余和设备冗余，并规定了相应的故障检测和故障恢复措施，如设备冗余信息的发布、冗余状态的管理、备份的自动切换等。

习　题

1-1　什么是现场总线？

1-2　什么是工业以太网？它有哪些优势？

1-3　现场总线控制系统有什么优点？

1-4　简述企业网络的体系结构。

1-5　简述 5 种现场总线的特点。

1-6　工业以太网的主要标准有哪些？

1-7　画出工业以太网的通信模型。工业以太网与商用以太网相比，具有哪些特征？

1-8　画出实时工业以太网实现模型，并对实现模型做说明。

第 2 章

CAN FD现场总线

20 世纪 80 年代初，德国的 BOSCH 公司提出了用控制器局域网（Controller Area Network，CAN）来解决汽车内部的复杂硬信号接线。目前，其应用范围已不再局限于汽车工业，而向过程控制、纺织机械、农用机械、机器人、数控机床、医疗器械及传感器等领域发展。CAN 总线以其独特的设计、低成本、高可靠性、实时性、抗干扰能力强等特点得到了广泛的应用。

在汽车领域，随着人们对数据传输带宽要求的增加，传统的 CAN 总线由于带宽的限制难以满足这种增加的需求。此外，为了缩小 CAN 网络（最大 1Mbit/s）与 FlexRay（最大 10Mbit/s）网络的带宽差距，BOSCH 公司于 2011 年推出了 CAN FD（CAN with Flexible Data-Rate）方案。

本章首先介绍 CAN 现场总线的特点和 CAN 的技术规范，然后讲述 CAN FD 通信协议和具有集成收发器的 CAN FD 控制器 TCAN4550，最后介绍微控制器与 TCAN4550 的接口电路。

2.1 CAN 的特点

1993 年 11 月，ISO 正式颁布了道路交通运输工具、数据信息交换、高速通信控制器局域网（CAN）国际标准（ISO 11898：1993 和 ISO 11519：1993），这为控制器局域网的标准化、规范化铺平了道路。CAN 具有如下特点：

1）CAN 为多主方式工作，网络上任意节点均可以在任意时刻主动地向网络上其他节点发送信息，而不分主从，通信方式灵活，且无须站地址等节点信息。利用这一特点可方便地构成多机备份系统。

2）CAN 网络上的节点信息分成不同的优先级，可满足不同的实时要求，高优先级的数据最多可在 $134\mu s$ 内得到传输。

3）CAN 采用非破坏性总线仲裁技术。当多个节点同时向总线发送信息时，优先级较低的节点会主动退出发送，而最高优先级的节点可不受影响地继续传输数据，从而大大节省了总线冲突仲裁时间，尤其是在网络负载很重的情况下也不会出现网络瘫痪情况（以太网则可能）。

4）CAN 只需通过报文滤波即可实现点对点、一点对多点及全局广播等几种方式传送/接收数据，无须专门的"调度"。

5）CAN 的直接通信距离最远可达 10km（速率 5kbit/s 以下）；通信速率最高可达 1Mbit/s（此时通信距离最长为 40m）。

6）CAN 上的节点数主要取决于总线驱动电路，目前可达 110 个；报文标识符可达 2032 种（CAN 2.0A），而扩展标准（CAN 2.0B）的报文标识符几乎不受限制。

7）采用短帧结构，传输时间短，受干扰概率低，具有极好的检错效果。

8）CAN 的每帧信息都有 CRC 及其他检错措施，保证了数据出错率极低。

9）CAN 的通信介质可为双绞线、同轴电缆或光纤，选择灵活。

10）CAN 节点在错误严重的情况下具有自动关闭输出功能，以使总线上其他节点的操作不受影响。

2.2 CAN 的技术规范

控制器局域网（CAN）为串行通信协议，能有效地支持具有很高安全等级的分布实时控制。CAN 的应用范围很广，从高速的网络到低价位的多路接线都可以使用 CAN。在汽车电子行业里，使用 CAN 连接发动机控制单元、传感器、防刹车系统等，其传输速度可达 1Mbit/s。同时，可以将 CAN 安装在卡车本体的电子控制系统里，诸如车灯组、电动车窗等，用以代替接线配线装置。

制定技术规范的目的是为了在任何两个 CAN 仪器之间建立兼容性。可是，兼容性有不同的方面，比如电气特性和数据转换的解释。为了达到设计透明度以及实现柔韧性，CAN 被细分为不同的层次：CAN 对象层（The Object Layer）、CAN 传输层（The Transfer Layer）和物理层（The Physical Layer）。

对象层和传输层包括所有由 ISO/OSI 模型定义的数据链路层的服务和功能。对象层的作用范围包括：查找被发送的报文；确定由实际要使用的传输层接收哪一个报文；为应用层相关硬件提供接口。

在这里，定义对象处理较为灵活。传输层的作用主要是传送规则，也就是控制帧结构、执行仲裁、错误检测、出错标定、故障界定。总线上什么时候开始发送新报文及什么时候开始接收报文，均在传输层里确定。位定时的一些普通功能也可以看作是传输层的一部分。理所当然，传输层的修改是受到限制的。

物理层的作用是在不同节点之间根据所有的电气属性进行位信息的实际传输。当然，同一网络内，物理层对于所有的节点必须是相同的。

2.2.1 CAN 的基本概念

1. 报文

总线上的信息以不同格式的报文发送，但长度有限制。当总线开放时，任何连接的单元均可开始发送一个新报文。

2. 信息路由

在 CAN 系统中，一个 CAN 节点不使用有关系统结构的任何信息（如站地址）。这时包含如下重要概念：

（1）系统灵活性 节点可在不要求所有节点及其应用层改变任何软件或硬件的情况下，被接于 CAN 网络。

（2）报文通信 一个报文的内容由其标识符（ID）命名。ID 并不指出报文的目的，但描述数据的含义，以便网络中的所有节点有可能借助报文滤波决定该数据是否使它们激活。

（3）成组　由于采用了报文滤波，所有节点均可接收报文，并同时被相同的报文激活。

（4）数据相容性　在 CAN 网络中，可以确保报文同时被所有节点或者没有节点接收，因此，系统的数据相容性是借助于成组和出错处理达到的。

3. 位速率

CAN 的位速率在不同的系统中是不同的，而在一个给定的系统中，此速率是唯一的，并且是固定的。

4. 优先权

在总线访问期间，标识符（ID）定义了一个报文静态的优先权。

5. 远程数据请求

需要数据的节点通过发送一个远程帧，可以请求另一个节点发送一个相应的数据帧，该数据帧与对应的远程帧以相同标识符（ID）命名。

6. 多主站

当总线开放时，任何节点均可开始发送报文，具有最高优先权报文的发送节点获得总线访问权。

7. 仲裁

当总线开放时，任何单元均可开始发送报文，若同时有两个或更多的单元开始发送，总线访问冲突运用逐位仲裁规则，借助标识符（ID）解决。这种仲裁规则可以使信息和时间均无损失。若具有相同标识符的一个数据帧和一个远程帧同时发送，则数据帧优先于远程帧。仲裁期间，每一个发送器都对发送位电平与总线上检测到的电平进行比较，若相同则该单元可继续发送。当发送一个"隐性"电平（Recessive Level），而在总线上检测为"显性"电平（Dominant Level）时，该单元退出仲裁，并不再传送后续位。

8. 故障界定

CAN 节点有能力识别永久性故障和短暂扰动，可自动关闭故障节点。

9. 连接

CAN 串行通信链路是一条众多单元均可被连接的总线。理论上，单元数目是无限的，实际上，单元总数受限于延迟时间和总线的电气负载。

10. 单通道

由单一进行双向位传送的通道组成的总线，借助数据重同步实现信息传输。在 CAN 技术规范中，实现这种通道的方法不是固定的，如通道可以是单线（加接地线）、两条差分连线、光纤等。

11. 总线数值表示

总线上具有两种互补逻辑数值：显性电平和隐性电平。在显性位与隐性位同时发送期间，总线上数值将是显性位。例如，在总线的"线与"操作情况下，显性位由逻辑"0"表示，隐性位由逻辑"1"表示。在 CAN 技术规范中未给出表示这种逻辑电平的物理状态（如电压、光、电磁波等）。

12. 应答

每次通信，所有接收器均对接收报文的相容性进行检查，应答一个相容报文，并标注一个不相容报文。

2.2.2　CAN 的分层结构

CAN 遵从 OSI 模型，按照 OSI 标准模型，CAN 结构划分为两层：数据链路层和物理层。

数据链路层又包括逻辑链路控制（LLC）子层和介质访问控制（MAC）子层，而在 CAN 技术规范 2.0A 的版本中，数据链路层的 LLC 子层和 MAC 子层的服务和功能被描述为"目标层"和"传送层"。CAN 的分层结构和功能如图 2-1 所示。

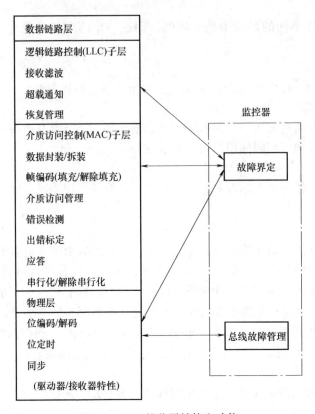

图 2-1   CAN 的分层结构和功能

LLC 子层的主要功能是为数据传送和远程数据请求提供服务，确认由 LLC 子层接收的报文实际已被接收，并为恢复管理和通知超载提供信息。在定义目标处理时，存在许多灵活性。

MAC 子层的主要功能是传送规则，即控制帧结构、执行仲裁、错误检测、出错标定和故障界定。MAC 子层也要确定，为开始一次新的发送，总线是否开放或者是否马上开始接收。位定时特性也是 MAC 子层的一部分。MAC 子层特性不存在修改的灵活性。

物理层的主要功能是有关全部电气特性在不同节点间的实际传送。在一个网络内，物理层的所有节点必须是相同的，然而，在选择物理层时存在很大的灵活性。

CAN 技术规范 2.0B 定义了数据链路层中的 MAC 子层和 LLC 子层的一部分，并描述与 CAN 有关的外层。物理层定义信号怎样进行发送，因此，物理层涉及位定时、位编码和同步的描述。在这部分技术规范中，未定义物理层中的驱动器、接收器特性，以便允许根据具体应用，对发送媒体和信号电平进行优化。MAC 子层是 CAN 协议的核心，它描述由 LLC 子层接收到的报文和对 LLC 子层发送的认可报文。MAC 子层可响应报文帧、仲裁、应答、错误检测和出错标定。MAC 子层由称为故障界定的一个管理实体监控，它具有识别永久故障或短暂扰动的自检机制。LLC 子层的主要功能是报文滤波、超载通知和恢复管理。

2.2.3 报文传送和帧结构

在进行数据传送时，发出报文的单元称为该报文的发送器。该单元在总线空闲或丢失仲裁前恒为发送器。如果一个单元不是报文发送器，并且总线不处于空闲状态，则该单元为接收器。

对于报文发送器和接收器，报文的实际有效时刻是不同的。对于发送器而言，如果直到帧结束末尾一直未出错，则对于发送器报文有效。如果报文受损，则允许按照优先权顺序自动重发。为了能与其他报文进行总线访问竞争，总线一旦空闲，重发送立即开始。对于接收器而言，如果直到帧结束的最后一位一直未出错，则对于接收器报文有效。

构成一帧的帧起始、仲裁场、控制场、数据场和CRC序列均借助位填充规则进行编码。当发送器在发送的位流中检测到5位连续的相同数值时，将自动地在实际发送的位流中插入一个补码位。数据帧和远程帧的其余位场采用固定格式，不进行填充；出错帧和超载帧同样是固定格式，也不进行位填充。位填充方法如图2-2所示。

| 未填充位流 | 100000xyz | 011111xyz |
| 填充位流 | 1000001xyz | 0111110xyz |

其中：xyz∈{0, 1}

图 2-2 位填充方法

报文中的位流按照非归零（NRZ）码方法编码，这意味着一个完整位的位电平要么是显性，要么是隐性。

报文传送由4种不同类型的帧表示和控制：数据帧携带数据由发送器至接收器；远程帧通过总线单元发送，以请求发送具有相同标识符的数据帧；出错帧由检测出总线错误的任何单元发送；超载帧用于提供当前的和后续的数据帧的附加延迟。

数据帧和远程帧借助帧间空间与当前帧分开。

2.3 CAN FD 通信协议

2.3.1 CAN FD 概述

对于"中国制造2025"与汽车产业发展方向，新能源和智能化一直是人们讨论的两个主题。在汽车智能化的过程中，CAN FD协议由于其优越的性能受到了广泛的关注。

CAN FD是CAN总线的升级换代设计，它继承了CAN总线的主要特性，提高了CAN总线的网络通信带宽，改善了错误帧漏检率，同时可以保持网络系统大部分软硬件特别是物理层不变。CAN FD协议充分利用CAN总线的保留位进行判断以及区分不同的帧格式。在现有车载网络中应用CAN FD协议时，需要加入CAN FD控制器，但是CAN FD也可以参与到原来的CAN通信网络中，提高了网络系统的兼容性。

CAN总线采用双线串行通信协议，基于非破坏性仲裁技术、分布式实时控制、可靠的错误处理和检测机制使CAN总线有很高的安全性，但CAN总线带宽和数据场长度受到制约。CAN FD总线弥补了CAN总线带宽和数据场长度的制约，CAN FD总线与CAN总线的区别主要在以下两个方面。

1. 可变速率

CAN FD采用了两种位速率：从控制场中的BRS位到ACK场之前（含CRC分界符）为可变速率，其余部分为原CAN总线用的速率，即仲裁段和数据控制段使用标准的通信比特率，而数据传输段就会切换到更高的通信比特率。两种速率各有一套位时间定义寄存器，它们除了采用不同的位时间单位外，位时间各段的分配比例也可不同。

在 CAN 中，所有的数据都以固定的帧格式发送。帧类型有 5 种，其中数据帧包含数据段和仲裁段。

当多个节点同时向总线发送数据时，对各个消息的标识符（ID）进行逐位仲裁，如果某个节点发送的消息仲裁获胜，那么这个节点将获取总线的发送权，仲裁失败的节点则立即停止发送并转变为监听（接收）状态。

在同一条 CAN 线上，所有节点的通信速度必须相同。这里所说的通信速度，指的就是比特率。也就是说，CAN 在仲裁阶段，用于仲裁 ID 的仲裁段和用于发送数据的数据段，比特率必须是相同的。而 CAN FD 协议对于仲裁段和数据段来说有两个独立的波特率，即在仲裁段采用标准 CAN 位速率通信，在数据段采用高位速率通信，这样缩短了位时间，从而提高了位速率。

数据段的最大比特率并没有明确的规定，很大程度上取决于网络拓扑和 ECU 系统等。不过在 ISO 11898-2：2016 标准中，规定比特率最高可达 5Mbit/s 的时序要求。汽车厂商正在考虑根据应用软件和网络拓扑，使用不同的比特率组合。例如，在诊断和升级应用中，数据段的比特率可以使用 5Mbit/s，而在控制系统中，可以使用 500kbit/s 至 2Mbit/s。

2. CAN FD 数据帧

CAN FD 对数据场的长度作了很大的扩充，DLC 最大支持 64B，在 DLC 小于或等于 8B 时与原 CAN 总线是一样的，大于 8B 时有一个非线性的增长，所以最大的数据场长度可达 64B。

（1）CAN FD 数据帧帧格式　CAN FD 数据帧在控制场新添加 EDL（Extended Data Length）位、BRS（Bit Rate Switch）位、ESI（Error State Indicator）位，采用了新的 DLC 编码方式、新的 CRC 算法（CRC 场扩展到 21 位）。

CAN FD 标准帧格式如图 2-3 所示，CAN FD 扩展帧格式如图 2-4 所示。

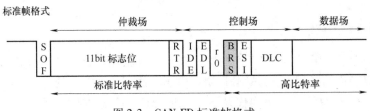

图 2-3　CAN FD 标准帧格式

图 2-4　CAN FD 扩展帧格式

（2）CAN FD 数据帧中新添加位　CAN FD 数据帧中新添加位如图 2-5 所示。

① EDL 位：原 CAN 数据帧中的保留位 r，该位功能为隐性，表示 CAN FD 报文，采用新的 DLC 编码和 CRC 算法；该功能位为显性，表示 CAN 报文。

② BRS 位：该功能位为隐性，表示转换可变速率；为显性，表示不转换可变速率。

③ ESI 位：该功能位为隐性，表示发送节点处于被动错误状态（Error Passive）；为显性，表示发送节点处于主动错误状态（Error Active）。

EDL 位可以表示 CAN 报文还是 CAN FD 报文。BRS 位表示位速率转换，该位为隐性时，表示报文 BRS 位到 CRC 界定符之间使用转换速率传输，其余场位使用标准位速率；该位为显性时，表示报文以正常的 CAN FD 总线速率传输。通过 ESI 位可以方便地获悉当前节点所处的状态。

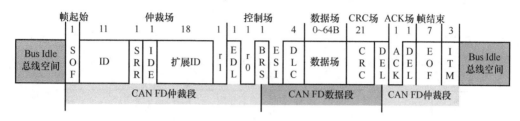

图 2-5　CAN FD 数据帧中新添加位

（3）CAN FD 数据帧中新的 CRC 算法　CAN 总线由于位填充规则对 CRC 的干扰，造成错帧漏检率未达到设计意图。CAN FD 对 CRC 算法作了改变，即 CRC 以含填充位的位流进行计算。在校验和部分为避免再有连续位超过 6 个，就确定在第一位以及以后每 4 位添加一个填充位加以分割，这个填充位的值是上一位的反码，作为格式检查，如果填充位不是上一位的反码，就作出错处理。CAN FD 的 CRC 场扩展到了 21 位。由于数据场长度有很大变化区间，所以要根据 DLC 大小应用不同的 CRC 生成多项式。CRC-17 适合于帧长小于 210 位的帧，CRC-21 适合于帧长小于 1023 位的帧。

（4）CAN FD 数据帧新的 DLC 编码　CAN FD 数据帧采用了新的 DLC 编码方式，在数据场长度为 0~8B 时，采用线性规则，数据场长度为 12~64B 时，使用非线性编码。

CAN FD 白皮书在论及与原 CAN 总线的兼容性时指出：CAN 总线系统可以逐步过渡到 CAN FD 系统，网络中所有节点要进行 CAN FD 通信都得有 CAN FD 协议控制器，但是 CAN FD 协议控制器也能参加标准 CAN 总线的通信。

（5）CAN FD 位时间转换　CAN FD 有两套位时间配置寄存器，应用于仲裁段的第一套的位时间较长，而应用于数据段的第二套位时间较短。首先对 BRS 位进行采样，如果显示隐性位，即在 BRS 采样点转换成较短的位时间机制，并在 CRC 界定符位的采样点转换回第一套位时间机制。为保证其他节点同步 CAN FD，选择在采样点进行位时间转换。

2.3.2　CAN 和 CAN FD 报文结构

1. 帧起始（Start of Frame）

帧起始如图 2-6 所示。

单一显性位之前最多有 11 个隐性位。

2. 总线电平（Bus Levels）

总线电平如图 2-7 所示。

显性位 "0" 或隐性位 "1" 均可代表一位，当许多发送器同时向总线发送状态位时，显性位始终会比隐性位优先占有总线，这就是总线逐位仲裁原则。

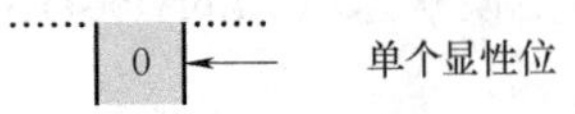

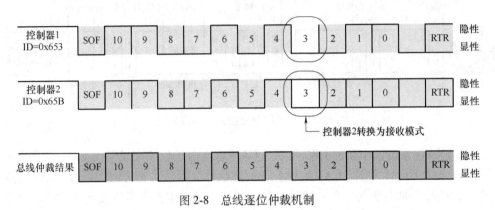

图 2-6 帧起始 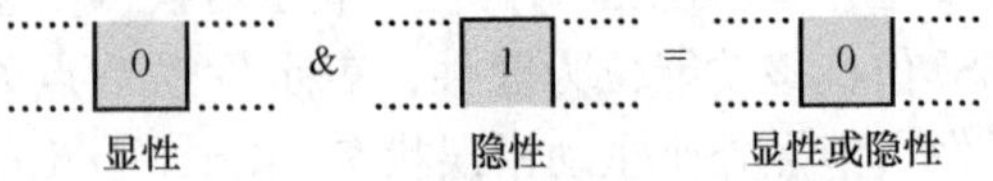   图 2-7 总线电平

3. 总线逐位仲裁机制（Bitwise Bus Arbitration）

如图 2-8 所示，控制器 1 发送 ID 为 0x653 的报文，控制器 2 由于发送 ID 为 0x65B 的报文（图 2-8 中标示的第 3 位），控制器失去总线，会等待总线空闲之后再重新发送。

图 2-8 总线逐位仲裁机制

4. 位时间划分（Bit Time Segmentation）

位时间划分如图 2-9 所示。

SYNC（同步段）：在同步段中产生边沿。

TSEG1（时间段 1）：时间段 1 用来补偿网络中的最大信号传输延迟并可以延长重同步时间。

TSEG2（时间段 2）：时间段 2 作为时间保留位可以缩短重同步时间。

CAN 的同步包括硬同步和重同步两种方式，同步规划如下：

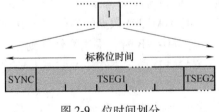

图 2-9 位时间划分

1）一个位时间内只允许一种同步方式。

2）任何一个跳变边沿都可用于同步。

3）硬同步发生在帧起始（SOF）部分，所有接收节点调整各自当前位的同步段，使其位于发送的帧起始（SOF）位内。

4）当跳变沿落在同步段之外时，重同步发生在一个帧的其他位场内。

5）帧起始到仲裁场有多个节点同时发送的情况下，发送节点对跳变沿不进行重同步，发送器比接收器慢（信号边沿滞后）。

发送器比接收器慢（信号边沿滞后）的情况如图 2-10 所示。

发送器比接收器快（信号边沿超前）的情况如图 2-11 所示。

CAN FD 协议对于仲裁段和数据段来说有两个独立的波特率，但其仲裁段波特率与标准的 CAN 帧有相同的位定时时间，而数据段波特率会大于或等于仲裁段波特率且由某一独立的配置寄存器设置。

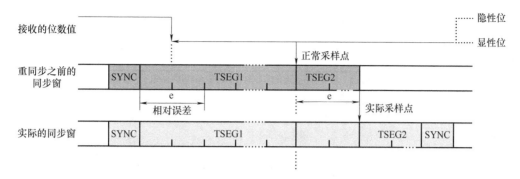

图 2-10　发送器比接收器慢（信号边沿滞后）的情况

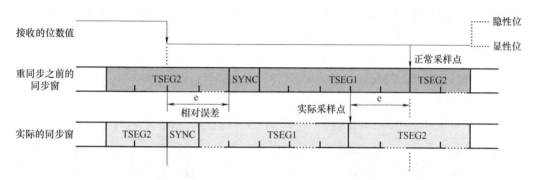

图 2-11　发送器比接收器快（信号边沿超前）的情况

5. 位填充（Bit Stuffing）

CAN 协议规定，CAN 发送器如果检测到连续传输 5 个极性相同的位，则会自动在实际发送的比特流后面插入一个极性相反的位。接收节点 CAN 控制器检测到连续传输 5 个极性相同的位，则会自动将后面极性相反的填充位去除。位填充如图 2-12 所示。

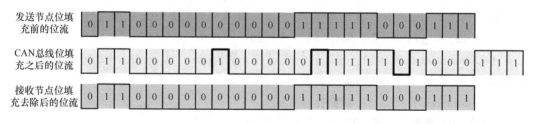

图 2-12　位填充

CAN FD 帧会在 CRC 序列第一个位之前自动插入一个固定的填充位，且独立于前面填充位的位置。CRC 序列中每 4 个位后面会插入一个远程固定填充位。

6. 仲裁段（Arbitration Field）

仲裁段如图 2-13 所示。

RTR（Remote Transmission Request）：远程帧标志位，显性（0）= 数据帧，隐性（1）= 远程帧。

SRR（Substitute RTR bit for 29 bit ID）：代替远程帧请求位，用 RTR 代替 29 位 ID。

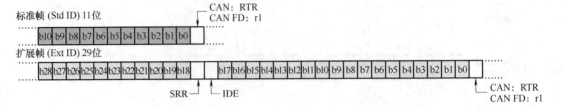

图 2-13 仲裁段

IDE（Identifier Extension）：标志位扩展位，显性（0）= 11 位 ID，隐性（1）= 29 位 ID。

rl（Reserved for future use）：保留位，供未来使用，且 CAN FD 不支持远程帧。

由于显性（逻辑"0"）优先级大于隐性（逻辑"1"），所以较小的帧 ID 值会获得较高的优先级，优先占有总线。如果同时涉及标准帧（Std ID）与扩展帧（Ext ID）的仲裁，首先标准帧会与扩展帧中的 11 个最大有效位（b28～b18）进行竞争，若标准帧与扩展帧具有相同的前 11 位 ID，那么标准帧将会由于 IDE 位为 0，优先获得总线。

7. 控制段（Control Field）

CAN Format CAN 帧格式如图 2-14 所示。

CAN FD Format CAN 帧格式如图 2-15 所示。

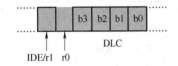

图 2-14 CAN Format CAN 帧格式

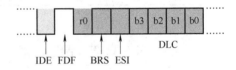

图 2-15 CAN FD Format CAN 帧格式

IDE（Identifier Extension）：标志位扩展位，CAN FD 帧中不存在。

r0 r1（Reserved for future use）：保留位，供未来使用。

FDF（FD Frame Format）：FD 帧结构，FD 帧结构中为隐性。

BRS（Bit Rate Switch）：比特率转换，CAN FD 数据段以 BRS 采样点作为起始点，显性（0）表示转换速率不可变，隐性（1）表示转换速率可变。

ESI（Error State Indicator）：错误状态指示符，显性（0）表示 CAN FD 节点错误主动状态，隐性（1）表示 CAN FD 节点错误被动状态。

DLC（Data Length Code）：数据长度代码。

8. CAN FD-数据波特率可调（CAN FD-Flexible Data Rate）

CAN FD 帧由仲裁段和数据段两端组成，如图 2-16 所示。

配置过程中可以使数据段比特率比仲裁段比特率高。其中，控制段的 BRS 是数据段比特率加速过渡阶段，BRS 阶段前半段为仲裁段，采用标准比特率传输（假设 500kbit/s），脉宽为 2μs；后半段为数据段，采用高比特率传输（假设 1Mbit/s），脉宽为 1μs。计算 BRS 整体脉宽则是分别取两种比特率脉宽的一半，进行累加，计算可得到如图 2-16 所示 BRS 整体脉宽为 1.5μs，CRC 界定符同理。

FDF（FD Frame Format）：FD 帧结构，FD 帧结构中为隐性。

BRS（Bit Rate Switch）：比特率转换，CAN FD 数据段以 BRS 采样点作为起始点，显

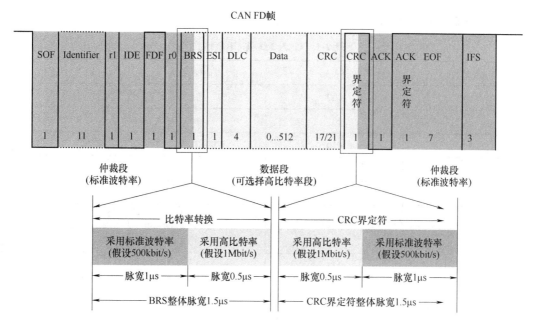

图 2-16 CAN FD 帧

性（0）表示转换速率不可变，隐性（1）表示转换速率可变。

ESI（Error State Indicator）：错误状态指示符，显性（0）表示 CAN FD 节点错误主动状态，隐性（1）表示 CAN FD 节点错误被动状态。

CRC Del（CRC Delimiter）：CRC 界定符，CAN FD 数据段以 CRC 界定符采样点为结束点，由于段转换的存在，CAN FD 控制器为了使接收位位数达到 2 位，则会接收带有 CRC 界定符的帧。

ACK：CAN FD 控制器会接收一个 2 位的 ACK，用于补偿控制器与接收器之间的段选择关系。

9. 循环冗余校验段（Cyclic Redundancy Check Field）

CAN 帧 CRC 格式如图 2-17 所示。

图 2-17 CAN 帧 CRC 格式

CAN FD 帧 CRC 格式如图 2-18 所示。

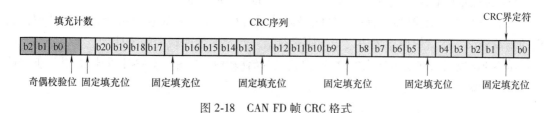

图 2-18 CAN FD 帧 CRC 格式

CAN FD 帧 CRC 格式如表 2-1 所示。

表 2-1　CAN FD 帧 CRC 格式

填充计数	格雷码	奇偶校验码	固定填充位
0	000	0	1
1	001	1	0
2	010	0	1
3	011	1	0
4	100	0	1
5	101	1	0
6	110	0	1
7	111	1	0

CAN 帧的 CRC 段如表 2-2 所示。

在 CAN FD 协议标准化的过程中，通信的可靠性也得到了提高。由于 DLC 的长度不同，在 DLC 大于 8B 时，CAN FD 选择了两种新的 BCH 型 CRC 多项式。

表 2-2　CAN 帧的 CRC 段

数 据 长 度	CRC 长度	CRC 多项式
CAN（0~8B）	15	$x^{15}+x^{14}+x^{10}+x^{8}+x^{7}+x^{4}+x^{3}+1$
CAN FD（0~16B）	17	$x^{17}+x^{16}+x^{14}+x^{13}+x^{11}+x^{6}+x^{4}+x^{3}+x^{1}+1$
CAN FD（17~64B）	21	$x^{21}+x^{20}+x^{13}+x^{11}+x^{7}+x^{4}+x^{3}+1$

10. 错误类型（Error Type）

"位检测"导致"位错误"：节点检测到的位与自身送出的位数值不同；仲裁或 ACK 位期间送出"隐性"位，而检测到"显性"位不导致位错误。

"填充检测"导致"填充错误"：在使用位填充编码的帧场（帧起始至 CRC 序列）中，不允许出现 6 个连续相同的电平位。

"格式检测"导致"格式错误"：固定格式位场（如 CRC 界定符、ACK 界定符、帧结束等）含有一个或更多非法位。

"CRC 检测"导致"CRC 错误"：计算的 CRC 序列与接收到的 CRC 序列不同。

"ACK 检测"导致"ACK 错误"：发送节点在 ACK 位期间未检测到"显性"。

11. 传输错误状态检测（Transmission Error Status Detecting）

每一个 CAN 控制器都会有一个接收错误计数器和一个发送错误计数器，用于处理检测到的传输错误，然后依据相关协议与规则进行错误数量增加或减少的统计。

CAN FD 控制器在发送错误帧之前会自动选择仲裁段波特率。CAN 控制器如果处于错误主动状态，则产生显性错误帧；如果处于错误被动状态，则产生隐性错误帧。

CAN 控制器错误状态转换如图 2-19 所示。

CAN 控制器接收错误计数器（REC）如图 2-20 所示。

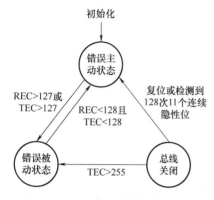

图 2-19　CAN 控制器错误状态转换

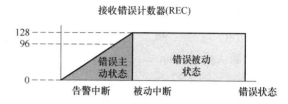

图 2-20　CAN 控制器接收错误计数器 （REC）

CAN 控制器发送错误计数器 （TEC） 如图 2-21 所示。

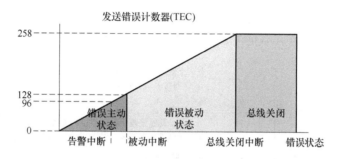

图 2-21　CAN 控制器发送错误计数器 （TEC）

12. 数据段 （Data Field）

CAN 和 CAN FD 帧数据长度码如表 2-3 所示。

表 2-3　CAN 和 CAN FD 帧数据长度码

	CAN 和 CAN FD								CAN	CAN FD							
Data Bytes	0	1	2	3	4	5	6	7	8	8	12	16	20	24	32	48	64
DLC3	0	0	0	0	0	0	0	0	1	1	1	1	1	1	1	1	1
DLC2	0	0	0	0	1	1	1	1	0/1	0	0	0	0	1	1	1	1
DLC1	0	0	1	1	0	0	1	1	0/1	0	0	1	1	0	0	1	1
DLC0	0	1	0	1	0	1	0	1	0/1	0	1	0	1	0	1	0	1

CAN FD 对数据场的长度作了很大的扩充，DLC 最大支持 64B，在 DLC 小于或等于 8B 与原 CAN 总线是一样的，大于 8B 则有一个非线性的增长，最大的数据场长度可达 64B。如下所示为 DLC 数值与字节数的非线性对应关系。

13. 主要的错误计数规则 （Main Error Counting Rules）

主要的错误计数规则如下：

1）CAN 控制器复位时，错误计数器初始化归零。

2）CAN 控制器检测到一次无效传输时，REC 加 1。

3）接收器首次发送错误标志时，REC 加 1。

4）报文成功接收时，REC 减 1。

5）报文传输过程中检测到错误时，TEC 加 8。

6）报文成功发送时，TEC 减 1。

7）在 TEC<127 且子序列错误被动状态标记保持隐性的情况下，TEC 加 8。

8）在 TES>255 情况下，CAN 控制器与总线断开连接。

9）REC 为 128，以及 REC 或 TEC 为 0 时，错误计数不会增加。

14. 确认段（Acknowledge Field）

确认段如图 2-22 所示。

某报文无论是否应该发送至某一节点，该 CAN 节点接收到一个正确传输时，都必须发送一个显性位以示应答。如果没有节点正确地接收到报文，则 ACK 保持隐性。

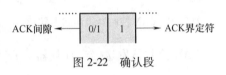

图 2-22　确认段

15. 错误帧详情（Acknowledgement Details ACK）

当 CAN 或 CAN FD 节点不允许信息传输时，ACK 确认如图 2-23 所示。

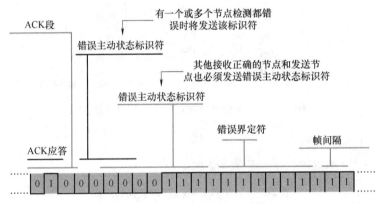

图 2-23　ACK 确认详情

错误帧详情说明如下：

1）该情况下假设的是有两个或多个处于错误主动状态的接收器接入总线。

2）单次发送后，只允许一个接收器发送一个确认标识，如果有多个接收器同时发出确认标识，则会通过发送错误主动状态标识符拒绝接收后面的帧。

3）如果所有接收器都发送确认标识，会导致 EOF 帧结束部分 7 个隐性位中检测到一个显性位，进而导致格式错误，随后接收器便会发送错误主动状态标识符。

4）接收器检测到格式错误时，会随即发出一个错误主动状态标识符。发送器如果检测出格式错误，则会在发送一个错误主动状态标识符之后自动在空闲状态下尝试发送同一报文。

16. 帧结束（End of Frame）

帧结束为 7 个隐性位。如果某一位出现一个显性电平：

1～6 位发送器或接收器检测到一个帧结构错误。此时接收器丢弃该帧，同时产生一个错误标记（接收器 CAN 控制器处于错误主动状态，则产生显性错误帧；如果处于错误被动状态，则产生隐性错误帧）。如果是显性错误帧，则发送器重新发送该帧。

第 7 位对于接收器有效，但对于发送器无效。如果此位出现显性错误帧，则接收器已经把报文接收成功，而发送器又重新发送，则该帧就被接收器接收两次，这时就需要由高层协议来处理。

17. 帧间空间（Interframe Space）

错误主动状态 TX 节点帧间空间如图 2-24 所示。

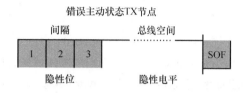

图 2-24　错误主动状态 TX 节点帧间空间

错误被动状态 TX 节点帧间空间如图 2-25 所示。

图 2-25　错误被动状态 TX 节点帧间空间

2.3.3　从传统的 CAN 升级到 CAN FD

尽管 CAN FD 继承了绝大部分传统 CAN 的特性，但是从传统 CAN 到 CAN FD 的升级，仍需要做很多的工作。

1）在硬件和工具方面，要使用 CAN FD，首先要选取支持 CAN FD 的 CAN 控制器和收发器，还要选取新的网络调试和监测工具。

2）在网络兼容性方面，对于传统 CAN 网段的部分节点需要升级到 CAN FD 的情况要特别注意，由于帧格式不一致的原因，CAN FD 节点可以正常收发传统 CAN 节点报文，但是传统 CAN 节点不能正常收发 CAN FD 节点的报文。

CAN FD 协议是 CAN 总线协议的最新升级，将 CAN 的每帧 8B 数据提高到 64B，比特率从最高的 1Mbit/s 提高到 8~15Mbit/s，使得通信效率提高 8 倍以上，大大提升了车辆的通信效率。

2.4　内嵌 CAN FD 的微控制器 LPC546xx

2.4.1　LPC546xx 概述

NXP 公司的 LPC546xx 是基于 ARM Cortex-M4 的适用于嵌入式应用的微控制器系列，具有丰富的外设组合、极低的功耗和增强的调试功能。

ARM Cortex-M4 是 32 位内核，可提供系统增强功能，如低功耗、增强的调试功能以及高级的支持块集成功能。ARM Cortex-M4 CPU 包含 3 级流水线，使用具有独立的本地指令和数据总线以及用于外设的第三条总线的哈佛架构，并且包括一个支持不确定分支操作的内部预取单元。ARM Cortex-M4 支持单周期数字信号处理和 SIMD 指令，硬件浮点处理器已集成到内核中。

LPC546xx 系列包括高达 512KB 的闪存，200KB 的片上静态随机存储器（SRAM），高达 16KB 的电擦除可编程只读存储器（EEPROM），用于扩展程序存储器的 4 路 SPI 闪存接口（SPIFI），一个高速和一个全速 USB 主机和设备控制器，以太网音视频桥接（AVB），液晶显示屏（LCD）控制器，智能卡接口，SD/MMC，CAN FD，外部存储器控制器（EMC），带有脉宽调制（PDM）麦克风接口和集成音频（I^2S）的数字麦克风（DMIC）子系统，5 个通用计时器，状态可配置定时器/脉宽调制（SCTimer/PWM），定时时钟（RTC)/警报定时器，多速率定时器（MRT），窗口看门狗定时器（WWDT），10 个灵活的串行通信外设（通用同步/异步收发器（USART）、串行外设接口（SPI）、I^2S、集成电路总线（I^2C）接口），安全散列算法（SHA）、12 位 5.0MSPS 模/数转换器（ADC）和 1 个温度传感器。

LPC546xx MCU 系列为下一代物联网应用带来了通用性。LPC546xx 器件将 180MHz 或 220MHz ARM Cortex-M4 内核的电源效率与多个高速连接选件、高级定时器和模拟功能结合在一起。DSP 功能在数据密集型应用中支持复杂算法。该器件凭借 512KB 的闪存和多个外部存储器接口，能够灵活地适应各种设计要求变化。LPC54000 系列的器件相互兼容，使得 LPC546xx MCU 系列为提升处理能力和附加外设的灵活性提供了一条无缝迁移路径。

LPC546xx 系列架构如图 2-26 所示。

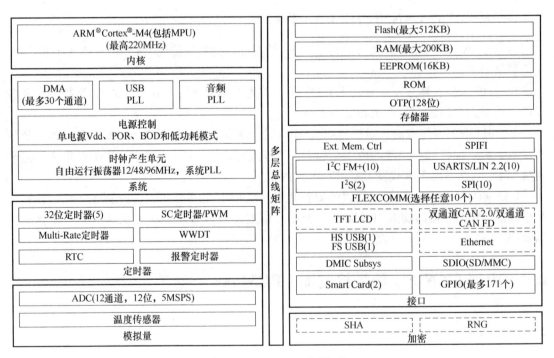

图 2-26　LPC546xx 系列架构

2.4.2　LPC546xx 的特点和优势

1. ARM Cortex-M4 内核（版本：r0p1）

1）ARM Cortex-M4 处理器的工作频率高达 220MHz。

2）LPC5460x/61x 器件以高达 180MHz 的 CPU 频率运行。LPC54628 器件的 CPU 频率高达 220MHz。

3）浮点单元（FPU）和内存保护单元（MPU）。

4）ARM Cortex-M4 内建嵌套向量中断控制器（NVIC）。

5）带源可选择的非屏蔽中断（NMI）输入。

6）串行线调试（SWD），带有 6 个指令断点、2 个文字比较器和 4 个观察点，搭载用于增强调试功能的串行线输出和 ETM 跟踪以及一个调试时间戳计数器。

7）系统节拍定时器。

2. 片内存储器

1）高达 512KB 的片上闪存程序存储器（带闪存加速器）和 256B 页面擦写。

2）高达 200KB 的 SRAM 总容量，包括 160KB 连续主控 SRAM 和 I&D 总线上的额外 32KB SRAM，8KB 的 SRAM 用于 USB 通信。

3）16KB EEPROM。

3. ROM API 支持

1）闪存在应用程序内编程（IAP）和系统内编程（ISP）。

2）基于 ROM 的 USB 驱动器（HID、CDC、MSC 和 DFU）。通过 USB 更新闪存。

3）从闪存、USART、SPI 和 I^2C 中的有效用户代码启动。

4）传统、单镜像和双镜像启动。

5）用于编程一次性密码（OTP）存储器的 OTP API。

6）随机数生成器（RNG）API。

4. 串行接口

1）Flexcomm 接口支持多达 10 个串行外设。每个 Flexcomm 接口可通过软件进行选择作为 USART、SPI 或 I^2C 接口。如果该 Flexcomm 接口支持，则每个 Flexcomm 接口都包含一个支持 USART、SPI 和 I^2S 的先进先出（FIFO）存储器。每个 Flexcomm 接口都有各种时钟选项，包括一个共享的小数比特率发生器。

2）I^2C 接口支持快速模式和超快速模式，数据速率高达 1Mbit/s，带多地址识别和监控模式。两组真正的 I^2C 焊盘也支持从机高速模式（3.4Mbit/s）。

3）两个 ISO 7816 智能卡接口（支持直接存储器访问（DMA））。

4）USB2.0 高速主机/设备控制器，带片上高速物理接口收发器（PHY）。

5）USB2.0 全速主机/设备控制器，带片上 PHY 和专用 DMA 控制器，支持使用软件库在器件模式下实现无晶振操作。有关详细信息，请参见技术说明 TN00032。

6）搭载 XIP 特性的 SPIFI 使用多达 4 条数据线来访问片外 SPI/DSPI/QSPI 闪存存储器，其速率远高于标准 SPI 或 SSP 接口。

7）搭载 MII/RMII 接口的以太网 MAC，支持音视频桥接（AVB），带专用 DMA 控制器。

8）两个 CAN FD 模块，带专用 DMA 控制器。

5. 数字外设

1）DMA 控制器带 30 条通道和多达 24 个可编程触发器，能够访问所有存储器和具有 DMA 功能的外设。

2）LCD 控制器支持超扭曲向列（STN）和薄膜晶体管（TFT）显示屏。其拥有专用的 DMA 控制器，可选择的显示分辨率（高达 1024 像素×768 像素），并支持高达 24 位的真彩色模式。

3）外部存储器控制器（EMC）支持异步静态存储器（如 RAM、ROM 和闪存）和动态存储器（如带高达 100MHz SDRAM 时钟的单数据速率 SDRAM）。TFBGA180、TFBGA100 和 LQFP100 及封装上的 EMC 总线宽度（位）支持最多 8/16 数据线宽静态存储器和动态存储器，如带高达 100MHz SDRAM 时钟的 SDRAM（仅限 2 组）。

4）安全数字输入/输出（SD/MMC 和 SDIO）卡接口（支持 DMA）。

5）CRC 引擎模块可使用 3 个标准多项式之一来计算所提供数据的 CRC，并支持 DMA。

6）多达 171 个通用输入/输出（GPIO）引脚。

7）GPIO 寄存器位于 AHB 上，以支持快速访问。DMA 支持 GPIO 端口。

8）多达 8 个 GPIO 可选为引脚中断（PINT），由上升沿、下降沿或两个输入边沿触发。

9）两个 GPIO 分组中断（GINT）支持根据输入状态的逻辑（与/或）组合使能中断。

10）CRC 引擎。

6. 模拟外设

1）12 位 ADC，带 12 条输入通道及多个内部和外部触发器输入，且采样速率高达 5.0MSPS。ADC 支持两个独立的转换序列。

2）集成连接至 ADC 的温度传感器。

7. DMIC 子系统

DMIC 子系统包括双通道 PDM 麦克风接口、灵活的抽取器、16 个入口 FIFO、可选 DC 锁定、硬件语音活动检测，以及将处理后的输出数据流传输到 I2S 的选项。

8. 定时器

1）5 个 32 位通用定时器/计数器，其中 4 个支持最多 4 个捕获输入和 4 个比较输出、PWM 模式和外部计数输入，可以选择特定定时器事件以生成 DMA 请求。第 5 个定时器无外部引脚连接，可用于内部定时操作。

2）SCTimer/PWM 带 8 种输入功能和 10 种输出功能（包括捕获和匹配）。输入和输出可以路由到外部引脚或从外部引脚路由，也可以在内部路由到选定的外设或从其路由。在内部，SCTimer/PWM 支持 10 个匹配/捕获、10 个事件和 10 个状态。

3）32 位实时时钟（RTC），周期为 1s，在始终上电电源域下运行。RTC 中的定时器可用于从所有低功耗模式（包括深度掉电模式）中唤醒、周期为 1ms。

4）24 位多通道多速率定时器（Multiple-Channel Multi-Rate Timer，MRT），适用于多达 4 种可编程、固定速率的可重复中断生成。

5）窗口看门狗定时器（Windowed Watchdog Timer，WWDT）。

6）重复性中断定时器（Repetitive Interrupt Timer，RIT），用于调试时间戳和通用目的。

9. 安全特性

1）增强的代码读取保护（eCRP），用于保护用户代码。

2）OTP 存储器用于 ECRP 设置和用户应用的特定数据。

3）搭载专用 DMA 控制器的安全散列算法（Secure Hash Algorithm SHA1/SHA2）模块。

10. 时钟生成

1）12MHz 内部自由运行振荡器（FRO）。该振荡器提供可选的 48MHz 或 96MHz 输出，以及可用作系统时钟的 12MHz 输出（从所选的较高频率分频）。FRO 在整个电压和温度范围内精确到±1%。

2）外部时钟输入频率可高达 25MHz。

3）晶体振荡器，工作频率范围为 1~25MHz。

4）看门狗振荡器（WDTOSC），频率范围为 6kHz~1.5MHz。

5）32.768kHz 低功耗 RTC 振荡器。

6）系统 PLL 允许 CPU 以最大 CPU 速率运行，并且可以从主振荡器、内部 FRO、看门狗振荡器或 32.768kHz RTC 振荡器运行。

7）另外两个 PLL 用于 USB 时钟和音频子系统。

8）SPIFI 接口、ADC、USB 和音频子系统配有独立时钟。

9）带分频器的时钟输出功能。

10）频率测量单元用于测量任何片上或片外时钟信号的频率。

11. 功率控制

1）可编程电源管理单元（Power Management Unit，PMU），可最大限度地降低功耗并满足不同性能水平的要求。

2）节能模式：睡眠、深度睡眠和深度掉电。

3）当作为从属器件工作时，USART、SPI 和 I²C 外设上的活动可使其从深度睡眠模式唤醒。

4）超低功耗 Micro-tick 定时器，通过看门狗振荡器运行可用于将器件从低功耗模式中唤醒。

5）上电复位（Power-On Reset，POR）。

6）掉电检测（Brown-Out Detect，BOD），为中断和强制复位设有各自的阈值。

12. 其他

1）单一供应电源 1.71~3.6V。

2）支持 JTAG 边界扫描。

3）用于器件识别的 128 位独特序列号。

4）工作温度范围为-40~105℃。

5）提供 TFBGA180、TFBGA100、LQFP208 和 LQFP10 封装。

2.4.3　LPC546xx 的功能描述

1. 体系结构概述

ARM Cortex-M4 包括 3 条 AHB-Lite 总线：系统总线、I 代码总线和 D 代码总线。I 代码和 D 代码核心总线允许从不同从端口进行并发代码和数据访问。

LPC546xx 使用多层 AHB 矩阵，以灵活的方式将 ARM Cortex-M4 总线和其他总线主控器连接到外设，通过允许不同总线主控器同时访问矩阵不同从端口上的外设，从而优化性能。

2. ARM Cortex-M4 处理器

ARM Cortex-M4 是通用的 32 位微处理器，具有高性能和极低的功耗。ARM Cortex-M4 提供了许多新功能，包括 Thumb-2 指令集、低中断延迟、硬件乘法和除法、可中断/可连续的多个加载和存储指令、自动状态保存和恢复中断，具有唤醒中断控制器功能的紧密集成中断控制器以及能够同时访问的多个核心总线。

ARM Cortex-M4 处理器采用 3 级流水线，以便处理和存储系统的所有部分都可以连续运行。通常，在执行一条指令时，其后继指令将被解码，而第 3 条指令将从内存中获取。

3. ARM Cortex-M4 集成浮点单元（FPU）

FPU 完全支持单精度加、减、乘、除、乘和累加以及平方根运算，它还提供定点和浮点数据格式之间的转换以及浮点常量指令。

FPU 提供的浮点计算功能符合 ANSI/IEEE Std 754-2008，即二进制浮点算术的 IEEE 标准，称为 IEEE 754 标准。

4. 内存保护单元（MPU）

Cortex-M4 包含一个内存保护单元（MPU），可通过保护用户应用程序中的关键数据来提高嵌入式系统的可靠性。

MPU 通过禁止访问彼此的数据，禁用对内存区域的访问，允许将内存区域定义为只读并检测可能破坏系统的意外内存访问，从而允许分离处理任务。

MPU 将内存分为不同的区域，并通过防止不允许的访问来实现保护。MPU 最多支持 8 个区域，每个区域可分为 8 个子区域。访问 MPU 区域中未定义或区域设置不允许的内存位置将导致"内存管理故障"异常。

5. 用于 Cortex-M4 的嵌套向量中断控制器（NVIC）

NVIC 是 Cortex-M4 不可或缺的一部分，与 CPU 的紧密耦合允许较低的中断等待时间和对延迟到达的中断的有效处理。

（1）功能

① 控制系统异常和外设中断。

② 支持多达 54 个向量中断。

③ 8 个可编程中断优先级，带有硬件优先级屏蔽。

④ 可移动向量表。

⑤ 不可屏蔽中断（NMI）。

⑥ 软件中断生成。

（2）中断源　每个外设都有一条连接到 NVIC 的中断线，但可能具有多个中断标志。

6. 系统时钟计时器（SysTick）

ARM Cortex-M4 包括一个系统滴答计时器（SysTick），旨在产生专用的 SYSTICK 异常。SysTick 的时钟源可以是 FRO 或 Cortex-M4 内核时钟。

7. 片内静态 RAM

LPC546xx 支持 200KB SRAM，具有独立的总线主控器访问权限，可实现更高的吞吐量，并具有独立的功率控制功能，以实现低功耗操作。

8. 片上闪存

LPC546xx 支持高达 512KB 的片上闪存。

9. 片内 ROM

64KB 片内 ROM 包含引导加载程序和以下应用程序编程接口（API）：

1）Flash 应用程序内编程（IAP）和系统内编程（ISP）。

2）基于 ROM 的 USB 驱动程序（HID、CDC、MSC 和 DFU）。通过 USB 支持闪存更新。

3）支持从闪存、USART、SPI 和 I²C 中的有效用户代码启动。

4）传统、单映像和双映像引导。

5）用于对 OTP 存储器进行编程的 OTP API。

6）随机数生成器（RNG）API。

10. EEPROM

LPC546xx 包含高达 16KB 的片上字可擦除字节和字可编程 EEPROM，在深度睡眠和深度掉电模式下无法访问 EEPROM。

11. 内存映射

LPC546xx 包含几个不同的存储器区域。APB 外设区域的大小为 512KB，并被划分为最多可容纳 32 个外设。每个外设分配有 4KB 的空间，从而简化了地址解码。集成到 CPU 中的寄存器，如 NVIC、SysTick 和睡眠模式控件等位于专用外围总线上。

2.4.4　LPC546xx 的应用领域

LPC546xx 的应用领域主要包括以下几方面：

（1）工业、控制和一般嵌入式应用　其主要有工业网关、HVAC 控制、楼宇控制和自动化、诊断设备、电子仪器。

（2）智能家居和一般消费电子产品　其主要有白色家电 HMI、小型智能家电、恒温器、安防监控与警报、健身器材。

（3）智能能源　其主要有智能电表、家用显示、数据聚合器、通信枢纽、PLC、逆变器和断路器。

（4）汽车售后市场　其主要有 OBD-II、信息娱乐系统、导航、远程信息处理。

2.5　具有集成收发器的 CAN FD 控制器 TCAN4550

2.5.1　TCAN4550 概述

TCAN4550 是 TI 公司生产的 CAN FD 控制器，集成了 CAN FD 收发器。CAN FD 控制器满足 ISO 11898-1：2015 高速控制器局域网（CAN）数据链路层的规范，并满足 ISO 11898-2：2016 高速控制器局域网（CAN）规范的物理层要求，提供 CAN 总线和 CAN 协议控制器之间的接口，支持经典的 CAN 和 CAN FD 且传输速率最高可达 5Mbit/s。

TCAN4550 提供的 CAN FD 收发器功能：向总线的差分传输功能和从总线的差分接收功能。该器件具有多种保护机制，使 CAN 总线具有较强的鲁棒性。该器件支持本地唤醒（LWU）以及使用实现 ISO 11898-2：2016 唤醒模式（WUP）的 CAN 总线进行总线唤醒。通过 V_{IO} 引脚，支持 3.3~5V 输入/输出的微处理器或微控制器。TCAN4550 具有一个可连接到本地微处理器或微控制器的串行外设接口（SPI），以用于器件的配置和收发 CAN 的每一帧。SPI 支持高达 18MHz 的时钟速率。

CAN 总线在运行过程中有两种逻辑状态：隐性和显性。

1）当总线状态为隐性时，总线电压通过各节点接收器的高阻抗内部输入电阻而被偏置达到 2.5V 的共模电压。隐性相当于逻辑高电平，隐性状态也是闲置状态。

2）当总线状态为显性时，总线是由一个或多个驱动器差动驱动的。电流流经终端电阻并在总线上产生一个差压信号。显性相当于逻辑低电平，显性状态覆盖隐性状态。

在总线仲裁过程中，多个 CAN 节点可以同时传输一个显性位。在这种情况下，总线上的差压会大于单个驱动器上的差压。

低功耗待机模式下的收发器具有第三个总线状态，这种状态下总线终端电压通过接收器的高阻抗内部电阻而被偏置到地。

TCAN4550 能够提供单端时钟输出信号 GPIO1，这是基于晶振或在 OSC1 上产生的单端时钟输入信号。许多引脚可以配置为多用途。

TCAN4550 功能框图如图 2-27 所示。

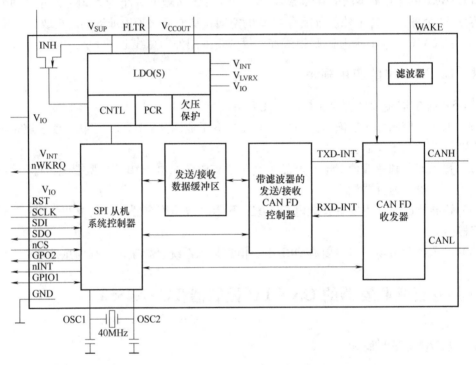

图 2-27　TCAN4550 功能框图

TCAN4550 可应用于楼宇自动化、工业自动化控制、工业运输。

2.5.2　TCAN4550 的特性

TCAN4550 具有如下特性：

1）具有集成 CAN 收发器和串行外设接口（SPI）的 CAN FD 控制器。

2）CAN FD 控制器支持 ISO 11898-1：2015 标准和 BOSCH M_CAN 3.2.1.1 修订版标准。

3）符合 ISO 11898-2：2016 的要求。

4）CAN FD 数据传输速率可达 5Mbit/s，串行外设接口的时钟速度最高可达 18MHz。

5）可向后兼容经典 CAN。

6）工作模式：正常、待机、睡眠和故障保护。

7）为微处理器或微控制器提供 3.3~5V 的输入/输出逻辑支持。

8）CAN 总线的工作范围广：±42V 总线故障保护；±12V 共模电压。

9）断电优化：总线和逻辑端子处于高阻态（运行总线或应用程序无负载）；上电/断电无扰动运行。

2.5.3 TCAN4550引脚分配和功能

1. TCAN4550引脚分配

TCAN4550有20个引脚，采用VQFN式封装，如图2-28所示。

TCAN4550引脚介绍如下：

OSC1：外部晶振或时钟输入。

nWKRQ：唤醒请求，低电平有效。

GPIO1：可通过SPI配置的通用输入/输出。

SCLK：SPI时钟输入。

SDI：由主输出输入至SPI的从数据（SPI接口的MOSI）。

SDO：由SPI的从数据输出至主输入（SPI接口的MISO）。

nCS：SPI芯片选择。

nINT：连接微处理器或微控制器的中断引脚，低电平有效。

GPO2：可通过SPI配置的通用输出。

CANL：低电平CAN总线。

CANH：高电平CAN总线。

WAKE：唤醒输入，输入高电平。

GND：地。

V_{SUP}：电池供电。

INH：禁止控制系统稳压器和电源（开漏）。

V_{CCOUT}：5V稳压输出。

V_{IO}：数字输入/输出供电电压。

FLTR：内部稳压滤波器，需要外部电容接地。

RST：器件复位。

OSC2：外部晶振输出。当使用单输入时钟至OSC1时，该引脚应接地。

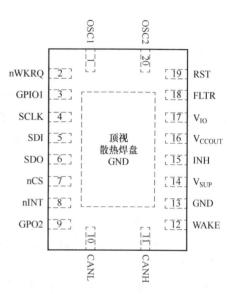

图2-28 TCAN4550引脚分配

2. TCAN4550引脚功能

（1）V_{SUP}引脚 此引脚与电源连接。它为给数字核心供电的内部调节器、CAN收发器和V_{CCOUT}引脚提供电源。该引脚需要对地外接一个0.1μF的电容。

（2）V_{IO}引脚 V_{IO}引脚提供数字I/O电压以匹配微处理器或微控制器I/O电压。V_{IO}给SPI的IO、GPO1和GPO2引脚供电，还为提供晶振引脚的振荡器模块供电。它支持3.3~5V的电压范围。此引脚需要对地外接一个0.1μF的电容。

（3）V_{CCOUT}引脚 内部LDO为集成CAN收发器和V_{CCOUT}引脚供电，可总共提供125mA的电流。在正常运行期间，可提供的电流量取决于CAN收发器的需求。当总线故障发生需要LDO的全部电流时，该器件将无法向外部元件提供电流。在睡眠模式下，该调节器被禁用，不向外提供任何电流。只要处于其他激活模式，该调节器便会正常工作。该引脚需要对

地外接一个 $10\mu F$ 的电容器，放置位置尽可能地靠近引脚。

（4）GND 引脚　该引脚和散热片一样是接地引脚。两者都需要连接地线来进行器件散热。

（5）INH 引脚　INH 引脚是一个高电平输出引脚，以启用外部稳压器，电压大小为 V_{SUP} 电压与二极管压降之差。稳压器用于给微处理器和 V_{IO} 引脚供电。INH 功能在除睡眠模式之外的所有模式下都处于开启状态。在睡眠模式下，INH 引脚关闭，处于高阻抗状态。这允许各节点在休眠模式下都处于最低功率状态。如果不需要此功能，可以通过 SPI 设置寄存器 0800H [9] 为 1 来禁用它。如果不需要在终端应用程序中启动系统唤醒，则 INH 引脚可以保持悬空。

（6）WAKE 引脚　WAKE 引脚用于高电平器件的本地唤醒（LWU）。该引脚默认为双向边沿触发，即它可识别通过 WAKE 引脚转换的上升沿或下降沿上的 LWU 信号。此默认值可以通过 SPI 命令更改，使其仅识别上升沿或下降沿。该引脚需要连入一个 10nF 的电容器并接地，以提高向外发送 WAKE 信号的瞬态抗扰性。如果在终端应用程序中不需要本地唤醒功能，WAKE 引脚可以直接与 V_{SUP} 或 GND 引脚短接。

（7）FLTR 引脚　该引脚为内部数字核心调节器提供滤波，使用时需要连入一个 300nF 的电容并接地。

（8）RST 引脚　RST 引脚是设备复位引脚，正常工作时内部有一个弱下拉电阻。

在 RST 信号产生后，需要等待一段时间（大于或等于 $700\mu s$），然后对 TCAN4550 进行读/写操作。

（9）OSC1 和 OSC2 引脚　这两个引脚用于晶振。OSC1 引脚也可用作微处理器或其他时钟信号源的单端时钟输入。建议提供 40MHz 的晶振或时钟输入信号以支持 CAN FD 数据传输速率。

（10）nWKRQ 引脚　该引脚是专门用来发送唤醒请求信号的引脚，唤醒请求信号可以来自总线唤醒（WUP）请求、本地唤醒（LWU）请求和上电（PWRON）信号。nWKRQ 引脚默认功能是基于唤醒事件的唤醒启用。在这种情况下，输出信号被拉低并自锁，作为稳压器的使能端，此时不使用 INH 引脚控制电平。

（11）nINT 引脚　nINT 引脚专用于传输全局中断信号，输出类型为开漏输出。该引脚需要外接一个上拉电阻，再与 V_{IO} 引脚相连才能正常工作。当该引脚电平被拉低时，此引脚会响应所有中断请求。

在测试模式下，此引脚被用作 EN 引脚输入来测试 CAN 收发器。当该引脚为高电平时，器件处于正常模式；当该引脚为低电平时，器件处于待机模式。

（12）GPO1 引脚　此引脚默认传输 M_CAN_INT1（低电平有效）的中断信号。通过 SPI 设置，该引脚可以根据输入晶振或外部时钟信号源，作为单端时钟输出信号。

（13）GPO2 引脚　GPO2 引脚是一个通用的开漏输出引脚，用于提供选定的中断信号。该引脚需要外接一个上拉电阻，再与 V_{IO} 相连才能正常工作。

（14）CANH 和 CANL 总线引脚　这两个引脚是 CAN 高低差压总线的引脚。这些引脚与 CAN 收发器和低压 WUP CAN 接收器相连。

2.5.4　TCAN4550 的功能模式

TCAN4550 具有多种工作模式：正常模式、待机模式、睡眠模式以及两种保护模式。前

3 种模式由 SPI 寄存器进行选择。两种保护模式是做了修改的待机模式，以用于保护器件或总线。TCAN4550 在收到 WUP 或 LWU 事件时会自动地从睡眠模式变为待机模式。

1. 正常模式

此模式是器件的正常工作模式。CAN 驱动器和接收器完全工作，CAN 进行双向通信。驱动器将来自 CAN FD 控制器的内部 TXD_INT 的数字输入信号转换为 CANH 和 CANL 上的差分输出信号。接收器将来自 CANH 和 CANL 的差分信号转换为内部 RXD_INT 信号的数字输出到 CAN FD 控制器中。通过 SPI 可以启用或关闭正常模式。

2. 待机模式

在待机模式下，总线变送器不会发送数据，正常模式接收器也不会接收数据。但仍有几个模块会在此模式下处于激活状态：低功耗 CAN 接收器将主动监测总线的唤醒模式（WUP）信号，唤醒功能引脚的监视器将处于激活状态。

上电后，启动复位信号或唤醒事件会使 TCAN4550 从睡眠模式进入待机模式。

3. 睡眠模式

睡眠模式与待机模式大体相似，但 SPI 和 INH 被禁用。由于低功耗的 CAN 接收器是由 V_{SUP} 供电的，可以关闭 V_{IO}。nWKRQ 引脚由 V_{SUP} 电源内部逻辑电平稳压器供电，这使得 TCAN4550 在发生唤醒事件时向 MCU 请求中断并同时启动 V_{IO}。

4. 测试模式

TCAN4550 的测试模式有 4 种配置。有 2 种配置可以由 SPI 通过设置寄存器位 0800H［21］= 1 来启用。另 2 种是 M_CAN 核心专用的测试模式，使用 SPI 输入，但可直接写入 M_CAN 核心的寄存器中。

5. 故障保护措施

TCAN4550 具有 3 种故障保护措施，以在系统节点出现问题时降低节点的功耗。故障保护是器件在其他模式出现问题时进入睡眠模式的措施。

6. 保护措施

TCAN4550 具有如下几种保护措施。

（1）看门狗功能　TCAN4550 内置看门狗（WDT）超时功能，当使用此功能时，WDT 将持续运行。WDT 是默认启用的，可以配置 4 个不同的定时器数值。WDT 在正常和待机模式下是运行的，在睡眠模式下是关闭的。一旦设备进入正常或待机模式，直到第一个输入事件触发后定时器才开始启动，此事件可以把寄存器 0800H［18］置 1，或者在配置看门狗输入时，改变 GPIO1 引脚上的电平（不论高低）。如果没有事件触发，看门狗功能将被禁用，首次触发事件可以在正常模式或待机模式下产生。

TCAN4550 有两种设置触发器位的方法：通过 SPI 命令和通过 GPI（配置 GPIO1 为 GPI）。当使用 GPI 引脚时，任何上升沿或下降沿都会重置定时器。看门狗事件可以有两种方法传输回微处理器：一是 nINT 引脚上产生的中断；二是可以对 GPO2 引脚编程实现在 WDT 超时后进行切换。

（2）驱动器和接收器功能　TXD_INT 和 RXD_INT 是内部信号通道，其行为类似于物理层收发器的 TXD 和 RXD 引脚。在正常操作过程中，它们不能被外部引脚访问。TCAN4550 提供了一种测试模式，可将这些信号映射到外部引脚。

（3）TXD_INT 显性超时（DTO）　TCAN4550 支持显性状态超时，是基于 TXD_INT 通道的内部功能。收发器可以对它进行测试，通过将设备置于测试模式并在 GPO1 引脚上设置显性状态，并监视 RXD_INT_PHY 的 GPO2 来实现。

（4）CAN 总线短路电流限制　该设备具有多种保护措施来限制 CAN 总线短路时的短路电流。CAN 驱动器电流限制：该设备有 TXD_INT 显性超时功能，防止系统在发生故障时出现长期的显性状态短路大电流情况。

（5）过热保护　这是器件自我保护事件。如果器件连接点的温度超过过热保护的阈值，则设备关闭 CAN 收发器内部的 5V LDO，从而阻断信号到总线的传输路径，也切断了供电电流和电压到 V_{CCOUT} 引脚的电路。同时，过热保护中断标志位置 1，并插入一个中断以便通知微处理器。

（6）欠电压锁定（UVLO）和无源装置　TCAN4550 监测 V_{SUP}、V_{IO} 和 V_{CCOUT} 引脚的欠电压事件。

2.5.5　TCAN4550 的编程

TCAN4550 采用 32 位访问。TCAN4550 提供 2KB 的 MRAM（Message RAM），可根据系统需要为 TX/RX 缓冲区 FIFO 完全配置。为了避免初始化后发生差错校验（ECC）错误，MRAM 应该在初始化、上电、重启和唤醒事件期间置 0，从而确保 ECC 被正确计算。

上电时，MRAM 值未知，因此 ECC 值无效。有一点非常重要，即便 DLC 少于 8B，也要保证至少 2 个字（8B）的有效负载数据写入任一 TX 缓冲区。如果不这样做，将导致 M_CAN BEU 错误，这将使 TCAN4550 进入初始化模式，并需要用户干预才能继续进行 CAN 通信。为了避免这种情况，在上电、重启或从睡眠模式中唤醒时，MRAM 都应该置 0。

1. SPI 通信

SPI 通信使用标准 SPI。在硬件上，数字接口引脚是 nCS、SDI、SDO 和 SCLK。每个 SPI 传输大小为 32 位，包含一个命令字节，后面是两个地址字节和一个长度字节。数据从 SDO 引脚上移出，使传输总是以全局状态寄存器（字节）为起始，此寄存器提供有关器件的高电平状态信息，之后"响应"命令字节的两个数据字节被移出。写入命令期间移出的数据字节，是在写入新数据和更新寄存器之前的寄存器的内容。读取命令期间移出的数据字节是寄存器的当前内容，且寄存器不会更新。

SDI 引脚上的 SPI 输入数据采样于 SCLK 在从低电平切换到高电平之时，SDO 引脚上的 SPI 输出数据更新于 SCLK 在从高电平切换到低电平之时。

2. TCAN4550 寄存器说明

TCAN4550 每个区域的地址如下：

1）寄存器 0000H~000CH 是器件的 ID 和 SPI 寄存器。

2）寄存器 0800H~083CH 是器件的配置寄存器和中断标志位。

3）寄存器 1000H~10FCH 用于 M_CAN。

4）寄存器 8000H~87FFH 用于 MRAM。

起始地址必须是字对齐（32 位）的，每次访问寄存器时，地址的 [1：0] 位会被忽略，因为地址总是字对齐的（32 位/4B）。以访问 M_CAN 寄存器为例，如果想访问寄存器 0x1004，可以向 SPI 提供地址 1004H、1005H、1006H 或 1007H，之后便可访问寄存器 1004，该寄存器是 32 位的，在本例中只有 1004 位有效。

输入 MRAM 起始地址时，不需要前缀 0x8000。例如，如果想把起始地址设为 0x8634，则 SA［15：0］位便是 0x0634。

3. 寄存器信息

TCAN4550 有一个 32 位寻址的完整寄存器组，该寄存器分为以下几个部分：

- 器件 ID 和中断/诊断标志位寄存器：0000H~002FH；
- 器件配置寄存器：0800H~08FFH；
- 中断/诊断标志位和使能标志位寄存器：0820H/0824H 和 0830H；
- CAN FD 寄存器组：1000H~10FFH。

在 32 位的地址空间中，所有的地址都只使用低 16 位，忽略高 16 位的地址。

1）器件 ID 和中断/诊断标志位寄存器 0000H~002FH。器件 ID 和中断/诊断标志寄存器
如表 2-4 所示。此寄存器包含了器件名称、修订级别和所有的中断标志位。

表 2-4　器件 ID 和中断/诊断标志寄存器

地　　址	寄　存　器	TCAN4550 的值
0000H	DEVICE_ID［7:0］"T"	54
	DEVICE_ID［15:8］"C"	43
	DEVICE_ID［23:16］"A"	41
	DEVICE_ID［31:24］"N"	4E
0004H	DEVICE_ID［39:32］"4"	34
	DEVICE_ID［47:40］"5"	35
	DEVICE_ID［55:48］"5"	35
	DEVICE_ID［63:56］"0"	30
0008H	SPI 模块的修订版本	00
000CH	状态	00

2）器件配置寄存器 0800H~08FFH。TCAN4550 配置寄存器如表 2-5 所示。未列出的寄
存器是保留寄存器。

表 2-5　TCAN4550 配置寄存器

地　　址	寄　存　器	值
0800H	运行模式和引脚配置	C8000468H
0804H	时间戳预分频器	00000002H
0808H	读/写测试寄存器	00000000H
080CH ~0810H	ECC 和 TDR 寄存器	00000000H
0814H~081CH	保留位	00000000H
0820H	中断标志	00000000H
0824H	MCAN 中断标志	00000000H
0829H~082FH	保留位	00000000H
0830H	中断使能	FFFFFFFFH
0834H~083FH	保留位	00000000H

3）中断/诊断标志和使能标志寄存器 0820H/0824H/0830H。该寄存器区含有器件的所有中断标志。M-CAN 中断标志 0824H 在 1050H MCAN 寄存器描述部分中有描述，要了解详细信息需要转到对 1050H 的描述章节中。0830H 使能中断以触发 0820H 的中断。

4）CAN FD 寄存器组 1000H~10FFH。CAN FD 寄存器组描述如表 2-6 所示。

以下寄存器的 MRAM 和起始地址应需特别注意：

- SIDFC（0x1084）；
- XIDFC（0x1088）；
- RXF0C（0x10A0）；
- RXF1C（0x10B0）；
- TXBC（0x10C0）；
- TXEFC（0x10F0）。

在 MRAM 中，起始地址必须是字对齐（32 位）的，因此需在进行写入操作时忽略最低 2 位。

表 2-6　CAN FD 寄存器组

地　　址	符　　号	名　　称	复位（HEX）
1000H	CREL	核心释放寄存器	rrrd dddd
1004H	ENDN	字节序（端）寄存器	8765 4321
1008H	CUST	用户寄存器	0000 0000
100CH	DBTP	数据位定时和预分频寄存器	0000 0A33
1010H	TEST	测试寄存器	0000 0000
1014H	RWD	RAM 看门狗	0000 0000
1018H	CCCR	CC 控制寄存器	0000 0019
101CH	NBTP	标称位定时和预分频寄存器	0600 0A03
1020H	TSCC	配置时间戳计数器	0000 0000
1024H	TSCV	时间戳计数器值	0000 0000
1028H	TOCC	配置超时计数器	FFFF 0000
102CH	TOCV	超时计数器值	0000 FFFF
1030H	RSVD	保留位	0000 0000
1034H	RSVD	保留位	0000 0000
1038H	RSVD	保留位	0000 0000
103CH	RSVD	保留位	0000 0000
1040H	ECR	错误计数器寄存器	0000 0000
1044H	PSR	协议状态寄存器	0000 0707
1048H	TDCR	传输延时补偿寄存器	0000 0000
104CH	RSVD	保留位	0000 0000
1050H	IR	中断寄存器	0000 0000

（续）

地 址	符 号	名 称	复位（HEX）
1054H	IE	中断使能	0000 0000
1058H	ILS	中断线选择	0000 0000
105CH	ILE	中断线使能	0000 0000
1060H	RSVD	保留位	0000 0000
1064H	RSVD	保留位	0000 0000
1068H	RSVD	保留位	0000 0000
106CH	RSVD	保留位	0000 0000
1070H	RSVD	保留位	0000 0000
1074H	RSVD	保留位	0000 0000
1078H	RSVD	保留位	0000 0000
107CH	RSVD	保留位	0000 0000
1080H	GFC	配置全局滤波器	0000 0000
1084H	SIDFC	配置标准 ID 滤波器	0000 0000
1088H	XIDFC	配置扩展 ID 滤波器	0000 0000
108CH	RSVD	保留位	0000 0000
1090H	XIDAM	扩展 ID 和掩码	1FFF FFFF
1094H	HPMS	高优先级报文状态	0000 0000
1098H	NDAT1	新数据 1	0000 0000
109CH	NDAT2	新数据 2	0000 0000
10A0H	RXF0C	配置 Rx FIFO 0	0000 0000
10A4H	RXF0S	Rx FIFO 0 状态	0000 0000
10A8H	RXF0A	Rx FIFO 0 确认	0000 0000
10ACH	RXBC	配置 Rx 缓冲区	0000 0000
10B0H	RXF1C	配置 Rx FIFO 1	0000 0000
10B4H	RXF1S	Rx FIFO 1 状态	0000 0000
10B8H	RXF1A	Rx FIFO 1 确认	0000 0000
10BCH	RXESC	配置 Rx 缓冲区/FIFO 元素大小	0000 0000
10C0H	TXBC	配置 Tx 缓冲	0000 0000
10C4H	TXFQS	Tx FIFO/队列状态	0000 0000
10C8H	TXESC	配置 Tx 缓冲区元素大小	0000 0000
10CCH	TXBRP	Tx 缓冲区请求挂起	0000 0000
10D0H	TXBAR	Tx 缓冲区添加请求	0000 0000

（续）

地　　址	符　号	名　　称	复位（HEX）
10D4H	TXBCR	Tx 缓冲区取消请求	0000 0000
10D8H	TXBTO	Tx 缓冲区发送	0000 0000
10DCH	TXBCF	Tx 缓冲区取消完成	0000 0000
10E0H	TXBTIE	Tx 缓冲区发送中断使能	0000 0000
10E4H	TXBCIE	Tx 缓冲区取消完成中断使能	0000 0000
10E8H	RSVD	保留位	0000 0000
10ECH	RSVD	保留位	0000 0000
10F0H	TXEFC	Tx 事件的 FIFO 配置	0000 0000
10F4H	TXEFS	Tx 事件的 FIFO 状态	0000 0000
10F8H	TXEFA	Tx 事件的 FIFO 确认	0000 0000
10FCH	RSVD	保留位	0000 0000

2.5.6　微控制器与 TCAN4550 的接口电路

微控制器与 TCAN4550 的接口电路如图 2-29 所示。

图 2-29 中的 TPS 系列稳压器为 TI 公司生产的低压差稳压器（LDO），微控制器可以是单片机或 ARM，如 ST 公司生产的 STM32F103 微控制器等。由于 TCAN4550 内部具有 CAN 收发器，所以不需要外接 CAN 收发器，需要时，只要外接 ESD 保护电路即可。

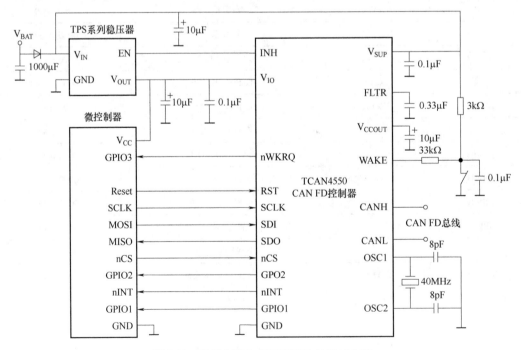

图 2-29　微控制器与 TCAN4550 的接口电路

习　题

2-1　CAN 现场总线有什么主要特点？

2-2　什么是位填充技术？

2-3　CAN FD 总线与 CAN 总线的主要区别是什么？

2-4　说明 CAN FD 帧的组成。

2-5　说明 CAN FD 数据帧格式。

2-6　从传统的 CAN 升级到 CAN FD 需要做哪些工作？

2-7　简述 LPC546xx 的功能。

2-8　LPC546xx 的应用领域有哪些？

2-9　TCAN4550 具有哪些特性？

2-10　TCAN4550 具有哪几种工作模式？

2-11　画出微控制器与 TCAN4550 的接口电路图。

第 3 章

CAN FD应用系统设计

CAN FD 现场总线比 CAN 现场总线具有更高的通信速率，在设计 CAN FD 应用系统时应该遵守相关的技术规范。

本章首先讲述 CAN FD 高速收发器和 CAN FD 收发器隔离器件；然后详述 TCAN4550 的应用程序设计，主要包括 TCAN4550 初始化程序、TCAN4550 配置程序、TCAN4550 发送程序和 TCAN4550 接收程序；最后讲述主站用的 USB 转 CAN FD 接口卡。

3.1 CAN FD 高速收发器

3.1.1 TJA1057 高速 CAN 收发器

1. 概述

TJA1057 是 NXP 公司 Mantis 系列的高速 CAN 收发器，它可在控制器局域网（CAN）协议控制器和物理双线式 CAN 总线之间提供接口。该收发器专门设计用于汽车行业的高速 CAN 应用，可以为微控制器中的 CAN 协议控制器提供发送和接收差分信号的功能。

TJA1057 的特性集经过优化可用于 12V 汽车，相对于 NXP 的第一代和第二代 CAN 收发器如 TJA1050，TJA1057 在性能上有着显著的提升，它有着优异的电磁兼容性（EMC）。在断电时，TJA1057 还可以展现 CAN 总线理想的无源性能。

TJA1057GT（K）/3 型号上的 V_{IO} 引脚允许与 3.3V 和 5V 供电的微控制器直连。

TJA1057 采用了 ISO 11898-2：2016 和 SAE J2284-1 至 SAE J2284-5 标准定义下的 CAN 物理层，TJA1057T 型号的数据传输速率可达 1Mbit/s，为其他变量指定了定义回路延迟对称性的其他时序参数。在 CAN FD 的快速段中，其仍能保持高达 5Mbit/s 的通信传输速率的可靠性。

当 HS-CAN 网络仅需要基本 CAN 功能时，以上这些特性使得 TJA1057 是其绝佳选择。

2. TJA1057 特点及优势

1）基本功能。TJA1057 完全符合 ISO 11898-2：2016 和 SAE J2284-1 至 SAE J2284-5 标准。

① 为 12V 汽车系统使用提供优化。

② EMC 性能满足 2012 年 5 月发布的 1.3 版的 "LIN、CAN 和 FlexRay 接口在汽车应用中的硬件要求"。

③ TJA1057x/3 型号中的 V_{IO} 输入引脚允许其可与 3~5V 供电的微控制器直连。对于没有

V_{IO}引脚的型号，只要微控制器I/O的容限电压为5V，就可以与3.3V和5V供电的微控制器连接。

④ 有无V_{IO}引脚的型号都提供SO8封装和HVSON8（3.0mm×3.0mm）无铅封装，HV-SON8具有更好的自动光学检测（AOI）能力。

2）可预测和故障保护行为。

① 在所有电源条件下的功能行为均可预测。

② 收发器会在断电（零负载）时与总线断开。

③ 发送数据（TXD）的显性超时功能。

④ TXD和S输入引脚的内部偏置。

3）保护措施。

① 总线引脚拥有高静电放电（ESD）处理能力（8kV IEC和HBM）。

② 在汽车应用环境下，总线引脚具有瞬态保护功能。

③ V_{CC}和V_{IO}引脚具有欠电压保护功能。

④ 过热保护。

4）TJA1057 CAN FD（适用于除TJA1057T型号外的所有型号）。

① 时序保证数据传输速率可达5Mbit/s。

② 改进TXD至RXD的传输延迟，降为210ns。

3. TJA1057 引脚分配

TJA1057高速CAN收发器引脚分配如图3-1所示。

引脚功能介绍如下：

TXD：传输输入数据。

GND：地。

V_{CC}：电源电压。

V_{IO}：TJA1057T/TJA1057GT/TJA1057GTK型号不连接；TJA1057GT/3和TJA1057GTK/3型号连接I/O电平适配器的电源电压。

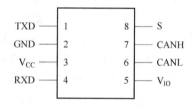

图3-1 TJA1057 高速CAN
收发器引脚分配

CANL：低电平的CAN总线。

CANH：高电平的CAN总线。

S：静默模式控制输入。

4. TJA1057 高速CAN收发器功能说明

1）操作模式。TJA1057支持两种操作模式：正常模式和静默模式。操作模式由S引脚进行选择，在正常供电情况下的操作模式如表3-1所示。

表3-1 TJA1057 的操作模式

模 式	输 入		输 出	
	S引脚	TXD引脚	CAN驱动器	RXD引脚
正常模式	低电平	低电平	显性	低电平
		高电平	隐性	总线显性时低电平
				总线隐性时高电平

（续）

模 式	输　入		输　出	
	S 引脚	TXD 引脚	CAN 驱动器	RXD 引脚
静默模式	高电平	x	偏置至隐性	总线显性时低电平
				总线隐性时高电平

① 正常模式。S 引脚上低电平选择正常模式。在正常模式下，收发器通过总线 CANH 和 CANL 发送和接收数据。差分信号接收器把总线上的模拟信号转换成由 RXD 引脚输出的数字信号，总线上输出信号的斜率在内部进行控制，并以确保最低可能的 EME 的方式进行优化。

② 静默模式。S 引脚上的高电平选择静默模式。在静默模式下，收发器被禁用，释放总线引脚并置于隐性状态。其他所有（包括接收器）的 IC 功能像在正常模式下一样继续运行。静默模式可以用来防止 CAN 控制器的故障扰乱整个网络通信。

2）故障保护特性。

① TXD 的显性超时功能。当 TXD 引脚为低电平时，TXD 显性超时定时器才会启动。如果该引脚上低电平的持续时间超过 $t_{to(dom)TXD}$，那么收发器会被禁用，释放总线并置于隐性状态。此功能使得硬件与软件应用错误不会驱动总线置于长期显性的状态而阻挡所有网络通信。当 TXD 引脚为高电平时，复位 TXD 显性超时定时器。TXD 显性超时定时器也规定了大约 25kbit/s 的最小比特率。

② TXD 和 S 输入引脚的内部偏置。TXD 和 S 引脚被内部上拉至 V_{CC}（在 TJA1057GT（K）/3 型号下是 V_{IO}）来保证设备处在一个安全、确定的状态下，防止这两个引脚的一个或多个悬空的情况发生。上拉电流在所有状态下都流经这些引脚。在静默模式下，这两个引脚应该置高电平来使供电电流尽可能地小。

③ V_{CC} 和 V_{IO} 引脚上的欠电压检测（TJA1057GT（K）/3）。如果 V_{CC} 或 V_{IO} 电压降至欠电压检测阈值 $V_{uvd(V_{CC})}$/$V_{uvd(V_{IO})}$ 以下，收发器会关闭并从总线（零负载、总线引脚悬空）上断开，直至供电电压恢复。一旦 V_{CC} 和 V_{IO} 都重新回到了正常工作范围，输出驱动器就会重新启动，TXD 也会被复位为高电平。

④ 过热保护。过热保护指保护输出驱动器免受过热故障的损害。如果节点的实际温度超过了节点的停机温度 $T_{j(sd)}$，两个输出驱动器都会被禁用。当节点的实际温度重新降至 $T_{j(sd)}$ 以下，TXD 引脚置高电平后（要等待 TXD 引脚置于高电平，以防由于温度的微小变化导致输出驱动器振荡），输出驱动器便会重新启用。

⑤ V_{IO} 供电引脚（TJA1057x/3 型号）。V_{IO} 引脚应该与微控制器供电电压相连，TXD、RXD 和 S 引脚上信号的电平会被调整至微控制器的 I/O 电平，允许接口直连而不用额外的胶连逻辑。

对于 TJA1057 系列中没有 V_{IO} 引脚的型号，V_{IO} 输入引脚与 V_{CC} 在内部相连。TXD、RXD 和 S 引脚上信号的电平被调整至兼容 5V 供电的微控制器的电平。

3.1.2　MCP2561/2FD 高速 CAN 灵活数据速率收发器

1. 概述

MCP2561/2FD 是 Microchip 公司的第二代高速 CAN 收发器，它含有 MCP2561/2 的功

能，并保证回路延迟对称性，以支持 CAN FD 更高数据传输速率的要求。降低最大传输延迟可以支持更长的总线长度。

设备满足 CAN FD 比特率超过 2Mbit/s、低静态电流的汽车设计要求，同时满足在电磁兼容（EMC）和静电放电（ESD）方面上的要求。

MCP2561/2FD 是一款高速 CAN 器件，也是一款容错器件，可作为 CAN 协议控制器和物理总线间的接口。MCP2561/2FD 设备为 CAN 协议控制器提供差分信号发送和接收的功能，完全满足 ISO 11898-2 和 ISO 11898-5 标准。

回路延迟对称性保证设备可以支持 CAN FD 高达 5Mbit/s 的传输速率（灵活数据速率）。降低最大传输延迟可以支持更长的总线长度。

2. MCP2561/2FD 高速 CAN 收发器的特点

1）针对 2Mbit/s、5Mbit/s 和 8Mbit/s 的 CAN FD（灵活数据速率）进行了优化。

① 最大传输延迟：120ns。

② 回路延迟对称性：−10%/+10%（2Mbit/s）。

2）满足 ISO 11898-2 和 ISO 11898-5 标准的物理层要求。

3）极低的待机电流（一般为 5μA）。

4）V_{IO} 供电引脚与 CAN 控制器直连，或者与有 1.8~5.5V I/O 接口的微控制器直连。

5）在偏置的差分端接方案中，SPLIT 输出引脚用来稳定共模电压。

6）当器件断电时，CAN 总线引脚会断开连接。无源节点或欠电压事件不会加载 CAN 总线。

7）地线故障检测。

① TXD 引脚上总是检测到显性状态。

② 总线引脚上总是检测到显性状态。

8）V_{DD} 引脚上电复位和欠电压保护。

9）防止短路情况造成的损坏（正/负电源电压）。

10）汽车环境下的瞬态高压保护。

11）全自动过热保护。

12）适用于 12V 和 24V 系统。

13）满足或超过严格的汽车设计要求，包括 2012 年 5 月发布的 1.3 版的"LIN、CAN 和 FlexRay 接口在汽车应用中的硬件要求"。

① 有共模电感（CMC）的电磁辐射：2Mbit/s。

② 有 CMC 的 DPI：2Mbit/s。

14）CANH 和 CANL 引脚上具有高强度的 ESD 保护，满足 IEC61000-4-2 高达 ±14kV 的要求。

15）产品封装：PDIP-8L、SOIC-8L 和 3×3 DFN-8L。

16）温度范围。

① 长期工作时（E）：−40~125℃。

② 工作瞬时最高（H）：−40~150℃。

3. MCP2561/2FD 高速 CAN 收发器引脚分配

MCP2561FD 引脚分配如图 3-2 所示。

MCP2562FD 引脚分配如图 3-3 所示。

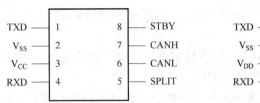

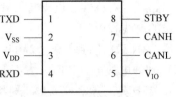

图 3-2 MCP2561FD 引脚分配   图 3-3 MCP2562FD 引脚分配

引脚功能介绍如下：

TXD：发送数据输入。

V_{SS}：电源地。

V_{DD}：电源电压。

RXD：接收数据输出。

SPLIT：稳定共模电压，只适用于 MCP2561FD。

V_{IO}：数字 I/O 供电引脚，只适用于 MCP2562FD。

CANL：低电平的 CAN 总线。

CANH：高电平的 CAN 总线。

STBY：待机模式输入。

只有 MCP2561FD 拥有 SPLIT 引脚，只有 MCP2562FD 拥有 V_{IO} 引脚，在 MCP2561FD 中数字 I/O 的供电在内部与 V_{DD} 相连。

4. 模式控制模块

MCP2561/2FD 支持两种运行模式：正常模式和待机模式。

MCP2561/2FD 操作模式描述如表 3-2 所示。

表 3-2 MCP2561/2FD 操作模式

模　式	STBY 引脚	RXD 引脚	
		低电平	高电平
正常模式	低电平	总线处于显性状态	总线处于隐性状态
待机模式	高电平	检测到唤醒请求	未检测到唤醒请求

1）正常模式。STBY 引脚处于低电平时可以进入正常模式，运行驱动模块驱动总线引脚，优化了 CANH 和 CANL 上输出信号的斜率，以产生最小的电磁辐射（EME）。

2）待机模式。STBY 引脚处于高电平时可能会进入待机模式。在待机模式下，发送器和接收器的高速部分禁用，以降低功耗；低功耗接收器和唤醒滤波模块启用，以监视总线活动。由于唤醒滤波器的作用，接收引脚（RXD）会与 CAN 总线存在一定的延迟。

5. 发送器功能

CAN 总线有两种状态：显性状态和隐性状态。

当 CANH 和 CANL 上的差压信号大于 $V_{DIFF(D)(I)}$ 时总线处于显性状态；当差压信号小于 $V_{DIFF(D)(I)}$ 时总线处于隐性状态。显/隐性状态分别与 TXD 输入引脚上的低/高电平相一致，但是需要注意，由另一个 CAN 节点初始化的显性状态会覆盖该 CAN 总线上的隐性状态。

6. 接收器功能

在正常模式下，RXD 输出引脚信号反映了 CANH 和 CANL 间的总线差压信号，RXD 上的低/高电平分别与 CAN 总线的显/隐性状态相一致。

7. 内部保护

CANH 和 CANL 具有防止电池短路和 CAN 总线上可能发生的电气瞬变的保护。此功能可防止在此类故障情况下损坏变送器输出级。

器件还可以防止由过热保护电路产生的大电流负载。过热保护的机制是在当节点温度超过 175℃ 的正常限制时，禁用输出驱动。芯片的所有其他部分保持工作状态，并且由于变送器输出中的功耗降低，芯片温度降低。该保护对于防止总线短路引起的损坏至关重要。

3.2　CAN FD 收发器隔离器件

3.2.1　HCPL-772X 和 HCPL-072X 高速光耦合器

1. HCPL-772X/072X 概述

HCPL-772X 和 HCPL-072X 是原 Avago 公司（现为 BROADCOM）生产的高速光耦合器，分别采用 8 引脚 DIP 和 SO-8 封装，采用最新的 CMOS 芯片技术，以极低的功耗实现了卓越的性能。HCPL-772X/072X 只需要两个旁路电容就可以实现 CMOS 的兼容性。

HCPL-772X/072X 的基本架构主要由 CMOS LED 驱动芯片、高速 LED 和 CMOS 检测芯片组成。CMOS 逻辑输入信号控制 LED 驱动芯片为 LED 提供电流。检测芯片集成了一个集成光敏二极管、一个高速传输放大器和一个带输出驱动器的电压比较器。

2. HCPL-772X/072X 的特点

HCPL-772X/072X 光耦合器具有如下特点：

1）5V CMOS 兼容性。

2）最高传播延迟差：20ns。

3）高速：25Mbit/s。

4）最高传播延迟：40ns。

5）最低 10kV/μs 的共模抑制。

6）工作温度范围：-40~85℃。

7）安全规范认证：UL 认证、IEC/EN/DIN EN 60747-5-5。

3. HCPL-772X/072X 的功能图

HCPL-772X/072X 的功能图如图 3-4 所示。

引脚 3 是内部 LED 的阳极，不能连接任何电路；引脚 7 没有连接芯片内部电路。

引脚 1 和 4、引脚 5 和 8 之间必须连接 1 个 0.1μF 的旁路电容。

HCPL-772X/072X 真值表正逻辑如表 3-3 所示。

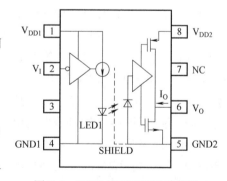

图 3-4　HCPL-772X/072X 功能图

表 3-3　HCPL-772X/072X 真值表正逻辑

V_I 输入	LED1	V_O 输出
高	灭	高
低	亮	低

4. HCPL-772X/072X 的应用领域

HCPL-772X/072X 主要应用在如下领域:

1) 数字现场总线隔离: CAN FD、CC-Link、DeviceNet、PROFIBUS 和 SDS。
2) 交流等离子显示屏电平变换。
3) 多路复用数据传输。
4) 计算机外设接口。
5) 微处理器系统接口。

5. 带光电隔离的 CAN FD 接口电路设计

带光电隔离的 CAN FD 接口电路如图 3-5 所示。

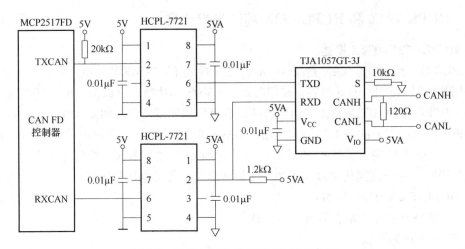

图 3-5 带光电隔离的 CAN FD 接口电路

3.2.2 ACPL-K71T/K72T/K74T/K75T 高速低功耗数字光耦合器

1. ACPL-K71T/K72T/K74T/K75T 概述

ACPL-K71T 和 ACPL-K72T 是 BROADCOM 公司生产的高速低功耗数字光耦合器,适用于新兴电子化汽车应用的高速数字 CMOS 光耦组件。ACPL-K74T 和 ACPL-K75T 分别是 ACPL-K71T 和 ACPL-K72T 的双通道版本。ACPL-K71T 和 ACPL-K72T 为拥有最快传播延迟 (I_F = 10mA 时,最大为 35ns) 的高速模式,ACPL-K74T 和 ACPL-K75T 则是可为标准数字隔离开关应用提供最低 LED 驱动电流为 4mA 的低功耗模式。每个数字光耦合器通道都包含内置光敏二极管 CMOS 检测器芯片、高速跨阻放大器和带有输出驱动电路的电压比较器。BROADCOM 公司 R2Coupler 光耦合器产品可为汽车和高温工业应用提供具有强化绝缘能力和可靠性非常关键的安全信号隔离。

2. ACPL-K71T/K72T/K74T/K75T 的特点

ACPL-K71T/K72T/K74T/K75T 具有如下特点:

1) 符合 AEC-Q100 一级测试指南要求。
2) 车用温度范围: -40~125℃。
3) 高温和可靠性,高速数字汽车应用接口。
4) 5V CMOS 兼容性。

5）VCM＝1000V（典型值）时40kV/μs的共模抑制。

6）低传播延迟。

① ACPL-K71T，ACPL-K74T：25ns（典型值），$I_F = 10\text{mA}$。

② ACPL-K72T，ACPL-K75T：60ns（典型值），$I_F = 4\text{mA}$。

7）全球安全认证。

① UL 1577 认证，$5\text{kV}_{\text{RMS}}/1\text{min}$。

② CSA 认证。

③ IEC/EN/DIN EN 60747-5-5。

3. ACPL-K71T/K72T/K74T/K75T 的引脚分配

ACPL-K71T/K72T 引脚分配如图3-6所示。

ACPL-K71T/ACPL-K72T 的引脚介绍如下：

AN（1）：阳极。

CA（2）：阴极。

NC（3、4、6）：无连接。

GND（5）：地。

V_{OUT}（7）：输出。

V_{DD}（8）：电源。

引脚5和引脚8之间建议连接一个0.1μF的旁路电容。

当 ACPL-K71T/ACPL-K72T 的 LED 亮时，V_{OUT}输出高电平；当 ACPL-K71T/ACPL-K72T 的 LED 灭时，V_{OUT}输出低电平。

ACPL-K74T/K75T 引脚分配如图3-7所示。

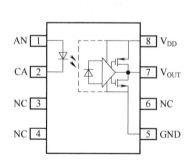

图 3-6 ACPL-K71T/K72T 引脚分配

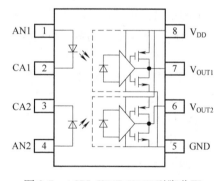

图 3-7 ACPL-K74T/K75T 引脚分配

ACPL-K74T/ACPL-K75T 的引脚介绍如下：

AN1（1）：阳极1。

CA1（2）：阴极1。

CA2（3）：阴极2。

AN2（4）：阳极2。

GND（5）：地。

V_{OUT2}（6）：输出。

V_{OUT1}（7）：输出。

V_{DD}（8）：电源。

引脚 5 和引脚 8 之间建议连接一个 0.1μF 的旁路电容。

当 ACPL-K74T/ACPL-K75T 的 LED 亮时，V_{OUT1} 和 V_{OUT2} 输出高电平；当 ACPL-K74T/AC-PL-K75T 的 LED 灭时，V_{OUT1} 和 V_{OUT2} 输出低电平。

4. ACPL-K71T/K72T/K74T/K75T 的应用领域

ACPL-K71T/K72T/K74T/K75T 主要应用在如下领域：

1）CAN 总线和 SPI 通信接口。

2）高温数字/模拟信号隔离。

3）用于 DC-DC 转换器和电动机逆变器的汽车 IPM 驱动器。

4）功率晶体管隔离。

采用 ACPL-K71T/K72T/K74T/K75T 光耦合器的 CAN FD 接口电路参照 HCPL-7721 的 CAN FD 接口电路设计。

3.2.3 CTM3MFD/CTM5MFD 隔离 CAN FD 收发器

CTM3MFD/CTM5MFD 是 ZLG 公司生产的隔离型 CAN FD 收发器。CTM3MFD 的电源电压为 3.3V，CTM5MFD 的电源电压为 5V，传输比特率均为 40kbit/s~5Mbit/s。

CTM3MFD/CTM5MFD 的外形如图 3-8 所示。

1. CTM3MFD/CTM5MFD 的特点

CTM3MFD/CTM5MFD 具有如下特点：

1）符合 ISO 11898-2 标准。

2）最高速率 5Mbit/s。

3）未上电节点不影响总线。

4）单网络最多可连接 110 个节点。

5）具有较低的电磁辐射和高的抗电磁干扰性。

6）高低温特性好，满足工业级产品要求。

图 3-8　CTM3MFD/CTM5MFD 的外形

2. CTM3MFD/CTM5MFD 的应用领域

CTM3MFD/CTM5MFD 主要应用在如下领域：

1）仪器仪表。

2）石油化工。

3）电力监控。

4）工业控制。

5）轨道交通。

6）汽车电子。

7）智能家居等。

3. CTM3MFD/CTM5MFD 的引脚分配

CTM3MFD/CTM5MFD 引脚分配如图 3-9 所示。

CTM3MFD/CTM5MFD 的引脚介绍如下：

RXD（1）：接收脚。

TXD（2）：发送脚。

GND（3）：输入电源地。

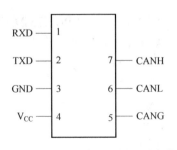

图 3-9　CTM3MFD/CTM5MFD 引脚分配

V_{CC}（4）：输入电源正。

CANG（5）：隔离输出电源地。

CANL（6）：CAN 总线的 CANL 端。

CANH（7）：CAN 总线的 CANH 端。

4. CTM3MFD/CTM5MFD 的电路设计与应用

（1）典型连接电路　CTM3MFD/CTM5MFD 系列模块最高通信速率为 5Mbit/s，CAN 接口满足 ISO 11898-2 标准，同时模块最低通信速率为 40kbit/s，向下可完全兼容传统的 CAN 物理层要求。CTM5MFD 典型应用连接电路图如图 3-10 所示。

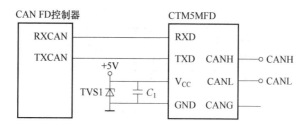

图 3-10　CTM5MFD 典型应用连接电路图

（2）推荐应用电路　CTM5MFD 推荐应用电路 1 如图 3-11 所示。

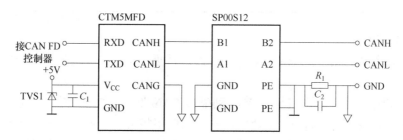

图 3-11　CTM5MFD 推荐应用电路 1

一些应用场合要求高的浪涌防护等级，配合 ZLG 公司的 SP00S12 信号浪涌抑制器，CAN 节点可满足 IEC/EN 61000-4-5 标准±4kV 浪涌等级。SP00S12 与 CTM3MFD/CTM5MFD 之间的连接简单，使用方便，且体积与 CTM3MFD/CTM5MFD 一致，只需占用极小面积，即可提高 CAN 节点的浪涌防护等级。

CTM5MFD 配合 SP00S12 使用的推荐应用电路如图 3-12 所示。

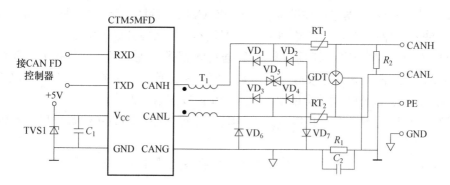

图 3-12　CTM5MFD 推荐应用电路 2

77

CTM5MFD 模块应用在户外等恶劣的现场环境时，容易遭受大能量的雷击，此时需要对 CAN 信号端口添加更高等级的防护电路，保证 CTM5MFD 模块不被损坏以及总线的可靠通信。图 3-12 提供了一个针对大能量雷击浪涌的推荐防护电路接线图，电路防护等级与所选的防护器件相关。

CTM5MFD 推荐应用电路 2 的推荐参数如表 3-4 所示，应用时可根据实际情况调整。

表 3-4　CTM5MFD 推荐应用电路 2 的推荐参数表

标　号	型　号	标　号	型　号
C_1	10μF，25V 电解电容	TVS1	S MBJ5.0A TVS 二极管
RT_1，RT_2	JK250-180T 自恢复保险丝	VD_5	SMBJ12CA TVS 二极管
R_1	1MΩ，1206 电阻	GDT	B3D090L 陶瓷气体放电管
C_2	102，2kV 高压瓷片电容	T_1	B82793S0513N201 共模电感
VD_1，VD_2，VD_3，VD_4，VD_6，VD_7	HFM107，1000V/1A 超快恢复二极管	R_2	120Ω，1206 CAN 总线终端电阻

（3）注意事项

1）CAN 总线组网时，无论节点数多少、距离远近、工作速率高低，都需要在总线上加终端电阻。

2）CAN 控制器逻辑电平需与 CTM 系列隔离 CAN 收发模块相对应。

3）组网时总线通信距离与通信速率以及现场应用相关，可根据实际应用和参考相关标准设计，通信线缆选择屏蔽双绞线并尽量远离干扰源。远距离通信时，终端电阻值需要根据通信距离以及线缆阻抗和节点数量选择合适值。

3.3　TCAN4550 的应用程序设计

TCAN4550 的核心程序设计主要由 5 部分组成：

1）TCAN4550 的初始化程序。其具体包括配置 CAN 总线通信速率、配置 MCAN 内核设置、配置默认的 CAN 数据包过滤设置、配置 MCAN 内核特性、配置 MCAN 中断使能、设置报文 ID 过滤器、配置 TCAN4550 器件功能和配置器件模式并开启收发器。

2）SPI 数据传输程序。其具体包括数据写入函数（写入 32 位数据）、读取数据函数（读取 32 位数据）、SPI 写数据启动函数、SPI 写数据写入函数、SPI 写数据结束函数、SPI 读数据启动函数、SPI 读数据读取函数和 SPI 读数据结束函数。

3）TCAN4550 配置程序。其具体包括 MCAN 配置程序、MRAM 配置程序、器件配置程序和看门狗配置程序。

4）TCAN4550 接收报文程序。其具体包括接收指定缓冲区报文和接收下一个 FIFO 元素两种。

① 接收指定缓冲区报文通过获取要接收的 RX 缓冲区的索引号、获取 RX 缓冲区起始地址、获取 RX 缓冲区数据段大小、计算实际起始地址、读取报头和数据完成接收指定缓冲区报文。接收缓冲区报文后，要根据缓冲区索引号将对应新数据寄存器（NDAT1 或 NDAT2）中对应缓冲区索引号置位，新数据寄存器（NDAT1 或 NDAT2）中被置位的位表示对应缓冲区中的报文已被读取。

② 接收下一个 FIFO 元素通过获取报文位置、获取 RX FIFO 0/1 起始地址、获取 RX FIFO 0/1 最大元素字节数、计算实际起始地址、读取报头和数据完成接收 RX FIFO 0/1 中的下一个 FIFO 元素。从 RX FIFO 0/1 读取报文后，要将从 RX FIFO 0/1 读取的最后一个元素的缓冲区索引写入 RX FIFO 0/1 确认寄存器（RXF0/1A）中的 F0/1AI。这会把 RX FIFO 0/1 状态寄存器（RXF0/1S）中的 F0/1GI 设置为 F0/1AI+1，并更新 FIFO 0/1 填充级别 F0/1FL。

5）TCAN4550 发送报文程序。通过获取 TX 缓冲区起始地址和传输 FIFO 队列大小及专用发送缓冲区数量，计算可以传输的最大报文数量并判断要发送的缓冲区索引的有效性，然后计算元素大小及实际起始地址，分别传输报头数据和实际数据以将 CAN 报文写入指定 TX 缓冲区中。通过发送指定 TX 缓冲区报文发送请求到 TX 缓冲区添加请求寄存器（TXBAR），实现发送指定 TX 缓冲区的内容。

3.3.1 TCAN4550 初始化程序

TCAN4550 初始化配置通过 Init_CAN() 函数完成，其初始化程序流程图如图 3-13 所示。

在 TCAN4550 初始化过程中，清除所有 SPIERR 标志位后先清除所有中断，然后初始化如下功能：

1）配置 CAN 总线通信速率（假设 TCAN4550 振荡器为 40MHz），配置仲裁速率为 500kbit/s，CAN FD 通信速率为 2Mbit/s。

2）配置 MCAN 内核设置，包括使能 CAN FD 模式和 CAN FD 比特率开关。

3）配置默认的 CAN 数据包过滤设置。

4）配置 MCAN 内核特性，包括配置 1 个标准报文 ID 过滤器、1 个扩展报文 ID 过滤器、RX FIFO 0/1 元素数、RX FIFO 0/1 数据有效负载、TX/RX Buffer 元素数和 TX/RX Buffer 数据有效负载。

5）配置 MCAN 中断使能。

6）设置报文 ID 过滤器，设置 11 位报文 ID 0x055 为优先级标准报文 ID，29 位报文 ID 0x12345678 为优先级扩展报文 ID。

7）配置结构体（&devConfig）的值以配置 TCAN4550 器件功

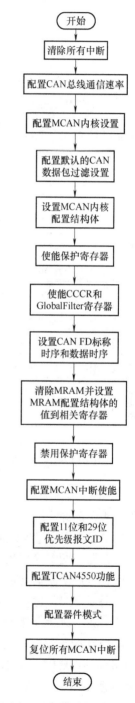

图 3-13 TCAN4550 初始化程序流程图

能（与 CAN 无关）。

8）配置器件为 normal 模式，开启收发器。

9）复位所有 MCAN 中断（不包括任何 SPIERR 中断）。

TCAN4550 初始化程序所调用的函数如表 3-5 所示。

表 3-5　TCAN4550 初始化程序所调用的函数

序号	函　　数	功　　能
1	TCAN4x5x_Device_ClearSPIERR	清除 SPI 错误标志位
2	TCAN4x5x_Device_ConfigureInterruptEnable	配置器件中断使能寄存器 IE
3	TCAN4x5x_Device_ReadInterrupts	读器件中断寄存器 IR
4	TCAN4x5x_Device_ClearInterrupts	清除器件中断
5	TCAN4x5x_MCAN_EnableProtectedRegisters	使能保护寄存器
6	TCAN4x5x_MCAN_ConfigureCCCRRegister	配置可通用控制寄存器 CCCR
7	TCAN4x5x_MCAN_ConfigureGlobalFilter	配置全局滤波器配置寄存器 GFC
8	TCAN4x5x_MCAN_ConfigureNominalTiming_Simple	配置简单标称时序
9	TCAN4x5x_MCAN_ConfigureDataTiming_Simple	配置简单数据时序
10	TCAN4x5x_MRAM_Clear	清除 MRAM
11	TCAN4x5x_MRAM_Configure	配置 MRAM 相关寄存器
12	TCAN4x5x_MCAN_DisableProtectedRegisters	禁用保护寄存器
13	TCAN4x5x_MCAN_ConfigureInterruptEnable	配置中断使能寄存器 IE
14	TCAN4x5x_Device_Configure	配置操作模式与引脚配置寄存器
15	TCAN4x5x_Device_SetMode	设置器件模式
16	TCAN4x5x_MCAN_ClearInterruptsAll	清除全部 MCAN 中断

3.3.2　TCAN4550 配置程序

TCAN4550 配置程序包括 MCAN 配置程序、MRAM 配置程序、器件配置程序和看门狗配置程序 4 个部分。

MCAN 配置程序实现的功能包括配置可通用控制寄存器 CCCR、使能保护寄存器、禁用保护寄存器、配置简单数据时序、配置原始数据时序、配置简单标称时序、配置原始标称时序、配置全局滤波器配置寄存器 GFC、写标准 ID 过滤器到 MRAM、读 MRAM 的标准 ID 过滤器、写扩展 ID 过滤器到 MRAM、读 MRAM 的扩展 ID 过滤器、读 MCAN 中断、清除 MCAN 中断、清除全部 MCAN 中断、读中断使能寄存器 IE 和配置中断使能寄存器 IE。

MRAM 配置程序实现的功能包括配置 MRAM 相关寄存器（包括标准 ID 过滤器配置寄存器 SIDFC、扩展 ID 过滤器配置寄存器 XIDFC、RX FIFO 0 配置寄存器 RXF0C、RX FIFO 1 配置寄存器 RXF1C、RX 缓冲区配置寄存器 RXBC、TX 事件 FIFO 配置寄存器 TXEFC、TX 缓冲区配置寄存器 TXBC、RX 缓冲区/FIFO 元素大小配置寄存器 RXESC、TX 缓冲区/FIFO 元素大小配置寄存器 TXESC）和清除 MRAM。

器件配置程序实现的功能包括配置操作模式与引脚配置寄存器、读操作模式与引脚配置寄存器、配置器件中断使能寄存器 IE、清除器件中断、清除全部器件中断、读器件中断使能寄存器 IE、读器件中断寄存器 IR、清除 SPI 错误标志位、设置器件模式、读器件模式、设置器件测试模式、禁用测试模式和读器件测试模式。

看门狗配置程序实现的功能包括配置看门狗定时器、使能看门狗定时器、禁用看门狗定时器、读看门狗定时器配置和复位看门狗。

1. TCAN4550 MCAN 配置程序

TCAN4550 MCAN 配置程序实现了各项基于 MCAN 的功能，包括：

1）配置可通用控制寄存器 CCCR。函数 TCAN4x5x_MCAN_ConfigureCCCRRegister 通过逻辑运算设置 CCCR 寄存器中的 MASK 位、CSA 位、CCE 位和 INIT 位。在 CCCR 寄存器中，器件处于 STANDBY 模式时 CSR 位被置位。

2）使能保护寄存器。可通用控制寄存器 CCCR 中的 CCE 位和 INIT 位置位后才可调用数据时序配置函数和标称时序配置函数，通过使能保护寄存器函数判断 CCCR 寄存器的 CCE 位和 INIT 位是否被置位，如果不是，则配置可通用控制寄存器 CCCR 函数进行设置。

3）禁用保护寄存器。通过配置可通用控制寄存器 CCCR 函数清除 CSA 位、CSR 位、CCE 位和 INIT 位以禁用保护寄存器。

4）配置简单数据时序。通过简单数据时序结构体配置数据位时序寄存器 DBTP 和发送器延迟补偿寄存器 TDCR 实现简单数据时序的配置，并配置时间戳计数器使用外部时间戳值。

5）配置原始数据时序。通过原始数据时序结构体配置数据位时序寄存器 DBTP 和发送器延迟补偿寄存器 TDCR 实现原始数据时序的配置，原始数据时序配置同样配置时间戳计数器使用外部时间戳值。

6）配置简单标称时序。通过简单标称时序结构体配置数据位时序寄存器 DBTP，实现简单标称时序的配置。

7）配置原始标称时序。通过原始标称时序结构体配置数据位时序寄存器 DBTP，实现原始标称时序的配置。

8）配置全局滤波器配置寄存器 GFC。根据入口参数给定值配置全局滤波器配置寄存器 GFC。

9）写标准 ID 过滤器到 MRAM。将 SIDFC 寄存器的值写到最新过滤元素在 MRAM 中的起始地址，用于筛选匹配标准优先级 ID 的报文。

10）读 MRAM 的标准 ID 过滤器。通过 SIDFC 寄存器间接获取 MRAM 中指定索引标准报文 ID 过滤器。

11）写扩展 ID 过滤器到 MRAM。将扩展 ID 过滤器写到 MRAM，用于筛选匹配扩展优先级 ID 的报文。

12）读 MRAM 的扩展 ID 过滤器。通过 XIDFC 寄存器间接获取 MRAM 中指定索引扩展报文 ID 过滤器。

13）读 MCAN 中断。通过中断寄存器 IR 读 MCAN 中断。

14）清除 MCAN 中断。通过中断寄存器 IR 清除 MCAN 中断。

15）清除全部 MCAN 中断。通过中断寄存器 IR 清除全部 MCAN 中断。

16）读中断使能寄存器 IE。读中断使能寄存器 IE 获取中断使能位的状态。

17）配置中断使能寄存器 IE。配置中断使能寄存器 IE 以使能入口参数值中的各个中断。
TCAN4550 MCAN 配置程序包含的函数如表 3-6 所示。

表 3-6   TCAN4550 MCAN 配置程序包含的函数

序号	函　　数	功　　能
1	TCAN4x5x_MCAN_ConfigureCCCRRegister	配置可通用控制寄存器 CCCR
2	TCAN4x5x_MCAN_EnableProtectedRegisters	使能保护寄存器
3	TCAN4x5x_MCAN_DisableProtectedRegisters	禁用保护寄存器
4	TCAN4x5x_MCAN_ConfigureDataTiming_Simple	使用简单数据时序结构体配置数据时序
5	TCAN4x5x_MCAN_ConfigureDataTiming_Raw	使用原始数据时序结构体配置数据时序
6	TCAN4x5x_MCAN_ConfigureNominalTiming_Simple	使用简单标称时序结构体配置标称时序
7	TCAN4x5x_MCAN_ConfigureNominalTiming_Raw	使用原始标称时序结构体配置标称时序
8	TCAN4x5x_MCAN_ConfigureGlobalFilter	配置全局滤波器配置寄存器 GFC
9	TCAN4x5x_MCAN_WriteSIDFilter	写标准 ID 过滤器到 MRAM
10	TCAN4x5x_MCAN_ReadSIDFilter	读 MRAM 的标准 ID 过滤器
11	TCAN4x5x_MCAN_WriteXIDFilter	写扩展 ID 过滤器到 MRAM
12	TCAN4x5x_MCAN_ReadXIDFilter	读 MRAM 的扩展 ID 过滤器
13	TCAN4x5x_MCAN_ReadInterrupts	读 MCAN 中断更新结构体 TCAN4x5x_MCAN_Interrupts
14	TCAN4x5x_MCAN_ClearInterrupts	清除 MCAN 中断
15	TCAN4x5x_MCAN_ClearInterruptsAll	清除全部 MCAN 中断
16	TCAN4x5x_MCAN_ReadInterruptEnable	读中断使能寄存器 IE
17	TCAN4x5x_MCAN_ConfigureInterruptEnable	配置中断使能寄存器 IE

2. TCAN4550 MRAM 配置程序

MRAM 配置程序通过 TCAN4x5x_MRAM_Configure 函数和 TCAN4x5x_MRAM_Clear 函数
实现了配置 MRAM 相关寄存器和清除 MRAM 两个功能。

MRAM 相关寄存器包括标准 ID 过滤器配置寄存器 SIDFC、扩展 ID 过滤器配置寄存器
XIDFC、RX FIFO 0 配置寄存器 RXF0C、RX FIFO 1 配置寄存器 RXF1C、RX 缓冲区配置寄
存器 RXBC、TX 事件 FIFO 配置寄存器 TXEFC、TX 缓冲区配置寄存器 TXBC、RX 缓冲区/
FIFO 元素大小配置寄存器 RXESC、TX 缓冲区/FIFO 元素大小配置寄存器 TXESC。

TCAN4550 MRAM 配置程序包含的函数如表 3-7 所示。

表 3-7   TCAN4550 MRAM 配置程序包含的函数

序号	函　　数	功　　能
1	TCAN4x5x_MRAM_Configure	配置 MRAM 相关寄存器
2	TCAN4x5x_MRAM_Clear	清除 MRAM

3. TCAN4550 器件配置程序

TCAN4550 器件配置程序实现了各项操作器件的功能，包括：

1）配置操作模式与引脚配置寄存器。通过把器件配置结构体 TCAN4x5x_DEV_CONFIG 中操作模式与引脚配置寄存器的值写入操作模式与引脚配置寄存器实现寄存器的配置。

2）读操作模式与引脚配置寄存器。读操作模式与引脚配置寄存器的值到器件配置结构体 TCAN4x5x_DEV_CONFIG 获取配置值。

3）配置器件中断使能寄存器 IE。通过把器件中断使能结构体 TCAN4x5x_Device_Interrupt_Enable 的值写入配置器件中断使能寄存器 IE 配置中断使能。

4）清除器件中断。通过写器件中断结构体 TCAN4x5x_Device_Interrupts 的值到中断寄存器清除器件中断。

5）清除全部器件中断。通过写 0xFFFFFFFF 到中断寄存器实现清除全部器件中断。

6）读器件中断使能寄存器 IE。读器件中断使能寄存器 IE 的值到器件中断使能结构体 TCAN4x5x_Device_Interrupt_Enable 获取中断使能状态。

7）读器件中断寄存器 IR。读器件中断寄存器 IR 的值到器件中断结构体 TCAN4x5x_Device_Interrupts 获取中断状态。

8）清除 SPI 错误标志位。通过写 0xFFFFFFFF 到 SPI 状态寄存器清除 SPI 错误标志位。

9）设置器件模式。通过把入口参数（器件模式枚举值）给定的器件模式写入操作模式与引脚配置寄存器设置器件模式。

10）读器件模式。读操作模式与引脚配置寄存器中的器件模式，并返回器件模式枚举 TCAN4x5x_Device_Mode_Enum 中对应的器件模式。

11）设置器件测试模式。读操作模式与引脚配置寄存器的值后清除读取值的测试模式位，并根据入口参数值设置对应测试模式或禁用测试模式。

12）禁用测试模式。读操作模式与引脚配置寄存器的值后清除器件模式位和器件模式使能位，实现禁用测试模式。

13）读器件测试模式。读操作模式与引脚配置寄存器并根据读取值判断器件测试模式。

TCAN4550 器件配置程序包含的函数如表 3-8 所示。

表 3-8 TCAN4550 器件配置程序包含的函数

序号	函　　数	功　　能
1	TCAN4x5x_Device_Configure	配置操作模式与引脚配置寄存器
2	TCAN4x5x_Device_ReadConfig	读操作模式与引脚配置寄存器
3	TCAN4x5x_Device_ConfigureInterruptEnable	配置器件中断使能寄存器 IE
4	TCAN4x5x_Device_ClearInterrupts	清除器件中断
5	TCAN4x5x_Device_ClearInterruptsAll	清除全部器件中断
6	TCAN4x5x_Device_ReadInterruptEnable	读器件中断使能寄存器 IE
7	TCAN4x5x_Device_ReadInterrupts	读器件中断寄存器 IR
8	TCAN4x5x_Device_ClearSPIERR	清除 SPI 错误标志位

（续）

序号	函　　数	功　　能
9	TCAN4x5x_Device_SetMode	设置器件模式
10	TCAN4x5x_Device_ReadMode	读器件模式
11	TCAN4x5x_Device_EnableTestMode	设置器件测试模式
12	TCAN4x5x_Device_DisableTestMode	禁用测试模式
13	TCAN4x5x_Device_ReadTestMode	读器件测试模式

4. TCAN4550 看门狗配置程序

TCAN4550 看门狗配置程序实现了各项操作看门狗的功能，包括：

1）配置看门狗定时器。根据入口参数给定的看门狗定时器重载值（看门狗定时器重载值包括 60ms、600ms、3s 和 6s）写操作模式和引脚配置寄存器对应位，配置看门狗定时器。

2）使能看门狗定时器。设置操作模式和引脚配置寄存器中看门狗定时器使能位，实现使能看门狗定时器。

3）禁用看门狗定时器。清除操作模式和引脚配置寄存器中看门狗定时器使能位，实现禁用看门狗定时器。

4）读看门狗定时器配置值。读操作模式和引脚配置寄存器看门狗定时器位，获取看门狗定时器配置值。

5）复位看门狗。置位操作模式和引脚配置寄存器中的 RESET 位，实现复位看门狗。

TCAN4550 看门狗配置程序包含的函数如表 3-9 所示。

表 3-9　TCAN4550 看门狗配置程序包含的函数

序号	函　　数	功　　能
1	TCAN4x5x_WDT_Configure	配置看门狗定时器重载值
2	TCAN4x5x_WDT_Enable	使能看门狗定时器
3	TCAN4x5x_WDT_Disable	禁用看门狗定时器
4	TCAN4x5x_WDT_Read	读看门狗定时器配置值
5	TCAN4x5x_WDT_Reset	复位看门狗

3.3.3　TCAN4550 发送程序

报文发送程序实现了报文发送的功能。在发送报文之前需要先将要发送的报文写到 TX 缓冲区，再把 TX 缓冲区中的报文发送出去。报文发送程序具体步骤如下：

1）写报文到 TX 缓冲区函数。通过获取 TX 缓冲区起始地址和传输 FIFO 队列大小及专用发送缓冲区数量，计算可以传输的最大报文数量并判断要发送的缓冲区索引的有效性，然后计算元素大小及实际起始地址，分别传输报头数据和实际数据以将 CAN 报文写入到指定 TX 缓冲区中。

2）发送指定 TX 缓冲区报文函数。通过发送指定 TX 缓冲区报文发送请求到 TX 缓冲区添加请求寄存器（TXBAR），实现发送指定 TX 缓冲区的内容。

TCAN4550 发送程序调用的函数如表 3-10 所示。

表 3-10　TCAN4550 发送程序调用的函数

序号	函　　数	功　　能
1	TCAN4x5x_MCAN_DLCtoBytes	将数据长度码转换为数据字节
2	TCAN4x5x_MCAN_TXRXESC_DataByteValue	将元素大小转换为数据字节
3	TCAN4x5x_MCAN_WriteTXBuffer	将 CAN 报文写入到指定 TX 缓冲区中
4	TCAN4x5x_MCAN_TransmitBufferContents	发送指定 TX 缓冲区的内容
5	AHB_READ_32	读地址中的 32 位数据
6	AHB_WRITE_BURST_START	启动 SPI 数据传输执行写数据
7	AHB_WRITE_BURST_WRITE	在 SPI 数据传输中采用突发传输方式写数据
8	AHB_WRITE_BURST_END	结束数据写入

3.3.4　TCAN4550 接收程序

报文接收程序实现了从指定 RX 缓冲区和 RX FIFO 0/1 中接收报文的功能。

从接收缓冲区 RX Buffers 中接收报文和从 RX FIFO 0 或 RX FIFO 1 中接收报文两种接收方式，分别由接收指定缓冲区报文函数 TCAN4x5x_MCAN_ReadRXBuffer 和接收下一个 FIFO 元素函数 TCAN4x5x_MCAN_ReadNextFIFO 实现报文接收功能。

（1）接收指定缓冲区报文函数　根据函数入口参数给出的要接收的 RX 缓冲区的索引号 bufIndex（从 0 开始）接收指定缓冲区报文，RX 缓冲区报文被接收后，要根据缓冲区索引号在对应新数据寄存器（NDAT1 或 NDAT2）中置位与缓冲区索引号对应的位，新数据寄存器（NDAT1 或 NDAT2）中被置位的位表示对应缓冲区中的报文已被读取。

（2）接收下一个 FIFO 元素　根据函数入口参数给出的报文位置（FIFODefine：RX FIFO 0 或 RX FIFO 1）接收 RX FIFO 0/1 中的下一个 FIFO 元素，从 RX FIFO 0/1 读取报文后，要将从 RX FIFO 0/1 读取的最后一个元素的缓冲区索引写入 RX FIFO 0/1 确认寄存器（RXF0/1A）中的 F0/1AI。这会把 RX FIFO 0/1 状态寄存器（RXF0/1S）中的 F0/1GI 设置为 F0/1AI+1，并更新 FIFO 0/1 填充级别 F0/1FL。

TCAN4550 接收程序调用的函数如表 3-11 所示。

表 3-11　TCAN4550 接收程序调用的函数

序号	函　　数	功　　能
1	TCAN4x5x_MCAN_DLCtoBytes	将数据长度码转换为数据字节
2	TCAN4x5x_MCAN_TXRXESC_DataByteValue	将元素大小转换为数据字节
3	AHB_READ_32	读地址中的 32 位数据
4	AHB_READ_BURST_START	启动 SPI 数据传输执行读数据
5	AHB_READ_BURST_READ	在 SPI 数据传输中采用突发传输方式读数据
6	AHB_READ_BURST_END	结束数据读取
7	AHB_WRITE_32	写 32 位数据到写入地址

3.4 USB 转 CAN FD 接口卡

USB 转 CAN FD 接口卡可以将 USB 串行口转换为 CAN FD 现场总线，作为通信适配器实现计算机与智能测控节点的通信，组成分布式控制系统。本节以 ZLG 公司生产的 USBCANFD-200U/100U 接口卡为例，讲述 USB 转 CAN FD 接口卡功能与应用。

3.4.1 USBCANFD-200U/100U 概述

USBCANFD-200U/100U 是一款高性能 CAN FD 接口卡，其兼容 USB 2.0 总线规范。以 NXP 公司生产的内嵌 CAN FD 的微控制器 LPC54616 为核心，集成 2 路 CAN FD 接口（100U 集成 1 路 CAN FD 接口），CAN 通道集成独立的电气隔离保护电路。接口卡使计算机通过 USB 端口连接至 CAN 或 CAN FD 网络，组成 CAN 或 CAN FD 现场总线控制网络。

USBCANFD-200U/100U 高性能 CAN FD 接口卡是 CAN 或 CAN FD 产品开发、数据分析的强大工具。USBCANFD-200U/100U 接口卡上自带电气隔离模块，使接口卡避免地环流的损坏，增强系统在恶劣环境中使用的可靠性。USBCANFD-200U/100U 接口卡支持 Windows 10 等操作系统。

图 3-14 USBCANFD-200U/100U 外形

USBCANFD-200U/100U 外形如图 3-14 所示。

3.4.2 USBCANFD-200U/100U 的功能特点

USBCANFD-200U/100U 接口卡具有如下功能特点：

1）USB 接口符合 USB 2.0 高速规范。

2）支持 CAN 2.0A、B 协议，符合 ISO 11898-1 规范。

3）集成 2 路 CAN FD 接口（USBCANFD-100U 集成 1 路）。

4）兼容高速 CAN 和 CAN FD。

5）CAN FD 支持 ISO 标准、Non-ISO 标准。

6）CAN 通信波特率在 40kbit/s~1Mbit/s 之间任意可编程。

7）CAN FD 波特率在 1~5Mbit/s 之间任意可编程。

8）单通道发送最高数据流量：3000f/s（远程帧、单帧发送）。

9）单通道接收最高数据流量：10000f/s（远程帧）。

10）每通道支持最高 64 条 ID 滤波。

11）每通道支持最高 100 条定时发送报文。

12）内置 120Ω 终端电阻，可由软件控制接入与断开。

13）支持 USB 总线电源供电和外部电源供电。

14）支持 ZCANPRO 测试软件（支持 Windows 10 操作系统）。

15）提供上位机二次开发接口函数。

16）供电电源 9~48V。

17）USBCANFD-200U/100U 接口卡符合工业级要求产品，其适用工作温度范围为

$-40 \sim 85 \text{℃}$。

3.4.3　典型应用

USBCANFD-200U/100U 接口卡主要应用在如下领域：

1）CAN 或 CAN FD 现场总线网络诊断与测试。

2）汽车电子应用。

3）电力通信网络。

4）工业控制设备。

5）高速、大数据量通信。

3.4.4　设备硬件接口

1. 电源接线

USBCANFD-200U/100U 接口卡设计了两种供电方式：一是通过 USB 供电；二是通过直流电源供电。其使用一种供电方式即可工作，同时接入 DC 电源和 USB 线也是可以的。外部电源供电模式适合于计算机使用了 USB 总线集线器或者连接有多个 USB 终端设备，而导致 USB 端口不能够向 USBCANFD-200U/100U 接口卡提供足够电流的场合。

USBCANFD-200U/100U 接口卡 CAN 通信接口使用 DB9 连接器，引脚的信号定义满足 CIA 标准要求。DB9 引脚信号定义如表 3-12 所示。

表 3-12　DB9 引脚信号定义

引　　脚	信　　号	说　　明
1	—	保留
2	CAN_L	CANL
3	CAN_GND	CAN 参考地
4	—	保留
5	CAN_SHLD	CAN 屏蔽地
6	CAN_GND	CAN 参考地
7	CAN_H	CANH
8	—	保留
9	—	保留

2. 信号指示灯

USBCANFD-200U/100U 接口卡具有一个电源指示灯 PWR、一个双色 SYS 指示灯、以及每个 CAN 通道对应一个双色指示灯，用来指示 CAN 通道的运行状态。

3. 系统连接

当 USBCANFD-200U/100U 接口卡和 CAN 总线连接时，仅需要将 CAN_L 连 CANL 信号，CAN_H 连 CANH 信号。

CAN 网络采用总线型拓扑结构，总线的两个终端需要安装 120Ω 的终端电阻。如果节点数目大于 2，中间节点不需要安装 120Ω 的终端电阻。对于分支连接，其长度不应超过 3m。

在 CAN 网络中，为增强抗干扰能力，多采用屏蔽线进行互连。

4. 驱动程序安装

在使用 USBCANFD-200U/100U 接口卡前，需要在 Windows 10 操作系统上安装驱动程序。

驱动安装完成后，设备 SYS 灯由红色变为绿色常亮。此时 USBCANFD-200U/100U 接口卡与计算机已经完成连接，可以使用上位机软件收发 CAN 或 CAN FD 报文。

习　题

3-1　CAN FD 高速收发器有哪些?

3-2　CAN FD 收发器隔离器件有哪几种?

3-3　TCAN4550 的应用程序设计主要由几部分组成? 简述各自实现的功能。

第 4 章

CC-Link现场总线与开发应用

CC-Link 是一个技术先进、性能卓越、应用广泛、使用简单、成本较低的开放式现场总线，其技术发展和应用有着广阔的前景。

本章首先对 CC-Link 现场总线进行了概述，然后讲述了 CC-Link 和 CC-Link/LT 通信规范、CC-Link 通信协议、CC-Link IE 网络、CC-Link 产品的开发流程和 CC-Link 产品的开发方案，最后介绍了 CC-Link 现场总线的应用。

4.1　CC-Link 现场总线概述

CC-Link 作为一种开放式现场总线，其通信速率多级可选择，数据容量大，而且能够适应于较高的管理层网络到较低的传感器层网络的不同范围，是一个复合的、开放的、适应性强的网络系统，CC-Link 的底层通信协议按照 RS-485 串行通信协议的模型，大多数情况下，CC-Link 主要采用广播方式进行通信，CC-Link 也支持主站与本地站、智能设备站之间的通信。

CC-Link 的通信方式主要有循环通信和瞬时传送两种：

1）循环通信意味着不停地进行数据交换。各种类型的数据交换即远程输入 RX，远程输出 RY 和远程寄存器 RWr、RWw。一个从站可传递的数据容量依赖于所占据的虚拟站数。

2）瞬时传送需要由专用指令 FROM/TO 来完成，瞬时传送占用循环通信的周期。

4.1.1　CC-Link 现场总线的组成与特点

1. CC-Link 现场总线的组成

CC-Link 现场总线由 CC-Link、CC-Link/LT、CC-Link Safety、CC-Link IE Control、CC-Link IE Field、SLMP 组成。

CC-Link 协议已经获得许多国际和国家标准认可，如 ISO 15745（应用集成框架）、IEC 61784 和 IEC 61158（工业现场总线协议的规定）、SEMI E54.12、中国国家标准 GB/T 19780—2005、韩国工业标准 KSB ISO 15745-5。

CC-Link 网络层次结构如图 4-1 所示。

1）CC-Link 是基于 RS-485 的现场网络。CC-Link 提供高速、稳定的输入/输出响应，并具有优越的灵活扩展潜能。

① 丰富的兼容产品，超过 1500 多个品种。

② 轻松、低成本开发网络兼容产品。

③ CC-Link Ver. 2.0 提供高容量的循环通信。

2）CC-Link/LT 是基于 RS-485 高性能、高可靠性、省配线的开放式网络。它解决了安装现场复杂的电缆配线或不正确的电缆连接，继承了 CC-Link 诸如开放性、高速和抗噪声等优异特点，通过简单设置和方便的安装步骤来降低工时，适用于小型 I/O 应用场合的低成本型网络。

① 能轻松、低成本地开发主站和从站。

② 适合于节省控制柜和现场设备内的配线。

③ 使用专用接口，能通过简单的操作连接或断开通信电缆。

3）CC-Link Safety 专门基于满足严苛的安全网络要求打造而成。

4）CC-Link IE Control 是基于以太网的千兆控制层网络，采用双工传输路径，稳定可靠。其

图 4-1　CC-Link 网络层次结构

核心网络打破了各个现场网络或运动控制网络的界限，通过千兆大容量数据传输，实现控制层网络的分布式控制。凭借新增的安全通信功能，它可以在各个控制器之间实现安全数据共享。作为工厂内使用的主干网，可以实现在大规模分布式控制器系统和独立的现场网络之间协调管理。

① 采用千兆以太网技术，实现超高速、大容量的网络型共享内存通信。

② 冗余传输路径（双回路通信），实现高度可靠的通信。

③ 强大的网络诊断功能。

5）CC-Link IE Field 是基于以太网的千兆现场层网络。针对智能制造系统设计，它能够在连有多个网络的情况下，以千兆传输速度实现对 I/O 的"实时控制+分布式控制"。为简化系统配置，增加了安全通信功能和运动通信功能。在一个开放的、无缝的网络环境，它集高速 I/O 控制、分布式控制系统于一个网络中，可以随着设备的布局灵活敷设电缆。

① 千兆传输能力和实时性，使控制数据和信息数据之间的沟通畅通无阻。

② 网络拓扑的选择范围广泛。

③ 强大的网络诊断功能。

6）SLMP 可使用标准帧格式跨网络进行无缝通信，使用 SLMP 实现轻松连接，若与 CSP+ 相结合，可以延伸至生产管理和预测维护领域。

2. CC-Link 现场总线的特点

CC-Link 是高速的现场网络，它能够同时处理控制和信息数据。在高达 10Mbit/s 的通信速度时，CC-Link 可以达到 100m 的传输距离并能连接 64 个逻辑站。CC-Link 的特点如下：

1）高速和高确定性的输入/输出响应。除了能以 10Mbit/s 的高速通信外，CC-Link 还具有高确定性和实时性等通信优势，能够使系统设计者方便构建稳定的控制系统。

2）CC-Link 对众多厂商产品提供兼容性。CLPA 提供"存储器映射规则"，为每一类型产品定义数据。该定义包括控制信号和数据分布。众多厂商按照这个规则开发 CC-Link 兼容产品。用户不需要改变链接或控制程序，很容易将该处产品从一种品牌换成另一种品牌。

3）传输距离容易扩展。通信速率为 10Mbit/s 时，最大传输距离为 100m；通信速率为

156kbit/s 时，传输距离可以达到 1.2km。使用电缆中继器和光中继器可扩展传输距离。CC-Link 支持大规模的应用并减少了配线和设备安装所需的时间。

4）省配线。CC-Link 显著地减少了复杂生产线上所需的控制线缆和电源线缆的数量。它减少了配线和安装的费用，使完成配线所需的工作量减少并极大改善了维护工作。

5）依靠 RAS 功能实现高可能性。RAS 的可靠性、可使用性、可维护性功能是 CC-Link 另外一个特点，该功能包括备用主站、从站脱离、自动恢复、测试和监控，它提供了高可靠性的网络系统并使网络瘫痪的时间最小化。

6）CC-Link Ver.2.0 提供更多功能和更优异的性能。通过 2 倍、4 倍、8 倍等扩展循环设置，最大可以达到 RX、RY 各 8192 点和 RWw、RWr 各 2048 字。每台最多可链接点数（占用 4 个逻辑站时）从 128 位，32 字扩展到 896 位，256 字。CC-Link Ver.2.0 与 CC-Link Ver.1.10 相比，通信容量最大增加到 8 倍。

CC-Link 在汽车制造、半导体制造、传送系统和食品生产等各种自动化领域提供简单安装和省配线的优秀产品。除了这些传统的优点外，CC-Link Ver.2.0 在如半导体制造过程中的"In-Situ"监视和"APC（先进的过程控制）"、仪表和控制中的"多路模拟-数字数据通信"等需要大容量和稳定的数据通信领域满足其要求，这增加了开放的 CC-Link 网络在全球的吸引力。新版本 Ver.2.0 的主站可以兼容新版本 Ver.2.0 的从站和 Ver.1.10 的从站。

CC-Link 工业网络结构如图 4-2 所示。

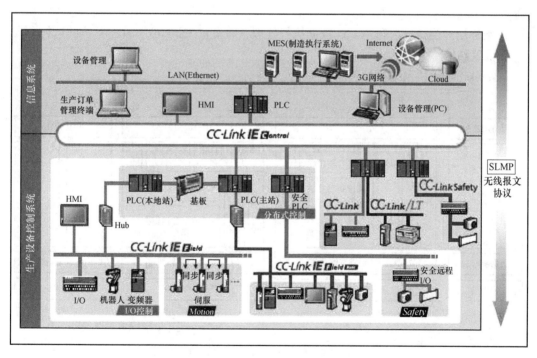

图 4-2　CC-Link 工业网络结构

4.1.2　CC-Link Safety 通信协议

为增强站间通信数据的可靠性，CC-Link Safety 扩展了常规 CC-Link 的应用层并执行安全协议。CC-Link 和 CC-Link Safety 协议结构比较如图 4-3 所示。

91

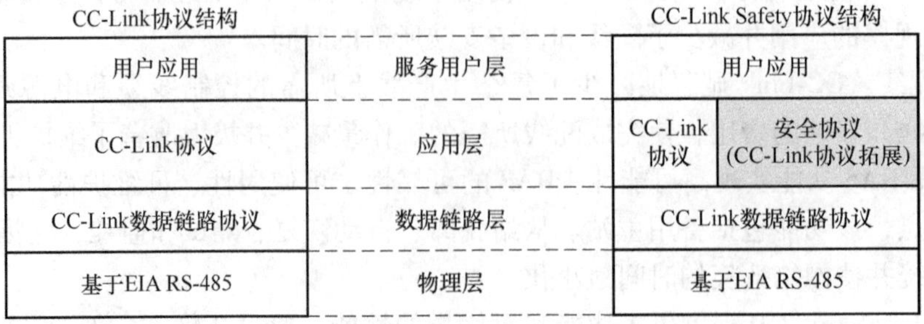

CC-Link协议结构　　　　　　　　　　　　CC-Link Safety协议结构

用户应用	服务用户层	用户应用	
CC-Link协议	应用层	CC-Link 协议	安全协议 (CC-Link协议拓展)
CC-Link数据链路协议	数据链路层	CC-Link数据链路协议	
基于EIA RS-485	物理层	基于EIA RS-485	

图 4-3　CC-Link 和 CC-Link Safety 协议结构比较

① 物理层。CC-Link Safety 通信协议的物理层与 CC-Link 的物理层相同，在 CC-Link Safety 系统的数据通信中，该层执行电信号转换。

② 数据链路层。CC-Link Safety 通信协议的数据链路层与 CC-Link 相同。

该层根据应用层的指令，建立与目标站间的物理通信路径，并根据高级数据链路控制（HDLC）规程执行数据的发送与接收。

③ 应用层。该层管理每个站的参数设置、状态和差错信息，并处理为增强通信数据检错率而添加的安全保护信息。另外，该层作为服务用户层的接口提供多种服务。

基于 CC-Link 协议，安全主站利用标准循环传输与标准远程 I/O 站、标准远程设备站进行通信。

④ 服务用户层。该层利用 I/O 数据执行处理，并设置 CC-Link Safety 系统的运行参数。

1. 协议结构

CC-Link Safety 协议结构如图 4-4 所示。

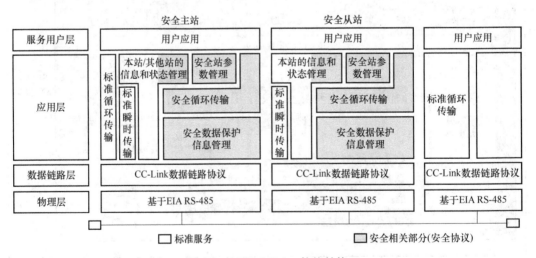

图 4-4　CC-Link Safety 协议结构

以下规范为 CC-Link Safety 增加了如下内容：

1）在应用层实现安全协议。安全协议包含校验通信数据的安全数据保护信息管理服务、管理安全数据通信的安全循环传输服务、管理安全相关的网络配置的安全站参数管理服务、管理安全相关的网络配置的本站/其他站的信息和状态管理服务。

2）安全数据保护信息管理服务在安全数据中添加安全数据保护信息（CRC32 和运行号

RNO)，并基于安全数据保护信息来检测安全数据是否发生重复、丢失、插入顺序错误、报文损坏和延迟。

2. 安全协议概述

1）安全协议的构成。安全协议包含以下服务：

① 安全数据保护信息管理服务：该服务校验通信数据。

② 安全循环传输服务：该服务管理安全数据周期通信。

③ 本站/其他站的信息和状态管理服务。

④ 安全站参数管理服务：该服务设置参数，并执行配置管理，以防止安全系统配置不同于设置参数时的误动作。

安全数据保护信息管理服务基于安全数据保护信息校验安全数据和安全协议信息。发送站的安全数据保护信息服务在安全数据和安全协议信息（由服务用户层和应用层创建）中添加安全数据保护信息，并发送数据到数据链路层。

数据接收站的数据保护信息管理服务校验接收到的安全数据和安全协议信息中的安全数据保护信息。当确定接收数据正确时，把安全数据和安全协议信息传送到应用层。CC-Link协议和CC-Link Safety协议的数据传输路径分别如图4-5和图4-6所示。

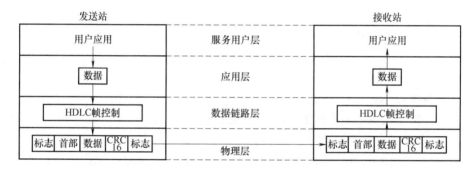

图 4-5 CC-Link 协议的数据传输路径

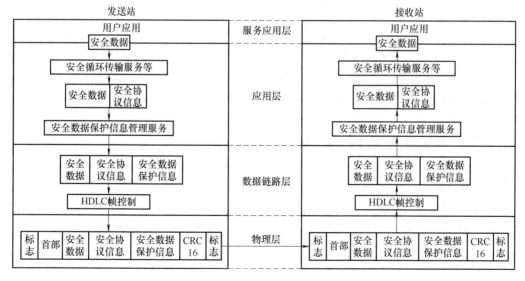

图 4-6 CC-Link Safety 协议的数据传输路径

2）安全数据。安全协议利用安全远程输入、安全远程输出和安全远程寄存器发送安全数据到用户应用，或从用户应用接收安全数据。

4.1.3 CC-Link Safety 系统构成与特点

CC-Link Safety 构筑最优化的工厂安全系统，取得 GB/Z 29496.1.2.3—2013 控制与通信网络 CC-Link Safety 规范，实现安全系统的节省配线、提高生产效率并且与控制系统紧密结合的安全网络。

CC-Link Safety 系统构成如图 4-7 所示。

图 4-7　CC-Link Safety 系统构成

CC-Link Safety 的特点如下：

1）高速通信的实现。能实现 10Mbit/s 的安全通信速度，凭借与 CC-Link 同样的高速通信，可构筑具有高度响应性能的安全系统。

2）通信异常的检测。能实现可靠紧急停止的安全网络，具备检测通信延迟或缺损等所有通信出错的安全通信功能，发生异常时能可靠停止系统。

3）原有资源的有效利用。可继续利用原有的网络资源，可使用 CC-Link 专用通信电缆，在连接报警灯等设备时，可使用原有的 CC-Link 远程站。

4）RAS 功能。集中管理网络故障及异常信息，安全从站的动作状态和出错代码传送至主站管理，还可通过安全从站、网络的实时监视解决前期故障。

5）兼容产品开发的效率化。Safety 兼容产品开发更加简单，CC-Link Safety 技术已通过安全审查机构审查，可缩短兼容产品的安全审查时间。

4.2　CC-Link 和 CC-Link/LT 通信规范

CC-Link 通信规范和 CC-Link/LT 通信规范分别如表 4-1 和 4-2 所示。

表 4-1　CC-Link 通信规范

项　　目	通 信 规 范
传输速率	10Mbit/s，5Mbit/s，2.5Mbit/s，625kbit/s，156kbit/s
通信方式	广播轮询方式

（续）

项　目	通　信　规　范
同步方式	帧同步方式
编码方式	NRZI（倒转非归零）
传输路径格式	总线型（基于 EIA 485）
传输格式	基于 HDLC
差错控制方式	CRC（$X^{16}+X^{12}+X^5+1$）
最大连接容量	RX，RY：2048 字 RWw：256 字（自主站到从站） RWr：256 字（自从站到主站）
每站连接容量	RX，RY：32 字（本地站 30 字） RWw：4 字（自主站到从站） RWr：4 字（自从站到主站）
最大占用内存站数	4 站
瞬时传输 （每次连接扫描）	最大 960B/站
从站站号	1~64
RAS 功能	自动恢复功能 从站切断 数据链路状态诊断 离线测试（硬件测试、总线测量） 待机主站
连接电缆	CC-Link 专用电缆（三芯屏蔽绞线）
终端电阻	110Ω，0.5W×2

表 4-2　CC-Link/LT 通信规范

项　目				4 节点模式	8 节点模式	16 节点模式
控制规范	最大链接容量			256 位（512 位）	512 位（1024 位）	1024 位（2048 位）
	每站最大链接容量			4 位（8 位）	8 位（16 位）	16 位（32 位）
	链接 扫描时间	32 站点连接	节点的数量	128 位	256 位	512 位
			2.5Mbit/s	0.7ms	0.8ms	1.0ms
			625kbit/s	2.2ms	2.7ms	3.8ms
			156kbit/s	8.0ms	10.0ms	14.1ms
		64 站点连接	节点的数量	256 位	512 位	1024 位
			2.5Mbit/s	1.2ms	1.5ms	2.0ms
			625kbit/s	4.3ms	5.4ms	7.4ms
			156kbit/s	15.6ms	20.0ms	27.8ms

95

（续）

项　　目		4节点模式	8节点模式	16节点模式
通信规范	传输速率	2.5Mbit/s/625kbit/s/156kbit/s		
	传输方式	BITR（Broadcast-polling+Interval-Timed Response）		
	拓扑结构	T形分支		
	差错控制方式	CRC		
	最大节点数	64个		
	从站数量	1~64个		
	每一T形分支可连接的最大节点数	8个		
	站间距离	无最短距离限制		
	T形分支之间的距离	无最短距离限制		
	主站连接位置	在主干的末端		
	RAS功能	网络诊断、内部回送诊断、从站切断、从站恢复		
	连接电缆	专用扁平电缆（0.75mm^2×4） 专用移动电缆（0.75mm^2×4） VCTF电缆（0.75mm^2×4）		

4.3　CC-Link 通信协议

4.3.1　CC-Link 通信协议概述

1. 通信阶段

CC-Link 通信过程分为 3 个阶段，如图 4-8 所示。

（1）初始循环　本阶段用于建立从站的数据连接。实现方式为：在上电或复位恢复后，作为传输测试，主站进行轮询传输，从站返回响应。

（2）刷新循环　本阶段执行主站和从站之间的循环或瞬时传输。

（3）恢复循环　本阶段用于建立从站的数据连接。实现方式为：主站向未建立数据连接的从站执行测试传输，该从站返回响应。

2. 运行概述

主站对所有从站"轮询和刷新数据"，所有从站接收到从主站发送来的刷新数据后，根据接收到的主站的轮询返回响应数据。

（1）传输过程

1）初始循环。初始循环传输过程如图 4-9 所示，其传输过程如下：

① 通信启动时，主站首先确认网络中未加载数据流。

② 启动或发送完刷新循环数据后，主站向第 1 站（从站 1）发送测试轮询，然后向所有从站发送测试数据。

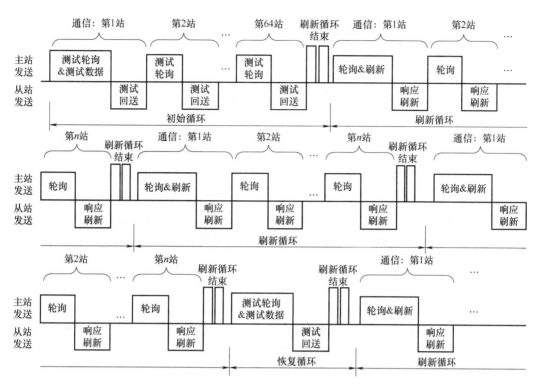

图 4-8 CC-Link 通信过程示意图

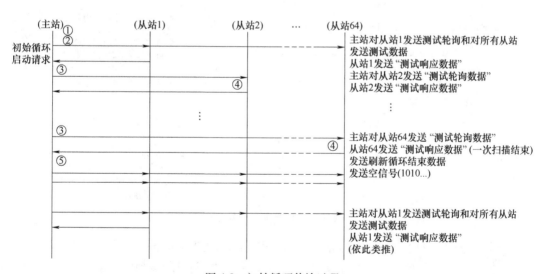

图 4-9 初始循环传输过程

发送启动的条件为：

● 当有初始循环启动请求时；

● 当主站接收到从站响应数据错误，主站需进行重发时。但是，当从站发生响应监视超时错误时，无须进行重发。

③ 主站向其他站发送测试轮询数据。

发送启动的条件为：

- 从站根据上述②项发送的测试轮询和测试数据，返回响应数据，主站完成响应数据的接收；

- 当主站接收到从站响应数据错误，主站需进行重发时。但是，当从站发生响应监视超时错误时，无须进行重发。

④ 从站在接收到编址为本站的测试轮询数据后，发送响应。

⑤ 主站对所有 64 个从站发送轮询后，发送刷新循环结束数据，然后发送空信号。

⑥ 重复上述步骤②~⑤，直到有刷新启动请求为止。

2）刷新循环。刷新循环传输过程如图 4-10 所示。其传输过程如下：

① 主站向第 1 站（从站 1）发送轮询，然后向所有从站发送刷新数据。

发送启动的条件为：

- 当用户程序或循环实体发出刷新启动请求时；

- 当主站接收到从站响应数据错误，主站需进行重发时。

② 主站向其他站发送轮询数据。

发送启动的条件为：

- 从站根据上述①发送的轮询和刷新数据返回响应数据，主站完成响应数据的接收；

- 当主站未接收到从站的响应数据或者接收到响应数据错误，主站需进行重发时。

③ 从站在接收到编址为本站的轮询数据后，发送响应。

④ 主站对所有指定站发送轮询后，发送刷新循环结束数据，然后发送空信号。

⑤ 重复上述步骤①~④。

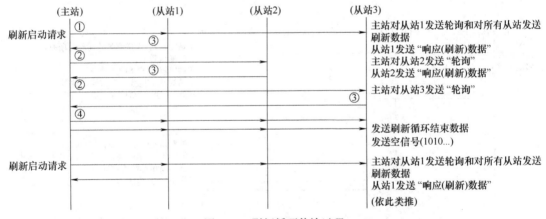

图 4-10　刷新循环传输过程

3）恢复循环。恢复循环过程如图 4-11 所示，其传输过程如下：

① 在自动恢复处理执行的恒定周期，主站发送完"刷新循环结束数据"后，主站对第 1 个错误从站发送测试轮询并对所有从站发送测试数据（"主站测试轮询和测试数据"）。

发送启动的条件为：

- 当自动恢复处理执行的恒定周期中存在错误从站时；

- 当主站接收到从站响应数据错误，主站需进行重发时。但是，当从站发生响应监视超时错误时，无须进行重发。

② 在刷新循环中，主站对未返回响应的站发送"主站测试轮询数据"。

发送启动的条件为：

● 从站根据上述①发送对"主站测试轮询数据"的响应数据，主站接收到来自该从站的响应数据后；

● 当主站接收到从站响应数据错误，主站需进行重发时。但是，当从站发生响应监视超时错误时，无须进行重发。

③ 从站在接收到编址为本站的"主站测试轮询数据"后，发送响应。

④ 当主站按照参数中的"自动恢复节点数"的值向从站发送"主站测试轮询数据"后，发送"刷新循环结束数据"，然后发送空信号。

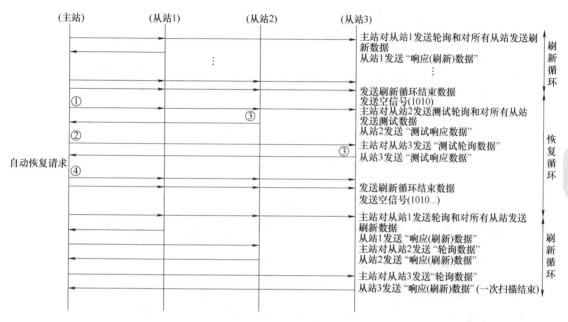

图 4-11 恢复循环传输过程

（2）通信阶段 通信阶段流程如图 4-12 所示。

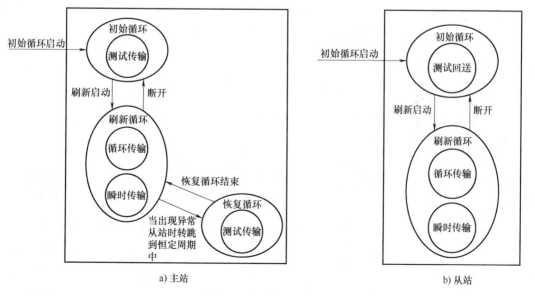

a）主站   b）从站

图 4-12 通信阶段流程

3. 协议配置

CC-Link 的协议配置如图 4-13 所示。

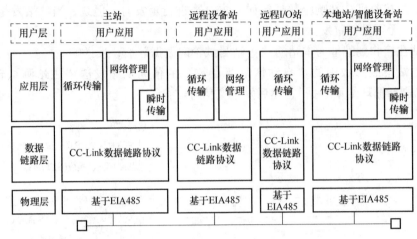

图 4-13 CC-Link 的协议配置

4.3.2 CC-Link 物理层

CC-Link 传输介质使用 3 芯屏蔽绞线,其电气特性符合 EIA485。通信信号由差动信号 A(正:DA)和 B(反:DB)以及数字信号接地(DG)构成。

4.3.3 CC-Link 数据链路层

CC-Link 支持的传输类型如下:

1)对上电或恢复处理时还未能建立数据连接的站所进行的测试传输。

2)循环传输(周期性数据传输)。

3)瞬时传输(非周期性数据传输)。

CC-Link 传输由主站发起,采用广播轮询方式,依次进行测试传输、循环传输和瞬时传输。从站通过测试传输建立与网络的数据连接,进而进行循环传输和瞬时传输。另外,瞬时传输是通过在循环传输过程中传输的帧中加入瞬时传输数据来实现的。

4.3.4 CC-Link 应用层

1. 网络管理实体

网络管理包括参数管理、本站和其他的状态监视以及网络状态管理等。

CC-Link 支持的网络管理服务如表 4-3 所示。

表 4-3 CC-Link 支持的网络管理服务

序　　号	服　　务	内 容 描 述
1	参数信息	从用户应用接收参数信息
2	网络状态信息	将网络信息传给用户应用
3	本站管理信息	从用户应用接收本站管理信息
4	其他站管理信息	将其他站管理信息传给用户应用
5	网络信息	将网络信息传给用户应用

2. 循环传输实体

循环传输是一种数据传输功能，主站周期性地向所有从站发送数据，且各从站通过响应向主站发送数据。

CC-Link 支持的循环传输服务如表 4-4 所示。

表 4-4　CC-Link 支持的循环传输服务

序　号	服　务	内容描述
1	循环数据发送	根据用户应用请求发送循环数据
2	循环数据接收	根据用户应用请求接收循环数据

3. 瞬时传输实体

瞬时传输是一种在主站、本地站和智能设备站之间传输非周期数据的功能。

4.4　CC-Link IE 网络

现代生产工艺要求精准可靠的设备控制、可追溯的产品信息、可监控的品质数据、可诊断的设备状态等，这使得设备的制造技术变得更加复杂。产品线也是用户追求的目标。设备系统不再仅局限于智能化，还要网络化、开放化，必须具备能同时高速处理控制数据与信息数据的能力。基于此种原因，CC-Link 协会作为为全球用户提供开放化网络技术相关服务的非盈利性机构，于 2007 年推出了整合网络 CC-Link IE 技术，其优势是开放的、高速的、可实现无缝通信的新型工业以太网。它的出现将对 FA 网络技术的发展及用户的使用产生深远影响。

CC-Link 系列协议家族可以为制造业用户提供完善的整合网络，涵盖了生产现场的设备层网络 CC-Link IE Field、车间之间的控制层网络 CC-Link IE Control 以及包含 ERP 或 SCADA 系统的信息层网络。此外，还有运动控制网络 CC-Link IE Field Motion 和安全网络 CC-Link Safety，这些网络可以使制造业工厂与信息技术有效结合，协助用户建造网络工厂、智能工厂。

CC-Link IE Control 作为控制层网络，是基于千兆以太网的工业以太网系统，它可以用于车间级的网络系统连接，其超高速、大容量的特性可以满足客户将工业网络同生产管理有机结合，通过实时通信机制实时控制生产现场的设备，并收集实时生产数据，以便于生产现场的集中控制、数据分析和生产监控，可以有效地实现柔性生产、定制化生产，并从生产管理层面进行生产品质分析。

CC-Link IE Safety 网络结合 CC-Link Safety，可以实现不同生产工序之间的安全数据传输，完成控制器和控制器之间的安全数据实时交换，以实现不同工序之间的安全同步控制，从而实现整个生产流程的安全管理和安全生产。

CC-Link IE Motion 通过增加同步功能，实现多轴插补等运动控制，还能够通过传送延迟计算和补正功能进行高精度同步控制，结合其他 CC-Link 协议家族，能够实现运动控制网络与 IT 网络的有机结合。

通过 SLMP 通用协议，可以融合各种现场网络以及实现各网络间的无缝连接通信。它不仅仅沟通了 CC-Link 协议家族之间的通信，还包含了其他以太网对应的设备之间的通信，实现了网络间的无缝通信。

CC-Link IE 通过丰富的网络功能，可以轻松打造数字化、网络化和智能化工厂，其整合网络概念可以构建从生产现场直到管理系统的无缝工业通信网络，这些特性可以使其广泛应用于电子、汽车、轨道交通等领域，强化智能制造工程、绿色制造工程和高端装备创新工程。对于网络化的制造工厂，考虑到现场网络的复杂性和可用性，信息安全的实现也至关重要，CC-Link IE 可以使用户根据网络层次和网络功能实现信息安全管理，并实施划分区域的信息安全风险评估以及对策。

作为一个高速、高效的工业网络，CC-Link IE 也是非常适合于工业物联网的。通过 CC-LinkIE，现场的控制和生产信息可以以 1Gbit/s 的网络速率进行传送，高速的网络通信避免了控制信息和生产信息同时发送可能产生的相互干扰和影响，从而实现了网络传输的实时性。而网络传输实时性这一特点则是工业物联网对于网络的基本要求，因此，CC-Link IE 是构建物联网（IoT）的理想网络。

CLPA 推出的 CC-Link IE 整合网络，集信息系统与生产现场设备管理于一体。作为下一代基于以太网的整合网络，CC-Link IE 网络能够在信息系统和生产现场之间实现无缝数据传输，打破了原有工业控制网络的概念。

CC-Link IE 的特点如下：

1）集整个生产过程控制和业务信息系统管理功能于一身，是工业控制网络的理想之选。

2）CC-Link IE 是基于以太网，从信息层到现场层纵向整合的网络，也是具备超高速、超大容量实时通信功能的网络。

CC-Link IE 分为 CC-Link IE Field Basic、CC-Link IE Control 和 CC-Link IE Field 3 类网络。

4.4.1　CC-Link IE Field Basic 现场网络

CC-Link IE Field Basic 是 CC-Link IE 协议的新成员，应用于高速控制的小型设备，使用简单，开发容易，通过软件能实现 CC-Link IE 现场网络的实时通信。CC-Link IE Field Basic 适用于小型规模设备的现场网络，充分发挥通用 Ethernet 实现 CC-Link IE 通信。

CC-Link IE Field Basic 工业网络结构如图 4-14 所示。

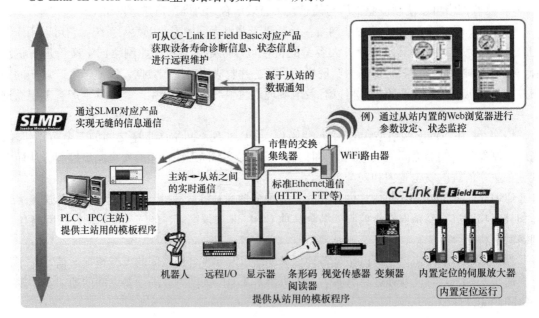

图 4-14　CC-Link IE Field Basic 工业网络结构

通过软件能实现 CC-Link IE 现场网络的实时通信，以模板的源代码实例为基础，在
Ethernet 中以应用软件的形式安装。

1）能够以低成本构建出与标准 Ethernet 通信兼容的现场网络系统，易于开发，能够及早
地部署丰富的对应产品群开发。

2）能够与标准 Ethernet 的 TCP/IP 通信（HTTP、FTP 等）混合配置，并互相进行通信，
无须布设专用的控制线路，实现 Ethernet 网络的一网到底。

3）能在工控机（IPC）和个人计算机上简单地实现主站功能，无须专用接口即可设置
主站。

4.4.2　CC-Link IE Control 控制网络

CC-Link IE Control 是新一代采用千兆以太网技术的工厂控制网络，采用全双工光纤传输
路径实现高速、大容量分布式控制，网络通信高效可靠。作为新一代主干网络，它能够灵活
掌控各个现场网络。

1）具备超高速、超大容量网络型共享内存，便于实现循环通信。为了确保通信稳定性
及免受传输延迟的影响，CC-Link IE Control 采用令牌传输协议控制传输数据，各个控制器只
有在获得令牌后，方可将数据发送至网络型共享内存中，从而确保了通信的准确性、高速性
和实时性。

2）采用冗余光纤环路技术，高速可靠。采用冗余环路拓扑结构，即使检测到电缆断开
或站点故障，各站仍可通过环路回送方式继续进行通信。该集成式冗余结构无须额外增加设
备，因此不会增加网络成本。

3）采用以太网技术。采用以太网技术，便于全球采购各种标准以太网电缆零件，通过使用
电缆适配器，即使在生产线上的设备还未完全安装完毕的情况下也可执行配线的安装和调试。

4）符合 IEC 061508 SIL3、IEC 61784-3-2010 标准的安全通信功能。CC-Link IE Control
中新增安全通信功能，可使各控制器之间共享安全通信。CC-Link IE Control 安全通信网络结
构如图 4-15 所示。

CC-Link IE Control 规范如表 4-5 所示。

表 4-5　CC-Link IE Control 规范

项　目	规　范
基本通信功能	网络共享内存通信
通信速率/数据链路控制	1Gbit/s/基于以太网标准
网络拓扑	环路
高可靠数据传送功能	标准冗余数据传输
数据传输控制方式	令牌方式
网络共享内存	最大 256KB
通信介质	IEEE 802.3z 多模光纤（GI）
连接器	IEC 61754-20 LC 连接器（全双工连接器）
连接最大站数	120 站
站间距离（使用多模光纤时）	最大 550m
总距离（使用多模光纤时）	最大 66000m（连接 120 个站时）

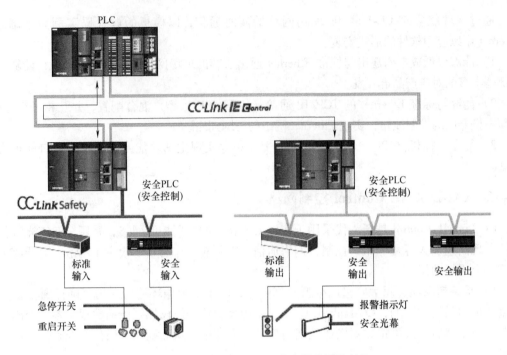

图 4-15　CC-Link IE Control 安全通信网络结构

4.4.3　CC-Link IE Field 现场网络

　　CC-Link IE Field 是一种具备超高速、无缝通信功能、超大容量的网络，具备实时（循环）通信和按需发送报文（瞬时）通信功能。它集控制器分布控制、I/O 控制、运动控制和多项安全功能于一身，可轻松实现无缝数据传输，完全符合以太网标准工厂现场网络，使"千兆传输速度"和"以太网"的优势在现场层发挥得淋漓尽致。其特点如下：

　　1）超高速。CC-Link IE Field 采用千兆传输和实时协议，可免受传输延迟的影响，从而确保了数据通信和远程 I/O 通信的便捷性和可靠性。它具备高速通信功能，便于设备管理信息、跟踪信息及控制数据的传输。

　　2）以太网电缆和连接器。由于 CC-Link IE Field 的物理层和数据链路层均采用以太网技术，因此可使用以太网电缆、适配器和 HUB，安装和调整网络所需材料及设备选择的自由度更高。

　　3）网络连接简单快捷。CC-Link IE Field 采用灵活的网络拓扑结构（环形、线形和星形），凭借网络型共享内存，可在控制器和现场设备间轻松实现通信，不仅配置简单，而且具备网络诊断功能，可大幅降低从系统启动到维护的工程总成本。

　　4）无缝网络连接。CC-Link IE Field 通过远程工程工具，可跨网络层次直接访问现场设备，并可在任意网络位置对设备进行监控或配置，从而提高远程管理系统的工作效率。

　　5）符合 IEC 061508 SIL3、IEC 61784-3-2010 标准的安全通信功能。CC-Link IE Field 中新增安全通信功能，可在现场层实现安全通信。通过将 PLC 和安全 PLC 与单一网络相连，相应设备布局更为灵活。

　　6）具备运动控制功能，可实现高精度同步通信。通过补偿自主站向从站的数据传输延时，从而实现高精度同步传输。在同一个 CC-Link IE Field 中，除了可设置所需同步信息外，还可设置无须同步的 I/O 及传感器信息。

CC-Link IE Field 工业网络结构如图 4-16 所示。

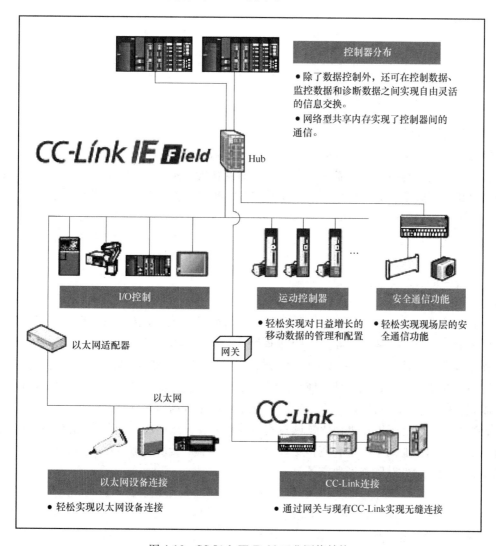

图 4-16　CC-Link IE Field 工业网络结构

CC-Link IE Field 规范如表 4-6 所示。

表 4-6　CC-Link IE Field 规范

项　　目	规　　范
以太网规格	基于 IEEE 802.3ab（1000BASE-T）
通信速度	1Gbit/s
通信介质	带屏蔽双绞电缆（类别 5E）、RJ-45 连接器
通信控制方式	令牌方式
拓扑结构	星形、线形、环形或星线组合
最大链接台数	254 台（主站和从站合计）
最大站间距离	100m

（续）

项　目	规　范
循环通信（主站/从站方式）	控制信号（位）：最大 32768 位（4096B） 控制数据（字）：最大 16384 位（32768B）
瞬时通信（报文通信）	报文大小：最大 2048B

4. 4. 4　CC-Link IE TSN 网络

1. TSN 技术概述

信息技术（Information Technology，IT）与运营技术（Operation Technology，OT）的不断融合，对于统一网络架构的需求变得迫切。随着智能制造、工业物联网和大数据的发展，客户对提高生产效率、提高产品品质、降低成本、实现变种变量生产的需求逐步增大，建立协同、自主的智慧工厂迫在眉睫。而 IT 与 OT 对于通信的不同需求也导致了在很长一段时间，融合这两个领域出现了很大的障碍：互联网与信息化领域的数据需要更大的带宽，而对于工业而言，实时性与确定性则是问题的关键。这些数据通常无法在同一网络中传输，因此寻找一个统一的解决方案已成为产业融合的必然需求。

时间敏感型网络（Time Sensitive Network，TSN）是目前国际产业界正在积极推动的全新工业通信技术。TSN 允许周期性与非周期性数据在同一网络中传输，使得标准以太网具有确定性传输的优势，并通过厂商独立的标准化进程，已成为广泛聚焦的关键技术。

TSN 实际上是基于 IEEE 802.1 的框架制定的一套满足特殊需求的"子标准"，与其说 TSN 是一项新技术，不如说它是对现有网络技术以太网的改进。如果通过以太网发送数据，则可以确信数据会到达目的地，唯一的问题是不能确定数据何时到达。

TSN 的应用满足了工业自动化领域对实时性和大容量数据传输的双重要求，也进一步使得普通信息层和工业网络的融合变得更加容易。它解决了传统工业网络和以太网之间不可兼得的矛盾，为网络的互联互通奠定了基础。

TSN 可以实现异构网络的搭建。因此，在未来的工业网络或者泛工业的应用中，同一个网络需要集成不同类型的设备、不同类型的通信，这些通信设备之间需要进行实时性交互时，这正是 TSN 的用武之地。但需要指出的是，TSN 不提供应用层，不是专用的现场总线技术。

因此，与 TSN 相融合的高效现场总线才是两种通信世界的最佳选择。

2. TSN 的主要规范

TSN 是由 IEEE 802.1 工作组下的 TSN 任务组负责开发的网络标准，现在的 TSN 任务组其实是由之前的 AVB（Audio Video Bridging）任务组改名而来，这一改名行为也意味着这一标准的应用领域发生了根本性的变化。TSN 主要定义了时间敏感数据在以太网上的传输机制。

IEEE 802.1 定义了各种 TSN 标准文档，虽然每个标准规范都可以单独使用，但是，只有在相互协同使用的情况下，TSN 作为通信系统才能充分发挥潜力。为实现实时通信解决方案，这些规范均可大致分为 3 个基本组成部分：

① 时间同步：参与实时通信的所有设备都需要对时间进行同步。

② 调度和流量整形（Scheduling and Traffic Shaping）：参与实时通信的所有设备在处理和转发通信数据包时都必须遵循相同的规则。

③ 选择信道、信道预留和容错：参与实时通信的所有设备在选择信道、保留带宽和时

隙时必须遵循相同的规则，可能同时使用多个路径来实现容错性。

下面详细介绍这3个部分的实现。

1）时间同步。与IEEE 802.3标准以太网和IEEE 802.1Q以太网桥接相比，时间在TSN中起着至关重要作用。对于那些对数据实时性要求非常高的工业网络而言，网络中的所有设备均需要有一个公共的时间参考，因此要求时钟彼此同步。

事实上，不仅PLC和工业机器人等终端设备需要时间同步，以太网交换机等网络设备也同样需要。只有通过同步时钟，所有网络设备才能同时运行并各自在所需的时间点执行所需的操作。

TSN中的时间同步可以通过不同的技术来实现。

从理论上讲，可以为每个终端设备和网络交换机配备GPS时钟。然而，这样成本非常高，并且无法保证设备始终可以访问无线电或GPS卫星信号（比如设备安装在移动的汽车或位于地下的工厂车间或隧道）。由于这些限制，TSN往往并不会使用外部的时钟源，而是直接通过网络由一个主时钟信号来进行分配。

在大多数情况下，TSN使用IEEE 1588精确时间协议来进行时钟分配，利用以太网帧来分配时间同步信息。除了普遍适用的IEEE 1588规范之外，IEEE 802.1的TSN任务组还指定了IEEE 1588行规，称为IEEE 802.1AS。此行规背后的思路是将大量IEEE 1588选项缩小到可管理的几个关键选项，而使这些选项适用于家庭网络、汽车或工业自动化网络环境。

2）调度和流量整形。调度和流量整形允许在同一网络上具有不同优先级的数据流共存，而这些数据能够各自根据需要适应带宽和网络延时。

在标准以太网中，根据IEEE 802.1Q的标准桥接，网络可以严格根据优先级方案使用8个不同的优先级。在协议层面，这些优先级可以在标准以太网帧的IEEE 802.1Q VLAN标记看到。通过这些优先级，网络可以区分重要性不同的数据流量。

在实际使用过程中，即使某个数据具有最高优先级，也不能100%保证点对点的传输时间，这是由于以太网交换机内部的缓冲机制造成的。如果数据帧到来时，交换机已经开始在其中一个端口上传输数据帧，此时即使新来的数据帧有最高优先级，它也必须在交换机缓冲区内等待当前的传输完成。

在使用标准以太网时，这种时间上的非确定性无法避免，只能使用在对实时性要求不高的网络环境中，如办公网络、文件传输、E-mail和其他商业应用。

然而，在工业自动化和汽车等网络环境中，闭环控制或安全应用也会使用以太网，这时数据的可靠传输和和实时性就显得至关重要了。对于在这些场合使用的以太网，则需要利用增强IEEE 802.1Q的严格优先级进行调度。如果把它的特点概括成一句话，那就是：不同的流量类别使用不同的时间片。这也是IEEE 802.1Qbv所定义的时间感知调度机制。

TSN通过添加一系列机制来使标准以太网得到增强，以确保网络实时性的要求。在TSN中，依然保留了利用8个不同的VLAN优先级的机制，以确保兼容非TSN以太网——向下兼容和保持与现有网络架构的互操作性，并实现网络应用从原有系统到新技术的无缝迁移，这也始终是IEEE 802工作组的重要设计原则之一。

在使用TSN时，对于8个优先级中的任意一个，用户都可以从不同的机制中选择如何处理以太网帧，并且将优先级单独分配给现有方法（如IEEE 802.1Q严格的优先级调度机制）或新的处理方法（如TSN IEEE 802.1Qbv时间感知流量调度程序。）

TSN的典型应用是PLC与工业机器人、运动控制器等工控设备的通信。为了保证控制设备通信所需要的实时性，系统可以将 8 个以太网优先级中的一个或几个分配给 IEEE 802.1Qbv 时间感知调度程序。这一调度程序主要是将网络通信分成固定的长度和时间周期。

在这些周期内，系统可以根据需要配置不同的时间片，这些时间片可以分配给 8 个以太网优先级中的一个或几个，数据通过优先级的不同而分别使用属于自己的时间片，这样就实现了共享同一网络介质和传输周期，使得在以太网上传输有实时性要求且不能中断的数据成为现实。

对于这一机制，实现的基本概念即是时分多址（TDMA）。通过在特定时间段内建立虚拟信道，可以将时间敏感数据与普通数据分开传送。使时间敏感数据对网络介质和设备拥有独占访问权，可以避免以太网交换机的缓冲效应，并且使时间敏感数据不发生中断。

3）选择信道、预留信道和容错。TSN 技术主要用于实时性要求比较高的场合。支持 TSN 的工业以太网必须要能够支持相应的工业应用，比如安全网络控制、运动控制乃至最新兴的车辆自动驾驶等应用，尽最大可能避免硬件或网络中的故障。TSN 任务组为保证网络的可靠性，也制定了大量相关的容错协议、接口管理协议和本地网络注册协议等一系列协议。

CC-Link IE TSN 正是使用了 IEEE 802.1AS 和 IEEE 802.3Qbv 协议，充分利用了这一思路和方法实现了不同类型的数据流，并使其能够共享同一个网络介质以满足实时数据的传输需求。

总结来说，CC-Link IE TSN 是基于开放系统互连（OSI）参考模型的第 2 层的 TSN 技术，在第 3~7 层，由 CC-Link IE TSN 独立的协议和标准的以太网协议构成。

鉴于 TSN 具有与标准以太网的兼容性，CC-Link IE TSN 也具有卓越的兼容性，还可以使用基于 TCP/IP、UDP/IP 的 SNMP、HTTP 和 FTP 等标准以太网协议。这样通用的以太网诊断工具可以直接用于网络诊断，提高了网络管理的灵活性。

3. CC-Link IE TSN 技术

在工业现场环境中，以下几个重要问题一直困扰着 IT 与 OT 的融合，无法有效地打通各业务系统的"数据孤岛"，甚至严重制约了整个产业的数字化、智能化转型。

1）总线的复杂性。总线的复杂性不仅给 OT 端带来了障碍，而且给 IT 信息采集与指令下行带来了障碍，因为每种总线有着不同的物理接口、传输机制、对象字典，而即使是采用了标准以太网总线，仍然会在互操作层出现问题，这使得对于 IT 应用如大数据分析、订单排产、能源优化等应用遇到了障碍，无法实现基本的应用数据标准，这需要每个厂商根据底层设备不同写各种接口、应用层配置工具，带来了极大的复杂性，而这种复杂性将耗费巨大的人力资源，这对于依靠规模效应来运营的 IT 而言就缺乏经济性。

2）周期性与非周期性数据的传输。IT 与 OT 数据的不同也使得网络需求差异，这使得往往采用不同的机制。对于 OT 而言，其控制任务是周期性的，因此采用的是周期性网络，多数采用轮询机制，由主站对从站分配时间片的模式，而 IT 网络则是广泛使用的标准 IEEE 802.3 网络，采用 CSMA/CD，即冲突监测，防止碰撞的机制，而且标准以太网的数据帧是为了大容量数据传输，如 Word 文件、JPEG 图片、视频/音频等数据。

3）实时性的差异。由于实时性的需求不同，也使得 IT 与 OT 网络有差异，对于微秒级的运动控制任务而言，要求网络必须要具有非常低的延时与抖动，而对于 IT 网络则往往对实时性没有特别的要求，但对数据负载有要求。

由于 IT 与 OT 网络的需求差异性，以及总线复杂性，使得过去 IT 与 OT 的融合一直处于困境。

TSN 应用于制造业是因为 TSN 解决了以下问题：

108

1）单一网络来解决复杂性问题，与 OPC UA 融合来实现整体的 IT 与 OT 融合。

2）周期性数据与非周期性数据在同一网络中得到传输。

3）平衡实时性与数据容量大负载传输需求。

2018 年 11 月 27 日，在德国纽伦堡电气自动化系统及元器件展（SPS IPC DIVES 2018）上，CC-Link 协会正式发布开放式工业网络协议"CC-Link IE TSN"，宣布工业通信迎来新的变革时代。

CC-Link IE TSN 正是融入了 TSN 技术，提高了整体的开放性，同时采用了高效的网络协议，进一步强化了 CC-Link IE 家族拥有的操作性能和使用功能。它还支持更多样的开发方法，能轻松开发各种兼容产品。同时，通过兼容产品的增加，加快构建使用工业物联网的智能工厂。

TSN 是 IEEE 以太网相关标准的补充，适用于各种开放式工业网络中。CC-Link IE TSN 使用时间分割方式，将以往传统的以太网通信无法实现的控制信息通信（确保实时性）和管理信息通信（非实时通信）的共存成为了可能。

CC-Link IE TSN 在确保控制数据通信的实时性的同时，还能实现在同一个网络中与其他开放式网络以及与 IT 系统的数据通信，实现"多网互通"。

当前，制造业正朝着自动化、降低综合成本和提高品质的方向发展，以传感技术和高速网络技术、云计算、人工智能等信息技术为手段、以数据为基础推动的信息驱动型社会正在持续发展。

而在工业物联网的主流趋势下，德国"工业 4.0"、美国"工业互联网"、中国"智能制造"及日本"互联产业"，目标也是直指设备相互连接、数据得到最充分利用的"智能工厂"。

创建智能工厂需要从生产过程中收集实时数据，通过边缘计算对其进行初步处理，然后将其无缝传输到 IT 系统。但不同的工业网络使用各自不同的规范，造成了 IT 系统网络和工业网络之间无法共享同一网络及设备等。

CC-Link IE TSN 能满足所对应的需求。CC-Link IE TSN 延续了 CC-Link IE 的优点，通过融合了用时间分割方式实现实时性的 TSN 技术，让多种不同网络的共存成为可能，使以太网设备应用变得简单。高效的网络协议，实现了高速、高精度的同步控制，能更广泛地应用在半导体、电池制造等制造业的各种应用环境。

4. CC-Link IE TSN 的特点

CC-Link IE TSN 满足实时性、互操作性、优先控制、时间同步、安全等需求，具备以下 4 个特点。

1）控制信息通信与管理信息通信的融合。CC-Link IE TSN 通过赋予设备控制循环通信高优先度，相对管理信息通信优先分配带宽，实现使用实时循环通信控制设备，同时还能简单构建与 IT 系统通信的网络环境。另外，利用与管理数据通信的共存，可以将使用 UDP 或 TCP 通信的设备连接到同一网络中，比如保存来自视觉传感器、监控摄像头等设备的高精度数据，运用于监控、分析、诊断等。

CC-Link IE TSN 技术与协议层如图 4-17 所示。

2）运动控制性能的最大化，实现高速度、高精度的控制，减少节拍时间。CC-Link IE TSN 更新了循环通信的方式。传统的 CC-Link IE 使用令牌传送方法，在通过令牌写入自己的数据之后，本站将数据写入的权限转移到下一个站点。相比之下，CC-Link IE TSN 使用的是时间分割方式，在网络中利用时间的同步，在规定的时间内同时向两个方向传送输入和输出的数据帧，由此缩短了网络整体的循环数据更新的时间。该方式与 TSN 技术相结合，保证了在同一网络中控制信息和管理信息的共存。

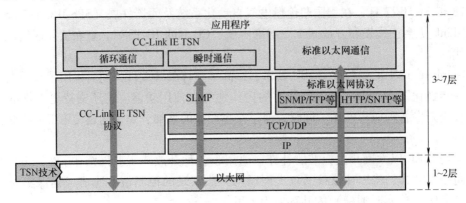

图 4-17   CC-Link IE TSN 技术与协议层

　　CC-Link IE TSN 使用时间分割方式实现周期 $31.25\mu s$ 或更少的高速通信性能。在 CC-Link IE TSN 系统中，增加传感器或因生产线的扩展增加控制所需的伺服放大器轴数不仅不对总体节拍时间产生影响，而且与使用传统网络的系统相比，甚至大幅度缩短了节拍时间。

　　CC-Link IE TSN 将使用各自不同通信周期的不同性能的设备连接在一起使用。迄今为止，连接到同一主站的设备必须在整个网络中使用相同的循环通信周期（链接扫描时间），而 CC-Link IE TSN 在同一个网络中可以使用多种通信周期。这使得如伺服放大器之类需要高性能通信周期的设备在保持其性能的同时也能和不需要高速通信周期（如远程 I/O）的设备连接，此时根据每个产品的特性实施最优化的通信周期。这还可以最大化发挥网络上从站产品的使用潜能，提高整个系统的生产性。

　　3）快速的系统设置和先进的预测维护。CC-Link IE TSN 也与 SNMP 兼容，使网络设备诊断更加容易。迄今为止，不同设备收集状态信息时需要使用不同的工具，现在通过使用通用 SNMP 监视工具不仅能从 CC-Link IE TSN 兼容产品，还能从交换机、路由器等 IP 通信设备收集和分析数据。由此，减少了系统启动时间或系统管理和维护时确认设备运行状态所花费的时间和精力。

　　采用 TSN 规范的时间同步协议，对兼容 CC-Link IE TSN 的设备之间的时间差进行校准，使其保持高精度同步。主站和从站中存储的时间信息以微秒为单位保持同步，如果网络出现异常，进行运行日志解析时，可以按照时间顺序精确跟踪到异常发生时间为止。这可以帮助识别异常原因并更快恢复网络正常。

　　另外，它还可以向 IT 系统提供生产现场状况和准确的时间相结合的信息，并通过人工智能数据分析应用，能进一步提高预测维护的准确度。

　　4）为设备供应商提供更多选择。以往的 CC-Link IE 为了有效发挥其 1Gbit/s 带宽，设备开发厂商需要使用专用的 ASIC 或 FPGA 的硬件方式开发主站或从站产品。CC-Link IE TSN 对应产品则可以通过硬件或软件平台开发。在延续以往通过使用专用的 ASIC 或 FPGA 的硬件方式实现高速控制外，也可以在通用以太网芯片上使用软件协议栈方式开发主站或从站产品。通信速度不仅对应 1Gbit/s，也对应 100Mbit/s。设备开发厂商可以选择适合自身的开发方式实现 CC-Link IE TSN 兼容设备的开发，同时兼容产品的品种和数量的充实也给用户带来便利。

CC-Link IE TSN 不仅能实现 IT 与 OT 的更好融合，更是通过 TSN 技术加强与其他开放式工业网络的互操作性，在物联网和智能制造中实现数据最有效的运用。

5. CC-Link IE TSN 应用场景

采用 TSN 技术的 CC-Link IE TSN 在充分利用标准以太网设备的同时，通过重新定义协议实现了高速的控制通信，满足在各个行业中的应用。比如在汽车行业中，普通和安全通信可在同一条网线上进行混合通信；在半导体行业，大容量的菜单数据及追溯数据也可高速通信，同时与 HSMS（High Speed Message Services）混合通信也不会对控制信息的定时性造成影响；在锂电行业中，通过组合通信周期的高速控制（伺服等）和低速控制（变频器、调温器等），可确保装置性能并根据用途选定理想设备。

4.5　CC-Link 产品的开发流程

4.5.1　选择 CC-Link 的网络类型

选择网络的类型有 CC-Link、CC-Link/LT、CC-Link IE Control 和 CC-Link IE Field 工业网络。

4.5.2　选择 CC-Link 站的类型

1. 主站/本地站

主站：主站管理整个网络。一个网络只有一个主站。

本地站：本地站和主站或其他本地站之间除了进行位数据和字数据的循环通信外，还可执行瞬时通信。

对应的设备：如 PLC、PC。

适用的网络类型：CC-Link、CC-Link/LT。

2. 管理站/普通站

管理站：控制管理整个网络。一个网络只有一个管理站，分配循环通信到各站的范围。

普通站：普通站根据管理站分配的范围来执行循环通信和瞬时通信。

对应的设备：如 PLC、PC 和人机接口（HMI）。

适用的网络类型：CC-Link IE Control。

3. 智能设备站

智能设备站和主站除了进行位数据和字数据的循环通信外，还可执行瞬时通信。

对应的设备：如人机接口（HMI）。

适用的网络类型：CC-Link、CC-Link IE Field。

4. 远程设备站

远程设备站进行位数据和字数据的循环通信。

对应的设备：如模拟量 I/O、变频器、伺服和指示计。

适用的网络类型：CC-Link、CC-Link/LT。

5. 远程 I/O 站

远程 I/O 站执行位数据的循环通信。

对应的设备：如模拟量 I/O、电磁阀。

适用的网络类型：CC-Link、CC-Link/LT。

6. SLMP（无缝通信协议）

SLMP 为 CC-Link IE 和以太网之间产品提供了无缝连接的共通协议。用户所要完成的只是开发软件程序来让用户的以太网产品兼容 SLMP。

对应的设备：如 PC、标签打印机、视觉传感器、条码扫描仪和 RFID（无线射频识别控制器）。

适用的网络类型：CC-Link IE Field。

4.5.3 选择 CC-Link 的开发方法

CC-Link 协会（CLPA）免费提供给会员 CC-Link 协议网络架构的协议规范文档。这些协议帮助用户开发 CC-Link 兼容产品。如果用户从零开始使用协议感到困难，则可以根据协会提供的规范文档自行开发兼容产品，也可以使用各家厂商针对不同网络提供的开发方法，如专用通信芯片、内置模块或 PC 板卡，可以简单而高效地开发兼容产品，帮助用户在短时间内达成目标。

开发 CC-Link 的方法如下：

1）在提供的协议规范基础上内部开发产品。

优势：在网络拓扑结构上达到高度灵活性。

劣势：开发需要大量的技术力量和人力。

适用的网络类型：CC-Link、CC-Link/LT、CC-Link IE Control、CC-Link IE Field。

2）专用通信芯片。

优势：兼容产品开发无须太多了解网络协议，且通信电路易实现小型化。

劣势：与使用内置模块相比，需要开发技术能力和较长的时间。

适用的网络类型：CC-Link、CC-Link/LT、CC-Link IE Field。

3）内置模块。

优势：通过安装模块到最终用户的基板上实现通信能力，此办法适用于多种网络类型。

劣势：有尺寸大小的限制，且增加了产品的成本。

适用的网络类型：CC-Link。

4）PC 板卡驱动程序。

优势：可用于各种操作系统，包括实时操作系统。

劣势：只能用于计算机上，很难适用于远程 I/O 等现场设备。

适用的网络类型：CC-Link、CC-Link IE Control。

5）SLMP（无缝通信协议）。

优势：仅开发软件程序就完成一个新的 SLMP 的兼容产品，一次性试验只检查软件的功能。

劣势：无法执行循环通信。

适用的网络类型：CC-Link IE Field。

4.5.4 选择 CC-Link 的开发对象

用户可以根据前述的各种开发方法，由本公司员工自行开发通信接口。如果在自行开发时遇到技术方面或人力方面的困难时，作为解决方案之一，用户可以选择委托开发厂商开发通信接口的硬件或软件。

表 4-7 以 CC-Link 网络为例，列举了站类型之间的区别。

表 4-7　CC-Link 站类型之间的区别

站类型	每个站的数据量	通信方式	开发对象	适应设备	开发方法
远程 I/O 站	I/O 位数据 32 位	循环传输	硬件	数字量 I/O 电磁阀	专用通信芯片 内置模块
远程设备站	I/O 位数据 32 位 I/O 字数据 4 字	循环传输	硬件 软件	模拟量 I/O 变频器 伺服 指示计	专用通信芯片 内置模块
智能设备站	I/O 位数据 32 位 I/O 字数据 4 字	循环传输 瞬时传输	硬件 软件	人机界面	专用通信芯片 内置模块 PC 板卡驱动
主站/本地站	I/O 位数据 32 位 I/O 字数据 4 字	循环传输 瞬时传输	硬件 软件	PLC PC	专用通信芯片 内置模块 PC 板卡驱动

113

4.5.5　CC-Link 系列系统配置文件 CSP+

CSP+是 CC-Link Family System Profile Plus 的缩写，是含有 CC-Link 和 CC-Link IE Field 对应设备的启动、使用及维护所需信息（网络参数的信息和存储器映射等）的配置文件。CSP+统一了配置文件规范，CC-Link 协议均可以以相同格式进行记载。此外，使用 CSP+后，CC-Link 协议的用户可通过相同的工程工具轻松设定各机型的参数。

1. CSP+开发的优点

1）统一工程环境。CC-Link 协议对应产品的开发商，只需制作兼容产品的 CSP+文件，无须再编写个别工程工具。并且记载适合诊断和能源管理等用途的配置文件后，可通过工程工具编制用于不同用途的专用显示画面。

2）减少支持服务。CSP+文件中记载了网络参数的信息和存储器映射，因此 CC-Link 协议的用户无须手册即可设定参数、编写注释，也可以无须编程设定设备的参数和监控等，大大减少了开发商对最终用户的技术支持工作量。

3）采用 XML 格式。CSP+适用文件为 XML 格式，因此可有效使用通用的 XML 处理用程序序库，也减少了开发商开发配置文件的工时。

2. 关于 CSP+的一致性测试

增加了 CSP+测试项目，一致性测试的相关规定的修改如下：

1）全面开发 CC-Link 协议兼容产品的合作伙伴。自 2013 年 4 月起，根据新的一致性测试规范，除实施以往进行的设备测试以外，还需进行 CSP+测试。

2）拥有已通过认证的产品的合作伙伴。对于已通过认证的产品，可自愿开发 CSP+，协会仅免费提供 CSP+的测试。

3. CSP+的使用流程

1）开发商使用 CSP+编写支持工具（可从 CC-Link 协会的主页下载）编写 CC-Link 协议对应设备的配置文件。

2）以上文件编写完成后，由 CC-Link 协会进行一致性测试，并将通过认证的文件刊载到 CC-Link 协会的网页上。

3）CC-Link 协议的用户从 CC-Link 协会或开发商的网页下载由开发商编写的相应配置文件 CSP+文件。

4）CC-Link 协议产品的用户可通过使用 CSP+的工程工具，导入刚下载的所用设备的 CSP+文件，以管理及使用设备。

4.5.6 SLMP 通用协议

无缝通信协议（Seamless Message Protocol，SLMP）是各种应用软件与 FA 设备无缝连接的通用协议，支持工厂管理、生产和维修的各种应用软件和 FA 设备无缝连接，并能够随时对其进行监控和管理。SLMP 的应用实例如图 4-18 所示。

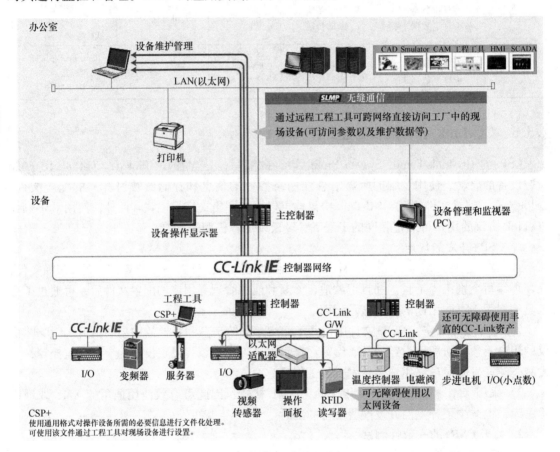

图 4-18　SLMP 的应用实例

1. SLMP 的优势

1）可使用标准帧格式跨网络进行无缝通信。

2）使用 SLMP 实现轻松连接。若与 CSP+相结合，延伸至生产管理和预测维护领域可通过办公室计算机对工厂中的现场设备进行参数设置和诊断等，在办公室中即可对设备进行监控和管理。

3）无须繁杂的设置即可连接到通用的以太网。在设备上安装软件后，可实现服务器/客户端功能。将来，利用 CSP+可以轻松收集生产性能、品质和能源等相关信息。同时，若与 SLMP 相结合，延伸至改善生产运营和预测维护领域将成为可能。

2. 利用 SLMP 能够实现的功能

1）访问内部保存的信息。

2）远程控制（遥感控制、设置远程密码、初始化错误代码）。

3）按需响应通信（无条件发送紧急数据、触发数据等）。

4）访问设备信息（了解机器自动检测情况，进行参数设置和诊断）。

5）访问其他开放网络设备。

4.5.7　CC-Link 一致性测试

当用户的产品开发完成后，需要通过 CC-Link 协会实施一致性测试。测试成功后，即可成为认证的 CC-Link 协议兼容产品投入市场。

一致性测试是对开发的兼容产品实施通信功能相关的测试，测试的目的是为了验证产品是否满足 CC-Link 协议的通信规范，从而顺利且安全地连接到 CC-Link 网络中。

通过一致性测试可以确保兼容产品的通信可靠性。无论是在不同厂商生产的产品之间连接，还是在不同设备之间连接，均可顺畅地构建起系统。一致性测试包括噪声测试、硬件测试、软件测试、组合测试、互操作性测试和老化测试。

一致性测试的步骤如图 4-19 所示。

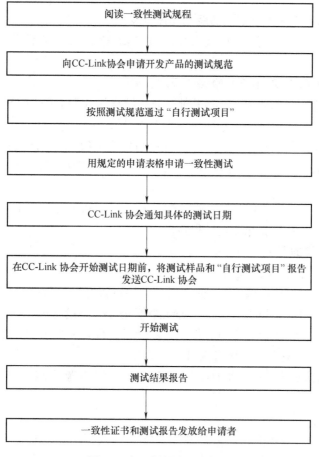

图 4-19　一致性测试的步骤

一致性测试中心对协会会员开发的兼容产品进行评估测试，测试其是否符合 CC-Link、CC-Link IE、SLMP。所有由 CLPA 会员销售的 CC-Link 认证产品都已通过一致性测试，以确保它们和 CC-Link 协议规范的兼容性。一致性测试使 CC-Link、CC-Link IE、SLMP 产品的使用者可以从大量的设备中选择适合他们自动化生产所需要的设备并确保这些设备在一个系统中兼容。一致性测试证书必须在产品通过所有的测试项目后方能颁发。

在日本、北美、韩国已设立 CC-Link 协议一致性测试中心，2007 年 6 月在中国设立了 CC-Link 协议一致性测试中心，位于同济大学内，方便中国厂商开发的产品进行测试，从而获得由 CLPA 总部颁发的产品证书，实现产品本土化、降低成本。

4.6 CC-Link 产品的开发方案

开发 CC-Link 协议的兼容产品，不仅能够确保多品种多品牌设备组建系统时的灵活性，更能提高产品的竞争力。国际上有许多公司提供了 CC-Link 产品的开发方案。

4.6.1 三菱电机开发方案

为了确保用户高效地成功开发新一代 CC-Link IE Control、CC-Link IE Field 等 CC-Link 协议的兼容产品，三菱电机提供全方位 CC-Link 产品的开发方案，包括开发咨询到产品开发工具包。

1. CC-Link IE Control 控制网络驱动程序开发

通过使用 Mitsubishi PC 接口板（Q80BD-J71GP21-SX）来针对不同的操作系统开发驱动程序。

2. CC-Link IE Field 现场控制网络的开发

1）主站。根据开发驱动程序参考手册，通过结合源代码和通信 LSI 可设计出灵活性更高的主站。

2）智能设备站。采用三菱电机生产的专用通信 LSI CP220，该接口芯片可轻松开发执行循环通信和瞬时通信的设备，而不必详细了解协议。CP220 通过软件控制，提供针对运动控制函数的开发工具。

3）驱动程序开发。使用三菱电机生产的接口（Q80BD-J71GF11-T2/Q81BD-J71GF11-T2），可针对不同的操作系统开发驱动程序。

3. CC-Link 网络的开发

1）主站、本地站和智能设备站。

内置接口板（Q50BD-CCV2）：一种利用内置接口板开发的方法，用户可以通过安装此接口板到用户板，实现 CC-Link 主站、本地站和智能设备站的功能。

目标开发（SW1D5C-CCV2OBJ）：使用对象代码进行开发的方法，使用对象代码进行开发后，可进行自由度比使用内置接口板时更高的设计。

源代码（C 语言）开发（SW1D5C-CCV2SRC）：使用源代码（C 语言）进行开发的方法。

2）远程设备站。

采用三菱电机公司生产的专用通信芯片 MFP3N：使用通信芯片无须了解协议，允许用户开发处理位数据和字数据使用的设备，它通过 MPU 和控制软件的配合来实现，根据软件许可，同时支持 CC-Link Ver. 1. 0 和 Ver. 2. 0。

3）远程 I/O 站。

采用三菱电机生产的专用通信芯片 MFP2N/MFP2AN：使用该通信芯片无须了解通信协议，允许用户开发处理位数据的设备，用户可以根据封装尺寸（引脚数）和 I/O 点的数量来选择使用。

采用内置 I/O 模块：紧凑的内置 I/O 模块无须了解通信协议，允许用户开发处理位数据的设备，该模块可直接安装在用户的开发板上。此外，它可以级联连接，扩展 I/O 数量。

4）驱动程序（针对 QB0BD-J61BT11N）开发。

利用开发驱动程序的参考手册：本手册提供可以开发支持各种操作系统的驱动程序，PC 接口板（Q80BD-J61BT11N）由三菱电机提供。

4. CC-Link/LT

1）主站。

采用三菱电机生产的专用通信芯片 CLC13：该通信芯片允许用户开发兼容主站来控制整个网络，并允许建立的网络连接各类型从站。

2）远程设备站。

采用三菱电机生产的专用通信芯片 CLC31：该通信芯片能处理 CC-Link/LT 字数据（16位），单个芯片能处理 4 个字的数据量，轻松地开发如模拟量 I/O 等远程设备站。

3）远程 I/O 站。

采用三菱电机生产的专用通信芯片 CLC21：使用该通信芯片无须了解通信协议，允许用户开发处理位数据的设备，轻松地开发远程 I/O 站，诸如数字式 I/O。

4. 6. 2　赫优讯的 netX 开发方案

赫优讯可以提供全系列 CC-Link 解决方案，从提供各种接口的产品到开发和生产，从订立开发合同直到组织生产。

基于通用平台的工业用通信解决方案，从嵌入式模块、PC 板卡、网关到芯片，对于任何需求，赫优讯都可提供最适合的解决方案，一站式提供硬件、软件、开发环境和技术支持。

支持 CC-Link 的赫优讯产品的技术特点：已获 CC-Link Ver. 2. 0 认证；支持远程控制/设备站的所有规范（等同于 MFP3）；基于双端口存储器及串行的主机/接口，轻松实现控制功能；netX 内置 ARM9，便于实现用户应用；通用于所有 Hilscher 产品与协议的应用/接口；有助于降低总体开发成本及快速投放市场；易于使用的通用配置工具 SYCON. net。

1. PC 板卡

cifX 通信接口以低廉的成本提供完善的功能，包括最优化的性能、功能和灵活性。其兼容 PC 内的 PCI 和 PCI Express 接口（均被用于从站），并且能够根据用户的项目开发相应的结构。同时具备适用于实时操作系统（RTOS）的驱动程序和开发产品所需的软件包，包括设置工具、驱动程序、示例和产品手册等。

2. 内建模块

赫优讯内建模块是由嵌入式软件和硬件包组成的单芯片解决方案，该嵌入式软件和硬件包可以直接安装在各种自动化设备中，包括控制器、PLC 和其他设备。高性能 netX 网络控制器允许所有的通信任务由嵌入的微处理器来执行。由于 API 适用于所有协议，因此兼容丰富的现场总线和实时以太网，且简单可靠，便于利用现有的赫优讯内建模块替换，如 comX 和 netIC。

3. 网关

作为网络设备时（现场总线、实时以太网和串行总线），netTAP 100 网关是理想的解决方案，它可以方便且稳定地应用于 CC-Link 网络。作为 CC-Link 从站，netTAP 100 可以适应市面上的绝大多种网络。它具备专用网络设置工具 SYCON.net，可以在图形用户界面（GUI）内简单地拖曳和粘贴，并且在 PC 上利用 USB 接口执行固件下载、设定和诊断等任务。

4. ASIC 通信控制器

为兼容所有的自动化设备（驱动器、I/O、PLC、条码扫描器等），赫优讯研发了多种多协议 netX 系列网络控制器。netX 芯片搭载了 ARM9CPU，并内置多种外设功能，实现了单台硬件设备即可支持诸多协议，如主流现场总线及工业实时以太网协议等。可借助赫优讯提供的固件版本设计用户自己的 CC-Link 接口。

4.6.3 HMS 的 Anybus 开发方案

Anybus 为用户快速便捷地开发 CC-Link 兼容产品提供完善的解决方案，可以开发 CC-Link/CC-Link IE 现场层网络兼容产品，可以在短时间内将用户的 CC-Link 兼容产品投入市场。

Anybus CompactCom 提供芯片、网桥、模块的形式，客户可选择最佳的开发。无论采用何种开发形式，均可在软件和硬件两方面兼容，客户可以用最少的开发投资成本进行 CC-Link 协议兼容产品的开发。

实现 CC-Link 网络的从站可以采用 Anybus CompactCom 40 系列的从站板卡、模块或芯片，其共同特点与用户的接口是与网络类型无关的，从而可以开发一次即可实现所有主流网络。

1. Anybus-S CC- Link /CC- Link IE Field

可靠性和性能均较高的从站接口，信用卡大小的模块中配备了 CC-Link、CC-Link IE Field 所要的所有软件和硬件。配备高性能微处理器，无须主机设备即可进行 CC-Link、CC-Link IE Field 协议处理。与主机设备间的接口由 Anybus-S 中配备的 2KB 的 DPRAM 构成，还可轻松支持其他网络。可通过配备 Anybus-S CC-Link 的设备，轻松进行 CC-Link IE Field 的兼容产品开发。

可选择的产品如：

1）Anybus-S CC-LINK（AB4210）。CC-LINK 特性为：

① 支持多达 896 点的输入/输出数据、128 字的数据。

② 占用的站数为 1~4 站，扩展循环 1~8 倍（仅限 Ver.2.0）。

③ 支持远程设备站。

④ 支持比特率 156kbit/s~10Mbit/s。

⑤ 支持 CC-Link Ver.2.0。

2）CC-LINK IE Field（AB4613）。CC-LINK IE Field 特性为：

① 支持多达 512B 的 I/O 数据。

② 支持多达 1536B 的参数数据。

③ 支持智能设备站。

④ 支持 1Gbit/s。

Anybus-S CC-Link /CC-Link IE Field 接口如图 4-20 所示。

图 4-20　Anybus-S CC-Link /CC-Link IE Field 接口

2. Anybus 定制解决方案

提供 Anybus-S、Anybus CompactCom 定制解决方案。对于形状、防水、防尘、环保措施等方面有特殊要求时，为用户提供解决方案，来对应非标产品开发需求。

可选择的产品如：B30CC-Link（AB6672）、M30CC-Link（AB6211、AB6311 无机壳）、M40 CC-Link（AB6602、AB6702 无机壳）。

特性为：

① 支持最多达 896 点的输入/输出数据、支持 128 个字的数据。30 系列：总共支持 256B。40 系列：支持总数达 CC-Link 规格上限。

② 占用的站数为 1~4 站，扩展循环 1~8 倍（仅限 Ver. 2.0）。

③ 支持远程设备站。

④ 支持比特率 156kbit/s ~10Mbit/s。

⑤ 支持 CC-Link Ver. 2.0。

Anybus CompactCom CC-Link 接口如图 4-21 所示。

3. Anybus X-gateway CC-Link /CC-Link IE Field

Anybus X-gateway 可在不同种类的 PLC 系统与网络之间进行 I/O 数据传输，在所有工厂设备间进行一系列的信息通信。它可将 CC-Link 和 CC-Link IE Field 与各种网络相连。

CC-Link 特性为：

① 支持多达 896 点的输入/输出数据、128 字的数据。

② 占用的站数为 1~4 站，扩展循环 1~8 倍（仅限 Ver. 2.0）。

③ 支持远程设备站。

④ 支持比特率 156kbit/s ~10Mbit/s。

⑤ 支持 CC-Link Ver. 2.0。

CC-Link IE Field 特性为：

① 支持多达 512B 的 I/O 数据。

② 支持智能设备站。

③ 支持 1Gbit/s。

Anybus X-gateway CC-Link IE Field 接口如图 4-22 所示。

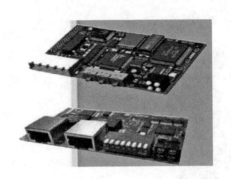

图 4-21　Anybus CompactCom CC-Link 接口　　　　图 4-22　Anybus X-gateway CC-Link IE Field 接口

4. Anybus Communicator CC-Link/ CC-Link IE Field

外置型高性能串口转换器使现有设备中的串行接口 RS232/422/485 支持 CC-Link。本产品体积极小，不占控制柜内的空间，可轻松安装到 DIN 标准导轨上，且无须变更设备中的程序等。

CC-Link：串行为 AB70088，CAN 为 AB7321。

CC-Link IE Field：串行为 AB7077。

CC-Link 特性为：

① 支持多达 896 点的输入/输出数据、128 字的数据。

② 占用的站数为 1~4 站，扩展循环 1~8 倍（仅限 Ver. 2.0）。

③ 支持远程设备站。

④ 支持比特率 156kbit/s~10Mbit/s。

⑤ 支持 CC-Link Ver. 2.0。

CC-Link IE Field 特性为：

① 支持多达 512B 的 I/O 数据。

② 支持智能设备站。

③ 支持 1Gbit/s。

4.6.4　瑞萨电子的 LSI 开发方案

R-IN32M3 系列支持 CC-Link 协议兼容产品的开发。瑞萨电子（RENESAS）提供大规模集成电路（LSI）、开发工具、样本软件和驱动程序等全方面的整体解决方案，为用户的产品开发提供支持。

瑞萨电子开发的工业通信用 LSI "I R-IN32M3 系列" 适用于 CC-Link 协议从站开发。作为整体解决方案，除 LSI 以外，还包括 ARM 开发环境、开发套件等的开发工具和样本软件、驱动程序，用户可快速轻松开发产品。此外，支持含 CC-Link 协议的各种通信协议也可作为平台开发的工具。

120

1. CC-Link IE Field 智能设备站

通信用 LSI（R-IN32M3-CL）：通信 LSI 配备与 CP220 同等的功能，无须了解通信协议，可开发用于循环通信和瞬时通信的各种设备。配备 ARM 公司的 Cortex-M3 作为 CPU 核心，还可安装应用程序。此外，还提供用于 R-IN32M3-CL 的 CC-Link IE 开发手册和样本软件。

2. CC-Link 智能设备站/远程设备站

通信用 LSI（R-IN32M3-CL/R-IN32M3-EC）：通信 LSI 配备与 MFP1N、MFP3N 同等的功能，无须了解通信协议并可开发产品。LSI 在切换软件后支持 Ver1.1、Ver2.0，配备 ARM 公司的 Cortex-M3 作为 CPU 核心，还可安装应用程序。

此外，还提供用于 R-IN32M3-CL/R-IN32M3-EC 的 CC-Link IE 开发手册和样本软件。

3. FA 从站通信单元用 LSI

R-IN32M4-CL2 是高速实时响应、低波动稳定控制、低功耗 FA 从站通信单元用 LSI。R-IN32M4 系列可支持现有 CC-Link IE 等工业以太网协议和现场总线协议，是用于 FA 从设备通信单元的工业通信用 LSI，具有以下特性：

1）通过将实时操作系统（OS）的一部分硬件化实现"实时 OS 加速器"，带来低波动稳定控制与低功耗。

2）内置支持千兆位的物理层（PHY），减少了元器件数量并缩小了所需空间。

3）具备浮点数运算单元、ADC、各类计时器，从而可支持各种应用，如电动机控制等。

4.7　CC-Link 现场总线的应用

4.7.1　CC-Link 应用领域

CC-Link 现场总线在以下领域具有广泛的应用：

1）半导体电子产品：如 LED 原材料装袋机、晶片研磨机、LCD 生产线、DMP 设备、HDD 研磨机、PCB 产品线、液晶检查设备。

2）汽车：如涂装系统、发动机传送设备、车辆组装线、曲柄轴电子加热设备焊接处理、制动装置、螺钉坚固保护设备、汽车电子部分。

3）搬运：如邮件分类设备、电器设备分送线、CRT 传送线、NC 装货设备机场货物运送系统、木工机械传送带、印刷设备传送系统。

4）楼宇工厂控制管理：如 BA 系统、FA 系统、电力监视系统、智能化小区及大楼远程式抄表系统、机场监视系统、工厂管控系统。

5）印刷：如单印刷机、转轮印刷机（橡皮版、报纸）。

6）化学：入洗涤剂装袋流水线、橡胶测量、轮胎生产线、人造革生产线、陶瓷预处理、原料研磨、自动称重。

7）食品：如食品包装机械、粉末茶制作线。

8）节能：如工厂生产设备、建筑。

9）其他：礼花燃放装置、卷烟生产系统、轴承制造、铁道车辆车轮检测、火力发电机组锅炉除灰除渣电控、丙稀氰改造工程、微波加热装置等。

4.7.2 CC-Link 应用案例

1. CC-Link IE 应用案例

1）用于汽车车体铸品的 AGV（自动引导车）设备。该系统根据接收到的上位控制器的指令自动搬送金属铸品，通过 CC-Link IE 控制 AGV 路径的转换和与 NC 机器的接口。CC-Link 大量减少了配线和施工时间。配线减少的重要原因归功于 CC-Link 强大的抗噪声功能，该功能使得线缆布线很少受到约束。

2）密炼生产管控系统。由于 CC-Link IE 工业网络具有 1Gbit/s 速率、超高速、大容量的性能，采用双环冗余光通信技术，可以稳定进行工厂生产数据的传输，构建车间内部的生产系统网络，并构建车间级的网络系统。基于以太网的 CC-Link IE Field 和现场总线 CC-Link 作为先进的设备层网络系统，以最简洁的配线方式连接现场的生产设备，包括变频器、I/O 和称量系统等构成设备层网络，同时，还能为用户提供丰富的兼容产品，满足用户需求。

密炼生产管控系统包括上辅机、下辅机母炼和下辅机终炼 3 个部分。

① 上辅机由炭黑、油料、胶料输送称量控制系统和小料配料控制系统组成。

② 下辅机母炼由主机（温度、速度、压力和位置等）控制器、挤出/压片控制器和切割/冷却/摆片控制器组成。

③ 下辅机终炼由开炼控制器等组成。

整个系统采用 CC-Link IE Control 控制网络。

2. CC-Link 应用案例

1）汽车生产焊接线。该生产线用点焊接和电弧焊接机器人装配汽车车体。该生产线由 2000~3000 个远程 I/O 单元和 46 台 PLC 组成，每一台 PLC 装了 7~8 个 CC-Link 主站。CC-Link 大量减少了配线和费用。因为每一台机器都很容易链接到 CC-Link 上，现场安装和配线的时间也大量缩减。传送系统的效率和速度的提高归功于 CC-Link 使远程 I/O 的高速通信成为可能。

2）酒店和客房远程监控系统。该系统监控机房和电力设备房的自动操作和报警条件。局域网和电话线的连接使之能够进行远程监控和维护。CC-Link 远程 I/O 模块大量减少了空调设备和其他电力设备的配线。高速的数据链接使被监视设备的当前状态和异常情况能够被实时显示。

3. CC-Link Safety 应用案例

各工段控制盘的 PLC 通过 CC-Link 网络与普通远程 I/O 及各种兼容设备相连接，进行传输设备和机器人的动作控制。此 PLC 控制网络与在主控盘内的线主控 PLC 连接。同样，在主控盘内也装有安全 PLC，设置在各工段内的光帘和紧急停止按钮通过安全远程输入，给机器人的紧急停止信号通过安全远程输出，复位开关和警示灯通过一般远程输入，均用 CC-Link Safety 与安全 PLC 连接。如果光帘探知有人进入机器人安装区域，便对机器人发出紧急停止信号，让机器人停止运转。生产线主控 PLC 与安全 PLC 是用控制网络连接，实现了操作控制和安全控制的有机结合。

习　　题

4-1　简述 CC-Link 现场网络的组成与特点。

4-2　简述 CC-Link Safety 系统构成与特点。

4-3 简述 CC-Link 通信协议。

4-4 CC-Link IE 网络包括哪几部分？

4-5 什么是 TSN？

4-6 CC-Link IE TSN 有什么特点？

4-7 简述 CC-Link 兼容产品的开发流程。

4-8 CC-Link 系列系统配置文件 CSP+的功能是什么？

4-9 简述 SLMP。

4-10 CC-Link 一致性测试主要包括哪些内容？

4-11 CC-Link 产品的开发方案有哪几种？请分别进行介绍。

第 5 章

PROFIBUS-DP现场总线

PROFIBUS（Process Fieldbus）是一种国际化的、开放的、不依赖于设备生产商的现场总线标准。它广泛应用于制造业自动化、流程工业自动化和楼宇、交通、电力等其他自动化领域。

本章首先对 PROFIBUS 进行了概述，然后讲述了 PROFIBUS 的协议结构、PROFIBUS-DP 系统工作过程、PROFIBUS-DP 的通信模型、PROFIBUS-DP 的总线设备类型和数据通信、PROFIBUS 通信用 ASICs，最后对应用非常广泛的 PROFIBUS-DP 从站通信控制器 SPC3 进行了详细讲述，同时介绍了主站通信控制器 ASPC2 与网络接口卡。

5.1 PROFIBUS 概述

PROFIBUS 技术的发展经历了如下过程：

1987 年由德国 SIEMENS 公司等 13 家企业和 5 家研究机构联合开发；

1989 年成为德国工业标准 DIN 19245；

1996 年成为欧洲标准 EN 50170 V.2（PROFIBUS-FMS-DP）；

1998 年 PROFIBUS-PA 被纳入 EN 50170 V.2；

1999 年 PROFIBUS 成为国际标准 IEC 61158 的组成部分（TYPE Ⅲ）；

2001 年成为中国的机械行业标准 JB/T 10308.3—2001。

PROFIBUS 由以下 3 个兼容部分组成。

1）PROFIBUS-DP：用于传感器和执行器级的高速数据传输，它以 DIN 19245 的第一部分为基础，根据其所需要达到的目标对通信功能加以扩充，DP 的传输速率可达 12Mbit/s，一般构成单主站系统，主站、从站间采用循环数据传输方式工作。

它的设计旨在用于设备一级的高速数据传输。在这一级，中央控制器（如 PLC/PC）通过高速串行线同分散的现场设备（如 I/O 设备、驱动器、阀门等）进行通信，同这些分散的设备进行数据交换多数是周期性的。

2）PROFIBUS-PA：对于安全性要求较高的场合，制定了 PROFIBUS-PA 协议，这由 DIN 19245 的第四部分描述。PA 具有本质安全特性，它实现了 IEC 1158-2 规定的通信规程。

PROFIBUS-PA 是 PROFIBUS 的过程自动化解决方案，PA 将自动化系统和过程控制系统与现场设备，如压力、温度和液位变送器等连接起来，代替了 4~20mA 模拟信号传输技术，在现场设备的规划、敷设电缆、调试、投入运行和维修等方面可节约成本 40%之多，并大大提高了系统功能和安全可靠性，因此 PA 尤其适用于石油、化工、冶金等行业的过程自动化控制系统。

3）PROFIBUS-FMS：它的设计旨在解决车间一级通用性通信任务，FMS 提供大量的通信服务，用以完成以中等传输速率进行的循环和非循环的通信任务。由于它是完成控制器和智能现场设备之间的通信以及控制器之间的信息交换，因此它考虑的主要是系统的功能而不是系统响应时间，应用过程通常要求的是随机的信息交换（如改变设定参数等）。强有力的 FMS 服务向人们提供了广泛的应用范围和更大的灵活性，可用于大范围和复杂的通信系统。

为了满足苛刻的实时要求，PROFIBUS 协议具有如下特点：

1）不支持长信息段 >235B（实际最大长度为 255B，数据最大长度 244B，典型长度 120B）。

2）不支持短信息组块功能。由许多短信息组成的长信息包不符合短信息的要求，因此，PROFIBUS 不提供这一功能（实际使用中可通过应用层或用户层的制定或扩展来克服这一约束）。

3）本规范不提供由网络层支持运行的功能。

4）除规定的最小组态外，根据应用需求可以建立任意的服务子集。这对小系统（如传感器等）尤其重要。

5）其他功能是可选的，如口令保护方法等。

6）网络拓扑是总线型，两端带终端器或不带终端器。

7）介质、距离、站点数取决于信号特性，如对屏蔽双绞线，单段长度小于或等于 1.2km，不带中继器，每段 32 个站点。（网络规模：双绞线，最大长度 9.6km；光纤，最大长度 90km；最大站数，127 个）

8）传输速率取决于网络拓扑和总线长度，从 9.6kbit/s 到 12Mbit/s 不等。

9）可选第二种介质（冗余）。

10）在传输时，使用半双工，异步，滑差（Slipe）保护同步（无位填充）。

11）报文数据的完整性，用海明距离 HD=4，同步滑差检查和特殊序列，以避免数据的丢失和增加。

12）地址定义范围为 0~127（对广播和群播而言，127 是全局地址），对区域地址、段地址的服务存取地址（服务存取点 LSAP）的地址扩展，每个 6bit。

13）使用两类站：主站（主动站，具有总线存取控制权）和从站（被动站，没有总线存取控制权）。如果对实时性要求不苛刻，最多可用 32 个主站，总站数可达 127 个。

14）总线存取基于混合、分散、集中 3 种方式：主站间用令牌传输，主站与从站之间用主-从方式。令牌在由主站组成的逻辑令牌环中循环。如果系统中仅有一个主站，则不需要令牌传输，这是一个单主站-多从站的系统。最小的系统配置由一个主站和一个从站或两个主站组成。

15）数据传输服务有两类：

① 非循环的：有/无应答要求的发送数据；有应答要求的发送和请求数据。

② 循环的（轮询）：有应答要求的发送和请求数据。

PROFIBUS 广泛应用于制造业自动化、流程工业自动化和楼宇、交通、电力等其他自动化领域。PROFIBUS 的典型应用如图 5-1 所示。

工厂管理系统
工厂管理级
总线循环
时间
<1000ms
MMS, TCP/IP Backbone
网关
CNC
PC
车间级
总线循环
时间
<100ms
PROFIBUS-FMS
PC
PLC
PLS
现场级
总线循环
时间
<10ms
PROFIBUS-DP
PROFIBUS-PA
现场
设备
远程
I/O设备
传感器
M
传动装置
变送器
现场
设备

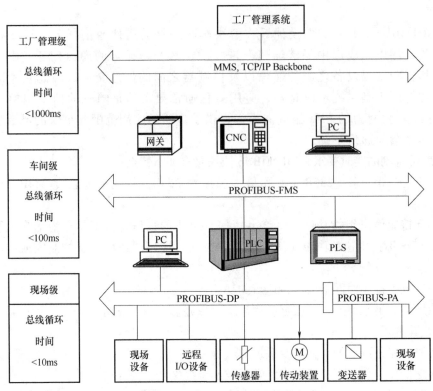

图 5-1　PROFIBUS 的典型应用

5.2　PROFIBUS 的协议结构

PROFIBUS 的协议结构如图 5-2 所示。

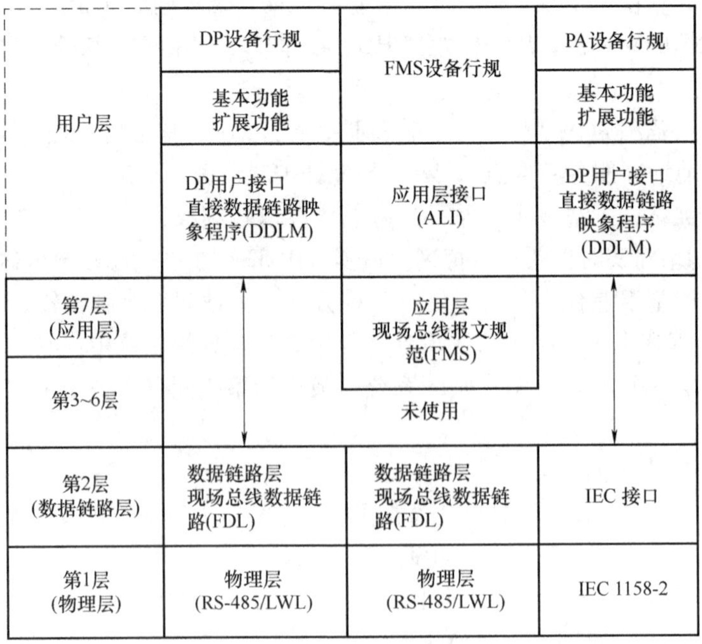

用户层
DP设备行规
基本功能
扩展功能
DP用户接口
直接数据链路映
象程序(DDLM)
FMS设备行规
应用层接口
(ALI)
PA设备行规
基本功能
扩展功能
DP用户接口
直接数据链路
映象程序
(DDLM)
第7层
(应用层)
应用层
现场总线报文规
范(FMS)
第3~6层
未使用
第2层
(数据链路层)
数据链路层
现场总线数据链
路(FDL)
数据链路层
现场总线数据链
路(FDL)
IEC 接口
第1层
(物理层)
物理层
(RS-485/LWL)
物理层
(RS-485/LWL)
IEC 1158-2

图 5-2　PROFIBUS 的协议结构

从图 5-2 可以看出，PROFIBUS 协议采用了 ISO/OSI 模型中的第 1 层、第 2 层以及必要时还采用第 7 层。第 1 层和第 2 层的导线和传输协议依据美国标准 EIA RS-485、国际标准 IEC 870-5-1 和欧洲标准 EN 60870-5-1，总线存取程序、数据传输和管理服务基于 DIN 19241 标准的第 1~3 部分和 IEC 955 标准。管理功能（FMA7）采用 ISO DIS 7498-4（管理框架）的概念。

5.2.1 PROFIBUS-DP 的协议结构

PROFIBUS-DP 使用第 1 层、第 2 层和用户层，第 3~7 层未用，这种精简的结构确保高速数据传输。物理层采用 RS-485 标准，规定了传输介质、物理连接和电气等特性。PROFI-BUS-DP 的数据链路层称为现场总线数据链路层（Fieldbus Data Link Layer，FDL），包括与 PROFIBUS-FMS、PROFIBUS-PA 兼容的总线介质访问控制（MAC）以及现场总线链路控制（Fieldbus Link Control，FLC），FLC 向上层提供服务存取点的管理和数据的缓存。第 1 层和第 2 层的现场总线管理层（Fieldbus Management Layer 1 and 2，FMA1/2）完成第 2 层待定总线参数的设定和第 1 层参数的设定，它还完成这两层出错信息的上传。PROFIBUS-DP 的用户层包括直接数据链路映射（Direct Data Link Mapper，DDLM）、DP 的基本功能、扩展功能以及设备行规。DDLM 提供了方便访问 FDL 的接口；DP 设备行规是对用户数据含义的具体说明，规定了各种应用系统和设备的行为特性。

这种为高速传输用户数据而优化的 PROFIBUS 协议特别适用于可编程控制器与现场级分散 I/O 设备之间的通信。

5.2.2 PROFIBUS-FMS 的协议结构

PROFIBUS-FMS 使用了第 1 层、第 2 层和第 7 层。第 7 层（应用层）包括 FMS（现场总线报文规范）和 LLI（低层接口）。FMS 包含应用协议和提供的通信服务。LLI 建立各种类型的通信关系，并给 FMS 提供不依赖于设备的对第 2 层的访问。

FMS 处理单元级（PLC 和 PC）的数据通信。功能强大的 FMS 服务可在广泛的应用领域内使用，并为解决复杂通信任务提供了很大的灵活性。

PROFIBUS-DP 和 PROFIBUS-FMS 使用相同的传输技术和总线存取协议。因此，它们可以在同一根电缆上同时运行。

5.2.3 PROFIBUS-PA 的协议结构

PROFIBUS-PA 使用扩展的 PROFIBUS-DP 协议进行数据传输。此外，它执行规定现场设备特性的 PA 设备行规。传输技术依据 IEC 1158-2 标准，确保本质安全和通过总线对现场设备供电。使用段耦合器可将 PROFIBUS-PA 设备很容易地集成到 PROFIBUS-DP 网络之中。

PROFIBUS-PA 是为过程自动化工程中的高速、可靠的通信要求而特别设计的。用 PRO-FIBUS-PA 可以把传感器和执行器连接到通常的现场总线（段）上，即使在防爆区域的传感器和执行器也可如此。

5.3 PROFIBUS-DP 现场总线系统

由于 SIEMENS 公司在离散自动化领域具有较深的影响，并且 PROFIBUS-DP 在国内具有广大的用户，本节以 PROFIBUS-DP 为例介绍 PROFIBUS 现场总线系统。

5.3.1 PROFIBUS-DP 的 3 个版本

PROFIBUS-DP 经过功能扩展，一共有 DP-V0、DP-V1 和 DP-V2 3 个版本，有时将 DP-V1 简写为 DPV1。

1. 基本功能（DP-V0）

（1）总线存取方法　各主站间为令牌传送，主站与从站间为主-从循环传送，支持单主站或多主站系统，总线上最多 126 个站。可以采用点对点用户数据通信、广播（控制指令）方式和循环主-从用户数据通信。

（2）循环数据交换　DP-V0 可以实现中央控制器（PLC、PC 或过程控制系统）与分布式现场设备（从站，比如 I/O 设备、阀门、变送器和分析仪等）之间的快速循环数据交换，主站发出请求报文，从站收到后返回响应报文。这种循环数据交换是在被称为 MS0 的连接上进行的。

总线循环时间应小于中央控制器的循环时间（约 10ms），DP 的传送时间与网络中站的数量和传输速率有关。每个从站可以传送 224B 的输入或输出。

（3）诊断功能　经过扩展的 PROFIBUS-DP 诊断，能对站级、模块级、通道级这 3 级故障进行诊断和快速定位，诊断信息在总线上传输并由主站采集。

1）本站诊断操作：对本站设备的一般操作状态的诊断，比如温度过高、压力过低。

2）模块诊断操作：对站点内部某个具体的 I/O 模块的故障定位。

3）通道诊断操作：对某个输入/输出通道的故障定位。

（4）保护功能　所有信息的传输按海明距离 HD = 4 进行。对 DP 从站的输出进行存取保护，DP 主站用监控定时器监视与从站的通信，对每个从站都有独立的监控定时器。在规定的监视时间间隔内，如果没有执行用户数据传送，将会使监控定时器超时，通知用户程序进行处理。如果参数 "Auto_Clear" 为 1，DPM1 将退出运行模式，并将所有有关从站的输出置于故障安全状态，然后进入清除（Clear）状态。

DP 从站用看门狗（监控定时器）检测与主站的数据传输，如果在设置的时间内没有完成数据通信，从站自动地将输出切换到故障安全状态。

在多主站系统中，从站输出操作的访问保护是必要的。这样可以保证只有授权的主站才能直接访问。其他从站可以读它们的输入的映像，但是不能直接访问。

（5）通过网络的组态功能与控制功能　通过网络可以实现下列功能：动态激活或关闭 DP 从站，对 DP 主站（DPM1）进行配置，可以设置站点的数目、DP 从站的地址、输入/输出数据的格式、诊断报文的格式等，以及检查 DP 从站的组态。控制命令可以同时发送给所有的从站或部分从站。

（6）同步与锁定功能　主站可以发送命令给一个从站或同时发给一组从站。接收到主站的同步命令后，从站进入同步模式。这些从站的输出被锁定在当前状态。在这之后的用户数据传输中，输出数据存储在从站，但是它的输出状态保持不变。同步模式用 "UNSYNC" 命令来解除。

锁定（FREEZE）命令使指定的从站组进入锁定模式，即将各从站的输入数据锁定在当前状态，直到主站发送下一个锁定命令时才可以刷新。用 "UNFREEZE" 命令来解除锁定模式。

（7）DPM1 和 DP 从站之间的循环数据传输　DPM1 与有关 DP 从站之间的用户数据传输是由 DPM1 按照确定的递归顺序自动进行的。在对总线系统进行组态时，用户定义 DP 从站与 DPM1 的关系，确定哪些 DP 从站被纳入信息交换的循环。

DMP1 和 DP 从站之间的数据传送分为 3 个阶段：参数化、组态和数据交换。在前两个阶段进行检查，每个从站将自己的实际组态数据与从 DPM1 接收到的组态数据进行比较。设备类型、格式、信息长度与输入/输出的个数都应一致，以防止由于组态过程中的错误造成系统的检查错误。

只有系统检查通过后，DP 从站才进入用户数据传输阶段。在自动进行用户数据传输的同时，也可以根据用户的需要向 DP 从站发送用户定义的参数。

（8）DPM1 和系统组态设备间的循环数据传输　PROFIBUS-DP 允许主站之间的数据交换，即 DPM1 和 DPM2 之间的数据交换。该功能使组态和诊断设备通过总线对系统进行组态，改变 DPM1 的操作方式，动态地允许或禁止 DPM1 与某些从站之间交换数据。

2. DP-V1 的扩展功能

（1）非循环数据交换　除了 DP-V0 的功能外，DP-V1 最主要的特征是具有主站与从站之间的非循环数据交换功能，可以用它来进行参数设置、诊断和报警处理。非循环数据交换与循环数据交换是并行执行的，但是优先级较低。

1 类主站 DPM1 可以通过非循环数据通信读/写从站的数据块，数据传输在 DPM1 建立的 MS1 连接上进行，可以用主站来组态从站和设置从站的参数。

在启动非循环数据通信之前，DPM2 用初始化服务建立 MS2 连接。MS2 用于读/写和数据传输服务。一个从站可以同时保持几个激活的 MS2 连接，但是连接的数量受到从站的资源的限制。DPM2 与从站建立或中止非循环数据通信连接，读/写从站的数据块。数据传输功能向从站非循环地写指定的数据，如果需要，可以在同一周期读数据。

对数据寻址时，PROFIBUS 假设从站的物理结构是模块化的，即从站由称为"模块"的逻辑功能单元构成。在基本 DP 功能中，这种模型也用于数据的循环传送。每一模块的输入/输出字节数为常数，在用户数据报文中按固定的位置来传送。寻址过程基于标识符，用它来表示模块的类型，包括输入、输出或两者的结合，所有标识符的集合产生了从站的配置。在系统启动时由 DPM1 对标识符进行检查。

循环数据通信也是建立在这一模型基础上的。所有能被读/写访问的数据块都被认为属于这些模块，它们可以用槽号和索引来寻址。槽号用来确定模块的地址，索引号用来确定指定给模块的数据块的地址，每个数据块最多 244B。读/写服务寻址如图 5-3 所示。

对于模块化的设备，模块被指定槽号，从 1 号槽开始，槽号按顺序递增，0 号留给设备本身。紧凑型设备被视为虚拟模块的一个单元，也可以用槽号和索引来寻址。

在读/写请求中，通过长度信息可以对数据块的一部分进行读/写。如果读/写数据块成功，DP 从站发送正常的读/写响应；反之，将发送否定的响应，并对问题进行分类。

（2）工程内部集成的 EDD 与 FDT　在工业自动化中，由于历史的原因，电子设备数据（GSD）文件使用得较多，它适用于较简单的应用；电子设备描述（Electronic Device Description，EDD）适用于中等复杂程序的应用；现场设备工具/设备类型管理（Field Device Tool/Device Type Manager，FDT/DTM）是独立于现场总线的"万能"接口，适用于复杂的应用场合。

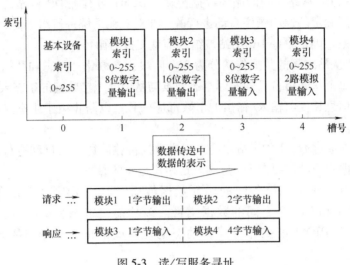

图 5-3　读/写服务寻址

（3）基于 IEC 61131-3 的软件功能块　为了实现与制造商无关的系统行规，应为现存的通信平台提供应用程序接口（API），即标准功能块。PNO（PROFIBUS 用户组织）推出了"基于 IEC 61131-3 的通信与代理（Proxy）功能块"。

（4）故障安全通信（PROFIsafe）　PROFIsafe 定义了与故障安全有关的自动化任务，以及故障-安全设备怎样用故障-安全控制器在 PROFIBUS 上通信。PROFIsafe 考虑了在串行总线通信中可能发生的故障，比如数据的延迟、丢失、重复，不正确的时序、地址和数据的损坏。

PROFIsafe 采取了下列的补救措施：输入报文帧的超时及其确认；发送者与接收者之间的标识符（口令）；附加的数据安全措施（CRC）。

（5）扩展的诊断功能　DP 从站通过诊断报文将突发事件（报警信息）传送给主站，主站收到后发送确认报文给从站。从站收到后只能发送新的报警信息，这样可以防止多次重复发送同一报警报文。状态报文由从站发送给主站，不需要主站确认。

3. DP-V2 的扩展功能

（1）从站与从站间的通信　在 2001 年发布的 PROFIBUS 协议功能扩充版本 DP-V2 中，广播式数据交换实现了从站之间的通信，从站作为出版者（Publisher），不经过主站直接将信息发送给作为订户（Subscribers）的从站。这样从站可以直接读入别的从站的数据。这种方式最多可以减少 90% 的总线响应时间。从站与从站的数据交换如图 5-4 所示。

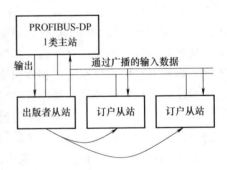

图 5-4　从站与从站的数据交换

（2）同步（Isochronous）模式功能　同步功能激活主站与从站之间的同步，误差小于 1ms。通过"全局控制"广播报文，所有有关的设备被周期性地同步到总线主站的循环。

（3）时钟控制与时间标记（Time Stamps）　通过用于时钟同步的新的连接 MS3，实时时间（Real Time）主站将时间标记发送给所有的从站，将从站的时钟同步到系统时间，误差小于 1ms。利用这一功能可以实现高精度的事件追踪。在有大量主站的网络中，对于获取定

130

时功能特别有用。主站与从站之间的时钟控制通过 MS3 服务来进行。

（4）上载与下载（区域装载） 这一功能允许用少量的命令装载任意现场设备中任意大小的数据区，比如不需要人工装载就可以更新程序或更换设备。

（5）功能请求（Function Invocation） 功能请求服务用于 DP 从站的程序控制（启动、停止、返回或重新启动）和功能调用。

（6）从站冗余 在很多应用场合，要求现场设备的通信有冗余功能。冗余的从站有两个 PROFIBUS 接口，一个是主接口；另一个是备用接口。它们可能是单独的设备，也可能分散在两个设备中。这些设备有两个带有特殊的冗余扩展的独立的协议堆栈，冗余通信在两个协议堆栈之间进行，可能是在一个设备内部，也可能是在两个设备之间。

在正常情况下，通信只发送给被组态的主要从站，它也发送给后备从站。在主要从站出现故障时，后备从站接管它的功能。可能是后备从站自己检查到故障，或主站请求它这样做。主站监视所有的从站，出现故障时立即发送诊断报文给后备从站。

冗余从站设备可以在一条 PROFIBUS 总线或两条冗余的 PROFIBUS 总线上运行。

5.3.2 PROFIBUS-DP 系统组成和总线访问控制

1. 系统的组成

PROFIBUS-DP 总线系统设备包括主站（主动站，有总线访问控制权，包括 1 类主站和 2 类主站）和从站（被动站，无总线访问控制权）。当主站获得总线访问控制权（令牌）时，它能占用总线，可以传输报文，从站仅能应答所接收的报文或在收到请求后传输数据。

（1）1 类主站 1 类 DP 主站能够对从站设置参数，检查从站的通信接口配置，读取从站诊断报文，并根据已经定义好的算法与从站进行用户数据交换。1 类主站还能用一组功能与 2 类主站进行通信。所以 1 类主站在 DP 通信系统中既可作为数据的请求方（与从站的通信），也可作为数据的响应方（与 2 类主站的通信）。

（2）2 类主站 在 PROFIBUS-DP 系统中，2 类主站是一个编程器或一个管理设备，可以执行一组 DP 系统的管理与诊断功能。

（3）从站 从站是 PROFIBUS-DP 系统通信中的响应方，它不能主动发出数据请求。DP 从站可以与 2 类主站或 1 类主站（对其设置参数并完成对其通信接口配置的）进行数据交换，并向主站报告本地诊断信息。

2. 系统的结构

一个 DP 系统既可以是一个单主站结构，也可以是一个多主站结构。主站和从站采用统一编址方式，可选用 0~127 共 128 个地址，其中 127 为广播地址。一个 PROFIBUS-DP 网络最多可以有 127 个主站，在应用实时性要求较高时，主站个数一般不超过 32 个。

单主站结构是指网络中只有一个主站，且该主站为 1 类主站，网络中的从站都隶属于这个主站，主站与从站进行主从数据交换。

多主站结构是指在一条总线上连接几个主站，主站之间采用令牌传递方式获得总线控制权，获得令牌的主站和其控制的从站之间进行主从数据交换。总线上的主站和各自控制的从站构成多个独立的主从结构子系统。

典型 DP 系统的组成结构如图 5-5 所示。

3. 总线访问控制

PROFIBUS-DP 系统的总线访问控制要保证两个方面的需求：一方面，总线主站节点必须在确定的时间范围内获得足够的机会来处理它自己的通信任务；另一方面，主站与从站之间的数据交换必须是快速且具有很少的协议开销。

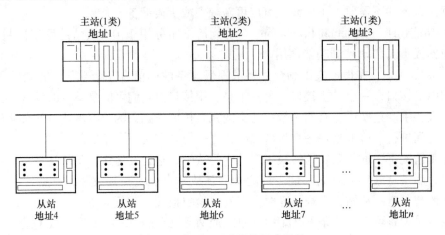

图 5-5 典型 DP 系统的组成结构

DP 系统支持使用混合的总线访问控制机制，主站之间采取令牌控制方式，令牌在主站之间传递，拥有令牌的主站拥有总线访问控制权；主站与从站之间采取主从的控制方式，主站具有总线访问控制权，从站仅在主站要求它发送时才可以使用总线。

当一个主站获得了令牌，它就可以执行主站功能，与其他主站节点或所控制的从站节点进行通信。总线上的报文用节点地址来组织，每个 PROFIBUS 主站节点和从站节点都有一个地址，而且此地址在整个总线上必须是唯一的。

在 PROFIBUS-DP 系统中，这种混和总线访问控制方式允许有如下的系统配置：纯主-主系统（执行令牌传递过程）；纯主-从系统（执行主-从数据通信过程）；混合系统（执行令牌传递和主-从数据通信过程）。

（1）令牌传递过程 连接到 DP 网络的主站按节点地址的升序组成一个逻辑令牌环。控制令牌按顺序从一个主站传递到下一个主站。令牌提供访问总线的权利，并通过特殊的令牌帧在主站间传递。具有最高站地址（Highest Address Station，HAS）的主站将令牌传递给具有最低总线地址的主站，以使逻辑令牌环闭合。

令牌经过所有主站节点轮转一次所需的时间叫作令牌循环时间（Token Rotation Time）。现场总线系统中令牌轮转一次所允许的最大时间叫作目标令牌循环时间（Target Token Rotation Time），其值是可调整的。

在系统的启动总线初始化阶段，总线访问控制通过辨认主站地址来建立令牌环，并将主站地址都记录在活动主站表（List of Active Master Stations，LAS）中。对于令牌管理而言，有两个地址概念特别重要：前驱站（Previous Station，PS）地址，即传递令牌给自己的站的地址；后继站（Next Station，NS）地址，即将要传递令牌的目的站地址。在系统运行期间，为了从令牌环中去掉有故障的主站或在令牌环中添加新的主站而不影响总线上的数据通信，需要修改 LAS。纯主-主系统中的令牌传递过程如图 5-6 所示。

（2）主-从数据通信过程 一个主站在得到令牌后，可以主动发起与从站的数据交换。主-从访问过程允许主站访问主站所控制的从站设备，主站可以发送信息给从站或从从站获取信息。主-从数据通信过程如图 5-7 所示。

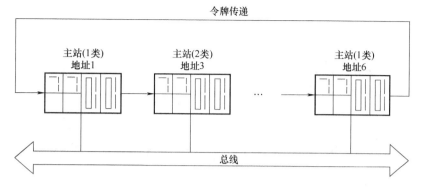

图 5-6　纯主-主系统中的令牌传递过程

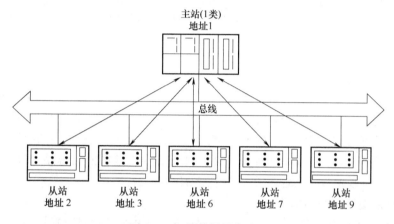

图 5-7　主-从数据通信过程

如果一个 DP 总线系统中有若干个从站，而它的逻辑令牌环只含有一个主站，这样的系统称为纯主-从系统。

5.3.3　PROFIBUS-DP 系统工作过程

下面以图 5-8 所示的 PROFIBUS-DP 系统为例，介绍 PROFIBUS 系统的工作过程。这是一个由多个主站和多个从站组成的 PROFIBUS-DP 系统，包括 2 个 1 类主站、1 个 2 类主站和 4 个从站。2 号从站和 4 号从站受控于 1 号主站，5 号从站和 9 号从站受控于 6 号主站，主站在得到令牌后对其控制的从站进行数据交换。通过用户设置，2 类主站可以对 1 类主站或从站进行管理监控。上述系统搭建过程可以通过特定的组态软件（如 Step7）组态而成，由于篇幅所限，这里只讨论 1 类主站和从站的通信过程，而不讨论有关 2 类主站的通信过程。

系统从上电到进入正常数据交换工作状态的整个过程可以概括为以下 4 个工作阶段。

1. 主站和从站的初始化

上电后，主站和从站进入 Offline 状态，执行自检。当所需要的参数都被初始化后（主站需要加载总线参数集，从站需要加载相应的诊断响应信息等），主站开始监听总线令牌，而从站开始等待主站对其设置参数。

133

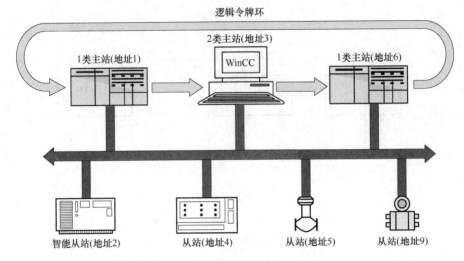

图 5-8　PROFIBUS-DP 系统实例

2. 总线上令牌环的建立

主站准备好进入总线令牌环，处于听令牌状态。在一定时间内主站如果没有听到总线上有信号传递，就开始自己生成令牌并初始化令牌环。然后该主站做一次对全体可能主站地址的状态询问，根据收到应答的结果确定活动主站表（LAS）和本主站所辖站地址范围（GAP）。GAP 是指从本站（This Station，TS）地址到令牌环中的后继站（NS）地址之间的地址范围。LAS 的形成即标志着逻辑令牌环初始化的完成。

3. 主站与从站通信的初始化

DP 系统的工作过程如图 5-9 所示，在主站可以与 DP 从站设备交换用户数据之前，主站必须设置 DP 从站的参数并配置此从站的通信接口，因此主站首先检查 DP 从站是否在总线上。如果从站在总线上，则主站通过请求从站的诊断数据来检查 DP 从站的准备情况。如果 DP 从站报告它已准备好接收参数，则主站给 DP 从站设置参数数据并检查通信接口配置，在正常情况下 DP 从站将分别给予确认。收到从站的确认回答后，主站再请求从站的诊断数据以查明从站是否准备好进行用户数据交换。只有在这些工作正确完成后，主站才能开始循环地与 DP 从站交换用户数据。在上述过程中，交换了下述 3 种数据。

（1）参数数据　参数数据包括预先给 DP 从站的一些本地和全局参数以及一些特征和功能。参数报文的结构除包括标准规定的部分外，必要时还包括 DP 从站和制造商特有的部分。参数报文的长度不超过 244B，重要的参数包括从站状态参数、看门狗定时器参数、从站制造商标识符、从站分组及用户自定义的从站应用参数等。

（2）通信接口配置数据　DP 从站的输入/输出数据的格式通过标识符来描述。标识符指定了在用户数据交换时输入/输出字节或字的长度及数据的一致刷新要求。在检查通信接口配置时，主站发送标识符给 DP 从站，以检查在从站中实际存在的输入/输出区域是否与标识符所设定的一致。如果一致，则可以进入主从用户数据交换阶段。

（3）诊断数据　在启动阶段，主站使用诊断请求报文来检查是否存在 DP 从站和从站是否准备接收参数报文。由 DP 从站提交的诊断数据包括符合标准的诊断部分以及此 DP 从站专用的外部诊断信息。DP 从站发送诊断报文告知 DP 主站它的运行状态、出错时间及原因等。

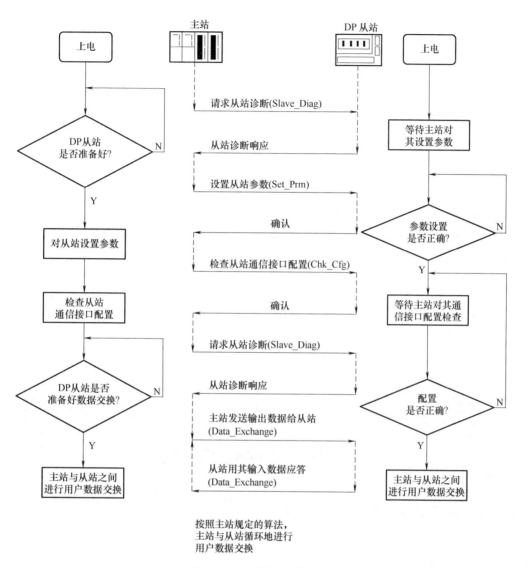

图 5-9　DP 系统的工作过程

4. 用户的交换数据通信

如果前面所述的过程没有错误而且 DP 从站的通信接口配置与主站的请求相符，则 DP 从站发送诊断报文报告它已为循环地交换用户数据做好准备。从此时起，主站与 DP 从站交换用户数据。在交换用户数据期间，DP 从站只响应对其设置参数和通信接口配置检查正确的主站发来的 Data_Exchange 请求帧报文，如循环地向从站输出数据或者循环地读取从站数据。其他主站的用户数据报文均被此 DP 从站拒绝。在此阶段，当从站出现故障或其他诊断信息时，将会中断正常的用户数据交换。DP 从站可以使用将应答时的报文服务级别从低优先级改变为高优先级，来告知主站当前有诊断报文中断或其他状态信息。然后，主站发出诊断请求，请求 DP 从站的实际诊断报文或状态信息。处理后，DP 从站和主站返回到交换用户数据状态，主站和 DP 从站可以双向交换最多 244B 的用户数据。DP 从站报告出现诊断报文的流程如图 5-10 所示。

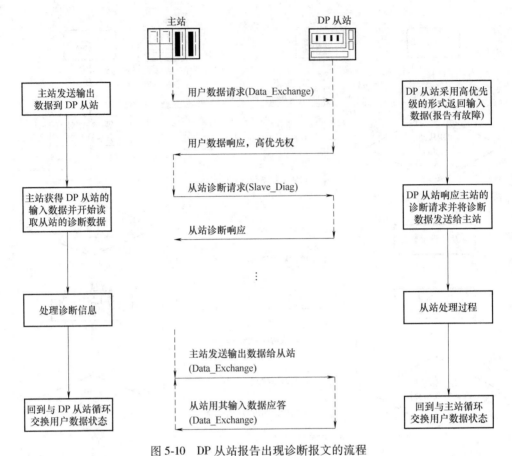

图 5-10　DP 从站报告出现诊断报文的流程

5.4　PROFIBUS-DP 的通信模型

5.4.1　PROFIBUS-DP 的物理层

PROFIBUS-DP 的物理层支持屏蔽双绞线和光缆两种传输介质。

1. DP（RS-485）的物理层

对于屏蔽双绞电缆的基本类型来说，PROFIBUS 的物理层（第 1 层）实现对称的数据传输，符合 EIA RS-485 标准（也称为 H2）。一个总线段内的导线是屏蔽双绞电缆，段的两端各有一个终端器，如图 5-11 所示。传输速率从 9.6kbit/s ~ 12Mbit/s 可选，所选用的比特率适用于连接到总线（段）上的所有设备。

（1）传输程序　用于 PROFIBUS RS-485 的传输程序是以半双工、异步、无间隙同步为基础的。数据发送用 NRZ（不归零）编码，即 1 个字符帧为 11 位（bit），如图 5-12 所示。当发送位（bit）时，由二进制"0"到"1"转换期间的信号形状不改变。

在传输期间，二进制"1"对应于 RXD/TXD-P（Receive/Transmit-Data-P）线上的正电位，而在 RXD/TXD-N 线上则相反。各报文间的空闲（idle）状态对应于二进制"1"信号，如图 5-13 所示。

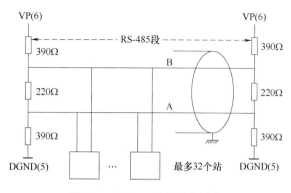

图 5-11　RS-485 总线段的结构

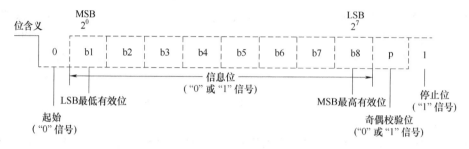

图 5-12　PROFIBUS UART 数据帧

2 根 PROFIBUS 数据线也常称为 A 线和 B 线。A 线对应于 RXD/TXD-N 信号，而 B 线则对应于 RXD/TXD-P 信号。

137

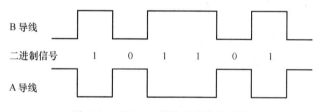

图 5-13　用 NRZ 传输时的信号形状

（2）总线连接　国际性的 PROFIBUS 标准 EN 50170 推荐使用 9 针 D 型连接器用于总线站与总线的相互连接。D 型连接器的插座与总线站相连接，而 D 型连接器的插头与总线电缆相连接，9 针 D 型连接器如图 5-14 所示。

9 针 D 型连接器的针脚分配如表 5-1 所示。

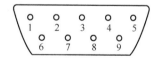

图 5-14　9 针 D 型连接器

表 5-1　9 针 D 型连接器的针脚分配

针 脚 号	信 号 名 称	设 计 含 义
1	SHIELD	屏蔽或功能地
2	M24	24V 输出电压的地（辅助电源）
3	RXD/TXD-P[①]	接收/发送数据-正，B 线

（续）

针 脚 号	信 号 名 称	设 计 含 义
4	CNTR-P	方向控制信号 P
5	DGND①	数据基准电位（地）
6	VP①	供电电压-正
7	P24	正 24V 输出电压（辅助电源）
8	RXD/TXD-N①	接收/发送数据-负，A 线
9	CMTR-N	方向控制信号 N

① 该类信号是强制性的，它们必须使用。

（3）总线终端器 根据 EIA RS-485 标准，在数据线 A 和 B 的两端均加接总线终端器。PROFIBUS 的总线终端器包含一个下拉电阻（与数据基准电位 DGND 相连接）和一个上拉电阻（与供电正电压 VP 相连接）（见图 5-11）。当在总线上没有站发送数据时，也就是说在两个报文之间总线处于空闲状态时，这两个电阻确保在总线上有一个确定的空闲电位。几乎在所有标准的 PROFIBUS 总线连接器上都组合了所需要的总线终端器，而且可以由跳接器或开关来启动。

当总线系统运行的传输速率大于 1.5Mbit/s 时，由于所连接站的电容性负载而引起导线反射，因此必须使用附加有轴向电感的总线连接插头，如图 5-15 所示。

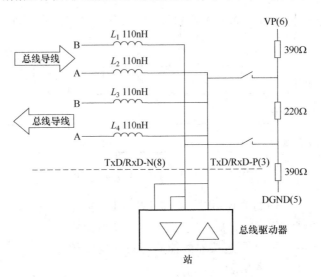

图 5-15 传输速率大于 1.5Mbit/s 的连接结构

RS-485 总线驱动器可采用 SN75176。当通信速率超过 1.5Mbit/s 时，应当选用高速型总线驱动器，如 SN75ALS1176 等。

2. DP（光缆）的物理层

PROFIBUS 第 1 层的另一种类型是以 PNO（PROFIBUS 用户组织）的导则"用于 PRO-FIBUS 的光纤传输技术，版本 1.1，1993 年 7 月版"为基础的，它通过光纤导体中光的传输来传送数据。光缆允许 PROFIBUS 系统站之间的距离最大到 15km。光缆对电磁干扰不敏感并能确保总线站之间的电气隔离。近年来，由于光纤的连接技术已大大简化，因此这种传输技术已经普遍地用于现场设备的数据通信，特别是用于塑料光纤的简单单工连接器的使用成为这一发展的重要组成部分。

用玻璃或塑料纤维制成的光缆可用作传输介质。根据所用导线的类型，目前玻璃光纤能处理的连接距离达到 15km，而塑料光纤只能达到 80m。

为了把总线站连接到光纤导体，有以下几种连接技术可以使用：

（1）光链路模块技术（Optical Link Module，OLM）　类似于 RS-485 的中继器，OLM 有两个功能隔离的电气通道，并根据不同的模型占有一个或两个光通道。OLM 通过一根 RS-485 导线与各个总线站或总线段相连接。

（2）光链路插头技术（Optical Link Plug，OLP）　OLP 可将很简单的被动站（从站）用一个光缆环连接。OLP 直接插入总线站的 9 针 D 型连接器。OLP 由总线站供电而不需要它们自备电源。但总线站的 RS-485 接口的 5V 电源必须保证能提供至少 80mA 的电流。

主动站（主站）与 OLP 环连接需要一个光链路模块（OLM）。

（3）集成的光缆连接　使用集成在设备中的光纤接口将 PROFIBUS 节点与光缆直接连接。

5.4.2　PROFIBUS-DP 的数据链路层

根据 OSI 参考模型，数据链路层规定总线存取控制、数据安全性以及传输协议和报文的处理。在 PROFIBUS-DP 中，数据链路层（第 2 层）称为 FDL（现场总线数据链路层）。

FDL 的报文格式如图 5-16 所示。

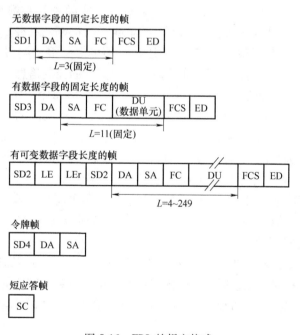

图 5-16　FDL 的报文格式

1. 帧字符和帧格式

（1）帧字符　每个帧由若干个帧字符（UART 字符）组成，它把一个 8 位字符扩展成

11 位：首先是一个开始位 0，接着是 8 位数据，之后是奇偶校验位（规定为偶校验），最后是停止位 1。

（2）帧格式　第 2 层的报文格式（帧格式）如图 5-16 所示。

其中：

L	信息字段长度；
SC	单一字符（E5H），用在短应答帧中；
SD1~SD4	开始符，区别不同类型的帧格式：
	SD1 = 0x10，SD2 = 0x68，SD3 = 0xA2，SD4 = 0xDC；
LE/LEr	长度字节，指示数据字段的长度，LEr = LE；
DA	目的地址，指示接收该帧的站；
SA	源地址，指示发送该帧的站；
FC	帧控制字节，包含用于该帧服务和优先权等的详细说明；
DU	数据单元，包含有效的数据信息；
FCS	帧校验字节，所有帧字符的和，不考虑进位；
ED	帧结束界定符（16H）。

这些帧既包括主动帧，也包括应答/回答帧，帧中字符间不存在空闲位（二进制 1）。主动帧和应答/回答帧的帧前的间隙有一些不同。每个主动帧帧头都有至少 33 个同步位，也就是说每个通信建立握手报文前必须保持至少 33 位长的空闲状态（二进制 1 对应电平信号），这 33 个同步位长作为帧同步时间间隔，称为同步位 SYN。而应答帧和回答帧前没有这个规定，响应时间取决于系统设置。应答帧与回答帧也有一定的区别：应答帧是指在从站向主站的响应帧中无数据单元（DU）的帧，而回答帧是指响应帧中存在数据单元（DU）的帧。另外，短应答帧只作应答使用，它是无数据字段固定长度的帧的一种简单形式。

（3）帧控制字节　FC 的位置在帧中 SA 之后，用来定义报文类型，表明该帧是主动请求帧还是应答/回答帧。FC 还包括了防止信息丢失或重复的控制信息。

（4）扩展帧　在有数据单元（DU）的帧（开始符是 SD2 和 SD3）中，DA 和 SA 的最高位（第 7 位）指示是否存在地址扩展位（EXT），0 表示无地址扩展，1 表示有地址扩展。PROFIBUS-DP 协议使用 FDL 的服务存取点（SAP）作为基本功能代码，地址扩展的作用在于指定通信的目的服务存取点（DSAP）、源服务存取点（SSAP）或者区域/段地址，其位置在 FC 字节后，DU 的最开始的一个或两个字节。在相应的应答帧中也要有地址扩展位，而且在目的地址和源地址中可能同时存在地址扩展位，也可能只有源地址扩展或目的地址扩展。注意：数据交换功能（data_exch）采用默认的服务存取点，在数据帧中没有 DSAP 和 SSAP，即不采用地址扩展帧。

（5）报文循环　在 DP 总线上，一次报文循环过程包括主动帧和应答/回答帧的传输。除令牌帧外，其余 3 种帧：无数据字段的固定长度的帧、有数据字段的固定长度的帧、有数据字段的无固定长度的帧，既可以是主动请求帧也可以是应答/回答帧（令牌帧是主动帧，它不需要应答/回答）。

2. FDL 的 4 种服务

FDL 可以为其用户，也就是为 FDL 的上一层提供 4 种服务：发送数据须应答（SDA）、发送数据无须应答（SDN）、发送且请求数据须应答（SRD）、循环发送且请求数据须应答（CSRD）。用户想要 FDL 提供服务，必须向 FDL 申请，而 FDL 执行之后会向用户提交服务结果。用户和 FDL 之间的交互过程是通过一种接口来实现的，在 PROFIBUS 规范中称之为服务原语。

（1）发送数据须应答（SDA） SDA 服务的执行过程中原语的使用如图 5-17 所示。

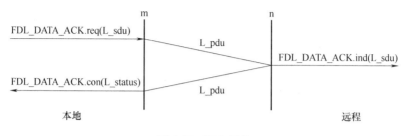

图 5-17 SDA 服务

在图 5-17 中，两条竖线表示 FDL 层的界限，两线之间部分就是整个网络的数据链路层。左边竖线的外侧为本地 FDL 用户，假设本地 FDL 地址为 m；右边竖线外侧为远程 FDL 用户，假设远程 FDL 地址为 n。

服务的执行过程是：本地的用户首先使用服务原语 FDL_DATA_ACK. request 向本地 FDL 设备提出 SDA 服务申请。本地 FDL 设备收到该原语后，按照链路层协议组帧，并发送到远程 FDL 设备，远程 FDL 设备正确收到后利用原语 FDL_DATA_ACK. indication 通知远程用户并把数据上传。与此同时又将一个应答帧发回本地 FDL 设备。本地 FDL 设备则通过原语 FDL_DATA_ACK. confirm 通知发起这项 SDA 服务的本地用户。

本地 FDL 设备发送出数据后，它会在一个时间内等待应答，这个时间叫作时隙时间 T_{SL}（Slot Time，是可设定的 FDL 参数）。如果在这个时间内没有收到应答，本地 FDL 设备将重新发送，最多重复 k = max_retry_limit（最大重试次数，是可设定的 FDL 参数）次。若重试 k 次仍无应答，则将无应答结果通知本地用户。

（2）发送数据无须应答（SDN） SDN 服务的执行过程中原语的使用如图 5-18 所示。

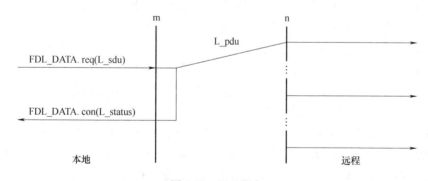

图 5-18 SDN 服务

由图 5-18 可以看出 SDN 服务与 SDA 服务的区别：①SDN 服务允许本地用户同时向多个甚至所有远程用户发送数据；②所有接收到数据的远程站不做应答。当本地用户使用原语 FDL_DATA. request 申请 SDN 服务后，本地 FDL 设备向所要求的远程站发送数据的同时立刻传递原语 FDL_DATA. confirm 给本地用户，原语中的参数 L_status 此时仅可以表示发送成功，或者本地的 FDL 设备错误，不能显示远程站是否正确接收。

（3）发送且请求数据须应答（SRD） SRD 服务的执行过程中原语的使用如图 5-19 所示。

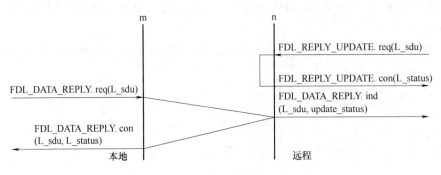

图 5-19 SRD 服务

SRD 服务除了可以像 SDA 服务那样向远程用户发送数据外，自身还是一个请求，请求远程站的数据回传，远程站把应答和被请求的数据组帧回传给本地站。

执行顺序是：远程用户将要被请求的数据准备好，通过原语 FDL _ REPLY _ UPDATE. request 把要被请求的数据交给远程 FDL 设备，并收到远程 FDL 设备回传的 FDL_REPLY_UPDATE. confirm。L_status 参数显示数据是否成功装入，无误后等待被请求。本地用户使用原语 FDL_DATA_REPLY. request 发起这项服务，远程站 FDL 设备收到发送数据后，立刻把准备好的被请求数据回传，同时向远程用户发送 FDL_DATA_REPLY. indication，其中参数 updata_status 显示被请求数据是否被成功地发送出去。最后，本地用户就会通过原语 FDL_DATA_REPLY. confirm 接收到被请求数据 L_sdu 和传输状态结果 L_status。

（4）循环发送且请求数据须应答（CSRD） CSRD 是 FDL 4 种服务中最复杂的一种。CSRD 服务在理解上可以认为是对多个远程站自动循环地执行 SRD 服务。

特别强调的是 SDN 和 SRD 服务，因为 PROFIBUS-DP 总线的数据传输依靠的是这 2 种 FDL 服务，而 FMS 总线使用了 FDL 的全部 4 种服务。

此外还有一点，4 种服务显然都可以发送数据，但是前 2 种 SDA、SDN 发送的数据不能为空，后 2 种 SRD、CSRD 则可以，这种情况其实就是单纯请求数据。

3. 以令牌传输为核心的总线访问控制体系

在 PROFIBUS-DP 的总线访问控制中已经介绍过关于令牌环的基本内容，为了更好地理解 DP 系统中的令牌传输过程，下面将对此进行较详细的说明。

（1）GAP 表及 GAP 表的维护 GAP 是指令牌环中从本站地址到后继站地址之间的地址范围，GAPL 为 GAP 范围内所有站的状态表。

每一个主站中都有一个 GAP 维护定时器，定时器溢出即向主站提出 GAP 维护申请。主站收到申请后，使用询问 FDL 状态的 Request FDL Status 主动帧询问自己 GAP 范围内的所有地址。通过是否有返回和返回的状态，主站就可以知道自己的 GAP 范围内是否有从站从总线脱落，是否有新站添加，并且及时修改自己的 GAPL。具体如下：

1）如果在 GAP 维护中发现有新从站，则把它们记入 GAPL。

2）如果在 GAP 维护中发现原先在 GAP 表中的从站在多次重复请求的情况下没有应答，则把该站从 GAPL 中除去，并登记该地址为未使用地址。

3）如果在 GAP 维护中发现有一个新主站且处于准备进入逻辑令牌环的状态，则该主站将自己的 GAP 范围改变到新发现的这个主站，并且修改活动主站表，在传出令牌时把令牌交给此新主站。

4）如果在 GAP 维护中发现在自己的 GAP 范围中有一个处于已在逻辑令牌环中状态的主站，则认为该站为非法站，接下来询问 GAP 表中的其他站点。传递令牌时仍然传给自己的 NS，从而跳过该主站。该主站发现自己被跳过后，会从总线上自动撤下，即从 Active_Idle 状态进入 Listen_Token 状态，重新等待进入逻辑令牌环。

（2）令牌传递　某主站要交出令牌时，按照活动主站表传递令牌帧给后继站。传出后，该主站开始监听总线上的信号，如果在一定时间（时隙时间）内听到总线上有帧开始传输，不管该帧是否有效，都认为令牌传递成功，该主站就进入 Active_Idle 状态。

如果时隙时间内总线没有活动，就再次发出令牌帧。如此重复至最大重试次数，如果仍然不成功，则传递令牌给活动主站表中后继主站的后继主站。依此类推，直到最大地址范围内仍然找不到后继，则认为自己是系统内唯一的主站，将保留令牌，直到 GAP 维护时找到新的主站。

（3）令牌接收　如果一个主站从活动主站表中自己的前驱站收到令牌，则保留令牌并使用总线。如果主站收到的令牌帧不是前驱站发出的，将认为是一个错误而不接收令牌。如果此令牌帧被再次收到，该主站将认为令牌环已经修改，将接收令牌并修改自己的活动主站表。

（4）令牌持有站的传输　一个主站持有令牌后，工作过程如下：首先计算上次令牌获得时刻到本次令牌获得时刻经过的时间，该时间为实际轮转时间 T_{RR}，表示的是令牌实际在整个系统中轮转一周耗费的时间，每一次令牌交换都会计算产生一个新 T_{RR}；主站内有参数目标轮转时间 T_{TR}，其值由用户设定，它是预设的令牌轮转时间。一个主站在获得令牌后，就是通过计算 T_{TR}-T_{RR} 来确定自己可以持有令牌的时间。

（5）从站 FDL 状态及工作过程　为了方便理解 PROFIBUS-DP 站点 FDL 的工作过程，将其划分为几个 FDL 状态，其工作过程就是在这几个状态之间不停转换的过程。

PROFIBUS-DP 从站有两个 FDL 状态：Offline 和 Passive_Idle。当从站上电、复位或发生某些错误时进入 Offline 状态，在这种状态下从站会自检，完成初始化及运行参数设定，此状态下不做任何传输。从站运行参数设定完成后自动进入 Passive_Idle 状态，此状态下监听总线并对询问自己的数据帧进行相应反应。

（6）主站 FDL 状态及工作过程　主站的 FDL 状态转换图如图 5-20 所示。

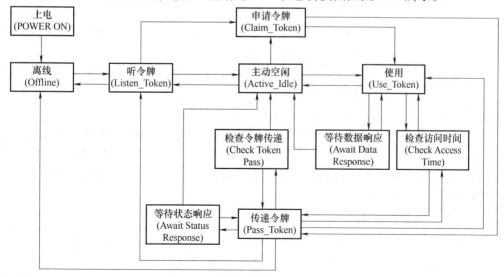

图 5-20　主站的 FDL 状态转换图

主站的工作过程及状态转换比较复杂，这里以 3 种典型情况进行说明。

1）令牌环的形成。假定一个 PROFIBUS-DP 系统开始上电，该系统有几个主站，令牌环的形成工作过程如下：

每个主站初始化完成后从 Offline 状态进入 Listen_Token 状态，监听总线。主站在一定时间 Ttime-out（T_{TO}）内没有听到总线上有信号传递，就进入 Claim_Token 状态，自己生成令牌并初始化令牌环。由于 T_{TO} 是一个关于地址 n 的单调递增函数，同样条件下整个系统中地址最低的主站最先进入 Claim_Token 状态。

最先进入 Claim_Token 状态的主站，获得自己生成的令牌后，马上向自己传递令牌帧两次，通知系统内的其他还处于 Listen_Token 状态的主站令牌传递开始，其他主站把该主站记入自己的活动主站表。然后该主站做一次对全体可能地址的询问 Request FDL Status，根据收到应答的结果确定自己的 LAS 和 GAP。LAS 的形成即标志着逻辑令牌环初始化的完成。

2）主站加入已运行的 PROFIBUS-DP 系统的过程。假定一个 PROFIBUS-DP 系统已经运行，一个主站加入令牌环的过程是：

主站上电后在 Offline 状态下完成自身初始化。之后进入 Listen_Token 状态，在此状态下，主站听总线上的令牌帧，分析其地址，从而知道该系统上已有哪些主站。主站会听两个完整的令牌循环，即每个主站都被它作为令牌帧源地址记录两次。这样主站就获得了可靠的活动主站表。

如果在听令牌的过程中发现两次令牌帧的源地址与自己地址一样，则认为系统内已有自己地址的主站，于是进入 Offline 状态并向本地用户报告此情况。

在听两个令牌循环的时间里，如果主站的前驱站进入 GAP 维护，询问 Request FDL Status，则回复未准备好。而在主站表已经生成之后，主站再询问 Request FDL Status，主站回复准备进入逻辑令牌环，并从 Listen_Token 状态进入 Active_Idle 状态。这样，主站的前驱站会修改自己的 GAP 和 LAS，并把该主站作为自己的后继站。

主站在 Active_Idle 状态，监听总线，能够对寻址自己的主动帧作应答，但没有发起总线活动的权力。直到前驱站传送令牌帧给它，它保留令牌并进入 Use_Token 状态。如果在监听总线的状态下，主站连续听到两个 SA = TS（源地址 = 本站地址）的令牌帧，则认为整个系统出错，令牌环开始重新初始化，主站转入 Listen_Token 状态。

主站在 Use_Token 状态下，按照前面所说的令牌持有站的传输过程进行工作。令牌持有时间到达后，进入 Pass_Token 状态。

特别说明，主站的 GAP 维护是在 Pass_Token 状态下进行的。如不需要 GAP 维护或令牌持有时间用尽，主站将把令牌传递给后继站。

主站在令牌传递成功后，进入 Active_Idle 状态，直到再次获得令牌。

3）令牌丢失。假设一个已经开始工作的 PROFIBUS-DP 系统出现令牌丢失，这样会出现总线空闲的情况。每一个主站此时都处于 Active_Idle 状态，FDL 发现在超时时间 T_{TO} 内无总线活动，则认为令牌丢失并重新初始化逻辑令牌环，进入 Claim_Token 状态，此时重复第一种情况的处理过程。

4. 现场总线第 1/2 层管理（FMA 1/2）

前面介绍了 PROFIBUS-DP 规范中 FDL 为上层提供的服务。而事实上，FDL 的用户除了可以申请 FDL 的服务之外，还可以对 FDL 以及物理层（PHY）进行一些必要的管理，比如强制复位 FDL 和 PHY、设定参数值、读状态、读事件及进行配置等。在 PROFIBUS-DP 规范中，这一部分叫作 FMA 1/2（第 1、2 层现场总线管理）。

FMA 1/2 用户和 FMA 1/2 之间的接口服务功能主要有：

1）复位物理层、数据链路层（Reset FMA 1/2），此服务是本地服务。

2）请求和修改数据链路层、物理层以及计数器的实际参数值（Set Value/Read Value FMA 1/2），此服务是本地服务。

3）通知意外的事件、错误和状态改变（Event FMA 1/2），此服务可以是本地服务，也可以是远程服务。

4）请求站的标识和链路服务存取点（LSAP）配置（Ident FMA 1/2、LSAP Status FMA1/2），此服务可以是本地服务，也可以是远程服务。

5）请求实际的主站表（Live List FMA 1/2），此服务是本地服务。

6）SAP 激活及解除激活（（R）SAP Activate/SAP Deactivate FMA 1/2），此服务是本地服务。

5.4.3 PROFIBUS-DP 的用户层

1. 概述

用户层包括 DDLM 和用户接口/用户等，它们在通信中实现各种应用功能（在 PROFIBUS-DP 协议中没有定义应用层，而是在用户接口中描述其应用）。DDLM 是预先定义的直接数据链路映射程序，将所有的在用户接口中传送的功能都映射到第 2 层（FDL）和 FMA 1/2 服务。它向第 2 层发送功能调用中 SSAP、DSAP 和 Serv_class 等必需的参数，接收来自第 2 层的确认和指示并将它们传送给用户接口/用户。

PROFIBUS-DP 系统的通信模型如图 5-21 所示。

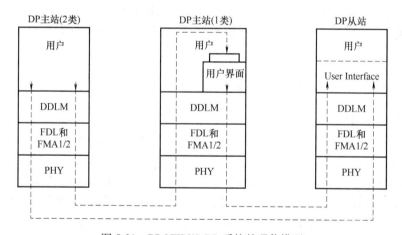

图 5-21 PROFIBUS-DP 系统的通信模型

在图 5-21 中，2 类主站中不存在用户接口，DDLM 直接为用户提供服务。在 1 类主站上除 DDLM 外，还存在用户、用户接口以及用户与用户接口之间的接口。用户接口与用户之间的接口被定义为数据接口与服务接口，在该接口上处理与 DP 从站之间的通信。在 DP 从站中，存在着用户与用户接口，而用户和用户接口之间的接口被创建为数据接口。主站与主站之间的数据通信由 2 类主站发起，在 1 类主站中数据流直接通过 DDLM 到达用户，不经过用户接口及其接口之间的接口，而 1 类主站与 DP 从站两者的用户经由用户接口，利用预先定义的 DP 通信接口进行通信。

在不同的应用中，具体需要的功能范围必须与具体应用相适应，这些适应性定义称为行规。行规提供了设备的可互换性，保证不同厂商生产的设备具有相同的通信功能。

2. PROFIBUS-DP 行规

PROFIBUS-DP 只使用了第 1 层和第 2 层。而用户接口定义了 PROFIBUS-DP 设备可使用的应用功能以及各种类型的系统和设备的行为特性。

PROFIBUS-DP 协议的任务只是定义用户数据怎样通过总线从一个站传送到另一个站。在这里，传输协议并没有对所传输的用户数据进行评价，这是 DP 行规的任务。由于精确规定了相关应用的参数和行规的使用，从而使不同制造商生产的 DP 部件能容易地交换使用。目前已制定了如下的 DP 行规：

1）NC/RC 行规（3.052）：该行规介绍了人们怎样通过 PROFIBUS-DP 对操作机床和装配机器人进行控制。根据详细的顺序图解，从高一级自动化设备的角度，介绍了机器人的动作和程序控制情况。

2）编码器行规（3.062）：本行规介绍了回转式、转角式和线性编码器与 PROFIBUS-DP 的连接，这些编码器带有单转或多转分辨率。有两类设备定义了它们的基本和附加功能，如标定、中断处理和扩展诊断。

3）变速传动行规（3.071）：传动技术设备的主要生产厂商共同制定了 PROFIDRIVE 行规。行规具体规定了传动设备怎样参数化，以及设定值和实际值怎样进行传递，这样不同厂商生产的传动设备就可互换，此行规也包括了速度控制和定位必需的规格参数。传动设备的基本功能在行规中有具体规定，但根据具体应用留有进一步扩展和发展的余地。行规描述了 DP 或 FMS 应用功能的映像。

4）操作员控制和过程监视行规（HMI）：HMI 行规具体说明了通过 PROFIBUS-DP 把这些设备与更高一级自动化部件的连接，此行规使用了扩展的 PROFIBUS-DP 的功能来进行通信。

5.4.4　PROFIBUS-DP 的用户接口

1. 1 类主站的用户接口

1 类主站用户接口与用户之间的接口包括数据接口和服务接口。在该接口上处理与 DP 从站通信的所有信息交互，1 类主站的用户接口如图 5-22 所示。

（1）数据接口　数据接口包括主站参数集、诊断数据和输入/输出数据。其中，主站参数集包含总线参数集和 DP 从站参数集，是总线参数和从站参数在主站上的映射。

① 总线参数集。总线参数集的内容包括总线参数长度、FDL 地址、比特率、时隙时间、最小和最大响应从站延时、静止和建立时间、令牌目标轮转时间、GAL 更新因子、最高站地址、最大重试次数、用户接口标志、最小从站轮询时间间隔、请求方得到响应的最长时间、主站用户数据长度、2 类主站的名字和主站用户数据。

② DP 从站参数集。DP 从站参数集的内容包括从站参数长度、从站标志、从站类型、参数数据长度、参数数据、通信接口配置数据长度、通信接口配置数据、从站地址分配表长度、从站地址分配表、从站用户数据长度和从站用户数据。

③ 诊断数据。诊断数据（Diagnostic_Data）是指由用户接口存储的 DP 从站诊断信息、系统诊断信息、数据传输状态表（Data_Transfer_List）和主站状态（Master_Status）的诊断信息。

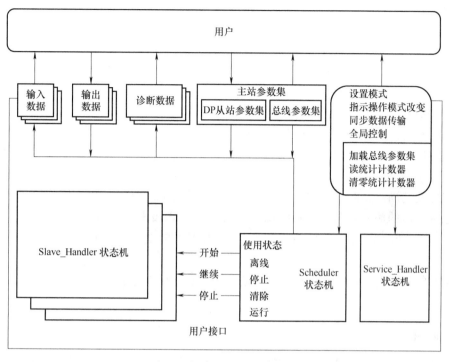

图 5-22　1 类主站的用户接口

④ 输入/输出数据。输入（Input Data）/输出数据（Output Data）包括 DP 从站的输入数据和 1 类主站用户的输出数据。该区域的长度由 DP 从站制造商指定，输入/输出数据的格式由用户根据其 DP 系统来设计，格式信息保存在 DP 从站参数集的 Add_Tab 参数中。

（2）服务接口　通过服务接口，用户可以在用户接口的循环操作中异步调用非循环功能。非循环功能分为本地和远程功能。本地功能由 Scheduler 或 Service_Handler 处理，远程功能由 Scheduler 处理。用户接口不提供附加出错处理。在这个接口上，服务调用顺序执行，只有在接口上传送了 Mark. req 并产生 Global_Control. req 的情况下才允许并行处理。服务接口包括以下几种服务。

① 设定用户接口操作模式（Set_Mode）。用户可以利用该功能设定用户接口的操作模式（USIF_State），并可以利用功能 DDLM_Get_Master_Diag 读取用户接口的操作模式。2 类主站也可以利用功能 DDLM_Download 来改变操作模式。

② 指示操作模式改变（Mode_Change）。用户接口用该功能指示其操作模式的改变。如果用户通过功能 Set_Mode 改变操作模式，该指示将不会出现。如果在本地接口上发生了一个严重的错误，则用户接口将操作模式改为 Offline。

③ 加载总线参数集（Load_Bus_Par）。用户用该功能加载新的总线参数集。用户接口将新装载的总线参数集传送给当前的总线参数集，并将改变的 FDL 服务参数传送给 FDL 控制。在用户接口的操作模式 Clear 和 Operate 下不允许改变 FDL 服务参数 Baud_Rate 或 FDL_Add。

④ 同步数据传输（Mark）。利用该功能，用户可与用户接口同步操作，用户将该功能传送给用户接口后，当所有被激活的 DP 从站至少被询问一次后，用户将收到一个来自用户接口的应答。

⑤ 对从站的全局控制命令（Global_Control）。利用该功能可以向一个（单一）或数

147

个（广播）DP 从站传送控制命令 Sync 和 Freeze，从而实现 DP 从站的同步数据输出和同步数据输入功能。

⑥ 读统计计数器（Read_Value）。利用该功能读取统计计数器中的参数变量值。

⑦ 清零统计计数器（Delete_SC）。利用该功能清零统计计数器，各个计数器的寻址索引与其 FDL 地址一致。

2. 从站的用户接口

在 DP 从站中，用户接口通过从站的主-从 DDLM 功能和从站的本地 DDLM 功能与 DDLM 通信，用户接口被创建为数据接口，从站用户接口状态机实现对数据交换的监视。用户接口分析本地发生的 FDL 和 DDLM 错误并将结果放入 DDLM_Fault. ind 中。用户接口保持与实际应用过程之间的同步，并用该同步的实现依赖于一些功能的执行过程。在本地，同步由 3 个事件来触发：新的输入数据、诊断信息（Diag_Data）改变和通信接口配置改变。主站参数集中 Min_Slave_Interval 参数的值应根据 DP 系统中从站的性能来确定。

5.5 PROFIBUS-DP 的总线设备类型和数据通信

5.5.1 概述

PROFIBUS-DP 协议是为自动化制造工厂中分散的 I/O 设备和现场设备所需要的高速数据通信而设计的。典型的 DP 配置是单主站结构，如图 5-23 所示。DP 主站与 DP 从站间的通信基于主-从原理。也就是说，只有当主站请求时总线上的 DP 从站才可能活动。DP 从站被 DP 主站按轮询表依次访问。DP 主站与 DP 从站间的用户数据连续地交换，而并不考虑用户数据的内容。

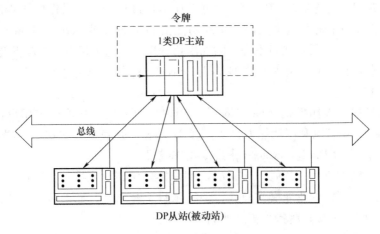

图 5-23 DP 单主站结构

在 DP 主站上处理轮询表的情况如图 5-24 所示。

DP 主站与 DP 从站间的一个报文循环由 DP 主站发出的请求帧（轮询报文）和由 DP 从站返回的有关应答或响应帧组成。

由于按 EN 50170 标准规定的 PROFIBUS 节点在第 1 层和第 2 层的特性，一个 DP 系统也可能是多主结构。实际上，这就意味着一条总线上连接几个主站节点，在一个总线上 DP 主站/从站、FMS 主站/从站和其他的主动节点或被动节点也可以共存，如图 5-25 所示。

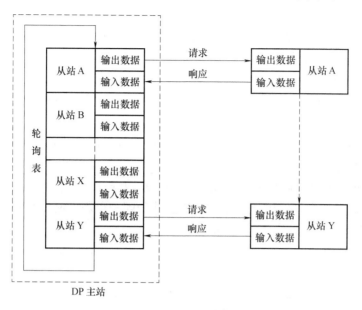

图 5-24　在 DP 主站上处理轮询表的示意图

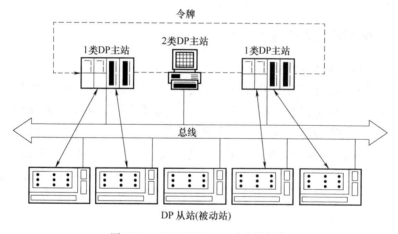

图 5-25　PROFIBUS-DP 多主站结构

5.5.2　DP 设备类型

1. 1 类 DP 主站

1 类 DP 主站循环地与 DP 从站交换用户数据。它使用如下的协议功能执行通信任务：

（1）Set_Prm 和 Chk_Cfg　在启动、重启动和数据传输阶段，DP 主站使用这些功能发送参数集给 DP 从站。对个别 DP 从站而言，其输入和输出数据的字节数在组态期间进行定义。

（2）Data_Exchange　此功能循环地与指定给它的 DP 从站进行输入/输出数据交换。

（3）Slave_Diag　在启动期间或循环的用户数据交换期间，用此功能读取 DP 从站的诊断信息。

（4）Global_Control　DP 主站使用此控制命令将它的运行状态告知各 DP 从站。此外，还可以将控制命令发送给个别从站或规定的 DP 从站组，以实现输出数据和输入数据的同步（Sync 和 Freeze 命令）。

2. DP 从站

DP 从站只与装载此从站的参数并组态它的 DP 主站交换用户数据。DP 从站可以向此主站报告本地诊断中断和过程中断。

3. 2 类 DP 主站

2 类 DP 主站是编程装置、诊断和管理设备。除了具有已经描述的 1 类主站的功能外，2 类 DP 主站通常还支持下列特殊功能：

（1）RD_Inp 和 RD_Outp　在与 1 类 DP 主站进行数据通信的同时，用这些功能可读取 DP 从站的输入和输出数据。

（2）Get_Cfg　用此功能读取 DP 从站的当前组态数据。

（3）Set_Slave_Add　此功能允许 2 类 DP 主站分配一个新的总线地址给一个 DP 从站。当然，此从站是支持这种地址定义方法的。

此外，2 类 DP 主站还提供一些功能用于与 1 类 DP 主站的通信。

4. DP 组合设备

可以将 1 类 DP 主站、2 类 DP 主站和 DP 从站组合在一个硬件模块中，形成一个 DP 组合设备。实际上，这样的设备是很常见的。一些典型的设备组合如：1 类 DP 主站与 2 类 DP 主站的组合；DP 从站与 1 类 DP 主站的组合。

5.5.3　DP 设备之间的数据通信

1. DP 通信关系和 DP 数据交换

按 PROFIBUS-DP 协议，通信作业的发起者称为请求方，而相应的通信伙伴称为响应方。所有 1 类 DP 主站的请求报文以第 2 层中的"高优先权"报文服务级别处理。与此相反，由 DP 从站发出的响应报文使用第 2 层中的"低优先权"报文服务级别。DP 从站可将当前出现的诊断中断或状态事件通知给 DP 主站，仅在此刻，可通过将 Data_Exchange 的响应报文服务级别从"低优先权"改变为"高优先权"来实现。数据的传输是非连接的 1 对 1 或 1 对多连接（仅控制命令和交叉通信）。表 5-2 列出了 DP 主站和 DP 从站的通信能力，按请求方和响应方分别列出。

表 5-2　各类 DP 设备间的通信关系

功能/服务 依据 EN 50170	DP 从站 Requ　Resp	DP 主站（1 类） Requ　Resp	DP 主站（2 类） Requ　Resp	使用的 SAP 号	使用的 第 2 层服务
Data-Exchange	M	M	O	默认 SAP	SRD
RD_Inp	M		O	56	SRD
RD_Outp	M		O	57	SRD
Slave_Diag	M	M	O	60	SRD
Set_Prm	M	M	O	61	SRD
Chk_Cfg	M	M	O	62	SRD
Get_Cfg	M		O	59	SRD

（续）

功能/服务 依据 EN 50170	DP 从站 Requ　Resp		DP 主站（1类） Requ　Resp		DP 主站（2类） Requ　Resp		使用的 SAP 号	使用的 第 2 层服务
Global_Control	M		M			O	58	SDN
Set_Slave_Add	O					O	55	SRD
M_M_Communication			O	O	O	O	54	SRD/SDN
DPV1 Services	O		O			O	51/50	SRD

注：Requ＝请求方，Resp＝响应方，M＝强制性功能，O＝可选功能。

2. 初始化阶段，重启动和用户数据通信

在 DP 主站与从站设备交换用户数据之前，DP 主站必须定义 DP 从站的参数并组态此从站。为此，DP 主站首先检查 DP 从站是否在总线上。如果是，则 DP 主站通过请求从站的诊断数据来检查 DP 从站的准备情况。当 DP 从站报告它已准备好参数定义时，DP 主站装载参数集和组态数据。DP 主站再请求从站的诊断数据以查明从站是否准备就绪。只有在这些工作完成后，DP 主站才开始循环地与 DP 从站交换用户数据。

DP 从站初始化阶段的主要顺序如图 5-26 所示。

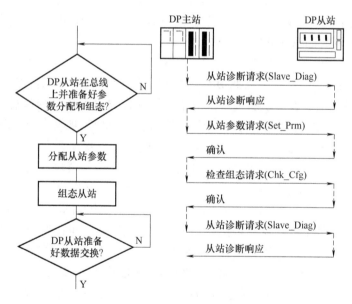

图 5-26　DP 从站初始化阶段的主要顺序

（1）参数数据（Set_Prm）　参数集包括预定给 DP 从站的重要的本地和全局参数、特征和功能。为了规定和组态从站参数，通常使用装有组态工具的 DP 主站来进行。使用直接组态方法，则需填写由组态软件的图形用户接口提供的对话框。使用间接组态方法，则要用组态工具存取当前的参数和有关 DP 从站的 GSD 数据。参数报文的结构包括 EN 50170 标准规定的部分，必要时还包括 DP 从站和制造商特指的部分。参数报文的长度不能超过 244B。以下列出了最重要的参数报文的内容。

① Station Status。Station Status 包括与从站有关的功能和设定。例如，它规定了定时监

视器（Watchdog）是否要被激活，它还规定了是否启用由其他 DP 主站存取此 DP 从站。

② Watchdog。Watchdog 检查 DP 主站的故障。如果定时监视器被启用，且 DP 从站检查出 DP 主站有故障，则本地输出数据被删除或进入规定的安全状态（替代值被传送给输出）。在总线上运行的一个 DP 从站，可以带定时监视器也可以不带。根据总线配置和所选用的传输速率，组态工具建议此总线配置可以使用的定时监视器的时间。

③ Ident_Number。DP 从站的标识号（Ident_Number）是由 PNO 在认证时规定的。DP 从站的标识号放在此设备的主要文件中。只有当参数报文中的标识号与此 DP 从站本身的标识号一致时，此 DP 从站才接收此参数报文。这样就防止了偶尔出现的从站设备的错误参数定义。

④ Group_Ident。Group_Ident 可将 DP 从站分组组合，以便使用 Sync 和 Freeze 控制命令。最多可允许组成 8 组。

⑤ User_Prm_Data。DP 从站参数数据（User_Prm_Data）为 DP 从站规定了有关应用数据。例如，这可能包括默认设定或控制器参数。

（2）组态数据（Chk_Cfg）　在组态数据报文中，DP 主站发送标识符格式给 DP 从站，这些标识符格式告知 DP 从站要被交换的输入/输出区域的范围和结构。这些区域（也称"模块"）是按 DP 主站和 DP 从站约定的字节或字结构（标识符格式）形式定义的。标识符格式允许指定输入或输出区域，或各模块的输入和输出区域。这些数据区域的大小最多可以有 16 个字节或字。当定义组态报文时，必须依据 DP 从站设备类型考虑下列特性：

① DP 从站有固定的输入和输出区域。

② 依据配置，DP 从站有动态的输入/输出区域。

③ DP 从站的输入/输出区域由此 DP 从站及其制造商特指的标识符格式来规定。

那些包括连续的信息而又不能按字节或字结构安排的输入和（或）输出数据区域被称为"连续的"数据。例如，它们包含用于闭环控制器的参数区域或用于驱动控制的参数集。使用特殊的标识符格式（与 DP 从站和制造商有关的）可以规定最多 64 个字节或字的输入和输出数据区域（模块）。DP 从站可使用的输入、输出域（模块）存放在设备数据库文件（GSD 文件）中。在组态此 DP 从站时，它们将由组态工具推荐给用户。

（3）诊断数据（Slave_Diag）　在启动阶段，DP 主站使用请求诊断数据来检查 DP 从站是否存在和是否准备就绪接收参数信息。由 DP 从站提交的诊断数据包括符合 EN 50170 标准的诊断部分。如果有的话，还包括此 DP 从站专用的诊断信息。DP 从站发送诊断信息告知 DP 主站它的运行状态以及发生出错事件时出错的原因。DP 从站可以使用第 2 层中 "High_Priority"（高优先权）的 Data_Exchange 响应报文发送一个本地诊断中断给 DP 主站的第 2 层，在响应时 DP 主站请求评估此诊断数据。如果不存在当前的诊断中断，则 Data_Exchange 响应报文具有 "Low_Priority"（低优先权）标识符。然而，即使没有诊断中断的特殊报告存在，DP 主站也随时可以请求 DP 从站的诊断数据。

（4）用户数据（Data_Exchange）　DP 从站检查从 DP 主站接收到的参数和组态信息。如果没有错误而且允许由 DP 主站请求的设定，则 DP 从站发送诊断数据报告它已为循环地交换用户数据准备就绪。从此时起，DP 主站与 DP 从站交换所组态的用户数据。在交换用户数据期间，DP 从站只对由定义它的参数并组态它的 1 类 DP 主站发来的 Data_Exchange 请求帧报文作出反应，其他的用户数据报文均被此 DP 从站拒绝。这就是说，只传输有用的数据。

DP 主站与 DP 从站循环地交换用户数据如图 5-27 所示。DP 从站报告当前的诊断中断如图 5-28 所示。

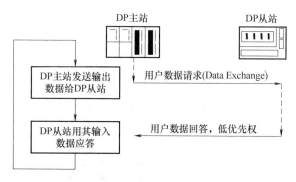

图 5-27 DP 主站与 DP 从站循环地交换用户数据

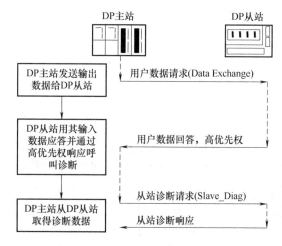

图 5-28 DP 从站报告当前的诊断中断

在图 5-28 中，DP 从站可以将应答时的报文服务级别从"Low_Priority"（低优先权）改变为"High_Priority"（高优先权）来告知 DP 主站它当前的诊断中断或现有的状态信息。然后，DP 主站在诊断报文中作出一个由 DP 从站发来的实际诊断或状态信息请求。在获取诊断数据之后，DP 从站和 DP 主站返回到交换用户数据状态。使用请求/响应报文，DP 主站与 DP 从站可以双向交换最多 244B 的用户数据。

5.5.4 PROFIBUS-DP 循环

1. PROFIBUS-DP 循环的结构

单主总线系统中 PROFIBUS-DP 循环的结构如图 5-29 所示。

一个 DP 循环包括固定部分和可变部分。固定部分由循环报文构成，它包括总线存取控制（令牌管理和站状态）和与 DP 从站的 I/O 数据通信（Data_Exchange）。DP 循环的可变部分由被控事件的非循环报文构成。报文的非循环部分包括下列内容：

① DP 从站初始化阶段的数据通信。

② DP 从站诊断功能。

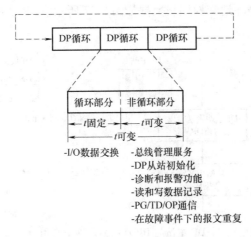

图 5-29 PROFIBUS-DP 循环的结构

③ 2 类 DP 主站通信。

④ DP 主站和主站通信。

⑤ 非正常情况下（Retry），第 2 层控制的报文重复。

⑥ 与 DPV1 对应的非循环数据通信。

⑦ PG 在线功能。

⑧ HMI 功能。

根据当前 DP 循环中出现的非循环报文的多少，相应地增大 DP 循环。这样，一个 DP 循环中总是有固定的循环时间。如果存在的话，还有被控事件的可变的数个非循环报文。

2. 固定的 PROFIBUS-DP 循环的结构

对于自动化领域的某些应用来说，固定的 DP 循环时间和固定的 I/O 数据交换是有好处的。这特别适用于现场驱动控制，比如若干个驱动的同步就需要固定的总线循环时间。固定的总线循环常常也称为"等距"总线循环。

与正常的 DP 循环相比较，在 DP 主站的一个固定的 DP 循环期间，保留了一定的时间用于非循环通信。如图 5-30 所示，DP 主站确保这个保留的时间不超时。这只允许一定数量的非循环报文事件。如果此保留的时间未用完，则通过多次给自己发报文的办法直到达到所选定的固定总线循环时间为止，这样就产生了一个暂停时间。这确保所保留的固定总线循环时间精确到微秒。

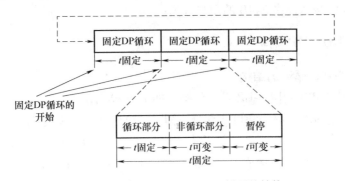

图 5-30 固定的 PROFIBUS-DP 循环的结构

固定的 DP 总线循环的时间用 STEP7 组态软件来指定。STEP7 根据所组态的系统并考虑某些典型的非循环服务部分推荐一个默认时间值。当然，用户可以修改 STEP7 推荐的固定的总线循环时间值。

固定的 DP 循环时间只能在单主系统中设定。

5.5.5 采用交叉通信的数据交换

交叉通信，也称之为"直接通信"，是在 SIMATIC S7 应用中使用 PROFIBUS-DP 的另一种数据通信方法。在交叉通信期间，DP 从站不用 1 对 1 的报文（从→主）响应 DP 主站，而用特殊的 1 对多的报文（从→nnn）。这就是说，包含在响应报文中的 DP 从站的输入数据不仅对相关的主站可使用，而且对总线上支持这种功能的所有 DP 节点都可使用。

5.5.6 设备数据库文件

PROFIBUS 设备具有不同的性能特征，特性的不同在于现有功能（即 I/O 信号的数量和诊断信息）的不同，或可能的总线参数如比特率和时间的监控不同。这些参数对每种设备类型和每家生产厂商来说均各有差别，为达到 PROFIBUS 简单的即插即用配置，这些特性均在电子数据单中具体说明，有时称为设备数据库文件（GSD 文件）。标准化的 GSD 数据将通信扩大到操作员控制一级，使用基于 GSD 的组态工具可将不同厂商生产的设备集成在一个总线系统中，简单且用户界面友好。

对一种设备类型的特性，GSD 以一种准确定义的格式给出其全面而明确的描述。GSD 文件由生产厂商分别针对每一种设备类型准备并以设备数据库清单的形式提供给用户，这种明确定义的文件格式便于读出任何一种 PROFIBUS-DP 设备的设备数据库文件，并且在组态总线系统时自动使用这些信息。GSD 分为以下 3 个部分：

1）总体说明：包括厂商和设备名称、软硬件版本情况、支持的比特率、可能的监控时间间隔及总线插头的信号分配。

2）DP 主设备相关规格：包括所有只适用于 DP 主设备的参数（比如可连接的从设备的最多台数或加载和卸载能力）。从设备没有这些规定。

3）从设备的相关规格：包括与从设备有关的所有规定（比如 I/O 通道的数量和类型、诊断测试的规格及 I/O 数据的一致性信息）。

每种类型的 DP 从设备和每种类型的 1 类 DP 主设备都有一个标识号。主设备用此标识号识别哪种类型设备连接后不产生协议的额外开销。主设备将所连接的 DP 设备的标识号与在组态数据中用组态工具指定的标识号进行比较，直到具有正确站址的正确的设备类型连接到总线上后，用户数据才开始传输。这可避免组态错误，从而大大提高安全级别。

5.6　PROFIBUS 通信用 ASICs

SIEMENS 公司提供的 PROFIBUS 通信用 ASICs 主要有 DPC31、LSPM2、SPC3、SPC41 和 ASPC2，如表 5-3 所示。

其中一些 PROFIBUS 通信用 ASICs 内置 Intel 80C31 内核 CPU；供电电源有 5V 或 3.3V；一些 PROFIBUS 通信控制器需要外加微控制器；一些 PROFIBUS 通信用 ASICs 不需要外加微控制器，但均支持 FMS/DP/PA 通信协议中的一种或多种。

由于 AMIS Holdings, Inc. 被 ON Semiconductor Corporation（安森美半导体公司）收购，PROFIBUS 通信控制器 ASPC2、DPC31 STEP C1 和 SPC3 ASIC 的标签已于 2009 年 3 月使用新的安森美半导体公司的 ON 标志代替之前的 AMIS 标志，标签的更改对于部件的功能性和兼容性没有影响。

表 5-3　几种典型的 PROFIBUS 通信用 ASICs

型号	类型	特性	FMS	DP	PA	加微控制器	加协议软件	最大比特率	支持电压
DPC31	从站	SPC3+80C31 内核	×	√	√	可选	√	12Mbit/s	DC 3.3V
LSPM2	从站	低价格、单片、有 32 个输入/输出位	×	√	×	×	×	12Mbit/s	DC 5V
SPC3	从站	通用 DP 协议芯片，需外加 CPU	×	√	×	√	√	12Mbit/s	DC 5V
SPC41	从站	DP 协议芯片，外加 CPU，可通过 SIM1-2 连接 PA	√	√	√	√	√	12Mbit/s	DC 3.3/5V
ASPC2	主站	主站协议芯片，外加 CPU 实现主站功能	√	√	√	√	√	12Mbit/s	DC 5V

表 5-3 中的有些产品已经停产，如 LSPM2，有些产品已升级换代，如 DPC31-B 已被 DPC31-C1 替代，SPC41 又有了增强功能的产品 SPC42。具体情况可以浏览 SIEMENS 公司的官网。

5.6.1　DPC31 从站通信控制器

DPC31 从站通信控制器具有如下特点：

1）ASICs 芯片 DPC31 是一种用于从站的高集成度智能通信芯片，它集成了 PROFIBUS-DP 通信控制器与 80C31 内核 CPU。

2）DPC31 可应用于 PROFIBUS-DP/DPV1 及 PA 协议。由于采用功率管理系统和 3.3V 技术，使其能连接到 PROFIBUS-PA，因此可用于过程控制。

3）DPC31 可用于简单从站和智能从站，也适用于对性能要求及通信需求很高的从站。能够以较少的外部器件费用实现从站设备应用。

4）DPC31 内部集成 6KB RAM，其中大约 5.5KB 可给用户使用。

DPC31 从站通信控制器主要技术指标如下：

1）集成完整的 PROFIBUS-DP/DPV1 协议，可减少处理器负担。

2）最大数据传输速率 12Mbit/s，支持使用 IEC 1158-2 31.25kbit/s 传输方法。

3）集成标准 80C31 内核及附加的定时器。

4）兼容多种系列处理器芯片，如：

①Intel：8032、80×86。

②Siemens：C166。

③Motorola：MC11、MC16 和 MC916。

5）按照 PROFIBUS-DP 的异步接口。

6）按照 PROFIBUS-PA 的同步接口。

7）SSC 接口（SPI-同步串行接口）提供与 EEPROMs、A/D 的连接。

8）标准 80C31 接口。

9）外部 Intel 和 Motorola 微处理器接口。

10）DC 3.3V 供电。

11）100 引脚的 PQFP 封装。

12）集成同步及异步总线。

5.6.2　SPC3 从站通信控制器

SPC3 从站通信控制器具有如下特点：

1）ASICs 芯片 SPC3 是一种用于从站的智能通信芯片，支持 PROFIBUS-DP 协议。

2）SPC3 具有 1.5KB 的信息报文存储器。

3）SPC3 可独立完成全部 PROFIBUS-DP 通信功能，这样可加速通信协议的执行，而且可以减少接口模板微处理器中的软件程序。总线存取由硬件驱动，数据传送来自一个 1.5KB 的 DPRAM。

SPC3 从站通信控制器主要技术指标如下：

1）支持 PROFIBUS-DP 协议。

2）最大数据传输速率 12Mbit/s，可自动检测并调整数据传输速率。

3）与 80C32、80×86、80C165、80C166、80C167 和 HC11、HC16、HC916 系列芯片兼容。

4）44 引脚的 PQFP 封装。

5）可独立处理 PROFIBUS-DP 通信协议。

6）集成的 WDT（Watch Dog Timer）。

7）外部时钟接口 24MHz 或 48MHz。

8）DC 5V 供电。

5.6.3　ASPC2 主站通信控制器

ASPC2 主站通信控制器具有如下特点：

1）ASICs 芯 ASPC2 是一种用于主站的智能通信芯片，支持 PROFIBUS-DP 和 PROFIBUS-FMS 协议。通过段耦合器也可接 PROFIBUS-PA。这种芯片可使可编程序控制器、计算机、驱动控制器、人机接口等设备减轻通信任务负担。

2）ASPC2 采用 100 引脚的 MQFP 封装。如果用于本征安全场合，还需要一个外界信号转换器（如段耦合器等）才能接到 PROFIBUS-PA 上。

3）ASPC2 可完成信息报文、地址码、备份数据序列的处理。ASPC2 与相关固态程序可支持 PROFIBUS-FMS/DP 的全部协议。ASPC2 可寻址 1MB 的外部信息报文存储器。总线存取驱动由硬件完成。ASPC2 需要一个独立的微处理器和必要固态程序一起工作。ASPC2 可以方便连接到所有标准类型的微处理器上。

ASPC2 主站通信控制器主要技术指标如下：

1）支持 PROFIBUS-DP、PROFIBUS-FMS 和 PROFIBUS-PA 协议。

2）最大数据传输速率 12Mbit/s。

157

3）最多可连接 125 个 Active/Passive 站点。

4）100 引脚的 MQFP 封装。

5）16 位数据线，2 个中断线。

6）可寻址 1MB 的外部信息报文存储器。

7）功能支持：Ident、request FDL status、SDN、SDA、SRD、带有分布式数据库的 SDR、SM。

8）DC 5V 供电，最大功率损耗 0.8W。

5.6.4　ASICs 应用设计概述

PROFIBUS 通信用 ASICs 应用特点：

1）便于将现场设备连接到 PROFIBUS。

2）集成的节能管理。

3）不同的 ASICs 用于不同的功能要求和应用领域。

通过 PROFIBUS 通信用 ASICs，设备制造商可以将设备方便地连接到 PROFIBUS 网络，可实现最高 12Mbit/s 的传输速率。

PROFIBUS 通信用 ASICs 的应用场合介绍如下：

1）主站应用。

- ASPC2。

2）智能从站。

- SPC3，硬件控制总线接入；
- DPC31，集成 80C31 内核 CPU；
- SPC41、SPC42。

3）本安连接。用于安全现场总线系统中的物理连接的 SIM 1-2，作为一个符合 IEC 61158-2 标准的介质连接单元，传输速率为 31.25kbit/s，尤其适合与 SPC41、SPC42 和 DPC31 结合使用。

4）连接到光纤导体。该 ASIC 的功能是补充现有的用于 PROFIBUS-DP 的 ASIC。FOCSI 模块可以保证接收/发送光纤信号的可靠电气调节和发送。为了把信号输入光缆，除了 FOCSI 以外，还需使用合适的发送器/接收器。FOCSI 可以与其他的 PROFIBUS DP ASIC 一起使用。

PROFIBUS 通信用 ASICs 技术规范如表 5-4 所示。

表 5-4　PROFIBUS 通信用 ASICs 技术规范

ASICs	SPC3	DPC31	SPC42	ASPC2	SIM1-2	FOCSI
协议	PROFIBUS-DP	PROFIBUS-DP PROFIBUS-PA	PROFIBUS-DP PROFIBUS-FMS PROFIBUS-PA	PROFIBUS-DP PROFIBUS-FMS PROFIBUS-PA	PROFIBUS-PA	—
应用范围	智能从站应用	智能从站应用	智能从站应用	主站应用	介质附件	介质管理单元
最大传输速率	12Mbit/s	12Mbit/s	12Mbit/s	12Mbit/s	31.25kbit/s	12Mbit/s
总线访问	在 ASIC 中	在 ASIC 中	在 ASIC 中	在 ASIC 中	—	—

（续）

ASICs	SPC3	DPC31	SPC42	ASPC2	SIM1-2	FOCSI
传输速率 自动测定	√	√	√	√	—	—
所需微控制器	√	内置	√	√	—	—
固件大小	6~24KB	约38KB	3~30KB	80KB	不需要	不需要
报文缓冲区	1.5KB	6KB	3KB	1MB（外部）	—	—
电源	5V	3.3V	5V，3.3V	5V	通过总线	3.3V
最大功耗	0.5W	0.2W	0.6W，5V时 0.01W，3.3V时	0.9W	0.05W	0.75W
环境温度	−40~85℃	−40~85℃	−40~85℃	−40~85℃	−40~85℃	−40~85℃
封装	PQFP，44引脚	PQFP，100引脚	TQFP，44引脚	MQFP，100引脚	PQFP，40引脚	TQFP，44引脚

5.7　PROFIBUS-DP 从站通信控制器 SPC3

5.7.1　SPC3 功能简介

SPC3 为 PROFIBUS 智能从站提供了廉价的配置方案，可支持多种处理器。与 SPC2 相比，SPC3 存储器内部管理和组织有所改进，并支持 PROFIBUS-DP。

SPC3 只集成了传输技术的部分功能，而没有集成模拟功能（RS-485 驱动器）、FDL（现场总线数据链路）传输协议。它支持接口功能、FMA 功能和整个 DP 从站协议（USIF：用户接口让用户很容易访问第 2 层）。第 2 层的其余功能（软件功能和管理）需要通过软件来实现。

SPC3 内部集成了 1.5KB 的双口 RAM 作为 SPC3 与软件/程序的接口。整个 RAM 被分为 192 段，每段 8B。用户寻址由内部微顺序控制器（Microsequencer，MS）通过基址指针（Base-Pointer）来实现。基址指针可位于存储器的任何段，所以任何缓存都必须位于段首。

如果 SPC3 工作在 DP 方式下，SPC3 将自动完成所有的 DP-SAPs 的设置。在数据缓冲区生成各种报文（如参数数据和配置数据），为数据通信提供 3 个可变的缓存器，两个输出、一个输入。通信时经常用到变化的缓存器，因此不会发生任何资源问题。SPC3 为最佳诊断提供两个诊断缓存器，用户可存入刷新的诊断数据。在这一过程中，有一诊断缓存总是分配给 SPC3。

总线接口是一参数化的 8 位同步/异步接口，可使用各种 Intel 和 Motorola 处理器/微处理器。用户可通过 11 位地址总线直接访问 1.5KB 的双口 RAM 或参数存储器。

处理器上电后，程序参数（站地址、控制位等）必须传送到参数寄存器和方式寄存器。任何时候状态寄存器都能监视 MAC 的状态。

各种事件（诊断、错误等）都能进入中断寄存器，通过屏蔽寄存器使能，然后通过响应寄存器响应。SPC3 有一个共同的中断输出。

看门狗定时器有 3 种状态：Baud_Search、Baud_Control、Dp_Control。

微顺序控制器（MS）控制整个处理过程。

程序参数（缓存器指针、缓存器长度、站地址等）和数据缓存器包含在内部 1.5KB 双口 RAM 中。

在 UART 中，并行、串行数据相互转换，SPC3 能自动调整比特率。

空闲定时器（Idle Timer）直接控制串行总线的时序。

5.7.2 SPC3 引脚说明

SPC3 为 44 引脚 PQFP 封装，引脚说明如表 5-5 所示。

表 5-5 SPC3 引脚说明

引脚	引脚名称	描 述	
1	XCS	片选	C32 方式：接 V DD
			C165 方式：片选信号
2	XWR/E_Clock	写信号/EI_CLOCK 对 Motorola 总线时序	
3	DIVIDER	设置 CLKOUT2/4 的分频系数 低电平表示 4 分频	
4	XRD/R_W	读信号/Read_Write Motorola	
5	CLK	时钟脉冲输入	
6	V_SS	地	
7	CLKOUT2/4	2 或 4 分频时钟脉冲输出	
8	XINT/MOT	<log> 0＝Intel 接口 <log> 1＝Motorola 接口	
9	X/INT	中断	
10	AB10	地址总线	C32 方式：<log>0 C165 方式：地址总线
11	DB0	数据总线	C32 方式：数据/地址复用
12	DB1		C165 方式：数据/地址分离
13	XDATAEXCH	PROFIBUS-DP 的数据交换状态	
14	XREADY/XDTACK	外部 CPU 的准备好信号	
15	DB2	数据总线	C32 方式：数据地址复用
16	DB3		C165 方式：数据地址分离
17	V_SS	地	
18	V_DD	电源	
19	DB4	数据总线	C32 方式：数据地址复用 C165 方式：数据地址分离
20	DB5		
21	DB6		
22	DB7		

（续）

引脚	引脚名称	描 述	
23	MODE	<log> 0 = 80c166 数据地址总线分离；准备信号 <log> 1 = 80c32 数据地址总线复用；固定定时	
24	ALE/AS	地址锁存使能	C32 方式：ALE C165 方式：<log>0
25	AB9	地址总线	C32 方式：<log>0 C165 方式：地址总线
26	TXD	串行发送端口	
27	RTS	请求发送	
28	V$_{SS}$	地	
29	AB8	地址总线	C32 方式：<log>0 C165 方式：地址总线
30	RXD	串行接收端口	
31	AB7	地址总线	
32	AB6	地址总线	
33	XCTS	清除发送<log>0 = 发送使能	
34	XTEST0	必须接 V$_{DD}$	
35	XTEST1	必须接 V$_{DD}$	
36	RESET	接 CPU RESET 输入	
37	AB4	地址总线	
38	V$_{SS}$	地	
39	V$_{DD}$	电源	
40	AB3	地址总线	
41	AB2	地址总线	
42	AB5	地址总线	
43	AB1	地址总线	
44	AB0	地址总线	

注：1. 所有以 X 开头的信号低电平有效。

　　2. V$_{DD}$ = 5V，V$_{SS}$ = GND。

5.7.3 SPC3 存储器分配

SPC3 内部 1.5KB 双口 RAM 的分配如表 5-6 所示。

表 5-6 SPC3 内存分配

地 址	功 能	
000H	处理器参数锁存器/寄存器（22B）	内部工作单元
016H	组织参数（42B）	

161

（续）

地　址	功　　　　能		
040H	DP 缓存器	Data In（3）[①]	
.		Data Out（3）[②]	
.		Diagnostics（2）	
.		Parameter Setting Data（1）	
		Configuration Data（2）	
		Auxiliary Buffer（2）	
5FFH		SSA-Buffer（1）	

注：HW 禁止超出地址范围，也就是如果用户写入或读取超出存储器末端，用户将得到一新的地址，即原地址减去
400H。禁止覆盖处理器参数，在这种情况下，SPC3 产生访问中断。如果由于 MS 缓冲器初始化有误导致地址超
出范围，也会产生这种中断。

① Date In 指数据由 PROFIBUS 从站到主站。

② Date Out 指数据由 PROFIBUS 主站到从站。

内部锁存器/寄存器位于前 22B，用户可以读取或写入。一些单元只读或只写，用户不能访问的内部工作单元也位于该区域。

组织参数位于以 16H 开始的单元，这些参数影响整个缓存区（主要是 DP-SAPs）的使用。另外，一般参数（站地址、标识号等）和状态信息（全局控制命令等）都存储在这些单元中。

与组织参数的设定一致，用户缓存（User-Generated Buffer）位于 40H 开始的单元，所有的缓存器都开始于段地址。

SPC3 的整个 RAM 被划分为 192 段，每段包括 8B，物理地址是按 8 的倍数建立的。

1. 处理器参数（锁存器/寄存器）

这些单元只读或只写，在 Motorola 方式下 SPC3 访问 00H~07H 单元（字寄存器），将进行地址交换，也就是高低字节交换。内部参数锁存器分配（读）和（写）分别如表 5-7 和 5-8 所示。

表 5-7　内部参数锁存器分配（读）

地　址 (Intel/Motorola)		名称	位号	说明（读访问）
00H	01H	Int_Req_Reg	7..0	中断控制寄存器
01H	00H	Int_Req_Reg	15..8	
02H	03H	Int_Reg	7..0	
03H	02H	Int_Reg	15..8	
04H	05H	Status_Reg	7..0	状态寄存器
05H	04H	Status_Reg	15..8	状态寄存器
06H	07H	Reserved		保留
07H	06H			
08H		Din_Buffer_SM	7..0	Dp_Din_Buffer_State_Machine 缓存器设置
09H		New_Din_Buffer_Cmd	1..0	用户在 N 状态下得到可用的 DP Din 缓存器
0AH		Dout_Buffer_SM	7..0	DP_Dout_Buffer_State_Machine 缓存器设置
0BH		Next_Dout_Buffer_Cmd	1..0	用户在 N 状态下得到可用的 DP Dout 缓存器
0CH		Diag_Buffer_SM	3..0	DP_Diag_Buffer_State_Machine 缓存器设置

（续）

地　址 （Intel／Motorola）	名称	位号	说明（读访问）
0DH	New_Diag_Buffer_Cmd	1..0	SPC3 中用户得到可用的 DP Diag 缓存器
0EH	User_Prm_Data_OK	1..0	用户肯定响应 Set_Param 报文的参数设置数据
0FH	User_Prm_Data_NOK	1..0	用户否定响应 Set_Param 报文的参数设置数据
10H	User_Cfg_Data_OK	1..0	用户肯定响应 Check_Config 报文的配置数据
11H	User_Cfg_Data_NOK	1..0	用户否定响应 Check_Config 报文的配置数据
12H	Reserved		保留
13H	Reserved		保留
14H	SSA_Bufferfreecmd		用户从 SSA 缓存器中得到数据并重新使该缓存使能
15H	Reserved		保留

表 5-8　内部参数锁存器分配（写）

地　址 （Intel／Motorola）		名称	位号	说明（写访问）
00H	01H	Int_Req_Reg	7..0	中断控制寄存器
01H	00H	Int_Req_Reg	15..8	
02H	03H	Int_Ack_Reg	7..0	
03H	02H	Int_Ack_Reg	15..8	
04H	05H	Int_Mask_Reg	7..0	
05H	04H	Int_Mask_Reg	15..8	
06H	07H	Mode_Reg0	7..0	对每位设置参数
07H	06H	Mode_Reg0_S	15..8	
08H		Mode_Reg1_S	7..0	
09H		Mode_Reg1_R	7..0	
0AH		WD Baud Ctrl Val	7..0	比特率监视基值（root value）
0BH		MinTsdr_Val	7..0	从站响应前应该等待的最短时间
0CH		保留		
0DH				
0EH				
0FH		保留		
10H				
11H				
12H				
13H				
14H				
15H				

2. 组织参数（RAM）

用户把组织参数存储在特定的内部 RAM 中，用户可读也可写。组织参数说明如表 5-9 所示。

表 5-9　组织参数说明

地址 （Intel/Motorola）		名称	位号	说　　明
16H		R_TS_Adr	7..0	设置 SPC3 相关从站地址
17H		保留		默认为 0FFH
18H	19H	R_User_WD_Value	7..0	16 位看门狗定时器的值，DP 方式下监视用户
19H	18H	R_User_WD_Value	15..8	
1AH		R_Len_Dout_Buf		3 个输出数据缓存器的长度
1BH		R_Dout_Buf_Ptr1		输出数据缓存器 1 的段基值
1CH		R_Dout_Buf_Ptr2		输出数据缓存器 2 的段基值
1DH		R_Dout_Buf_Ptr3		输出数据缓存器 3 的段基值
1EH		R_Len_Din_Buf		3 个输入数据缓存器的长度
1FH		R_Din_Buf_Ptr1		输入数据缓存器 1 的段基值
20H		R_Din_Buf_Ptr2		输入数据缓存器 2 的段基值
21H		R_Din_Buf_Ptr3		输入数据缓存器 3 的段基值
22H		保留		默认为 00H
23H		保留		默认为 00H
24H		R_Len_Diag_Buf1		诊断缓存器 1 的长度
25H		R_Len_Diag_Buf2		诊断缓存器 2 的长度
26H		R_Diag_Buf_Ptr1		诊断缓存器 1 的段基值
27H		R_Diag_Buf_Ptr2		诊断缓存器 2 的段基值
28H		R_Len_Cntrl_Buf1		辅助缓存器 1 的长度，包括控制缓存器，如 SSA_Buf、Prm_Buf、Cfg_Buf、Read_Cfg_Buf
29H		R_Len_Cntrl_Buf2		辅助缓存器 2 的长度，包括控制缓存器，如 SSA_Buf、Prm_Buf、Cfg_Buf、Read_Cfg_Buf
2AH		R_Aux_Buf_Sel		Aux_buffers1/2 可被定义为控制缓存器，如 SSA_Buf、Prm_Buf、Cfg_Buf
2BH		R_Aux_Buf_Ptr1		辅助缓存器 1 的段基值
2CH		R_Aux_Buf_Ptr2		辅助缓存器 2 的段基值
2DH		R_Len_SSA_Data		在 Set_Slave_Address_Buffer 中输入数据的长度
2EH		R_SSA_Buf_Ptr		Set_Slave_Address_Buffer 的段基值
2FH		R_Len_Prm_Data		在 Set_Param_Buffer 中输入数据的长度
30H		R_Prm_Buf_Ptr		Set_Param_Buffer 段基值
31H		R_Len_Cfg_Data		在 Check_Config_Buffer 中的输入数据的长度

（续）

地址 （Intel/Motorola）	名称	位号	说　明
32H	R_Cfg_Buf_Ptr		Check_Config_Buffer 段基值
33H	R_Len_Read_Cfg_Data		在 Get_Config_Buffer 中的输入数据的长度
34H	R_Read_Cfg_Buf_Ptr		Get_Config_Buffer 段基值
35H	保留		默认为 00H
36H	保留		默认为 00H
37H	保留		默认为 00H
38H	保留		默认为 00H
39H	R_Real_No_Add_Change		这一参数规定了 DP 从站地址是否可改变
3AH	R_Ident_Low		标识号低位的值
3BH	R_Ident_High		标识号高位的值
3CH	R_GC_Command		最后接收的 Global_Control_Command
3DH	R_Len_Spec_Prm_Buf		如果设置了 Spec_Prm_Buffer_Mode（参见方式寄存器 0），这一单元定义为参数缓存器的长度

5.7.4　PROFIBUS-DP 接口

下面是 DP 缓存器结构。

当 DP_Mode=1 时，SPC3 DP 方式使能。在这种过程中，下列 SAPs 服务于 DP 方式。

Default SAP：数据交换（Write_Read_Data）。

SAP53：保留。

SAP55：改变站地址（Set_Slave_Address）。

SAP56：读输入（Read_Inputs）。

SAP57：读输出（Read_Outputs）。

SAP58：DP 从站的控制命令（Global_Control）。

SAP59：读配置数据（Get_Config）。

SAP60：读诊断信息（Slave_Diagnosis）。

SAP61：发送参数设置数据（Set_Param）。

SAP62：检查配置数据（Check_Config）。

DP 从站协议完全集成在 SPC3 中，并独立执行。用户必须相应地参数化 ASIC，处理和响应传送报文。除了 Default SAP、SAP56、SAP57 和 SAP58，其他的 SAPs 一直使能，这 4 个 SAPs 在 DP 从站状态机制进入数据交换状态才使能。用户也可以使 SAP55 无效，这时相应的缓存器指针 R_SSA_Buf_Ptr 设置为 00H。在 RAM 初始化时已描述过使 DDB 单元无效。

用户在离线状态下配置所有的缓存器（长度和指针），在操作中除了 Dout/Din 缓存器长度外，其他的缓存配置不可改变。

用户在配置报文以后（Check_Config），等待参数化时，仍可改变这些缓存器。在数据交换状态下只可接收相同的配置。

输出数据和输入数据都有 3 个长度相同的缓存器可用，这些缓存器的功能是可变的。一个缓存器分配给 D（数据传输），一个缓存器分配给 U（用户），第三个缓存器出现在 N（Next State）或 F（Free State）状态，然而其中一个状态不常出现。

两个诊断缓存器长度可变。一个缓存器分配给 D，用于 SPC3 发送数据；另一个缓存器分配给 U，用于准备新的诊断数据。

SPC3 首先将不同的参数设置报文（Set_Slave_Address 和 Set_Param）和配置报文（Check_Config），读取到辅助缓存 1 和辅助缓存 2 中。

与相应的目标缓存器交换数据（SSA 缓存器、PRM 缓存器、CFG 缓存器）时，每个缓存器必须有相同的长度，用户可在 R_Aux_Buf_Sel 参数单元定义使用哪一个辅助缓存。辅助缓存器 1 一直可用，辅助缓存器 2 可选。如果 DP 报文的数据不同，比如设置参数报文长度大于其他报文，则使用辅助缓存器 2，其他的报文则通过辅助缓存器 1 读取。如果缓存器太小，SPC3 将响应"无资源"。

用户可用 Read_Cfg 缓存器读取 Get_Config 缓存中的配置数据，但两者必须有相同的长度。

在 D 状态下可从 Din 缓存器中进行 Read_Input_Data 操作。在 U 状态下可从 Dout 缓存中进行 Read_Output_Data 操作。

由于 SPC3 内部只有 8 位地址寄存器，因此所有的缓存器指针都是 8 位段地址。访问 RAM 时，SPC3 将段地址左移 3 位与 8 位偏移地址相加（得到 11 位物理地址）。关于缓存器的起始地址，这 8B 是明确规定的。

5.7.5　SPC3 输入/输出缓冲区的状态

SPC3 输入缓冲区有 3 个，并且长度一样；输出缓冲区也有 3 个，长度也一样。输入/输出缓冲区都有 3 个状态，分别是 U、N 和 D。在同一时刻，各个缓冲区处于相互不同的状态。SPC3 的 08H~0BH 寄存器单元表明了各个缓冲区的状态，并且表明了当前用户可用的缓冲区。U 状态的缓冲区分配给用户使用，D 状态的缓冲区分配给总线使用，N 状态是 U、D 状态的中间状态。

SPC3 输入/输出缓冲区 U-D-N 状态的相关寄存器如下：

① 寄存器 08H（Din_Buffer_SM 7..0），各个输入缓冲区的状态。

② 寄存器 09H（New_Din_Buffer_Cmd 1..0），用户通过该寄存器从 N 状态下得到可用的输入缓冲区。

③ 寄存器 0AH（Dout_Buffer_SM 7..0），各个输出缓冲区的状态。

④ 寄存器 0BH（Next_Dout_Buffer_Cmd 1..0），用户从最近的处于 N 状态的输出缓冲区中得到输出缓冲区。

SPC3 输入/输出缓冲区 U-D-N 状态的转变如图 5-31 所示。

1. 输出数据缓冲区状态的转变

当持有令牌的 PROFIBUS-DP 主站向本地从站发送输出数据时，SPC3 在 D 缓存中读取接收到的输出数据。当 SPC3 接收到的输出数据没有错误时，就将新填充的缓冲区从 D 状态转到 N 状态，并且产生 DX_OUT 中断，这时用户读取 Next_Dout_Buffer_Cmd 寄存器，处于 N 状态的输出缓冲区由 N 状态变到 U 状态，用户同时知道哪一个输出缓冲区处于 U 状态，通过读取输出缓冲区得到当前输出数据。

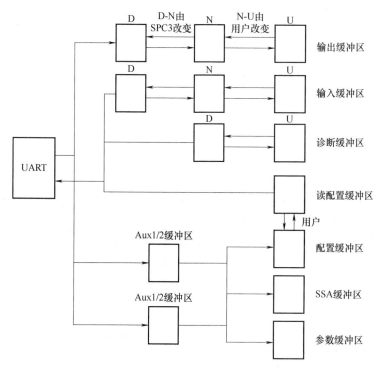

图 5-31　SPC3 输入/输出缓冲区 U-D-N 状态的转变

167

　　如果用户程序循环时间短于总线周期时间，也就是说用户非常频繁地查询 Next_Dout_Buffer_Cmd 寄存器，用户使用 Next_Dout_Buffer_Cmd 在 N 状态下得不到新缓存，因此，缓存器的状态将不会发生变化。在 12Mbit/s 通信速率的情况下，用户程序循环时间长于总线周期时间，这就有可能使用户取得新缓存之前，在 N 状态下能得到输出数据，保证了用户能得到最新的输出数据。但是在通信速率比较低的情况下，只有在主站得到令牌，并且与本地从站通信后，用户才能在输出缓冲区中得到最新数据。如果从站比较多，输入/输出的字节数又比较多，用户得到最新数据通常要花费很长的时间。

　　用户可以通过读取 Dout_Buffer_SM 寄存器的状态，查询各个输出缓冲区的状态。共有 4 种状态：无（Nil）、Dout_Buf_Ptr1 ~ Dout_Buf_Ptr3，表明各个输出缓冲区处于什么状态。Dout_Buffer_SM 寄存器定义如表 5-10 所示。

表 5-10　Dout_Buffer_SM 寄存器定义

地　　址	位	状　　态	值	编　　码
寄存器 0AH	7 6	F	X1 X2	
	5 4	U	X1 X2	X1 X2 0　0：无 0　1：Dout_Buf_Ptr1 1　0：Dout_Buf_Ptr2 1　1：Dout_Buf_Ptr3
	3 2	N	X1 X2	
	1 0	D	X1 X2	

用户读取 Next_Dout_Buffer_Cmd 寄存器，可得到交换后哪一个缓存处于 U 状态，即属于用户，或者没有发生缓冲区变化。然后用户可以从处于 U 状态的输出数据缓冲区中得到最新的输出数据。Next_Dout_Buffer_Cmd 寄存器定义如表 5-11 所示。

表 5-11　Next_Dout_Buffer_Cmd 寄存器定义

地　　址	位	状　　态	编　　码
寄存器 0BH	7	0	
	6	0	
	5	0	
	4	0	
	3	U_Buffer_Cleared	0：U 缓冲区包含数据 1：U 缓冲区被清除
	2	State_U_Buffer	0：没有 U 缓冲区 1：存在 U 缓冲区
	1	Ind_U_Buffer	00：无 01：Dout_Buf_Ptr1 10：Dout_Buf_Ptr2 11：Dout_Buf_Ptr3
	0		

2. 输入数据缓冲区状态的转变

输入数据缓冲区有 3 个，长度一样（初始化时已经规定），输入数据缓冲区也有 3 个状态，即 U、N 和 D。同一时刻，3 个缓冲区处于不同的状态，即一个处于 U、一个处于 N、一个处于 D。处于 U 状态的缓冲区用户可以使用，并且在任何时候用户都可更新。处于 D 状态的缓冲区 SPC3 使用，也就是 SPC3 将输入数据从处于该状态的缓冲区中发送到主站。

SPC3 从 D 缓存中发送输入数据。在发送以前，处于 N 状态的输入缓冲区转为 D 状态，同时处于 U 状态的输入缓冲区变为 N 状态，原来处于 D 状态的输入缓冲区变为 U 状态，处于 D 状态的输入缓冲区中的数据发送到主站。

用户可使用 U 状态下的输入缓冲区，通过读取 New_Din_Buffer_Cmd 寄存器，用户可以知道哪一个输入缓冲区属于用户。如果用户赋值周期时间短于总线周期时间，将不会发送每次更新的输入数据，只能发送最新的数据。在 12Mbit/s 通信速率的情况下，用户赋值时间长于总线周期时间，在此时间内，用户可多次发送当前的最新数据。但是在比特率比较低的情况下，不能保证每次更新的数据能及时发送。用户把输入数据写入处于 U 状态的输入缓冲区，只有 U 状态变为 N 状态，再变为 D 状态，然后 SPC3 才能将该数据发送到主站。

用户可以通过读取 Din_Buffer_SM 寄存器的状态，查询各个输入缓冲区的状态。共有 4 种状态：无（Nil）、Din_Buf_Ptr1 ~ Din_Buf_Ptr3，表明了各个输入缓冲区处于什么状态。Din_Buffer_SM 寄存器定义如表 5-12 所示。

表 5-12　Din_Buffer_SM 寄存器定义

地　址	位	状　态	值	编　码
寄存器 08H	7 6	F	X1 X2	X1 X2 0　0：无 0　1：Din_Buf_Ptr1 1　0：Din_Buf_Ptr2 1　1：Din_Buf_Ptr3
	5 4	U	X1 X2	
	3 2	N	X1 X2	
	1 0	D	X1 X2	

读取 New_Din_Buffer_Cmd 寄存器，用户可得到交换后哪一个缓存属于用户。New_Din_Buffer_Cmd 寄存器定义如表 5-13 所示。

表 5-13　New_Din_Buffer_Cmd 寄存器定义

地　址	位	状　态	编　码
寄存器 09H	7	0	无
	6	0	
	5	0	
	4	0	
	3	0	
	2	0	
	1 0	X1 X2	X1X2 0　0：Din_Buf_Ptr1 0　1：Din_Buf_Ptr2 1　0：Din_Buf_Ptr3 1　1：无

5.7.6　通用处理器总线接口

SPC3 有一个 11 位地址总线的并行 8 位接口。SPC3 支持基于 Intel 的 80C51/52（80C32）处理器和微处理器，Motorola 的 HC11 处理器和微处理器，Siemens 80C166、Intel x86、Motorola HC16 和 HC916 系列处理器和微处理器。由于 Motorola 和 Intel 的数据格式不兼容，SPC3 在访问以下 16 位寄存器（中断寄存器、状态寄存器、方式寄存器 0）和 16 位 RAM 单元（R_User_Wd_Value）时，自动进行字节交换。这就使 Motorola 处理器能够正确读取 16 位单元的值。通常对于读或写，要通过两次访问完成（8 位数据线）。

由于使用了 11 位地址总线，SPC3 不再与 SPC2（10 位地址总线）完全兼容。然而，SPC2 的 XINTCI 引脚在 SPC3 的 AB10 引脚处，且这一引脚至今未用。而 SPC3 的 AB10 输入端有一内置下拉电阻。如果 SPC3 使用 SPC2 硬件，用户只能使用 1KB 的内部 RAM，否则，AB10 引脚必须置于相同的位置。

总线接口单元（BIU）和双口 RAM 控制器（DPC）控制着 SPC3 处理器内部 RAM 的访问。

另外，SPC3 内部集成了一个时钟分频器，能产生 2 分频（DIVIDER = 1）或 4 分频（DIVIDER = 0）输出，因此，不需附加费用就可实现与低速控制器相连。SPC3 的时钟脉冲是 48MHz。

1. 总线接口单元（BIU）

BIU 是连接处理器/微处理器的接口，有 11 位地址总线，是同步或异步 8 位接口。接口配置由 2 个引脚（XINT/MOT 和 MODE）决定，XINT/MOT 引脚决定连接的处理器系列（总线控制信号，如 XWR、XRD、R_W 和数据格式），MODE 引脚决定同步或异步。

2. 双口 RAM 控制器

SPC3 内部 1.5KB 的 RAM 是单口 RAM。然而，由于内部集成了双口 RAM 控制器，允许总线接口和处理器接口同时访问 RAM。此时，总线接口具有优先权，从而使访问时间最短。如果 SPC3 与异步接口处理器相连，SPC3 产生 Ready 信号。

3. 接口信号

在复位期间，数据输出总线呈高阻状态。微处理器总线接口信号如表 5-14 所示。

表 5-14　微处理器总线接口信号

名　称	输入/输出	说　明
DB（7..0）	I/O	复位时高阻
AB（10..0）	I	AB10 带下拉电阻
MODE	I	设置：同步/异步接口
XWR/E_CLOCK	I	Intel：写/Motorola：E_CLK
XRD/R_W	I	Intel：读/Motorola：读/写
XCS	I	片选
ALE/AS	I	Intel/Motorola：地址锁存允许
DIVIDER	I	CLKOUT2/4 的分频系数 2/4
X/INT	O	极性可编程
XRDY/XDTACK	O	Intel/Motorola：准备好信号
CLK	I	48MHz
XINT/MOT	I	设置：Intel/Motorola 方式
CLKOUT2/4	O	24/12MHz
RESET	I	最少 4 个时钟周期

5.7.7　SPC3 的 UART 接口

发送器将并行数据结构转换为串行数据流。在发送第一个字符之前，产生 Request-to-Send（RTS）信号，XCTS 输入端用于连接调制器。RTS 激活后，发送器必须等到 XCTS 激活后才发送第一个报文字符。

接收器将串行数据流转换为并行数据结构，并以 4 倍的传输速率扫描串行数据流。为了测试，可关闭停止位（方式寄存器 0 中 DIS_STOP_CONTROL = 1 或 DP 的 Set_Param_

Telegram 报文），PROFIBUS 协议的一个要求是报文字符之间不允许出现其他状态，SPC3 发送器保证满足此规定。通过 DIS_START_CONTROL＝1（模式寄存器 0 或 DP 的 Set_Param 报文中），关闭起始位测试。

5.7.8　PROFIBUS-DP 接口

PROFIBUS 接口数据通过 RS-485 传输，SPC3 通过 RTS、TXD、RXD 引脚与电流隔离接口驱动器相连。PROFIBUS-DP 的 RS-485 传输接口电路如图 5-32 所示。

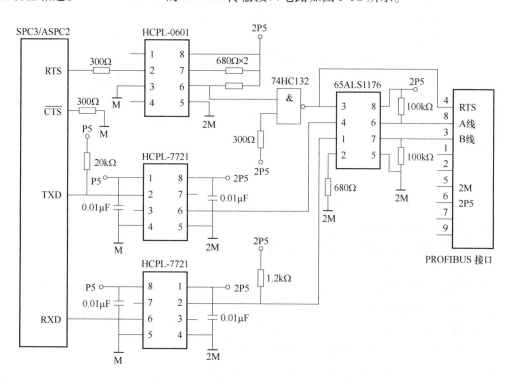

图 5-32　PROFIBUS-DP 的 RS-485 传输接口电路

PROFIBUS 接口是一个带有下列引脚的 9 针 D 型接插件。引脚定义如下：

引脚 1：Free。

引脚 2：Free。

引脚 3：B 线。

引脚 4：请求发送（RTS）。

引脚 5：5V 地（M5）。

引脚 6：5V 电源（P5）。

引脚 7：Free。

引脚 8：A 线。

引脚 9：Free。

在图 5-32 中，M、2M 为不同的电源地，P5、2P5 为两组不共地的 5V 电源。74HC132 为施密特与非门。

5.8 主站通信控制器 ASPC2 与网络接口卡

5.8.1 ASPC2 介绍

ASPC2 是 SIEMENS 公司生产的主站通信控制器，该通信控制器可以完全处理 PROFIBUS EN 50170 的第 1 层和第 2 层，同时 ASPC2 还为 PROFIBUS-DP 和使用段耦合器的 PROFIBUS-PA 提供一个主站。

ASPC2 通信控制器用作一个 DP 主站时需要庞大的软件（约 64KB），软件使用要有许可证且需要支付费用。如此高度集成的控制芯片可以用于制造业和过程工程中。对于可编程控制器、个人计算机、电机控制器、过程控制系统直至下面的操作员监控系统来说，ASPC2 有效地减轻了通信任务。

PROFIBUS ASIC 可用于从站应用，链接低级设备，如控制器、执行器、测量变送器和分散 I/O 设备。

1. ASPC2 通信控制器的特性

ASPC2 通信控制器具有如下特性：

1）单片支持 PROFIBUS-DP、PROFIBUS-FMS 和 PROFIBUS-PA。

2）用户数据吞吐量高。

3）支持 DP 在非常快的反应时间内通信。

4）所有令牌管理和任务处理。

5）与所有普及的处理器类型优化连接，无须在处理器上安置时间帧。

2. ASPC2 与主机接口

1）处理器接口，可设置为 8/16 位，可设置为 Intel/Motorola Byte Ordering。

2）用户接口，ASPC2 可外部寻址 1MB 作为共享 RAM。

3）存储器和微处理器可与 ASIC 连接为共享存储器模式或双口存储器模式。

4）在共享存储器模式下，几个 ASIC 共同工作等价于一个微处理器。

3. 支持的服务

1）标识。

2）请求 FDL 状态。

3）不带确认发送数据（SDN）广播或多点广播。

4）带确认发送数据（SDA）。

5）发送和请求数据带应答（SRD）。

6）SRD 带分布式数据库（ISP 扩展）。

7）SM 服务（ISP 扩展）。

4. 传输速率

ASPC2 支持的传输速率为：

1）9.6kbit/s、19.2kbit/s、93.75kbit/s、187.5kbit/s、500kbit/s。

2）1.5Mbit/s、3Mbit/s、6Mbit/s、12Mbit/s。

5. 响应时间

1）短确认（如 SDA）：From 1ms（11bit times）。

2）典型值（如 SDR）：From 3ms。

6. 站点数

1）最大期望值 127 主站或从站。

2）每站 64 个服务访问点（SAP）及 1 个默认 SAP。

7. 传输方法依据

1）EN 50170 PROFIBUS 标准，第一部分和第三部分。

2）ISP 规范 3.0（异步串行接口）。

8. 环境温度

1）工作温度：$-40 \sim 85\,^{\circ}\mathrm{C}$。

2）存放温度：$-65 \sim 150\,^{\circ}\mathrm{C}$。

3）工作期间芯片温度：$-40 \sim 125\,^{\circ}\mathrm{C}$。

9. 物理设计

采用 100 引脚的 P-MQFP 封装。

5.8.2　CP5611 网络接口卡

CP5611 是 SIEMENS 公司推出的网络接口卡，购买时需另附软件使用费。CP5611 用于工控机连接到 PROFIBUS 和 SIMATIC S7 的 MPI，同时支持 PROFIBUS 的主站和从站、PG/OP、S7 通信。OPC Server 软件包已包含在通信软件供货，但是需要 SOFTNET 支持。

1. CP5611 网络接口卡主要特点

1）不带有微处理器。

2）经济的 PROFIBUS 接口：

① 1 类 PROFIBUS-DP 主站或 2 类 SOFTNET-DP 进行扩展。

② PROFIBUS-DP 从站与 SOFTNET-DP 从站。

③ 带有 SOFTNET S7 的 S7 通信。

3）OPC 作为标准接口。

4）CP5611 是基于 PCI 总线的 PROFIBUS-DP 网络接口卡，可以插在个人计算机及其兼容机的 PCI 总线插槽上，在 PROFIBUS-DP 网络中作为主站或从站使用。

5）作为个人计算机上的编程接口，可使用 NCM PC 和 STEP 7 软件。

6）作为个人计算机上的监控接口，可使用 WinCC、Fix、组态王、力控等。

7）支持的通信速率最大为 12Mbit/s。

8）设计可用于工业环境。

2. CP5611 与从站通信的过程

当 CP5611 作为网络上的主站时，CP5611 通过轮询方式与从站进行通信。这就意味着主站要想和从站通信，首先发送一个请求数据帧，从站得到请求数据帧后，向主站发送响应帧。请求帧包含主站给从站的输出数据，如果当前没有输出数据，则向从站发送空帧。从站必须向主站发送响应帧，响应帧包含从站给主站的输入数据，如果没有输入数据，也必须发送空帧，才完成一次通信。通常按地址增序轮询所有的从站，与最后一个从站通信完以后，再进行下一个周期的通信，这样就保证所有的数据（包括输入数据和输出数据）都是最新的。

主要报文有令牌报文、固定长度没有数据单元的报文、固定长度带数据单元的报文、变数据长度的报文。

5.9 PROFIBUS-DP 从站的设计

从站的设计分两种,一种是利用现成的从站接口模块如 IM183、IM184 开发,这时只要通过 IM183/184 上的接口开发就行了;另一种则是利用芯片进行深层次的开发。对于简单的开发如远程 I/O 测控,用 LSPM 系列就能满足要求,但是如果开发一个比较复杂的智能系统,那么最好选择 SPC3。下面介绍采用 SPC3 进行 PROFIBUS-DP 从站的开发过程。

5.9.1 PROFIBUS-DP 从站的硬件设计

SPC3 通过一块内置的 1.5KB 双口 RAM 与 CPU 接口。它支持多种 CPU,包括 Intel、Siemens、Motorola 等。

SPC3 与 AT89S52 的接口电路如图 5-33 所示。

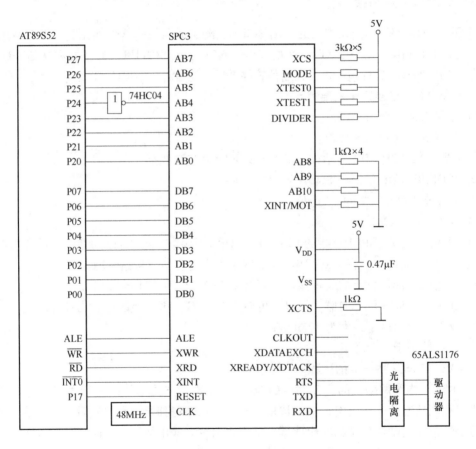

图 5-33　SPC3 与 AT89S52 的接口电路

在图 5-33 中,光电隔离及 RS-485 驱动部分可采用图 5-32 所示电路。
SPC3 中双口 RAM 的地址为 1000H~15FFH。

5.9.2 PROFIBUS-DP 从站的软件设计

SPC3 的软件开发难点是在系统初始化时对其 64B 的寄存器进行配置，这个工作必须与设备的 GSD 文件相符，否则将会导致主站对从站的误操作。这些寄存器包括输入、输出、诊断、参数等缓存区的基地址以及大小等，用户可在器件手册中找到具体的定义。当设备初始化完成后，芯片开始进行比特率扫描，为了解决现场环境与电缆延时对通信的影响，SIEMENS所有 PROFIBUS ASICs 芯片都支持比特率自适应。当 SPC3 加电或复位时，它将自己的比特率设置最高，如果设定的时间内没有接收到 3 个连续完整的包，则将它的比特率调低一个档次并开始新的扫描，直到找到正确的比特率为止。当 SPC3 正常工作时，它会进行比特率跟踪，如果接收到一个给自己的错误包，它会自动复位并延时一个指定的时间再重新开始比特率扫描，同时它还支持对主站回应超时的监测。当主站完成所有轮询后，如果还有多余的时间，它将开始通道维护和新站扫描，这时它将对新加入的从站进行参数化，并对其进行预定的控制。

SPC3 完成了物理层和数据链路层的功能，与数据链路层的接口是通过服务存取点来完成的。SPC3 支持 10 种服务，这些服务大部分都由 SPC3 来自动完成，用户只能通过设置寄存器来影响它。SPC3 是通过中断与单片微控制器进行通信的，但是单片微控制器的中断显然不够用，所以 SPC3 内部有一个中断寄存器，当接收到中断后再去寄存器查中断号来确定具体操作。

在开发包中有 SPC3 接口单片微控制器的 C 源代码（Keil C51 编译器），用户只要对其进行少量改动就可在项目中运用。从站的代码共有 4 个文件，分别是 Userspc3. c、Dps2spc3. c、Intspc3. c、Spc3dps2. h，其中 Userspc3. c 是用户接口代码，所有的工作就是找到标有 example 的地方将用户自己的代码放进去，其他接口函数源文件和中断源文件都不必改。如果认为 6KB 的通信代码太大，也可以根据 SPC3 的器件手册写自己的程序，当然这样是比较花时间的。

在开发完从站后，一定要记住 GSD 文件要与从站类型相符。例如，从站是不许在线修改从站地址的，但是 GSD 文件是：

Set_Slave_Add_supp = 1（意思是支持在线修改从站地址）

那么在系统初始化时，主站将参数化信息送给从站，从站的诊断包则会返回一个错误代码"Diag. Not_Supported Slave doesn't support requested function"。

PROFIBUS-DP 从站的软件设计主要包括以下几部分程序：

1）SPC3 通信控制器的初始化程序。

2）微控制器主循环程序与 PROFIBUS-DP 通信程序。

3）SPC3 复位初始化子程序。

4）SPC3 中断处理子程序。

习 题

5-1 PROFIBUS 现场总线由哪几部分组成？

5-2 PROFIBUS 现场总线有哪些主要特点？

5-3 PROFIBUS-DP 现场总线有哪几个版本？

5-4 说明 PROFIBUS-DP 总线系统的组成结构。

175

5-5　简述 PROFIBUS-DP 系统的工作过程。

5-6　PROFIBUS-DP 的物理层支持哪几种传输介质?

5-7　画出 PROFIBUS-DP 现场总线的 RS-485 总线段结构。

5-8　说明 PROFIBUS-DP 用户接口的组成。

5-9　什么是 GSD 文件? 它主要由哪几部分组成?

5-10　PROFIBUS-DP 协议实现方式有哪几种?

5-11　SPC3 与 Intel 总线 CPU 接口时, 其 XINT/MOT 和 MODE 引脚如何配置?

5-12　SPC3 是如何与 CPU 接口的?

5-13　简述 PROFIBUS-DP 从站的状态机制。

5-14　CP5611 网络接口卡的功能是什么?

5-15　DP 从站初始化阶段的主要顺序是什么?

第6章

PROFINET与工业无线以太网

PROFINET 是由 PROFIBUS 国际组织（PROFIBUS International，PI）推出的新一代基于工业以太网技术的自动化总线标准。作为一项战略性的技术创新，PROFINET 为自动化通信领域提供了一个完整的网络解决方案，包括实时、运动控制、分布式自动化、故障安全以及网络安全等当前自动化领域的热点技术，并且作为跨供应商的技术，可以通过代理设备集成现有的现场总线（如 PROFIBUS、Interbus、DeviceNet 等）技术，保护客户原有的投资。

PROFINET 与过去的现场总线相比，应用范围更为广泛，不仅能应用于工厂自动化，也能应用于过程自动化。由于 PROFINET 具备等时同步的特性，它还可以应用于运动控制领域。PROFINET 突破了普通的工业以太网只能运用于管理层的限制，能够延伸至工业现场的控制层和现场层。PROFINET 还支持与工业无线局域网之间的无线通信，从而开创了全新的应用领域。

本章首先对 PROFINET 进行了概述，然后讲述了 PROFINET 通信基础、PROFINET 运行模式、PROFINET 端口的 MAC 地址、PROFINET 数据交换、PROFINET 诊断、PROFINETIRT通信、PROFINET 控制器、PROFINET 设备描述与应用行规、PROFINET 的系统结构，最后讲述了工业无线以太网、SCALANCE X 工业以太网交换机和 SIEMENS 工业无线通信。

6.1　PROFINET 概述

在当今自动化工程领域如汽车行业等，创新周期越来越短。在一些工厂中甚至现场设备内，可能有不同的现场总线系统正在使用以满足工厂运营者的功能和性能需求。这种情况继续下去不符合制造商或工厂运营者的经济利益。PROFINET 正好可以解决这个问题。可在相同系统或子系统内，通过 PROFINET 传输具有严格时间要求的、优先级受控的应用，以及通过 TCP/IP 传输"功能强大的"服务。现场总线系统的结构和要传输数据的序列仅由相应应用来确定。

只要能够启动和运行，系统工程师希望仅使用少数操作和单个统一的系统。现有系统可以很容易地转换到 PROFINET 系统。

PROFINET 提供以下解决方案：

1）跨制造商的工程。

2）通过 PROFINET 组件模型实现分布式智能应用。

3）分布式 I/O。

4）实时通信。

5）有严格时间要求的运动控制应用。

6）使用 Web 服务。

7）网络安装。

8）网络管理。

9）与现有现场总线应用的无缝集成。

10）安全相关数据传输。

11）完善的信息安全概念。

PROFINET 满足自动化技术的所有需求。它融入了 PROFIBUS 的多年经验及工业以太网的广泛使用，开放标准、易于操作，以及集成现有系统组件。PROFINET 不断持续地发展为用户实现其自动化任务提供长远考虑。对于设备或机器制造商，PROFINET 的使用可最小化安装、工程和调试的成本；工厂运营者可从子系统自主运行带来的系统扩展和高可用性中获得好处。

可靠的认证过程的建立确保了 PROFINET 产品具有高标准质量。目前已定义的应用行规的使用意味着 PROFINET 可适用于自动化工程的几乎所有行业。

PROFINET 是：PI 推出的用于自动化的开放的工业以太网标准；使用 TCP/IP 和 IT 标准；一种实时以太网；

由于能够与现场总线系统无缝集成而保护已有投资。

在现场应用中，PROFINET 的应用方式主要有如下两种：

1）PROFINET IO 适合模块化分布式的应用，与 PROFIBUS DP 方式相似。在 PROFIBUS DP 应用中，通过主站周期性轮询从站的方法通信，而在 PROFINET IO 应用中，IO 控制器和 IO 设备通过生产者和消费者周期性地相互交换数据来通信。另外，PROFINET IO 支持等时实时功能，应用于运动控制场合。

2）PROFINET CBA 适合分布式智能站点之间通信的应用。把大的控制系统拆分成不同功能、分布式、智能的小控制系统，这些小控制系统通过生成功能组件，利用 iMap 工具软件，通过简单地连线组态就能轻松实现各个组件之间的通信。

6.1.1　PROFINET 功能与通信

PROFINET 的模块化允许用户为自己选择可组合的功能，主要差别在于数据交换的类型。为了满足某些应用对数据传输速率有非常严格的要求，这种差别是必要的。

PROFINET 包括非同步实时（RT）通信和同步实时（IRT，即等时同步实时）通信。RT 和 IRT 的命名描述了 PROFINET 通信的实时特性。

1. 控制器、监视器和设备

PROFINET 定义了控制器、监视器与连接的分布式 I/O 设备之间的通信。可组合的实时概念是实现通信的基础。PROFINET 描述了控制器（具有所谓主站功能的设备，即高层控制器）与设备（具有所谓从站功能的设备，即接近过程的现场设备）之间完整的数据交换，以及通常由监视器处理的参数化和诊断。PROFINET 是为基于以太网的现场设备之间的快速数据交换而设计的。

为了便于 PROFINET 描述现场设备的结构，定义以下设备类型。

（1）控制器（Controller）　控制器是包含过程 I/O 映像表和用户程序的高层控制器。控制器是主动的通信方，对所连接的设备进行参数化和组态。控制器执行与现场设备之间的循环或非循环数据交换，并处理报警。

（2）监视器（Supervisor）　监视器可以是用于调试或诊断的编程设备（PG）、个人计算机（PC）或人机接口（HMI）。监视器还可临时呈现控制器功能，以便控制用于测试目的的过程或评估诊断。在大多数情况下，监视器功能被集成到工程工具中。

（3）设备（Device）　设备是根据 PROFINET 协议向高层控制器发送过程数据并报告危急的系统状态（诊断和报警）的通信方。

子系统至少包括一个控制器、一个或多个设备。一个设备可作为共享设备而与多个控制器交换数据。监视器通常仅为了调试或故障诊断目的而临时连接到网络。

生产者提供数据并将其发送给消费者。对于从控制器到设备的输出数据，控制器担任生产者角色而设备是消费者。对于从过程到控制器的输入数据则相反，设备是生产者而控制器是消费者。

监视器还可接管对设备的控制以实现过程监视。

下级 PROFIBUS 线路上的现场设备可通过一种 PROFINET 代理（Proxy）设备（下级总线系统的代理器）而方便无缝地集成到 PROFINET 系统。设备开发商可利用市场上销售的任何以太网控制器来实现 PROFINET。该方式非常适合总线周期时间在毫秒级范围的数据交换。

2. PROFINET 与实时

在 PROFINET 通信中，过程数据和报警总是被实时（RT）传输。对于 PROFINET，实时是基于 IEEE 和 IEC 的定义，即在一个总线周期内仅允许一个有限时间来执行实时服务。RT 通信是 PROFINET 数据交换的基础。实时数据的处理比 TCP（UDP）/IP 数据具有更高优先级。通过 RT 通信，总线周期时间可达毫秒级范围。

3. PROFINET 与时钟同步

通过 PROFINET 实现等时同步的数据交换在等时同步实时（IRT）概念中定义。具有 IRT 功能的 PROFINET 现场设备本身集成了交换机端口。数据交换周期一般在几百微秒范围内。等时同步实时（IRT）通信与实时（RT）通信的主要区别在于等时同步的时钟同步确保总线周期以最大精度开始。在这种情况下，总线周期起始的最大偏离（抖动）为 $1\mu s$。例如，运动控制应用（定位操作）需使用 IRT 通信。

4. PROFINET 与性能优化

在 IRT 通信基础上，定义了允许总线周期缩短至 $31.25\mu s$ 的等时同步通信机制。

6.1.2　PROFINET 网络

图 6-1 所示为由两个子网构成的一个简单网络，每个子网用不同的网络标识符（Network_ID）表示（子网掩码，网络标识符）。两个子网之间的数据传输通过路由器实现。路由器根据不同的 Network_ID 来识别目标网络。

在这里，使用监视器通过 PROFINET 集成的 DCP 编址协议来为每个设备一次性分配一个符号名称。

系统被组态后，工程工具将数据交换所需的所有信息下载到控制器，包括所连接设备的 IP 地址。根据名称，控制器可识别出被组态的现场设备并为其分配定义好的 IP 地址。对于未连接到与控制器相同子网的设备，由于 DCP（RT 协议）中缺乏 IP 编址信息而使得这些设备不可达，所以控制器使用 DHCP（动态主机配置协议）服务器来解决它们的地址分配。

另外，可使用点到点的连接方式通过 DCP 将设备名称写入现场设备中。

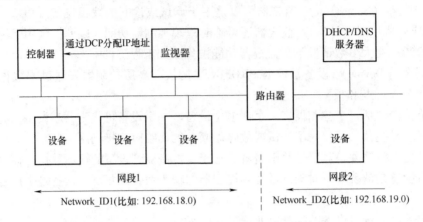

图 6-1　一个 PROFINET 网络包含多个子网

完成地址解析后，系统上电并将参数传递给设备，系统可进行有效的数据通信。

PROFINET 和 PROFIBUS 都是 PI 提出的现场总线与工业以太网，两者有相似之处，又有不同之处。PROFIBUS 是基于 RS-485 总线的，PROFINET 是基于快速以太网的，也可以说 PROFINET 是运行在以太网上的 PROFIBUS。

PROFINET 与 PROFIBUS 的相似之处如表 6-1 所示，PROFINET 与 PROFIBUS 的不同之处如表 6-2 所示。

表 6-1　PROFINET 与 PROFIBUS 的相似之处

项　　目	PROFINET	PROFIBUS
协议性	精简的堆栈结构	精简的堆栈结构
实时性	实时、等时实时	实时
描述设备	GSD 文件	GSD 文件
变量访问	槽、子槽、索引	槽、索引
应用场合	过程自动化、工厂自动化、运动控制	过程自动化、工厂自动化、运动控制

表 6-2　PROFINET 与 PROFIBUS 的不同之处

项　　目	PROFINET	PROFIBUS
通信模型	生产者/消费者	主从
总线周期	IRT 最小可以 31.25μs，抖动小于 1μs	达不到 PROFINET 的级别
平台	基于快速以太网	基于 RS-485 总线
通信速率	高达 100Mbit/s	最高 12Mbit/s
传送数据	过程数据、TCP、IT、语音与图像数据	过程数据
诊断	更加灵活的诊断，包括网络诊断	总线诊断

（续）

项　目	PROFINET	PROFIBUS
运动控制	性能优异，尤其是使用 IRT	精度与性能比不上 PROFINET
网络拓展	灵活，拓展非常方便，类似于办公网络扩容	固定，不太容易扩展，只能通过增加 OLM 或中继器扩展网络

6.2　PROFINET 通信基础

PROFINET 实现了分布式应用与高层控制器之间的通信。通过观察自动化系统中必须相互通信的装备可以很好地说明 PROFINET 的使用情况。自动化系统中连接的许多设备具有不同特性。大多数不同结构的设备位于自动化"金字塔"的底层，称之为现场级。这些设备的范围包括从简单的二进制传感器到功能强大的运动控制器。

PROFINET 是一种实时通信系统，确保在该领域的最佳网络并为所有设备类型提供优化的通信服务。

在现场级网络中常见的设备类型包括：开关（包括非接触式）、电磁阀、气动阀、驱动器、位置编码器、带操作员控制和监视功能的设备、测量和分析设备、防护设备、机器人、焊接控制装置、安全相关设备（光栅、急停开关等）和网络部件（交换机、防火墙、路由器）。此设备类型还会不断地增加。另外，还有许多行业特定的具有特殊用途的设备。

由于单个制造商的设备不可能涵盖所有类型，因此，在 IEC61158 中规定的 PROFINET 标准对于确保一个自动化系统内不同厂商设备之间的互操作性尤为重要。

对于自动化系统而言，PROFINET 应具有以下特性：

1）良好的诊断能力。

2）显著提高性能的能力。

3）所有节点上具有相同的接口。

4）行业兼容的安装技术。

5）与现有产品相比，较低的成本。

由此，对 PROFINET 产生了以下需求：

1）高可扩展性（从小的车间单元到复杂的生产网络）。

2）高性能的循环通信。

3）诊断和报警信息的快速输出。

4）对临时性和永久性故障的快速检测与排除。

5）快速的启动时间。

6）安装简便（无论使用何种设备）。

7）能够适应极端的环境条件（温度、机械负载、EMC 等）。

PROFINET 同 PROFIBUS 一样，通信软件的供应商为现场设备制造商提供了实现标准协议的有效方法。

现场设备制造商只需修改可用的软件（PROFINET 协议栈）以适应于本地系统环境（以太网控制器、操作系统），就可快速获得一个带 PROFINET 功能的现场设备，还可以利用现成的解决方案如 ASIC、模块或板卡来开发 PROFINET 现场设备。此外，制造商需提供一个可扩展标记语言（XML）形式的设备描述文件，该描述文件用于系统组态期间配置现场设备。制造商可以获取许多样本文件。

终端用户可得益于清晰定义的接口和对可靠组态工具的支持，只需装配组态信息就能调试其自动化系统。

6.2.1 PROFINET 现场设备连接

PROFINET 现场设备可通过单独的多端口工业交换机形成星形拓扑（多端口交换机上每个端口连接一个现场设备），或者通过集成在现场设备内的交换机形成线形拓扑（使用两个端口）。

如果一个交换机或其中一个端口出现故障，则根据总线结构将有一个或多个节点不再可访问。每个交换机端口必须作为一个独立单元且不与交换机上的其他端口相连接。

因为通过交换机连接，PROFINET 总显示为点到点连接（同以太网一样）。也就是说，如果线形拓扑中的两个现场设备的连接被中断，则通信链上位于该断点后的现场设备不可再访问。因此，当进行系统设计时，提供冗余通信路径以及使用支持 PROFINET 冗余概念的现场设备和交换机尤为重要，这将确保自动化系统内节点的高可用性。

6.2.2 设备模型与 PROFINET 通信服务

1. 设备模型

为了更好地理解 PROFINET 现场设备内过程数据的编址，有必要说明设备模型以及自动化系统中 I/O 数据的编址。使用通用的设备模型是实现设备统一视图并在相似应用中兼容使用要交换过程数据的结构化元素的关键。该模型还用于描述一个系统的工程（组态）向下至控制器和现场设备之间关系。

PROFINET 区分以下现场设备：

1）紧凑型现场设备（扩展程度在交货时已定义，不能因为满足未来需求而改变）。

2）模块化现场设备（当组态系统时，设备的扩展程度可根据不同应用使用情况而定制）。

所有现场设备的技术和功能在 GSD 文件中描述，GSD 文件由现场设备开发商提供。GSD 文件包括一个设备模型的表示，该表示通过设备访问点（DAP）和为特定设备族定义的模块来重现。可以说，DAP 就是与以太网接口和处理程序相连接的总线接口（现场设备通信的访问点）。GSD 文件还定义了 DAP 的特性及其可用的选项，可分配多个 I/O 模块给一个 DAP，以实现实际的过程数据通信。

在一个现场设备内必须能够分别寻址所有的 I/O 信号，这要求在数据建模期间做出相应规定。

PROFINET 支持以下地址深度：

1）作为一个整体的现场设备，通过 DAP 表示。

2）单个的 I/O 模块，基于槽（slot）表示。

3）一个 I/O 模块的单个通道，在子槽（subslot）中表示。

4）一个 I/O 模块内的程序部分（功能），基于索引（index）表示（仅用于非循环数据通信）。

5）报警的分配，基于相应消息表示。

2. PROFINET 通信服务

PROFINET 为以下服务提供协议定义：

1）I/O 数据的循环传输，I/O 数据保存在控制器的 I/O 地址空间。

2）报警的非循环传输，报警必须被确认。

3）数据的非循环传输，传输基于需求，数据如参数、详细诊断、I&M 数据、信息功能等。

6.2.3 PROFINET 实时通信原理

IEEE 802.1 中定义的标准以太网通信为 TCP（UDP）/IP 通信，并且适用于大多数的数据通信。然而，对于工业通信，存在许多与时间特性和等时同步操作相关的需求，而 TCP（UDP）/IP 通信不能完全满足这些需求。例如，测量结果表明 UDP/IP 帧的传输时间不符合确定性行为（最大 100%），这对于许多自动化任务是不可容忍的。出于此目的，有必要在 PROFINET 上增加既支持 UDP/IP 通信又提供优化通信路径的机制。

更新时间或响应时间必须在 5~10ms 或更低范围内。更新时间是指在设备"A"应用内产生一个变量，通过电缆将其传输给设备"B"，并提供给"B"内应用所需的时间。

通过标准以太网部件，如交换机和标准以太网控制器，以及使用已有的以太网基础设施必须能实现实时通信。

对于设备，仅允许利用处理器的较小负载来实现实时通信。处理器的主要任务必须是连续处理用户程序，而不是与设备进行通信。

在各种 UDP/IP 实现中，值得注意的是，需要相当长的运行时间用于在标准通信栈内生成数据包。虽然这些运行时间可能被优化，但为此所需的 UDP/IP 将不再是标准产品，而是专用的解决方案。这些情况导致了通过 PROFINET 进行实时数据传输的定义。

对于循环数据交换以及少量的其他服务，PROFINET 着重传输非管理信息和扩展寻址信息。由于它们不经过路由器，所以不必实现 IP 层。要传输的 RT 数据的数据量一般小于 100B，因此数据的分段与重组是不必要的，而由于以太网通信一帧内可以传输最大 1518B（带 VLAN 标志），所以可相应忽略该协议要素。

RT 数据的传输基于使用生产者/消费者模型的循环数据交换，由第 2 层传输机制实现。为了优化处理设备内的 RT 帧，除了符合 IEEE 802.1Q（数据帧优先级）的 VLAN 标志外，还有一个特殊的 Ethertype，以使这些"PROFINET 帧"能够在现场设备的更高层软件中形成快速通道。Ethertype 为 0x8892 的帧比 TCP（UDP）/IP 帧自动具有更高的优先级。

Ethertype 由 IEEE 分配，因此用来明确区别其他以太网协议。IEEE 中规定 Ethertype 0x8892 用于 PROFINET 快速数据交换。

然而，为了在高层控制器和 I/O 设备之间建立这种"修改"的通信，需要基于 OSF DCE RPC 的 UDP/IP（标准以太网）。为了处理危急系统状态，PROFINET 集成了一种特殊协议，以实现对实时传输的报警进行确认的机制。该协议不用于循环通信。

帧标识符（Frame_ID）用来对两个现场设备间的特定传输通道进行编址（Ethertype 0x8892）。对于所有 Ethertype 0x8892 的 PROFINET 服务（PROFINET 帧），定义了特定的 Frame_ID 范围。Ethertype 和 Frame_ID 是仅有的用于 PROFINET 实时帧的协议要素，使得能够快速选择帧而无额外开销。

以下服务基于 Ethertype 0x8892：

1）子网内循环数据通信。

2）报警传输。

3）地址解析服务。

4）时钟同步。

5）实时帧的冗余操作。

对于循环数据通信，因为必须管理与不同控制器间数据交换的 Frame_ID，设备规定了输出方向（从控制器到设备）上数据交换的 Frame_ID，以太网控制器已经评估了 6B 的 MAC 地址（这对于多播地址并不普遍），RT 节点仅需评估 Ethertype 和 Frame_ID 以识别出正确的处理通道。

对通信进行有效的时间监视是很重要的。一方面，当现场设备发生故障时能快速响应；另一方面，使系统不超负荷。PROFINET 记录某时间单元内到达的合法帧的数目，在出错的情况下，记录的数据可用于分析现场设备与传输路径。

6.2.4　PROFINET 实时类别

现场设备中通常由应用决定时钟周期，在时钟周期内必须处理数据。为此，用户可以在任意时间访问和处理过程数据。该原则在现场线中已得到证明，并且，应用周期和通信周期可以有效地分离。

对于 RT 帧，5ms 的数据周期可满足 100Mbit/s 速率全双工模式带 VLAN 标志的 RT 帧。RT 通信可利用所有可用的标准网络部件来实现。

上述信息表明，通过 UDP/IP 路径的数据通信与大量的管理和控制信息相关，从而减缓了数据通信。因此，为满足用户需求，PROFINET 需采用新的方法来实现循环实时通信、报警传输和其他各种服务。结果是将通信限制在子网内（子网内至少 1600 万个现场设备的通信是完全可接受的）。

为了更好地扩展通信选项以及 PROFINET 的确定性行为，定义了数据的实时类别。从用户角度，这些类别包含非同步通信（RT_Class_1）和同步通信（RT_Class_3）。

对于 PROFINET，RT 帧比 UDP/IP 帧具有更高的优先级。因此，有必要在交换机上对数据传输进行优先级排序，以防止 RT 帧由于 UDP/IP 帧而被延迟。但这对于正被发送的 UDP/IP 帧不起作用，发送不被中断。由于优先级排序在发送端口进行，交换机将 RT 帧的优先级设为高于 UDP/IP 帧。

根据 Frame_ID 的不同，有 3 种实时类别。PROFINET 为每种 RT 类别设置了单独的一段 Frame_ID 编号。在系统启动期间，控制器和设备之间协商好期望的用于输入数据和输出数据的 Frame_ID。由消费者规定一个 Frame_ID 范围（比如 RT_Class_1 等），生产者在其响应中规定实际要使用 Frame_ID。

1. 循环数据通信规则

循环的 I/O 数据作为实时数据，以可参数化的周期在生产者和消费者之间传输且无确认。数据被组织成若干单个 I/O 元素，它们可由一组作为一个单元进行处理的多个子槽组成。为了实现循环传输，一个或多个子槽被组合并可以作为一个单元在一个帧中传输。在该帧中的数据传输期间，子槽数据的后面跟随一个生产者状态。该状态信息被 I/O 数据的相应消费者进行评估。消费者使用该状态信息仅评估来自循环数据交换的数据的有效性。此外，反方向的消费者状态也被传输。因此，不再直接需要用于此目的的诊断。这有利于直接的数据通信以及在节点故障情况下用户程序内的响应速度。

每个帧的"数据单元"后跟随评价数据全局有效性的附加信息（帧尾），提供冗余信息并评价诊断状态（数据状态、传输状态），还规定了生产者的周期信息（周期计数器）以便于确定其更新率。通信关系中相应的消费者负责监视循环数据是否成功到达。如果在监视时间内被组态的数据未成功到达，则消费者要向应用发送一个出错消息。监视时间主要取决于网络利用率和生产者的传输速率。

因为循环数据无确认，生产者不接收显式的反馈。如果期望反馈，则需要额外的具有交换角色的通信关系。通过详细分析循环数据通信的数据帧，再次说明 PROFINET 不使用特殊的协议元素。

2. 非循环数据通信规则

非循环数据交换可用来对设备进行参数化和组态，以及读取设备的状态信息。这通过读（Read）/写（Write）帧使用基于 UDP/IP 的标准 IT 服务实现。

除了设备制造商可用的数据记录外，还定义了如下系统数据记录：

1）诊断信息（Diagnosis Information）：可由用户从任意设备在任意时间读取。

2）出错日志项（Error Log Entries）（报警和出错消息）：可用于确定 I/O 设备内事件的具体时间信息（最少规定 16 项）。

3）标识信息（Identification Information）：在 PI 导则"I&M 功能"中规定。

4）信息功能（Information Function）：关于真正的和逻辑的模块结构。

5）I/O 数据对象（I/O Data Objects）：用于读回 I/O 数据等。

为了区别读（Read）/写（Write）服务要执行的服务，PROFINET 定义了额外的编址层次——索引（Index）。用户可以使用索引 0~0x7FFF 来交换制造商特定数据。从 0x8000 开始的索引是为系统定义的。

所有 UDP/IP 帧具有同 RT_Class_UDP 帧相同的结构。为了表述清晰，在以后帧结构的表示中省略"目的地址（Dest. Addr）"和"源地址（Src. Addr）"。所有网络格式以大端模式进行传输（即最先传输最高有效字节，最后传输最低有效字节）。

3. 高优先级数据（报警数据对象）

PROFINET 将事件的传输模型化为报警概念的一部分。该概念包括系统定义的事件（如拔出和插入模块）和用户定义的事件。这些事件在所用的控制系统中被检测出（如有故障的负载电压）或者在受控的过程中发生（如温度过高）。当发生一个事件时，必须有足够的通信内存供数据传输使用，以保证数据不丢失并且报警报文快速地从设备发出。

6.2.5　应用关系和通信关系

对 PROFINET 设备模型、可用的通信服务以及诊断概念的理解，是理解操作模型进而理解工程系统、控制器和设备之间相互作用的前提条件。

设备作为生产者从过程向控制器提供输入数据（控制器作为输入数据的消费者），并基于产生的输出数据来控制过程的自动执行（设备作为输出数据的消费者）。

控制器或监视器和设备之间的每个数据交换都通过使用精确定义的通信通道实现。通信通道必须在数据交换之前，由控制器根据从工程系统接收的组态数据建立。它明确规定了数据交换。

每个数据交换被嵌入在"应用关系（AR）"中。为此，在高层控制器（控制器或监视器）和设备之间建立了精确定义的应用（连接），即 AR。不同的"通信关系（CR）"显式地规定了 AR 内的数据。不同控制器和一个设备之间可以建立多个 AR。AR 由 ARUUID 唯一标识。工程工具为特定的系统组态和每个设备生成该全局唯一的 16B 标识符。从控制器角度看，每个设备的 ARUUID 是不同的。PROFINET 定义了以下不同的 AR。

① 控制器 AR（IOC-AR）。控制器 AR（IOC-AR）的功能如下：

- 通过单播或多播连接的循环输入数据和循环输出数据；
- 利用读（Read）/写（Write）服务的非循环数据；
- 双向报警。

IOC-AR 的建立必须与某个 API 相连接，该 API 取值范围为 0~0xFFFFFFFF（AP 是必备的且用于交换制造商特定的数据）。API 标识了对要交换数据的访问且必须与应用/通信行规相关联。

高层控制器建立一个与设备的 IOC-AR，并且使用该 AR 定义要交换的 I/O 数据、非循环读/写服务和报警。IO-C（I/O 控制器）可能阻止对设备数据的写访问。如果 IO-S（监视器）试图向该设备发送 Connect. reg 以接管控制，则该设备将拒绝访问并向 IO-S 发送带"ModuleDiffBlock"的 Connect. res。

② 监视器 AR（IOS-AR）。监视器 AR（IOS-AR）的功能如下：

- 用于监视器和设备之间的数据交换，且具有与 IOC-AR 相同的特性；
- 接管一个或多个子模块。

当建立一个控制器与设备之间的 IOC-AR 时，控制器可能允许对设备 I/O 数据的写访问。监视器可以通过建立一个单独的 IOS-AR 来接管对 I/O 数据的控制。那么，设备将向控制器发送类型为"由监视器控制（Controlled by Supervisor）"的报警并释放 IOC-AR。

设备访问（IOS-DA）是指在高层控制器和设备之间建立的一个 AR。设备访问允许非循环读和写数据。

③ 隐式 AR（Implicit-AR）。隐式 AR（ARUUID=0）定义了控制器或监视器与设备之间的应用关系，用于非循环读取设备的数据。控制器不必为此建立单独的 AR。该 AR 总是已建立并可被高层控制器使用（"TargetUUID"=0），根据槽（slot）、子槽（subslot）和索引（index）进行编址。

写访问不允许使用隐式 AR，这是因为写访问要求控制器 AR（IOC-AR）、监视器 AR（IOS-AR）或设备访问具有显式标识。

由于一个设备可建立多个 AR，这就防止了数据区的重叠。

每次系统启动，在数据帧中以及所有非循环服务中都传输 ARUUID 以实现标识。如果由于故障或掉电而需要启动或重启系统，则使用相同的 ARUUID。除了其他信息，在 ARUUID 中还规定了产生时间（以 ns 为单位），该时间由工程工具来创建。

在 AR 内，发起方（控制器或监视器）在进行数据交换前先建立用于数据交换的通信关系。应用仅能访问在 AR 和 CR 中明确规定的数据。

1. 应用关系的建立

应用关系（AR）的建立通过"连接调用（Connectcall）"在系统启动期间发起。因此，所有设备模型的数据包括通用通信参数，都被下载到设备。

在"连接调用（Connectcall）"中传输以下数据用于建立 AR：

1）要建立的 AR 的标识（通过 ARUUID）。

2）为 IO-CR 分配的槽和子槽。

3）模块/子模块标识号的规定。

4）IO-CR 的应用过程标识符（API）的规定。

5）冗余的规定（在 AR 制造商块内）。

6）具有优先级规定的报警-CR 的模型。

7）非循环数据处理选项。

8）循环数据的传输频率。

PROFINET 设备模型为建立 AR 提供以下可能：

1）在一个 AR 内可定义一个或多个 IO-CR。

2）每个 IO-CR 至少被分配给一个 API。

3）每个 IO-CR 可由多个槽和子槽组成。

所有数据可使用相同的 AR 进行访问。这意味着，比如不同的应用行规（如 PROFIDRIV、称重和计量等）可被映射给一个 AR 而不必担心数据区重叠。

在建立 AR 期间会对以下出错情况进行处理：

1）控制器不能与被组态设备建立通信关系（原因：设备不存在或不正确，在定义的时间间隔内重复建立通信关系的请求）。

2）控制器能够与被组态设备建立通信关系（原因：被通知有故障的模块且相应的 I/O 数据被标记为无效的）。

3）槽或子槽不存在（通常在工程设计期间根据 GSD 条目检测出）。

4）（子）模块丢失或不正确，即不匹配的（子）模块 ID。

2. 通信关系的建立

必须在 AR 内建立用于数据交换的通信关系（CR）。这些 CR 规定了消费者和生产者之间明确的通信通道。

PROFINET 规定了以下通信关系：

1）IO-CR：用于循环过程数据交换，该 CR 必须被建立。

2）报警-CR：用于在实时通信（通道）内非循环传输报文，该 CR 是双向的并且必须与 IO-CR 一起建立。

3）记录数据-CR：用于非循环数据交换。

4）多播通信关系（MCR）：设备之间直接的数据通信。

下面对 IO-CR、报警-CR 和记录数据-CR 进行详细介绍。

1）用于循环数据交换的通信关系（IO-CR）。当在 AR 内建立 IO-CR 时，控制器在系统启动期间在 Connect. req 帧中发送控制器与设备间循环数据交换所需的所有数据。主要包括以下内容：

① 传输频率和数据长度。其中传输频率的数据包括减速比和发送时钟因子。

② 输入/输出数据或多播通信关系数据的规定。

③ 输入/输出数据的模块和子模块的数目。

④ 模块和子模块的标识号。

⑤ 要发送数据的顺序。

⑥ 使用的 API 编号。

I/O 数据总是在生产者和消费者之间被循环地发送且无确认。在此，"循环"是指在控制器的一次请求后按照固定的周期发送数据。可为各设备的若干子模块设置不同的更新率。同样地，发送间隔与接收间隔可以不同。发送间隔也被称为"发送周期"，可被划分为各个时段，因为不必在"发送周期"的每个时段（通过减速比定义）都发送所组态的数据。由于可以规定控制器发送 I/O 数据的顺序，这允许对循环数据交换进行优化。控制器可以为一个设备建立多个 IO-CR，这些 IO-CR 的槽或子槽和传输频率不同。一个 IO-CR 内最多能传输 1440B。也就是说，在一帧内必须能够传输若干子槽的所有数据，包括该 IO-CR 的若干子模块状态。如果对此不能保证，则必须建立额外的 IO-CR。

消费者必须保证总是具有足够大的数据缓存。根据数据帧中的"周期计数器"，消费者可以利用到达数据的顺序进行分配。

IO-CR 还包括多播通信关系（MCR）。输入 CR、输出 CR 和 MCR 在"Connect 帧"中具有特定的标识符。

2）报警通信关系（报警-CR）。报警是非循环数据事件，当产生后立即作为高优先级数据通过实时通道发送，并且必须被相应的消费者在协议级和用户级双重确认。在一个可配置的时间后，生产者或者接收一个说明数据被消费者正确接收的确认，或者接收一个出错消息。报警-CR 是从生产者到消费者。由于报警不支持在一帧传输，报警-CR 是受保护的，即通过"序列号"来确保对重复的监视。在一个报警-CR 内，必须能够传输最少 200B、最多 1432B 的数据。

基本上，控制器和设备都可以作为生产者和消费者。控制器在"Connect. req"内规定传输过程报警和诊断报警的优先级。报警-CR 总是双向的过程报警和诊断报警，可以不同优先级传输。单个报警 CR 可同时传输一个高优先级报警和一个低优先级报警，比如一个诊断报警和一个过程报警。在用户侧必须提供相应的资源。挂起低优先级报警对于延迟高优先级报警的影响可忽略不计。报警在设备和控制器中的处理以及报警的传输必须考虑高、低优先级报警的分类。

3）非循环数据交换的通信关系（记录数据-CR）。非循环数据使用记录数据-CR 进行传输。该关系是有方向的，即从记录数据的消费者到生产者建立。

记录数据-CR 用来读取和写入以下服务：

① 写入 AR 数据。

② 写入组态数据。

③ 读取和写入设备数据。

④ 读取诊断数据。

⑤ 读取 I/O 数据。

⑥ 读取标识数据对象（I&M 功能）。

⑦ 读取日志数据。

⑧ 读取物理设备数据。

⑨ 读取期望的模块和实际插入的模块间的区别。

在记录数据-CR 中，必须能够传输至少 4172B 的数据（分段和重组是必备的）。

3. 应用关系的释放

如果控制器有意停止数据交换或者由于设备或控制器出现部分故障，则 AR 可能被释放（释放标识符在 RPC 头部）。当一个 AR 被释放时，其建立的若干 CR 也被一同释放。必须按制造商规定来控制与被释放 AR 相关联的设备输出。例如，当监视器临时接管对设备的控制或通信中检测到超时（如 Data Hold Timer 超时或系统启动期间 Context Manager Inactivity 超时）时，则将 IOC-AR 释放。

6.3　PROFINET 运行模式

6.3.1　从系统工程到地址解析

1. 系统工程

为了实现一个系统的工程，需要被组态现场设备的 GSD 文件。该文件由现场设备制造商提供。在系统工程期间，要对 GSD 文件中定义的模块（modules）/子模块（submodules）进行组态，以将其映射为实际系统并将其分配到槽（slot）/子槽（subslot）中。可以说，组态工程师在工程工具中利用符号来配置实际系统。系统工程的任务还包括为各现场设备在编址期间所分配的 IP 地址规定网络 ID。每个现场设备都被分配一个逻辑名称，逻辑名称应指引设备在系统中的功能或安装位置，并且在地址解析期间被用来分配 IP 地址。名称分配总是使用 DCP（发现配置协议），该协议默认集成在每个 PROFINET 设备中。由于 DHCP（动态主机配置协议）的广泛使用，PROFINET 用户也可以通过 DHCP 或者制造商特定机制来设置地址。一个 I/O 现场设备所支持的编辑选项在相应设备的 GSD 文件中定义。

每个控制器制造商还提供用于系统组态的工程工具。

2. 将系统信息下载到控制器

完成系统工程后，组态工程师将系统数据下载到控制器中，系统数据还包括系统特定的应用。这样，控制器获得了寻址设备和数据交换所需的全部信息。

3. 系统启动前的地址解析

在与一个设备进行数据交换前，通常控制器必须在系统启动前为该设备分配一个 IP 地址。系统启动是指自动化系统在"上电"或"复位"后的启动或重启。在相同子网内的 IP 地址使用默认集成在每个 PROFINET 现场设备中的 DCP 进行分配。如果现场设备和控制器在不同的子网中，则由单独的 DHCP 服务器提供地址解析。

4. 系统启动

控制器在启动或重启后，总是根据组态数据来开始系统启动。从用户的角度看，这是自动进行的。在系统启动期间，控制器建立 AR 和 CR，如有必要，则组态并参数化过程级 I/O。

5. 数据交换

系统启动完成后，控制器和设备交换过程数据、报警和非周期数据。

6.3.2　PROFINET 系统工程

进行系统组态的工程师选定自动化任务所需的全部设备后，就可以把注意力转向自动化任务本身。第一步通常是系统工程，也称之为系统组态，因此，下面描述组态自动化系统时将执行的逻辑动作。在组态并调试自动化系统时，必须按给定顺序执行以下步骤：

1）系统工程。

2）下载系统组态到控制器。

3）系统启动时设备地址解析。

4）数据交换。

PROFINET 系统工程为工程工具制造商创建用户友好的工程工具提供了很大的灵活性。

在大多数情况下，监视器也集成了工程工具的功能。因为只有控制器制造商知道控制器的内部数据结构，所以每个控制器制造商都提供了工程工具。

系统工程的结果是对自动化系统的映射，该映射被作为一种数据结构下载到要被组态的控制器。这样，控制器获得了启动地址解析以及与被组态设备数据交换所需的全部信息。

在系统工程期间，组态工程师指定自动化系统的范围。在下面描述中，假设相应自动化设备中的所有用户程序已经创建并且可用。

为实现 PROFINET 系统工程，必须执行以下任务：

1）读入现场设备制造商提供的 GSD 文件。

2）创建一个自动化项目（对模块化设备的组态通过分配 I/O 模块实现）。

3）定义循环数据的传输间隔。

4）为总线系统设置 IP 地址，并为各个设备分配设备名称。

5）为现场设备分配过程接口。

6）将组态信息下载到控制器。

1. 读入 GSD 文件

GSD 文件定义了系统组态所需的相应现场设备的全部技术数据。要交换的 I/O 数据的长度取决于所选的子模块。每个子模块的数据长度在 GSD 文件中规定。

GSD 文件中最重要的数据是用于组态的：

1）根据总线物理层规范选择总线接口。

2）一个设备族可用的模块和子模块的定义（DAP）。

3）模块到物理槽的分配。

4）子模块数据的预分配。

5）诊断选项。

6）用于符号组态的文本定义。

GSD 文件必须由各现场设备制造商提供。GSD 文件必须由工程工具读入并保存在目录中。为了更容易地查找已保存的 GSD 文件，PROFINET 提供了将 GSD 文件分配给一个设备族的选项。设备族如 I/O 系统、HML 站、驱动器、PLC 和开关装置等。

2. 创建一个自动化项目

在组态开始时，首先必须选择一个控制器。自动化系统中所组态的现场设备都将分配给这个控制器，该控制器必须以适当的可扩展程度进行组态。

在接下来的步骤中，各个现场设备通过拖放方式连接到总线上。模块化的现场设备可以单独组态，从而满足其对实际系统的扩展程度。为此，组态工具提供了 GSD 文件中定义的所有模块，并且可以与所选择的 DAP 一起运行。对于 GSD 文件中的各个子模块，制造商可以指定特定的预分配和诊断选项的类型。

3. 将各参数下载到设备

GSD 文件中定义了设备可能需要的静态参数。系统特定的动态参数不能以这种方式定义，因为它们常常在运行期间才出现。这些参数通过菜单驱动的设备工具可以很容易地下载到相应设备中。

4. 规定输入/输出数据的传输间隔

在系统工程期间，组态工程师指定控制器和设备的数据传输频率。这样，各自的输入和输出周期可以不同，组态工程师不必计算更新周期，而由工程工具来完成。

PROFINET数据传输可以划分优先级，高优先级数据的传输比低优先级数据的传输频率大。例如，计数操作或定位操作的实际值用数字输入量表示，它们的变化比温度值的变化快。

5. 现场设备的编址

DCP（发现配置协议）用作名称/地址解析的基础，也是实现"设备更换无须编程设备"全部概念的一部分。在这种情况下，DCP仅提供允许该功能与LLDP（链路层发现协议）结合使用的基本机制。通过组合这两种服务，可以在控制器或工程工具中再现系统拓扑，并实现设备替换而无须其他工具。

除其他数据外，PROFINET现场设备管理以下数据（控制器使用这些数据实现对现场设备的编址）：MAC地址、设备名称、IP地址、邻居信息、DeviceID、VendorID、制造商特定数据，以及用于对现场设备进行编址的可选服务，如DHCP（动态主机配置协议，用于对现场设备进行编址的标准IT服务）。

DCP服务是标准的PROFINET服务，用于读/写设备编址所需的参数。控制器或监视器使用这些服务，比如获得已保存在现场设备的信息概要并向现场设备中写入数据。这些服务是实时的，且只能在子网中使用。这里规定了以下服务：

1）CP.Identify：带有特定Frame_ID的多播服务，发送给现场设备来读取设备的标识信息。

2）DCP.Get：单播服务，用于读取设备信息，如地址信息。

3）DCP.Set：单播服务，用于向设备写入名称和IP地址，以便控制设备。

通常情况下，可以在一个呼叫帧中指定多个过滤器。

6. IP地址和名称分配

现代工程工具使用DCP服务扫描总线并显示所有接收的信息，如MAC地址、设备名称、IP地址以及"设备类型（Device Type）"。"设备类型"可被理解为一个名称，为了更好地识别设备，可以将其包含在交付说明中。

如果通过控制器提供IP地址分配，则寻址网络所需要的子网掩码和网络ID必须由工程师在组态系统时来指定。子网掩码由系统操作员分配。子网掩码定义了子网，在随后的系统中，每个路由器都可以使用子网掩码找到目标网络，然后将IP地址分配到设备，比如按升序排列在网络内。

7. 现场设备到其过程接口的分配

为了更好地概述和实现地址解析，必须给现场设备提供一个设备名。默认情况下，只有MAC地址和可能的设备类型作为交付说明保存在I/O设备中。然而，由于许多相同设备类型的设备可能被安装在同一个系统中，这就有必要为现场设备分配一个系统特定的名称，该名称指引设备在系统中的安装位置和/或功能。设备名必须在系统启动前通过工程工具写入设备，因为在系统启动前它将被控制器用于名称和地址解析。所有用于名称解析连接中的帧都是实时帧，并且只能在一个子网里使用。

6.4 PROFINET 端口的 MAC 地址

PROFINET 现场设备总是通过一个交换机端口连接到另一个现场设备的交换机端口。端口 MAC 地址是必要的，以确保相同的 MAC 地址（接口地址或设备 MAC 地址）决不会通过两种不同的路径到达一个交换机。否则，交换机每次都必须重新建立并不断学习它内部的地址表。为此，一些 PROFINET 帧将发送端口的 MAC 地址作为源 MAC 地址。如果不这样做，使用介质冗余时可能出现问题。

以下服务要求相邻端口间的通信服务使用 MAC 地址（此处源 MAC 地址就是端口 MAC 地址）：

1) 确定相对于同步通信中相邻设备的线延时（PTCP）。
2) 交换邻居信息（LLDP）。
3) 冗余协议（MRP），如果支持且激活。

现场设备本身必须具有设备 MAC 地址，用来寻址接口（接口 MAC 地址）。此外，每个（集成的或外部的）交换机端口必须有一个端口 MAC 地址。这些必须由现场设备制造商编程实现，且作为交付说明被包含在现场设备中。

因为现场设备必须知道数据是通过哪个端口发送和接收的，所以相应端口的 MAC 地址包含在 PROFINET 中"源 MAC 地址"字段内。"目的 MAC 地址"必须依据 IEEE 802 来表示。例如，现场设备必须能够根据端口 MAC 地址来区分到邻居设备的确定的线延时。

6.5 PROFINET 数据交换

PROFINET 基于 IEEE 802 标准，并支持基于 IEEE 802.1Q 带 VLAN 标志的帧优先级。PROFINET 循环数据交换是专门面向连接的、采用大端格式的通信，它使用无确认机制的实时通信。这要求在系统启动期间在发起者（通常为控制器）和响应者（通常为设备）之间成功建立一个 AR 和一个 IO-CR。然后，在无须任何其他请求的情况下，设备在指定的时间间隔独立地、无保护措施地发送循环过程数据，且无须确认。生产者（对于输入信号，通常是设备）是过程级的现场设备，为消费者（控制器）提供过程数据。该连接由高层协议来建立/释放。

对于每个子槽，使用状态信息 IOPS（IO Provider Status）和 IOCS（IO Consumer Status）对子槽数据区中被发送的循环过程数据作更详细的规定，相应的状态信息指示该数据是否有效。在许多情况下，这使得应用不必单独请求诊断信息。控制器和设备为其每个子槽发送的相应输入数据和输出数据都发送一个 IOPS。

以下情况，IOPS 必须设为"bad"（bad 为不等于 0x80 的其他所有值）：

1) 如果一个子模块对于已建立的 AR 不可用（被拔出、被监视器锁定、被上级锁定、应用就绪挂起，以及错误子模块）。如果控制器中的应用发现所接收的的子模块数据无效（如子模块过电压），则控制器的 IOPS 也通知设备关于控制器发出的输出数据的有效性。

2) 如果控制器将设备上特定子槽的输出数据的 IOPS 设为"bad"，则设备必须将其输出设置为"0"。

设备在发送输入数据时为其从控制器接收的输出数据反映相应的 IOCS；控制器在发送输出数据时为其从设备接收的输入数据反映 IOCS。

如果控制器或设备中的应用程序能够正确处理从通信伙伴接收的数据，则 IOCS（输入/输出消费者状态）为"good"。

以下情况，IOCS 必须设为"bad"：

1）如果一个子模块对于已建立的 AR 不可用（被拔出、被监视器锁定、被上级锁定、应用就绪挂起，以及错误子模块）。

2）如果设备应用程序不能处理该数据（如手动/自动模式）。

IOCS 通知设备，控制器是否能够正确处理设备先前发送的输入数据。控制器发送的 IOCS 对设备没有影响。对 IOCS 为"bad"的反应是用户特定的，并由控制器中的应用程序决定。

PROFINET 循环数据交换具有如下特征：

1）循环的发送者（生产者）不接收关于数据包到达接收者（消费者）的明确反馈，也不接收任何出错消息。也就是说，对于返回通道需要一个额外的互换角色的连接。

2）消费者利用一个监视时间间隔来监视数据的接收。

3）仅长度（包含所有协议头部）不超过以太网包总长度限制的数据包才能被传递到生产者的用户接口。这意味着，子槽的所有数据总和可在一个以太网帧中传输，包括生产者和消费者状态，未规定数据的分段和重组。如果所有子槽的总数据长度超出以太网包总长度限制，则必须建立一个额外的 IO-CR。

4）用于生产者和消费者数据的用户接口以"缓存模式"工作。如果生产者应用的更新率大于发送间隔，则不是所有被应用写入缓存的值（状态）都发送给消费者。如果消费者的更新率小于发送间隔，则每接收一个 RT 帧都覆盖缓存中的值。

5）为每个生产者规定一个更新间隔，必须保证该值在确定的允许容忍范围内。

6）为每个消费者规定一个生产者控制间隔。消费者监视生产者定期发送预先定义的数据。

7）更新间隔和生产者控制间隔由组态和各现场设备的性能来定义。

尽管实际过程数据交换仅在启动阶段结束后才进行，但是，在启动期间"Connect. req"之后循环数据交换就被激活了。这意味着控制器中的连接监视可以完全通过循环交换来实现。因此，在设备中仅 Connect 和 End of parameterization 之间的监视是必要的。

设备传输过程数据的顺序是由控制器在建立 IOCR 的 Connect 帧中规定的。如果一个设备仅是一个输入设备，则控制器不向设备传输任何输出数据。然而，它仅为被参数化子槽的输入数据传输相应的 IOCS。

在系统启动期间，为标识实时通信，控制器向设备传递 Ethertype 0x8892 和 Frame_ID。其中，Frame_ID 取自所要求 RT 类的编号范围。I/O 数据由规定槽/子槽的组合来寻址。

槽和子槽总是属于 AR 内的一个 API。在默认情况下，API 0 被用于寻址。分配给 API 的应用行规值范围为 1~0xFFFFFFFF。一个 AR 中可定义一个以上的 API。

Ethertype 0x8892 由 IEEE 发布，用于 PROFINET RT 通信，并可在任何交换机内实现。该 Ethertype 使得 RT 帧在交换机内比 UDP/IP 帧优先级高。

6.5.1 循环数据交换

1. 从设备到控制器的循环输入数据的传输

使用"Connect. req",控制器以特定顺序来参数化用于输入和输出的IO-CR。在循环数据交换期间,设备以此参数化顺序为每个子槽传递数据,包括IOPS,以及由控制器发送的输出数据的IOCS。结果是,消费者总是具有关于输出数据是否能在消费者中被正确处理的最新状态。

2. 从控制器到设备的循环输出数据的传输

在控制器和设备间的数据交换期间,各生产者不仅传输过程数据和IO生产者状态(每个子槽的IOPS),也传递相应消费者的IO消费者状态(每个子槽的IOCS)。这保证了控制器和设备互相通知关于其发送的数据能否被处理的信息。

6.5.2 非循环数据交换的序列

除了用于传输过程数据的循环数据通信外,PROFINET利用"记录数据-CR"来提供在发起者和响应者之间非循环地交换特定数据(如参数读和写)的选项。非循环数据是较低优先级的数据,仅在需要时使用RPC协议通过UDP/IP路径传输。为此,PROFINET提供数据的读服务和写服务。非循环服务通常由控制器和监视器来运行。

非循环通信序列由两个帧组成:请求帧和响应帧。

写请求只允许在已建立的CR内进行,读请求即使未预先建立连接也允许进行,这是因为它们不影响过程。由"数据单元(Data Unit)"内的读或写块中的索引字段来规定要被读或写的数据。

非循环数据通信的典型使用情况如下:出于维护目的读出诊断缓存;为检查扩展程度读组态数据;读设备特定数据(I&M功能);为统计数据分析读日志条目;为过程控制读输入和输出;读写PDev数据;写模块参数。

1. 读(Read)请求

在循环数据交换期间,任何时候都可以发送读请求。通过"Read. req",发起者向设备请求由Read Block中的索引指定的数据。

2. 读(Read)响应

所请求的数据由读响应迅速传递。监视时间用于监视"Read. req"必须在多长时间内被应答,对应于RPC监视时间。

3. 写(Write)请求

通过"Write. req"服务,控制器可以向现场设备写入数据。但是,仅在此前已建立"记录数据-CR"才允许进行。

4. 写(Write)响应

每个"Write. req"帧由设备以"Write. res"来确认。可在写响应中传送出错消息。

6.5.3 多播通信关系

多个节点的循环数据传输要求生产者具有强大的处理能力。为了最大限度地减少网络负载,定义了一种从一个生产者到多个或所有节点的直接数据通信。在PROFINET中,这种直接数据通信的正确术语为多播通信关系(MCR)。

在一个网段内的 MCR 作为 RT 帧进行交换，跨网段的 MCR 数据遵照 RT 类别"TClassUDP"的数据交换。通过 MCR 交换的数据遵循 I/O 设备模型并被分配到子槽。设备的 M-生产者子槽既可以通过输入-CR，也可以通过 MCR 向所属的控制器发布输入数据。这两种 CR 可以使用不同的传输方式（RT 或 IRT）。

设备的 M-消费者子槽既可以通过输出-CR 从控制器接收输出数据，也可以通过 MCR 从 M-生产者接收输出数据。

在 MCR 情况下，一个或多个 I/O 现场设备可以作为 M-生产者，M-生产者是一个执行已定义的控制功能并发布数据的节点，M-消费者从 M-生产者接收数据。这种方法能够直接在 I/O 现场设备之间实现更快速的数据交换。I/O 现场设备可以同时作为 M-生产者和 M-消费者，功能和任务分配仅由相应系统的功能范围来确定。为了建立 MCR，控制器参数化用于 MCR 的 M-生产者和 M-消费者，该 MCR 作为 Muliticast-CR。

在传输方面，MCR 遵循循环数据交换规则。PROFINET 使用多播地址和可源于任何 RT 类别的 Frame_ID。

M-生产者使用已参数化的 IO-CR 来发布数据，也使用已参数化的 Alarm-CR 将报警发送给控制器。在系统启动后，一旦生产者向控制器发出"Application Ready"，则生产者开始发送数据。M-生产者既可以是控制器，也可以是设备。

M-消费者通过由控制器参数化的输出-CR 来接收 MCR 的数据。当建立起与生产者的连接时，消费者通过"Application Ready"进行通知。M-生产者规定该数据交换的 Frame_ID。M-消费者监视与 M-生产者的连接，并使用"Identify. req"来通知要传输的数据是否不存在。如果在通信中涉及多个消费者，则有一个错误发生，所有消费者都发起"Identify. req"。MCR 可以跨网段建立，M-消费者既可以是控制器，也可以是设备。

6.6 PROFINET 诊断

自动化系统的可用性高度依赖于强有力的诊断概念。同时，现场设备开发人员和系统操作员对于标准报文以及制造商特定报文具有良好协调一致的概念很重要，如同设备开发人员和系统操作员对于不同报警报文的解释具有共同的理解一样。PROFIENT 包含标准的诊断设计，规定各个诊断的含义以及数据结构。

为了获得所需要的信息，设备开发人员和系统操作员应提前了解以报警形式发送给上层控制器的诊断内容。在许多情况下，问题可被提前检测出并且能够显示相应的维护间隔。

诊断概念描述 I/O 模块到各模块/子模块的"映射"，并将形成的诊断条目记录在诊断缓存中。PROFINET 基于这些诊断条目产生相应的报警报文，诊断缓存代表了现场设备所连接 I/O 的映像。

PROFINET 报警/诊断结构如图 6-2 所示。

PROFINET 在内部存储器中映射与一个现场设备相连接的 I/O，如图 6-3 所示。

在诊断概念中，通信系统应支持以下可能性：

1）来自过程的并且被传送给控制系统的事件。

2）指示现场设备故障的并且在控制器用户程序中需要的事件。

3）以纯文本形式描述一个出错原因的详细信息。

4）能从现场设备读出的消息。

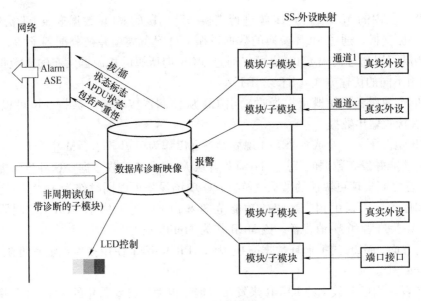

图 6-2 PROFINET 报警/诊断结构

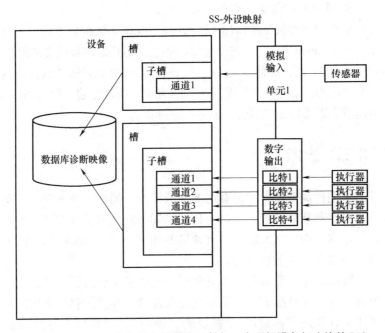

图 6-3 PROFINET 在内部存储器中映射与一个现场设备相连接的 I/O

5）制造商特定的诊断。

6）预防性消息（建议维护或需要维护）。

这使得系统操作员能够快速获得关于自动化系统的详细说明，并及时识别任何故障。因而，PROFINET 诊断概念较好地满足了系统操作员和维护人员的需要。满足这点的前提条件很简单，即现场设备制造商也根据"PROFINET 诊断导则"实现该概念。

主要描述以下内容：

1）诊断来源的位置。

2）事件的重要性或严重性。

3）关于出错的详细信息。

损害自动化系统正确运行的事件必须作为报警发送给控制系统。报警或者来自与现场设备相连接的过程（过程报警），或者来自现场设备自身（诊断报警）。PROFINET 支持基于槽/子槽组合以及相关通道的起源定位。这也涉及通过报警-ASE（应用服务实体）到高层控制器的高优先级传输。PROFINET 将发出的报警保存在诊断缓存中。根据报警类型，生产者可以规定如何显示所传输报警的重要性，以便推定合适的响应（如维护工作或订购备件）。

PROFINET 传输规定的重要性报警如图 6-4 所示。

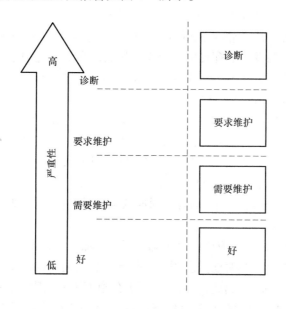

图 6-4　PROFINET 传输规定的重要性报警

根据所传输报警的"重要性"，高层控制器可以推定如何控制 LED 指示灯，现场设备在所传输的数据单元中规定出错原因。

另外，控制器或监视器可以利用非循环的"读服务"来读取诊断缓存。报警作为消息被持续保存在报警-ASE 中，直到它们被明确消除并且由上层控制器确认为止。

PROFINET 总是将高优先级事件作为报警来传输。这些既包括系统定义的事件（如模块的移除和插入），也包括用户定义的事件（如非正常负载电压），这些事件在所用的控制系统中已被检测出或者在过程中已发生（如钢炉压力过高）。因此，控制器必须有足够的缓存空间用于接收用户侧的报警。PROFINET 定义了一个标准报警集，这些报警反映了现场总线领域中多年的经验。报警总是与 API/slot/subslot 组合一起发出，以便明确地确定错误的原因或位置。

PROFINET 提供详细规定错误原因的通道特定的诊断。由此，系统操作员可以标识相应的子槽。通过使用 GSD 文件中的纯文本定义，上层诊断工具可以很容易地解析出错消息。

当被通知一个妨碍现场设备正确运行的错误时（诊断报警），必须在诊断缓存中产生一个条目。过程报警不记录在诊断缓存中，而是作为报警被报警-ASE 直接发出。

6.7 PROFINET IRT 通信

6.7.1 IRT 通信介绍

在 IEEE 802 中定义的基于以太网的数据通信满足系统操作员所需的实时性要求。然而，一些自动化系统的应用需要所设计的通信同时具有最佳性能和确定性行为。因此，为了满足用户对循环过程数据传输的要求，需要一些额外的定义，这就是同步 PROFINET 通信，也叫作 IRT 通信（等时同步实时通信）或等时同步通信。

PROFINET 为过程数据的循环传输提供了可组合的实时类。在系统工程期间，组态工程师规定参与自动化任务的设备要配置的实时类。然而，在实际应用中，现场设备的这些实时类只扮演一个更次要角色。从现场设备制造商的角度看，在 GSD 文件中规定各设备支持哪些实时类（使用 SupportedRTClasses）就足够了。

除了需要实时通信的能力，一些过程还要求具有最高性能的等时同步的 I/O 数据传输。时钟同步意味着总线周期的开始是时间精确的，也就是说，具有可允许的最大偏移并且连续同步。只有这样，才能保证传输 I/O 数据的时间间隔具有最大的精度。

IRT 通信允许以下循环数据传输的应用：

1）总线周期同步，保证一个新的发送周期精确起始时间与总线周期起始时间的时间差控制在所定义的最大偏移内。

2）应用同步，用于在一个应用中以精确时间处理输入和输出。

为了在现场设备中实现等时同步应用，总是要求总线周期的同步。哪些现场设备具有等时同步应用取决于使用情况，因此，这样的应用必须由用户实现在相应的现场设备中。

IRT 通信一方面可以使总线周期明显低于 1ms，另一方面也可以保证与总线周期起始时间的最大偏移小于 1μs。由于硬件（PHY）导致每通过一个交换机时产生一个不确定的延迟，因此，如果在一条线路上参与通信的节点数不超过 20 个，则该量级的抖动可以在最坏情况下得到保证。

如果通信链中这种线形结构被打破，则节点的数量可能显著增加。在一条线路上 20 个节点的数值只是通过计算得到的，必须将其视为一个理论值。在真实应用中，甚至 100 个节点的通信都能保证所要求的确定性行为而不产生问题。

PROFINET 提供了最大性能的通信。这种通信要求提前精确地规划通信路经。因为在数据传输过程中决不能出现等待的时间，所以在此情况下，可以最佳利用可用的带宽。就技术而言，这就采用了同步的 RT_Class_3 通信。

可以将一个自动化系统设计为：

1）非同步的系统。

2）具有总线同步的系统。

3）具有总线同步和应用同步混合操作的系统。

同步的总线周期和同步的应用相结合使用，比如驱动器的定位操作。在这种场合下，有必要精确同步输入数据的准确读入时间与由输入数据计算出的新位置值的准确读入时间。换言之，数据的形成时间和向过程的输出时间都是由高层控制器精确计算出来的。为了达到这种精度要求，需要一种特殊的通信机制将 IRT 功能和等时同步应用相结合。在此情况下，通信系统的任务是传输输入数据和输出数据。等时同步应用确保输入数据从过程到通信系统的传输是时间精确的。同样地，由此产生的输出数据也以等时同步的方式输送给过程。

1. IRT 控制的要求

在属于相同 IRT 域（Domain）的所有参与 IRT 通信的现场设备与同一个主时钟同步。IRT 通信基于以下条件：

1）考虑到实时性，通信仅发生在同一个子网内，这是因为通过 TCP/IP 进行的寻址选项不可使用。IRT 通信为此提供了一个解决方案，即不再使用现有的寻址机制（对于非同步的通信也一样），而是在一个子网中的现场设备基于 MAC 多播地址和帧的临时位置来寻址。

2）总线周期被分为预留的 IRT 时段和开放时段，定义如下：

① 在"开放间隔"（用于非同步帧的开放时段）中，根据 IEEE 802.1D 和 IEEE 802.1Q（基于优先级）的规则来管理帧处理。交换机在此以直通（cut through）模式进行操作。

② 在预留间隔（IRT 时段）中，仅允许处理 IRT 帧。

③ 在黄色间隔中，交换机切换到"存储和转发"模式，必须临时存储不能在剩余时间内转发的帧。

3）在 IRT 域中的所有现场设备都必须支持时钟同步，即使并不是执行同步应用。时间同步的精度小于1ms。

由于对精度高要求，仅靠软件解决方案是不够的，因此所用硬件必须支持监视的功能。可用的带宽被分成若干段并且在系统工程期间能够根据具体用户的要求进行调整。可以设置各时间间隔的总和（通常为 1ms 或更少）。典型 IRT 时段的范围为 $250\mu s \sim 1ms$。通常，时段（phase）的值是 $31.25\mu s$ 的倍数。

由于同步，在终端节点以及所有中间交换机上都进行 IRT 帧的处理。这就要求保证处理的一致性。因为对 IRT 通信中的交换特殊要求，所以参与 IRT 通信的所有交换机都必须遵循 IRT 通信规则，即使在所连接交换机上的实际应用并不是一个等时同步的应用。只有这样，才能保证通过交换机的定时可被监测，从而保证数据帧的精确转发。

PROFINET 定义以下各间隔及其特性：

1）预留间隔。在该间隔内，交换机仅可以转发 RTClass3。在 IEEE 802.1D 中定义的转发规则不适用，而在 EC 61158 中定义的转发规则适用。预留间隔的开始时间是连续同步的。在系统工程期间，定义了所有 RTClass3 帧的时间顺序。如果在预留间隔内有 UDP/IP 帧到达或者产生（由于应用未同步），那么这些帧将暂时存储在 IRT 交换机中，并仅在预留间隔结束后才被发送。在系统组态期间，在工程工具中规定用来标识不同帧的 Frame_ID。循环数据的接收是精确准时的，这保证了同步应用可以无延迟地直接开始。

在系统工程期间，一个通信任务的发送周期可以划分成一个或者多个时段。该时段具有固定的长度（发送时钟）并且指明帧的发送时间。

2）绿色间隔。在该间隔内，IEEE 802.1D 中定义的规则适用于交换机中数据帧的转发。可根据 IEEE 802.1Q（VLAN 标志）来划分优先级。如果 IRT 帧在该隔内到达，则这些帧将被丢弃并产生一个报警。重要的是，该间隔结束无活动的任务，以保证预留间隔顺利开始。不要求在每个时段都存在绿色间隔。

3）黄色间隔。在该间隔内，为了可靠保证下一预留间隔开始，在 IEEE 802.1D 中定义的规则不适用于交换机中数据帧的转发，可根据 IEEE 802.1Q（VLAN 标志）来划分可能出现的优先级。

2. IRT 域的定义

对于 IRT 通信，主要关注于通信的定时，这是为了保证总线周期的精确同步。因为 IRT 通信对于时钟同步有严格的要求，所以必须保证所有的 IRT 设备同步于一个共同的时钟系统。这种同步由一个主时钟来实现。

基于"最佳主时钟"算法，把系统中具有最精确时钟的自动化设备作为"主时钟"，定义公共时钟系统。从时钟将自己的时钟与主时钟的时钟进行同步。通过将涉及的从时钟分配给主时钟，由这些 IRT 设备定义了一个唯一的 IRT 域。主时钟可以是一个控制器设备。IRT 设备可能属于不同的 I/O 系统。也就是说，一个 IRT 域可跨越多 I/O 系统。不同的 IRT 域之间不能进行同步数据通信。同一系统中的 IRT 设备不能属于不同的 IRT 域，并且 IRT 帧只能在一个 IRT 域中交换。

由于要求时钟精度和数据吞吐量，所以 IRT 通信必须满足以下特定条件：

1）支持时钟同步。

2）监视 IRT 时间间隔。

3）集成有交换机的以太网控制器。

只有支持 IRT 通信规则的交换机才能连接到 IRT 域。为了满足不同间隔以及可以完成帧转发，这一点是必须的。

6.7.2　IRT 通信的时钟同步

在一个高时间精度应用的网络中，所有配置了 IRT 端口的节点都必须以最大的时间精度进行同步。同步机制必须在硬件中实现，否则，所要求的抖动只能在所有要同步的节点连接成星形拓扑结构才能得以保证。然而，这种拓扑类型的网络很少。抖动量在很大程度上取决于以太网接口所使用的 PHY 芯片。那些不对多播地址进行特殊处理的商用交换机是不可能达到精确同步的，因为这种交换机的延迟是几微秒级的。时间同步的基础是 IEEE 1588，IEC 61158 中定义的实时传输控制协议（PTCP）已经对 IEEE 1588 加以扩展以满足精度要求。

基本的同步过程和 IRT 机制是分开的，这是因为非同步网络只在系统启动期间遇到一次。

同步的过程如下：

首先"主时钟"定义公共时钟系统，然后发送用于同步的 Sync 帧。其他 IRT 设备即从时钟将其本地时钟与主时钟的时钟进行同步。主时钟向所有所属的从时钟发送同步帧。

为了将这些节点同步到一个公共时钟，要求确定相邻节点间的"线延时"和实际同步情况。为了让标准的网络组件达到高精度同步，确定 Sync 帧在线路上的延时是必要的。根据 IEEC 61158，可在 Sync 帧之后可选地将发起同步的时间作为一个单独帧（Follow-up帧）发送，通过将从时钟分配给主时钟来形成 IRT 域。只有通过添加所确定的相对于通信链中前一个节点的线延时并补偿内部时钟，才能使一个节点将该确定的延迟时间加到同步帧中，并将其以相应的精度转发给下一个节点。线延时总是用一个 Follow-up 帧来测量的。

一个 IRT 域可包括多个 I/O 系统，但一个 IRT 设备却不能属于不同的 IRT 域。

6.7.3 IRT 数据交换

一旦一个设备进入了同步模式，那么它就开始了高效的数据通信。在此通信过程中，所组态的调度表和同步会被连续地监视。如果某个现场设备检测到与所组态的调度表不一致，那么它会产生一个报警。如果设备接收了有缺陷的帧，那么相应的现场设备会创建一个替代帧，以使该通信链路中的下游现场设备可以坚持按所组态的定时和调度表运行。替代帧使用 Transfer_Status＝1 和多播目的地址进行标识。每个现场设备会将这个帧转发给其所组态的邻居。如果现场设备失去了同步，那么它同样需要给控制器发送一个报警报文。邻居设备因此检测到在预留间隔内缺少了一个帧，并可以创建一个替代帧。

IRT 使用 Ethertype 0x8892 进行通信。在总线系统中，IRT 帧和非同步 RT 帧的传输仅通过 Frame_ID 来进行区分，两者的帧结构是相同的。

6.7.4 等时同步模式下的报警报文

在 IRT 通信期间，报警事件（如输出数据未及时输出、同步丢失等）通过"等时同步模式通知报警（Isochronous Mode Problem Notification Alarm）"（在 Alarm Notification 数据区域中的标识符）被发送给控制器。除此以外，该过程与非同步通信的处理过程是一样的。

6.7.5 在 IRT 通信模式下的设备替换

如果一个设备已被替换，则替换设备必须和原始设备具有相同的名称。例如，这可通过将"Name Of Station"保存在持久的数据存储媒体上来保证。邻居节点信息的使用提供了非常方便的选项，并应被优先使用。该选项使得在没有编程设备情况下也能完成设备替换。

替换设备接收其 IRT 组态过程中再次启动。如果是同种设备类型，则不需要重新运行 IRT 规划算法。在此，不必理会替换设备与原始设备的 MAC 地址不同。

如果替换设备和原始设备是不同的设备类型，则需要重新运行规划算法。例如，时间参数（通过 PHY 的吞吐时间）不同。在运行期间进行设备替换时，由用户负责这项工作。一个例外是，被替换的设备是终端节点，此时不要求重新运行规划算法，因为终端节点不转发信息。

6.8 PROFINET 控制器

在一个自动化系统中，PROFINET 控制器是运行该自动化系统控制程序的站。控制器请求过程数据（来自所组态设备的输入），运行控制程序，并将要输出的过程数据（输出）发送给各个设备。为了执行数据交换，控制器请求包含所有通信数据在内的系统组态数据。在系统组态中定义以下数据：

1）设备扩展程度。

2）对设备参数化。

3）地址信息。

4）传输频率。

5）自动化系统扩展程度。

6）有关报警和诊断的信息。

201

7）实时行为。

在一个 PROFINET 系统中可以使用多个控制器。如果这些控制器可以访问同一个设备中相同的数据，则必须在工程设计时进行规定（共享设备，共享输入）。共享设备指多个控制器访问一个设备。共享输入描述多个控制器访问一个设备的同一个槽。

设置一个控制器与设置一个设备实际上是相同的。一旦一个设备名称被分配给自动化系统中的控制器，则在控制器内部运行的启动过程如下：

1）启动 MAC 接口。

2）启动 LLDP 以确定相邻设备信息。

3）启动 DCP 发送者和 DHCP 客户机。

4）等待 IP 地址（或使用内部可用的 IP 地址）。

5）利用 DCP 和 ARP 检查控制器具有的 IP 地址和名称，用以确定是否有其他的节点已经使用了相同的设置。

6）控制器检查已组态设备的可用性，如有必要为这些设备分配 IP 地址。

7）为设备建立所需的 AR 和 CR，如有必要，向设备写入在 GSD 文件中为每个模块规定的参数。

用户通常不会注意控制器和 PROFIBUS 主站操作模式的区别。过程数据也被控制器存储在过程映像中。通常，PROFIBUS 和 PROFINET 所用的功能块是相同的。

控制器接收自动化系统的组态数据，并且自动地与所组态的设备建立应用关系和通信关系。

一个控制器可以与多个设备分别建立单独的 AR。每个 AR 通过唯一的 ARUUID 来标识。在一个 AR 内，可以使用多个 IOCR 和 AP 进行数据交换。如在通信中涉及多个应用行规（PROFIdrive、编码器等）并需要不同子槽时，这一点很有用。在一个 IOCR 中，特定的 API（应用过程标识符）用于区分不同目的。这样，就不可能在 API 之间混淆数据。必须通过用户程序来协调对用户数据的访问。PROFINET 允许在相同的 AR 中定义多个应用行规。

PROFIsafe 行规除外，它不含有"应用行规号"，并在 API＝0 中使用，因为安全相关数据的校验可以被多个高层的应用行规使用。

PROFINET 控制器必须支持以下功能：

1）报警处理。

2）过程数据交换（设备在主机的 I/O 区域内）。

3）非循环服务。

4）参数化（传输启动数据，为已经分配的设备传送配方和用户参数）。

5）诊断已组态的设备。

6）建立设备上下关系的发起方。

7）通过 DCP 分配地址。

8）API（应用过程实例）。

6.9　PROFINET 设备描述与应用行规

6.9.1　PROFINET 设备描述

PROFINET 设备的功能总是在 GSD 文件中来描述，该文件包含所有与工程相关的以及与设备数据交换相关的数据。

GSD 文件的描述语言 GSDML（通用站描述标记语言）基于国际标准。GSD 文件是一种与语言无关的 XML（可扩展标记语言）文件。当前市场上很多 XML 解析软件可以用于解析 XML 文件。

每个 PROFINET 设备制造商必须依照 GSDML 规范提供相关的 GSD 文件。测试 GSD 文件是认证测试的一部分。

对于 PROFINET 设备的描述，PI 为所有制造商提供了一个可用的 XML 架构。这使得创建和测试 GSD 文件变得非常简单。

文档"PROFINET IO 的 GSDML 规范"可从 PI 的网站的下载区下载。

PROFINET 设备使用基于 XML 版本的 GSD 文件的目标如下：

1）只描述与通信相关的参数。规范中不包含集成已有的工程设计理念，比如 TCI 或 FDI（现场设备集成）。

2）通过 DAP（设备访问点）的定义，可以在一个 GSD 文件中描述整个设备族。一个 GSD 文件可以有多个 DAP 定义。

3）可以在一个 GSD 文件中集中维护若干模块的描述，并被用于所有定义的 DAP。这样就减少了创建和维护模块描述所需的工作量。

6.9.2　PROFINET 应用行规

在默认情况下，PROFINET 在数据单元内透明传输特定数据。在高层控制器的用户程序中，用户分别解释发送或接收的数据。在一些行业中，比如驱动技术、编码器和功能安全相关的数据传输等领域中，应用行规已经通过主要利益集团做了定义。这些定义包含数据格式和功能范围，而且已经在 PI 注册。

一个应用行规通过由 PI 分配的唯一的"Profile_ID"以及相关的 API（应用过程标识符）来定义。API 用于标识应用行规。当前可用的"Profile_ID"列表从网站 www.profibus.com/IM/Profile_ID_Table.xml 下载。

API 0 是制造商特定的，所有现场设备都必须支持。通过使用 API，现场设备内可以清晰划分数据区域，这是因为槽/子槽的组合永远只能被分配给一个 API。

通过使用应用行规，系统操作员和最终用户获益于能够替换单个现场设备。因为精确定义了应用相关参数的含义，所以用户的工程花费可以显著减少。

1. PROFIenergy 行规

由于能源成本日益增长，自动化系统的能源需求引起越来越多的关主。为此，汽车工业的主要厂商要求 PI 定义 PROFINET 的节能模式，结果产生了 PROFIenergy 行规。PROFIenergy 是基于 PROFINET 的数据接口，允许在空闲时间以协商方式集中地关闭供应商无关和设备无关的能源消耗者，只保留总线通信。这避免了使用外部控制器来执行这些功能。在使用 PROFIenergy 时，系统操作员不必在无生产期间关闭整个自动化系统，由此避免了处理重启过程中可能发生的问题。

PROFIenergy 只定义了非循环服务的通信选项：

1）协议管理。

2）传输机制。

3）控制接口。

4）状态功能。

由系统操作员执行接通/关断操作的协调和使能处理信号。

PROFIenergy 可以很容易地在现场设备中实现，因为它是通过读/写服务和状态功能来传递有限的控制信息。

2. 驱动技术行规（PROFIdrive）

PROFIdrive 行规描述了设备行为，以及通过 PROFIBUS/PROFINET 访问电力驱动设备的驱动数据的方法，范围从简单变频器到复杂的动态伺服控制器。将驱动集成到自动化解决方案的方式，在很大程度上依赖于相关驱动任务的特性。为此，PROFIdrive 定义了 6 个应用类别，可以覆盖大部分应用。

1）标准驱动（类别1），通过主设定值（比如速度设定值）控制驱动，在驱动控制器中控制速度。

2）带工艺功能的标准驱动（类别2），自动化过程被划分为若干个子过程，中央自动化设备的一些自动化功能被迁移到驱动控制器中。在这种情况下，PROFIBUS/PROFINET 作为工艺接口。这种解决方案需要在各个驱动控制器之间直接进行数据交换。

3）定位驱动（类别3），在该驱动中还额外包括了定位控制，因此覆盖了非常广泛的应用，比如瓶盖的扭转打开和关闭。通信系统将定位任务传送给驱动控制器。

4）集中运动控制（类别4和5），能够协调多个驱动器的运动序列。该运动控制主要通过一个集中的数控系统来实现。通信系统被用来实现位置的闭环控制和同步时钟脉冲。由于其"动态伺服控制"的闭环位置控制概念，该方案同样适用于非常苛刻的线性电机的应用。

5）具有定时处理和电子轴的分布式自动化（类别6），可以使用直接数据交换和等时同步节点来实现，比如"电子齿轮""凸轮"和"相位同步（Phases-synchronized）操作"。

PROFIdrive 从相互作用的内部设备功能模块来定义设备模型，而这些功能模块反映了驱动系统的智能。在行规中所描述的对象及其功能，被分配给这些模块。驱动设备的完整功能由其全部参数进行描述。

与其他驱动行规相比，PROFIdrive 仅定义了访问参数的机制和行规参数子集，包含故障缓存、驱动控制和设备标识等。所有其他参数都是制造商特定的，这样使得驱动制造商在实现控制功能时具有更多灵活性，对参数的元素进行非循环的访问。

新的 PROFIdrive 行规既可以用于 PROFIBUS，也可以用于 PROFINET，所以在现场设备中实现该行规所需的工作量是很小的。

3. 安全相关的数据传输行规（PROFIsafe）

长期以来，用于生产和过程自动化的分散式现场总线技术具有一定限制，即安全相关的任务只能在附加层或分散到其他专用总线上使用传统技术来解决。这就是为什么 PROFIBUS 在多年前就设立了一个目标，为安全相关的应用建立一套整体的开放式解决方案，以满足已知用户的应用场景。所开发的解决方案被称为 PROFIsafe，并已经成功应用了多年。

PROFIsafe 定义了与安全相关的设备（急停关断按钮、光幕、溢出保护系统等）如何在 PROFINET 上与安全控制器通信且足够安全，以用于与安全相关的自动化任务，并最高达到 IEC 61508 的 SIL3（安全完整性等级）或 ISO 13849-1 的 PLe。

PROFIsafe 使用用户行规文件实现安全通信，即使用特定的过程数据格式和特殊的 PROFIsafe 协议。该规范的开发联合了制造商、用户、标准化组织和测试机构。

PROFIsafe 基于相关的标准，尤其是 IEC 61508，特别是其中对软件开发的要求。

PROFIsafe 作为一种通用软件驱动，适用于多种开发和运行环境，在设备中第 7 层之上的附加层实现。标准 PROFINET 组件如电缆、ASIC 和协议，保持不变，从而保证了冗余操作和改进能力。使用 PROFIsafe 行规的设备可以和标准设备在同一总线（电缆）上无限制混合使用。

PROFIsafe 采用非循环通信，这样既保证了快速响应时间（对于生产工业非常重要），也保证了本质安全操作（对过程自动化至关重要）。

6.10　PROFINET 的系统结构

PROFINET 可以采用星形结构、树形结构、总线型结构和环形结构（冗余）。

PROFINET 的系统结构如图 6-5 所示。

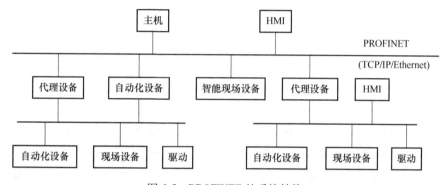

图 6-5　PROFINET 的系统结构

在图 6-5 中可以看到，PROFINET 技术的核心设备是代理设备。代理设备负责将所有的 PROFIBUS 网段、以太网设备以及 DCS、PLC 等集成到 PROFINET 系统中。代理设备完成 COM 对象之间的交互。代理设备将所挂接的设备抽象成 COM 服务器，设备之间的交互变成 COM 服务器之间的相互调用。这种方法的最大优点是可扩展性好，只要设备能够提供符合 PROFINET 标准的 COM 服务器，该设备就可以在 PROFINET 系统中正常运行。

PROFINET 提供了一个在 PROFINET 环境下协调现有 PROFIBUS 和其他现场总线系统的模型。这表示可以构造一个由现场总线和基于以太网的子系统任意组合的混合系统。由此，从基于现场总线的系统向 PROFINET 技术的连续转换是可行的。

6.11　工业无线以太网

6.11.1　工业无线以太网概述

随着通信技术在自动化各个领域的广泛应用，工业现场对于无线通信的需求也越来越多。

无线通信的起源很早，很久以前人们就能够利用声、光来传递信息，但是无线通信的巨大发展来自于近代的战争，人们利用频率、载波等方式来传递命令或是数据，同时要保证数据的完整可靠以及保密。在工业控制系统中，应用现场总线技术、以太网技术等可实现系统的网络化，提高系统的性能和开放性，但是这些控制网络一般都是基于有线的网络。有线网络高速稳定，满足了大部分场合工业组网的需要。但是，当在有线传输受到限制的场合，人们开始利用无线的方式来进行替代，比如维护成本很高的滑环、自动导航小车（AGV）等，这样可以避免大量布线、浪费接口、检修和扩展困难的弊病。在现代控制网络中，许多自动化设备要求具有更高的灵活性和可移动性，当工业设备处在不能布线的环境中或者是装载在车辆等运动机械的情况下，则是难以使用有线网络的。与此相对应，无线网络向三维空间传送数据，中间无须传输介质，只要在组网区域安装接入点（Access Point）设备，就可以建立局域网；移动终端（Client）只要安装了无线网卡就可以在接收范围内自由接入网络。总之，在网络建设的灵活性、便捷性和扩展性方面，无线网络有独特的优势，因此无线局域网技术得到了发展和应用。随着微电子技术的不断发展，无线局域网技术将在工业控制网络中发挥越来越大的作用。

6.11.2 移动通信标准

工业移动通信一般选用通用的无线标准 IEEE 802.11。IEEE 802.11 是 IEEE 制定的一个无线局域网络标准，现已成为通用的标准而被广泛地应用。

IEEE 802.11 业务主要限于数据存取，传输速率最高只能达到 2Mbit/s。由于 IEEE 802.11 在速率上的不足，已不能满足数据应用的需求。因此，IEEE 又相继推出了 IEEE 802.11b 和 IEEE 802.11a 这两个新的标准。三者之间的技术差别主要在于 MAC 层和物理层。IEEE 802.11 协议只规定了开放系统互连参考模型（OSI/RM）的物理层和 MAC 层，其中 MAC 层利用载波监听多路访问/冲突避免（CSMA/CA）协议，而在物理层，IEEE 802.11 定义了 3 种不同的物理介质：红外线、跳频式扩频（Frequency Hopped Spread Spectrum，FHSS）以及直接序列扩频（Direct Sequence Spread Spectrum，DSSS）。

1. IEEE 802.11b 标准

IEEE 802.11b 使用开放的 2.4GHz 直接序列扩频，最大数据传输速率为 11Mbit/s，无须直线传播。使用动态速率转换，当射频情况变差时，可将数据传输速率降低为 5.5Mbit/s、2Mbit/s 和 1Mbit/s，且当工作在 2Mbit/s 和 1Mbit/s 速率时可向下兼容 IEEE 802.11。IEEE 802.11b 的使用范围在室外为 300m，在办公环境中则最长为 100m。使用与以太网类似的连接协议和数据包确认，来提供可靠的数据传送和网络带宽的有效使用。IEEE 802.11b 运作模式基本分为两种：点对点模式和基本模式。点对点模式是指无线网卡和无线网卡之间的通信方式；基本模式是指无线网络规模扩充或无线和有线网络并存时的通信方式，这是 IEEE 802.11b 最常用的方式。

2. IEEE 802.11a 标准

IEEE 802.11a 工作在 5GHz U-NII 频带，从而避开了拥挤的 2.4GHz 频段。物理层速率可达 54Mbit/s，传输层可达 25Mbit/s。IEEE 802.11a 采用正交频分复用（Orthogonal Frequency Division Multi-plexing，OFDM）的独特扩频技术，可提供 25Mbit/s 的无线异步转移模式（Asynchronous Transfer Mode，ATM）接口、10Mbit/s 以太网无线帧结构接口和时分双工/时分多址（Time Division Duplex/Time Division Multiple Access，TDD/TDMA）的空中接口，支持语音、数据、图像业务，一个扇区可接入多个用户，每个用户可带多个用户终端。

3. IEEE 802.11g 标准

作为当前最为常用的无线通信标准，IEEE 802.11g 独具优势及较好的兼容性。从网络逻辑结构上来看，IEEE 802.11 只定义了物理层及介质访问控制（MAC）层。IEEE 802.11g 的物理帧结构分为前导信号（Preamble）、信头（Header）和负载（Payload）。

前导信号（Preamble）：主要用于确定移动台和接入点之间何时发送和接收数据，传输进行时告知其他移动台以免冲突，同时传送同步信号及帧间隔。前导信号完成，接收方才开始接收数据。

信头（Header）：在前导信号之后，用来传输一些重要的数据比如负载长度、传输速率、服务等信息。

负载（Payload）：由于数据率及要传送字节的数量不同，负载的包长变化很大。在一帧信号的传输过程中，前导信号和信头所占的传输时间越多，负载的传输时间就越少，传输的效率也越低。

综合上述 3 种调制技术的特点，IEEE 802.11g 采用了 OFDM 等关键技术来保障其优越的性能，分别对前导信号、信头、负载进行调制，这种帧结构称为 OFDM 方式。

6.11.3　工业移动通信的特点

目前，对无线局域网络（WLAN）的需求正日益增长。在工业领域，对无线通信解决方案的需求也逐步增长，比如机器制造行业、服务行业或物流行业尤其需要可靠、安全和高兼容性的通信产品。

基于 WLAN 技术的标准解决方案是一种更经济的解决方案。WLAN 技术符合国际标准 IEEE 802.11，它具有许多新特性，符合工业环境的特殊要求：可靠耐用性及抗电磁干扰和环境影响；高操作安全性，数据安全；确定性的通信性能。同时，工业无线局域网（IWLAN）协议兼容办公环境的标准方案。

1. 可靠性

由于机器停产多半会造成大量的损失，因此，无线电信道的可靠性对 WLAN 方案的性价比是至关重要的。

如果在工厂生产区使用无线局域网，一般情况下使用全向天线。在恶劣条件下，反射和多路接收会干扰电波传播，全向天线能保证更可靠的无线电通信。同时，安装场所也对无线电的质量有很大的影响。为获得尽可能高质量的无线电信号，天线和无线模块应安装在开关柜以外。如果只有天线装在配线盒外，设备和天线之间的连接的天线馈线可能会影响灵敏的无线信号。

无论是从无线电信道的最佳定位，还是装置自身的功能，都需要提供坚固耐用的设计。因此，无线模块的耐化学腐蚀的金属外壳应当防尘和防水。SIEMENS 公司生产的 SCALANCE W 具有高达 IP65 的防护等级，温度范围为−20～60℃并抗冷凝。因此，在恶劣的工业条件下，该装置无须使用开关柜也能实现分布式安装。

对于有线以太网络的电源来说，IEEE 802.3af 工作组定义了通过以太网供电标准。根据这一标准，装置的数据和电源可通过电缆载体来传输。

2. 数据安全和接入保护

企业用户关心数据安全性这个重要问题。传送数据的加密应优先考虑。SCALANCE W 支持丰富的数据安全和接入保护技术，提供了 Shared-key（共享密钥）、WPA-PSK（Wi-Fi 保护接入-预置共享密钥）、IEEE 802.1x、WPA2-PSK、WPA2、WPA-Auto-PSK 和 WPA-Auto 等验证方式，并且提供了 WEP（有线等效保密）、TKIP（动态密钥完整性协议）和

AES（高级加密标准）等加密机制。相应的加密机制与授权方式配合使用。

另外，也可以使用 SCALANCE S 在终端设备和访问接入点之间的所有有效数据通信都可以一直使用 VPN 进行保护。

3. 确保实时性和确定性

根据 IEEE 802 标准，WLAN 是一种"共享介质"，可以据此对所有用户进行控制，并允许用户随意发送。在使用的这一队列方法中，不能确定性地保证数据的传送。

IWLAN 提供了选择专用终端设备的方法，该终端设备具有确定的数据带宽，因此即使使用无线通信也能保证通信的确定性。为了使这一解决方案得到广泛地应用，该方法不只限于特殊的终端设备，能够独立于制造商和产品而单独地使用。该产品具有较高的可靠性。根据 IEEE 802.11 的规范，排除了特定的客户进行随意访问的可能性，同时标准产品也能在访问接入点进行操作。

此外，SIEMENS 公司的 WLAN 还提供了专用的工业点协调功能（industrial Point Coordinate Function，iPCF），保证所有的客户端都可以周期性地与接入点交换数据，可用于实时的 PROFINET IO 的通信，确保数据的实时性和确定性。

6.12 SCALANCE X 工业以太网交换机

SIEMENS 公司全集成自动化（Totally Interated Automation，TIA）已在全球各地成功地应用，通过共享工具和标准化机制可实现全集成解决方案。SCALANCE X 是将一种全新的有源网络部件用于构建集成网络，这些有源网络部件可完美地相互协同工作，旨在严酷的工业环境下能够集成、灵活、安全、高性能地构建网络。

SCALANCE X 工业以太网交换机是一种有源网络组件，支持不同的网络拓扑结构，即总线型、星形或环形光纤或电气网络。这些有源网络组件可以把数据传输到指定的目标地址。

SCALANCE X 系列产品是全新一代的 SIMATIC NET 工业以太网交换机，它由不同的模块化产品线组成，这些产品线也适用于 PROFINET 的应用，并与相关的自动控制任务相协同工作。工业以太网是一种符合 IEEE 802.3（以太网）和 IEEE 802.11（无线局域网）标准的高性能的局域网。通过工业以太网，用户可以建立高性能、宽范围的通信网络。通过 SCALANCE X 工业以太网交换机，用户可以使用 PROFINET 实现到现场级的实时通信。

SCALANCE X 工业以太网交换机具有如下优势：

1）坚固、创新、节省空间的外壳设计可以非常容易地集成到 SIMATIC 解决方案中。

2）快速的标准件设计，以及 PROFINET 工业以太网连接插头、FastConnect RJ45 180 插头可去除应力和扭力。

3）SIEMENS 公司的 HSR（高速冗余技术），对于 SCALANCE X-200、SCALANCE X-300 或 SCALANCE X-400，当环形网络结构由多达 50 台交换机组成时，网络重构时间将小于 0.3s。

4）SIEMENS 公司的 Stand-by 技术，用于 SCALANCE X-300/400 或者 SCALANCE X-200IRT的环网间的冗余。

6.13　SIEMENS 工业无线通信

6.13.1　SIEMENS 工业无线通信概述

未来市场成功的关键在于具有可随时随地提供信息访问的能力。如果通过标准化的无线网络互联的移动系统来实现，其效率会更高。无线解决方案的主要优点就是其移动站的简单性和灵活性。

SIMATIC NET 是 SIEMENS 公司网络系列产品中的一种。不同的系列产品可以满足不同的性能和应用要求，它们可以在不同子系统之间或不同自动化站之间的各个层级中进行数据交换。

工业移动通信（IMC）的主要特征如下：

1）IMC 是 SIMATIC NET 家族使用无线通信的工业移动通信产品。

2）符合国际标准 IEEE 802.11b，GSM、GPRS、UMTS 和 PROFIBUS 红外传输技术。

3）SIMATIC NET 组件都配有统一的接口。无线通信是对常规有线解决方案的有力补充，并越来越多地渗透到工业领域。SIMATIC NET 提供在局域网、Intranet、Internet 或无线网络间跨公司的数据传送。

对于客户来说，这意味着长期的投资安全有保证。借助于其细分的性能，使用 SIMATIC NET，即可实现在公司范围内，从简单的设备直到最复杂系统的通信。SIMATIC NET 工业无线局域网网络接入点使用所有现行 IEEE 802.11 标准进行通信，可支持 IEEE 802.11a、IEEE 802.11b、IEEE 802.11g 以及 IEEE 802.11.h 标准。

6.13.2　工业无线通信网络产品 SCALANCE W

SCALANCE W 产品具有较高的可靠性、稳定性和安全性等。通过工业无线局域网（IWLAN）的基本技术，IEEE 802.11 标准得以延伸，以满足工业用户的要求，尤其对确定性响应和冗余性有较高要求的用户。通过该产品，用户将实现用单一的无线网络既能用于对数据要求严格的过程应用（IWLAN），如报警信号发送；又能满足一般通信应用（WLAN），如维修和诊断。

SCALANCE W 产品的主要优点在于其无线通道的可靠性、金属外壳的防水设计（IP65）以及 SIMATIC 产品的坚固耐用性。为防止未授权的访问，该产品有先进的用户识别验证和数据加密标准机制，并可容易地与现有安全系统进行集成。

1. 无线网络

与铜缆、光缆有线传输相比，无线传输技术使用的是无线电波。根据环境条件以及所安装的无线电系统结构，电磁波的传播特性有很大的不同。

SIMATIC NET 模块采用分集天线技术（在天线之间切换）以及高质量的接收器和容错调制等技术，以增强信号的质量，防止无线电通信中断。为了保证可靠的无线电连接，可在网络接入点激活数据存储，这也相当于可靠的有线连接。工业移动通信采用不同的无线电网络，如 WLAN、GSM，并且相互之间能够协同。其不同之处主要表现在不同的频段用于不同的应用，以及最大允许传输功率和特定传输技术的选择。

209

2. 工业移动通信网络的解决方案

使用移动数据终端，可实现从公司管理级到生产级的连续信息流。使用 SIEMENS 公司 SINEMA E 软件，借助于仿真功能，可简化 IWLAN 的规划和组态，也可清晰地可视化其无线属性和设备属性，从而降低组态和调试的费用，避免组态错误。这意味着可随时随地、快速、容易而安全地提供信息，并且更具灵活性和移动性。

SCALANCE W 在 SIMATIC 自动化系统通信中的应用如图 6-6 所示。

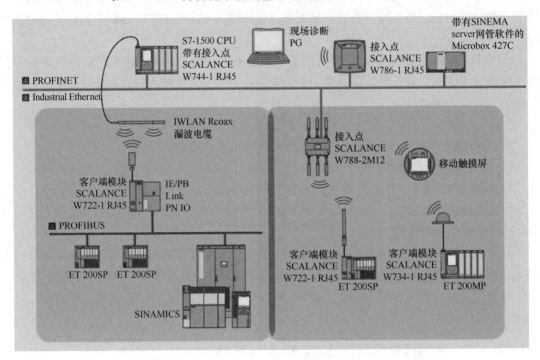

图 6-6　SCALANCE W 在 SIMATIC 自动化系统通信中的应用

6.13.3　SCALANCE W 的特点

1. 可靠性

借助于冗余机制和封包重复法（Packet Repetition），SCALANCE W 网络接入点能提供安全可靠的无线连接，并可耐受工业区域的干扰。专用数据传输速率使调度无线通信成为可能，从而可防止数据通信的访问延时。

通过"专用数据传输速率"功能，可决定数据分组的传输时间和净比特率，并为节点提供了循环无线通信。在无线环境下，也能够满足实时要求。

冗余网络解决方案也可无线实施。无线通道的冗余设计数秒内即可交换完成，因此封包重复以及无线通道中的干扰不会影响到应用。

交换介质 C-PLUG 可保存组态数据，无须专业人员即可在短时间内完成设备更换，从而缩短停机时间，节省培训成本。

借助"快速漫游"功能，可实现移动站的快速传送以及 PROFINET 进行无中断通信。另外，PROFINET IO 设备之间也可实现实时无线操作。

2. 结构坚固，工业适用性提高

SCALANCE W 产品可在-20~60℃的温度范围内正常使用，可用在含尘和有水的场合；

另配有金属外壳使之耐冲击和抗振保护,因此,可用于苛刻的工况环境。

电源和数据都使用一根 Power-over-Ethernet(以太网供电)电缆传送,节省投资和维护成本。

3. 数据安全性

SCALANCE W 除了支持普通无线产品的安全特点,还支持具有工业特点的信息安全技术。丰富的身份验证功能如 WPA2 和 WPA-Auto-PSK,数据加密技术如 TKIP 和 AES,RADI-US 的验证方法,以及通过 SCALANCE S 与 SCALANCE W 相组合的安全 VPN 通道,可以满足工业用户的安全需求。

4. 支持 PROFIsafe,实现故障安全无线通信

在 SIMATIC S7 控制器、PROFIBUS 和 PROFIsafe 的标准自动化系统中,已融合了安全工程与组态的理念。PROFINET 扩展了支持 PROFIsafe 的安全部件,提供完善的系列产品,包括故障安全型控制器、故障安全 I/O 以及相应的工程与组态环境。在通过 PROFIsafe 数据连续编号传输消息、时间监控以及使用密码或优化 CRC 备份进行认证监控时,PROFIsafe 可防止如地址损坏、丢失、延时等故障。

SIEMENS 公司的 SCALANCE W 工业无线局域网同样支持故障安全通信协议 PROFIsafe,IWLAN 通过 PROFIsafe 保障现场设备和人身安全。

习　题

6-1　PROFINET 可以提供哪些解决方案?

6-2　PROFINET 是什么?

6-3　PROFINET 包括哪几种通信?

6-4　PROFINET 定义了哪些设备类型?

6-5　PROFINET 具有哪些特性?

6-6　PROFINET 现场设备是如何连接的?

6-7　说明 PROFINET 支持的地址深度。

6-8　简述 PROFINET 的实时通信原理。

6-9　简述 PROFINET 循环数据通信规则。

6-10　简述 PROFINET 非循环数据通信规则。

6-11　什么是 PROFINET 的应用关系(AR)?

6-12　什么是 PROFINET 的通信关系(CR)?

6-13　PROFINET 系统工程必须执行哪些任务?

6-14　简述 PROFINET 的循环数据交换。

6-15　什么是 PROFINET 的多播通信关系(MCR)?

6-16　什么是 PROFINET IRT 通信?

6-17　PROFINET 控制器必须支持哪些功能?

6-18　移动通信标准有哪些?

6-19　工业移动通信有什么特点?

6-20　SCALANCE W 有什么特点?

第 7 章

EtherCAT工业以太网

EtherCAT 工业以太网是由德国 BECKHOFF 自动化公司于 2003 年提出的实时工业以太网技术。它具有高速和高数据有效率的特点，支持多种设备连接拓扑结构。EtherCAT 是一种全新的、高可靠性的、高效率的实时工业以太网技术，并于 2007 年成为国际标准，由 EtherCAT 技术协会（EtherCAT Technology Group，ETG）负责推广。

EtherCAT 扩展了 IEEE 802.3 以太网标准，满足了运动控制对数据传输的同步实时要求。它充分利用了以太网的全双工特性，并通过"On Fly"模式提高了数据传送的效率。主站发送以太网帧给各个从站，从站直接处理接收的报文，并从报文中提取或插入相关的用户数据。其从站节点使用专用的控制芯片，主站使用标准的以太网控制器。

EtherCAT 工业以太网技术在全球多个领域得到广泛应用，如机器控制、测量设备、医疗设备、汽车和移动设备以及无数的嵌入式系统中。

EtherCAT 从站的开发通常采用 EtherCAT 从站控制器（EtherCAT Slave Controller，ESC）负责 EtherCAT 通信，并作为 EtherCAT 工业以太网和从站应用之间的接口。

本章首先对 EtherCAT 通信协议进行了介绍，然后以 BECKHOFF 公司生产的 EtherCAT 从站控制器为例，对 EtherCAT 从站控制器进行了概述，同时讲述了 EtherCAT 从站控制器的数据链路控制、EtherCAT 从站控制器的应用层控制、EtherCAT 从站控制器的存储同步管理和 EtherCAT 从站信息接口（SII），最后详述了 Microchip 公司生产的 EtherCAT 从站控制器 LAN9252。

7.1 EtherCAT 通信协议

EtherCAT 为基于 Ethernet 的可实现实时控制的开放式网络。EtherCAT 系统可扩展至 65535 个从站规模，由于具有非常短的循环周期和高同步性能，EtherCAT 非常适合用于伺服运动控制系统中。在 EtherCAT 从站控制器中使用的分布式时钟能确保高同步性和同时性，其同步性能对于多轴系统来说至关重要，同步性使内部的控制环可按照需要的精度和循环数据保持同步。将 EtherCAT 应用于伺服驱动器不仅有助于整个系统实时性能的提升，还有利于实现远程维护、监控、诊断与管理，使系统的可靠性大大增强。

EtherCAT 作为国际工业以太网总线标准之一，BECKHOFF 自动化公司大力推动 EtherCAT 的发展，EtherCAT 的研究和应用越来越被重视。EtherCAT 工业以太网技术广泛应用于机床、注塑机、包装机、机器人等高速运动应用场合以及物流、高速数据采集等分布范围广、控制要求高的场合。很多厂商如三洋、松下、库卡等公司的伺服系统都具有

EtherCAT 总线接口。三洋公司应用 EtherCAT 技术对三轴伺服系统进行同步控制。在机器人控制领域，EtherCAT 技术作为通信系统具有高实时性能的优势。2010 年以来，库卡一直采用 EtherCAT 技术作为库卡机器人控制系统中的通信总线。

国外很多企业厂商针对 EtherCAT 已经开发出了比较成熟的产品，比如美国 NI、日本松下、德国库卡等自动化设备公司都推出了一系列支持 EtherCAT 驱动设备。国内的 EtherCAT 技术研究也取得了较大的进步，基于 ARM 架构的嵌入式 EtherCAT 从站控制器的研究开发也日渐成熟。

随着我国科学技术的不断发展和工业水平的不断提高，在工业自动化控制领域，用户对高精度、高尖端的制造的需求也在不断提高。特别是我国的国防工业、航天航空领域以及核工业等的制造领域中，对高效率、高实时性的工业控制以太网系统的需求也是与日俱增。

EtherCAT 工业以太网的主要特点如下：

1）完全符合以太网标准。普通以太网相关的技术都可以应用于 EtherCAT 网络中。EtherCAT 设备可以与其他的以太网设备共存于同一网络中。普通的以太网卡、交换机和路由器等标准组件都可以在 EtherCAT 中使用。

2）支持多种拓扑结构。EtherCAT 工业以太网支持线形、星形、树形多种拓扑结构，可以使用普通以太网使用的电缆或光缆。当使用 100 Base-TX 电缆时，两个设备之间的通信距离可达 100m。当采用 100 BASE-FX 模式，两对光纤在全双工模式下，单模光纤能够达到 40km 的传输距离，多模光纤能够达到 2km 的传输距离。EtherCAT 还能够使用低电压差动信号（Low Voltage Differential Signal，LVDS）线来低延时地通信，通信距离能够达到 10m。

3）广泛的适用性。任何带有普通以太网控制器的设备有条件作为 EtherCAT 主站，如嵌入式系统、普通的个人计算机和控制板卡等。

4）高效率、刷新周期短。EtherCAT 从站对数据帧的读取、解析和过程数据的提取与插入完全由硬件来实现，这使得数据帧的处理不受 CPU 的性能软件的实现方式影响，时间延迟极小、实时性很高。同时 EtherCAT 可以达到小于 $100\mu s$ 的数据刷新周期。EtherCAT 以太网帧中能够压缩大量的设备数据，这使得 EtherCAT 网络有效数据率可达到 90% 以上。据官方测试，1000 个硬件 I/O 更新时间仅为 $30\mu s$，其中还包括 I/O 周期时间。而容纳 1486B（相当于 12000 个 I/O）的单个以太网帧的书信时间仅需 $300\mu s$。

5）同步性能好。EtherCAT 采用高分辨率的分布式时钟，使各从站节点间的同步精度能够远小于 $1\mu s$。

6）无从属子网。复杂的节点或只有 n 位的数字 I/O 都能被用作 EtherCAT 从站。

7）拥有多种应用层协议接口来支持多种工业设备行规。如 CoE（CANopen over EtherCAT）用来支持 CANopen 协议；SoE（SERCOE over EtherCAT）用来支持 SERCOS 协议；EoE（Ethernet over EtherCAT）用来支持普通的以太网协议；FoE（File over EtherCAT）用于上传和下载固件程序或文件；AoE（ADS over EtherCAT）用于主从站之间非周期的数据访问服务。对多种行规的支持使得用户和设备制造商很容易从其他现场总线向 EtherCAT 转换。

快速以太网全双工通信技术构成主从式的环形结构如图 7-1 所示。

这个过程利用了以太网设备独立处理双向传输（TX 和 RX）的特点，并运行在全双工模式下，发出的报文又通过 RX 线返回到控制单元。

报文经过从站节点时，从站识别出相关的命令并做出相应的处理。信息的处理在硬件中完成，延迟时间约为 100~500ns，这取决于物理层器件，通信性能独立于从站设备控制微处理器的响应时间。每个从站设备有最大容量为 64KB 的可编址内存，可完成连续的或同步的读/写操作。多个 EtherCAT 命令数据可以被嵌入到一个以太网报文中，每个数据对应独立的设备或内存区。

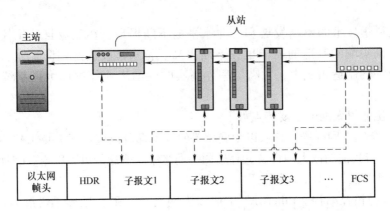

图 7-1　快速以太网全双工通信技术构成主从式的环形结构

从站设备可以构成多种形式的分支结构，独立的设备分支可以放置于控制柜中或机器模块中，再用主线连接这些分支结构。

7.1.1　EtherCAT 物理拓扑结构

EtherCAT 采用了标准的以太网帧结构，几乎适用所有标准以太网的拓扑结构都是适用的，也就是说可以使用传统的基于交换机的星形结构，但是 EtherCAT 的布线方式更为灵活，由于其主从的结构方式，无论多少节点都可以用一条线串接起来，无论是菊花链形还是树形拓扑结构，可任意选配组合。布线也更为简单，布线只需要遵从 EtherCAT 的所有的数据帧都会从第一个从站设备转发到后面连接的节点。数据传输到最后一个从站设备又逆序将数据帧发送回主站。这样的数据帧处理机制允许在 EtherCAT 同一网段内，只要不打断逻辑环路都可以用一根网线串接起来，从而使得设备连接布线非常方便。

传输电缆的选择同样灵活。与其他的现场总线不同的是，不需要采用专用的电缆连接头，对于 EtherCAT 的电缆选择，可以选择经济而低廉的标准超五类以太网电缆，采用 100BASE-TX 模式无交叉地传送信号，并且可以通过交换机或集线器等实现不同的光纤和铜电缆以太网连线的完整组合。

在逻辑上，EtherCAT 网段内从站设备的布置构成一个开口的环形总线。在开口的一端，主站设备直接或通过标准以太网交换机插入以太网数据帧，并在另一端接收经过处理的数据帧。所有的数据帧都被从第一个从站设备转发到后续的节点，最后一个从站设备将数据帧返回到主站。

EtherCAT 从站的数据帧处理机制允许在 EtherCAT 网段内的任一位置使用分支结构，同时不打破逻辑环路。分支结构可以构成各种物理拓扑以及各种拓扑结构的组合，从而使设备连接布线非常灵活方便。

7.1.2 EtherCAT 数据链路层

1. EtherCAT 数据帧

EtherCAT 数据遵从 IEEE 802.3 标准, 直接使用标准的以太网帧数据格式传输, 不过 EtherCAT 数据帧是使用以太网帧的保留字 0x88A4。EtherCAT 数据报文是由两个字节的数据头和 44~1498B 的数据组成, 一个数据报文可以由一个或者多个 EtherCAT 子报文组成, 每一个子报文是映射到独立的从站设备存储空间。

2. 寻址方式

EtherCAT 的通信由主站发送 EtherCAT 数据帧读/写从站设备的内部的存储区来实现, 也就是从站存储区中读数据和写数据。在通信时, 主站首先根据以太网数据帧头中的 MAC 地址来寻址所在的网段, 寻址到第一个从站后, 网段内的其他从站设备只需要依据 EtherCAT 子报文头中的 32 位地址去寻址。在一个网段里, EtherCAT 支持使用两种方式: 设备寻址和逻辑寻址。

3. 通信模式

EtherCAT 的通信方式分为周期性过程数据通信和非周期性邮箱数据通信。

(1) 周期性过程数据通信 周期性过程数据通信主要用在工业自动化环境中实时性要求高的过程数据传输场合。周期性过程数据通信时, 需要使用逻辑寻址, 主站是使用逻辑寻址的方式完成从站的读、写或者读写操作。

(2) 非周期性邮箱数据通信 非周期性邮箱数据通信主要用在对实时性要求不高的数据传输场合, 在参数交换、配置从站的通信等操作时, 可以使用非周期性邮箱数据通信, 还可以双向通信。在从站到从站通信时, 主站作为类似路由器功能来管理。

4. 存储同步管理器

存储同步管理器 (SM) 是 ESC 用来保证主站与本地应用程序数据交换的一致性和安全性的工具, 其实现的机制是在数据状态改变时产生中断信号来通知对方。EtherCAT 定义了两种存储同步管理器 (SM) 的运行模式: 缓存模式和邮箱模式。

(1) 缓存模式 缓存模式使用了 3 个缓存区, 允许 EtherCAT 主站控制器和从站控制器双方在任何时候都访问数据交换缓存区。数据接收方随时可以得到最新的数据, 数据发送方也随时可以更新缓存区里的内容。假如写缓存区的速度比读缓存区的速度快, 则旧数据就会被覆盖。

(2) 邮箱模式 邮箱模式通过握手的机制完成数据交换, 这种情况下只有一端完成读或写数据操作后另一端才能访问该缓存区, 这样数据就不会丢失。数据发送方首先将数据写入缓存区, 接着缓存区被锁定为只读状态, 一直等到数据接收方将数据读走。这种模式通常用在非周期性的数据交换, 分配的缓存区也叫作邮箱。邮箱模式通信通常是使用两个 SM 通道, 一般情况下主站到从站通信使用 SM0, 从站到主站通信使用 SM1, 它们被配置成为一个缓存区方式, 使用握手来避免数据溢出。

7.1.3 EtherCAT 应用层

应用层 (Application Layer, AL) 是 EtherCAT 协议最高的一个功能层, 是直接面向控制任务的一层, 它为控制程序访问网络环境提供手段, 同时为控制程序提供服务。应用层不包括控制程序, 它只是定义了控制程序和网络交互的接口, 使符合此应用层协议的各种应用程序可以协同工作。EtherCAT 协议结构如图 7-2 所示。

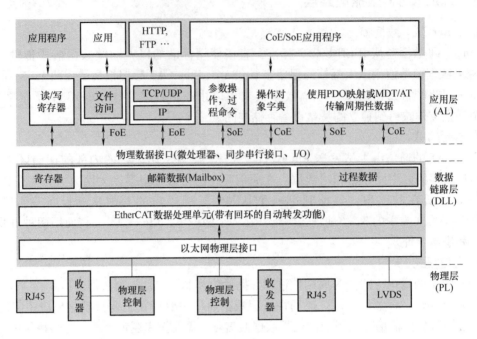

图 7-2　EtherCAT 协议结构

1. 通信模型

EtherCAT 应用层区分主站与从站，主站与从站之间的通信关系是由主站开始的。从站之间的通信是由主站作为路由器来实现的。不支持两个主站之间的通信，但是两个具有主站功能的设备并且其中一个具有从站功能时仍可实现通信。

EtherCAT 通信网络仅由一个主站设备和至少一个从站设备组成。系统中的所有设备必须支持 EtherCAT 状态机和过程数据（Process Data）的传输。

2. 主站

主站各种服务与从站进行通信。在主站中为每个从站设置了从站处理机（Slave Handler），用来控制从站的状态机（ESM）；同时每个主站也设置了一个路由器，支持从站与从站之间的邮箱通信。

主站支持从站处理机通过 EtherCAT 状态服务来控制从站的状态机，从站处理机是从站状态机在主站中的映射。从站处理机通过发送服务数据对象（SDO）服务去改变从站状态机状态。

路由器将客户从站的邮箱服务请求路由到服务从站；同时，将服务从站的服务响应路由到客户从站。

3. 从站

（1）从站设备分类　从站应用层可分为不带应用层处理器的简单设备与带应用层处理器的复杂设备。

（2）简单从站设备　简单从站设备设置了一个过程数据布局，通过设备配置文件来描述。在本地应用中，简单从站设备要支持无响应的 ESM 应用层管理服务。

（3）复杂从站设备　复杂从站设备支持 EtherCAT 邮箱、CoE 对象字典、读/写对象字典数据入口的加速 SDO 服务，以及读对象字典中已定义的对象和紧凑格式入口描述的 SDO 信息服务。

为了过程数据的传输，复杂从站设备支持过程数据对象（PDO）映射对象和同步管理器 PDO 赋值对象。复杂从站设备要支持可配置过程数据，可通过写 PDO 映射对象和同步管理器 PDO 赋值对象来配置。

（4）应用层管理　应用层管理包括 EtherCAT 状态机（ESM），描述了从站应用的状态及状态变化。由应用层控制器将从站应用的状态写入 AL 状态寄存器，主站通过写 AL 控制寄存器进行状态请求。从逻辑上来说，ESM 位于 EtherCAT 从站控制器与应用之间。ESM 定义了 4 种状态：初始化状态（Init）、预运行状态（Pre-Operational）、安全运行状态（Safe-Operational）、运行状态（Operational）。

（5）EtherCAT 邮箱　每一个复杂从站设备都有 EtherCAT 邮箱。EtherCAT 邮箱数据传输是双向的，可以从主站到从站，也可以从从站到主站；支持双向多协议的全双工独立通信。从站与从站通信通过主站进行信息路由。

（6）EtherCAT 过程数据　过程数据通信方式下，主从站访问的是缓冲型应用存储器。对于复杂从站设备，过程数据的内容将由 CoE 接口的 PDO 映射对象及同步管理器 PDO 赋值对象来描述。对于简单从站设备，过程数据是固有的，在设备描述文件中定义。

4. EtherCAT 设备行规

EtherCAT 设备行规包括以下几种：

（1）CANopen over EtherCAT（CoE）　CANopen 最初是为基于 CAN（Control Aera Network）总线的系统所制定的应用层协议。EtherCAT 协议在应用层支持 CANopen 协议，并作了相应的扩充，其主要功能有：

1）使用邮箱通信访问 CANopen 对象字典及其对象，实现网络初始化。

2）使用 CANopen 应急对象和可选的事件驱动 PDO 消息，实现网络管理。

3）使用对象字典映射过程数据，周期性传输指令数据和状态数据。

CoE 协议完全遵从 CANopen 协议，其对象字典的定义也相同，针对 EtherCAT 通信扩展了相关通信对象 0x1C00~0x1C4F，用于设置存储同步管理器的类型、通信参数和 PDO 数据分配。

1）应用层行规。CoE 完全遵从 CANopen 的应用层行规，CANopen 标准应用层行规主要有：

① CiA 401 I/O 模块行规。

② CiA 402 伺服和运动控制行规。

③ CiA 403 人机接口行规。

④ CiA 404 测量设备和闭环控制。

⑤ CiA 406 编码器。

⑥ CiA 408 比例液压阀等。

2）CiA 402 行规通用数据对象字典。数据对象 0x6000~0x9FFF 为 CANopen 行规定义数据对象，一个从站最多控制 8 个伺服驱动器，每个驱动器分配 0x800 个数据对象。第一个伺服驱动器使用 0x6000~0x67FF 的数据字典范围，后续伺服驱动器在此基础上以 0x800 偏移使用数据字典。

（2）Servo Drive over EtherCAT（SoE） IEC 61491 是国际上第一个专门用于伺服驱动器控制的实时数据通信协议标准，其商业名称为 SERCOS（Serial Real-time Communication Specification）。EtherCAT 协议的通信性能非常适合数字伺服驱动器的控制，应用层使用 SERCOS 应用层协议实现数据接口，可以实现以下功能：

1）使用邮箱通信访问伺服控制规范参数（IDN），配置伺服系统参数。

2）使用 SERCOS 数据电报格式配置 EtherCAT 过程数据报文，周期性传输伺服指令数据和伺服状态数据。

（3）Ethernet over EtherCAT（EoE） 除了前面描述的主从站设备之间的通信寻址模式外，EtherCAT 也支持 IP 标准的协议，比如 TCP/IP、UDP/IP 和所有其他高层协议（HTTP 和 FTP 等）。EtherCAT 能分段传输标准以太网协议数据帧，并在相关的设备完成组装。这种方法可以避免为长数据帧预留时间片，大大缩短周期性数据的通信周期。此时，主站和从站需要相应的 EoE 驱动程序支持。

（4）File Access over EtherCAT（FoE） 该协议通过 EtherCAT 下载和上传固定程序和其他文件，其使用类似简单文件传输协议（Trivial File Transfer Protocol，TFTP），不需要 TCP/IP 的支持，实现简单。

7.1.4 EtherCAT 系统组成

1. EtherCAT 网络架构

EtherCAT 是一种实时工业以太网技术，它充分利用了以太网的全双工特性，使用主从模式介质访问控制（MAC），主站发送以太网帧给从站，从站从数据帧中抽取数据或将数据插入数据帧。主站使用标准的以太网接口卡，从站使用专门的 EtherCAT 从站控制器（ESC），EtherCAT 物理层使用标准的以太网物理层器件。

从以太网的角度来看，一个 EtherCAT 网段就是一个以太网设备，它接收和发送标准的 ISO/IEC 8802-3 以太网数据帧。但是，这种以太网设备并不局限于一个以太网控制器及相应的微处理器，它可由多个 EtherCAT 从站组成，EtherCAT 系统运行如图 7-3 所示，这些从站可以直接处理接收的报文，并从报文中提取或插入相关的用户数据，然后将该报文传输到下一个 EtherCAT 从站。最后一个 EtherCAT 从站发回经过完全处理的报文，并由第一个从站作为响应报文将其发送给控制单元。实际上只要 RJ45 网口悬空，ESC 就会自动闭合，产生回环（LOOP）。

218

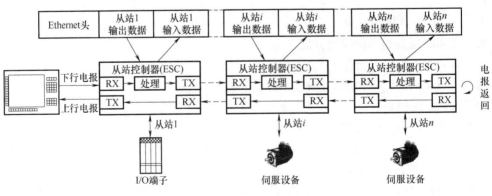

图 7-3　EtherCAT 系统运行

EtherCAT 技术采用了主从介质访问方式。在基于 EtherCAT 的系统中，主站控制所有从站设备的数据输入与输出。主站向系统中发送以太网帧后，EtherCAT 从站设备在报文经过其节点时处理以太网帧，嵌入在每个从站中的现场总线存储管理单元（FMMU）在以太网帧经过该节点时读取相应的编址数据，并同时将报文传输到下一个设备。同样，输入数据也是在报文经过时插入至报文中。当该以太网帧经过所有从站并与从站进行数据交换后，由 EtherCAT 系统中最末一个从站将数据帧返回。

整个过程中，报文只有几纳秒的时间延迟。由于发送和接收的以太帧压缩了大量的设备数据，所以可用数据率可达 90% 以上。

EtherCAT 支持各种拓扑结构，如总线型、星形、环形等，并且允许 EtherCAT 系统中出现多种结构的组合；支持多种传输电缆，如双绞线、光纤等，以适应于不同的场合，提升布线的灵活性。

EtherCAT 支持同步时钟，EtherCAT 系统中的数据交换完全是基于纯硬件机制，由于通信采用了逻辑环结构，主站时钟可以简单、精确地确定各个从站传播的延迟偏移。分布时钟均基于该值进行调整，在网络范围内使用精确的同步误差时间值。

EtherCAT 具有高性能的通信诊断能力，能迅速地排除故障；同时支持主从站冗余检错，以提高系统的可靠性；EtherCAT 实现了在同一网络中将安全相关的通信和控制通信融合为一体，并遵循 IEC 61508 标准论证，满足安全 SIL4 级的要求。

2. EtherCAT 主站组成

EtherCAT 无须使用昂贵的专用有源插接卡，只需使用无源的网络接口卡（Network Interface Card，NIC）或主板集成的以太网 MAC 设备即可。EtherCAT 主站很容易实现，尤其适用于中小规模的控制系统和有明确规定的应用场合。使用个人计算机构成 EtherCAT 主站时，通常是用标准的以太网卡作为主站硬件接口，网卡芯片集成了以太网通信的控制器和收发器。

EtherCAT 使用标准的以太网 MAC 设备，不需要专业的设备，EtherCAT 主站很容易实现，只需要一台个人计算机或其他嵌入式计算机即可实现。

由于 EtherCAT 映射不是在主站产生，而是在从站产生，所以该特性进一步减轻了主机的负担。EtherCAT 主站完全在主机中采用软件方式实现。EtherCAT 主站的实现方式是使用 BECKHOFF 公司或者 ETG 社区样本代码。软件以源代码形式提供，包括所有的 EtherCAT 主站功能，甚至包括 EoE。

EtherCAT 主站使用标准的以太网控制器，传输介质通常使用 100BASE-TX 规范的 5 类 UTP 线缆，如图 7-4 所示。

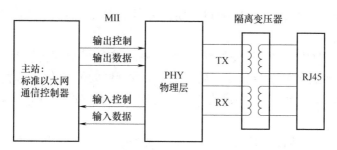

图 7-4　EtherCAT 物理层连接原理图

通信控制器完成以太网数据链路的介质访问控制（MAC）功能，物理层芯片 PHY 实现数据编码、译码和收发，它们之间通过一个介质无关接口（Media Independent Interface，MII）交互数据。MII 是标准的以太网物理层接口，定义了与传输介质无关的标准电气和机械接口，使用这个接口将以太网数据链路层和物理层完全隔离开，使以太网可以方便地选用任何传输介质。隔离变压器实现信号的隔离，提高通信的可靠性。

在基于个人计算机的主站中，通常使用网络接口卡（NIC），其中的网卡芯片集成了以太网通信控制器和物理数据收发器。而在嵌入式主站中，通信控制器通常嵌入到微控制器中。

3. EtherCAT 从站组成

EtherCAT 从站设备同时实现通信和控制应用两部分功能，其结构如图 7-5 所示。

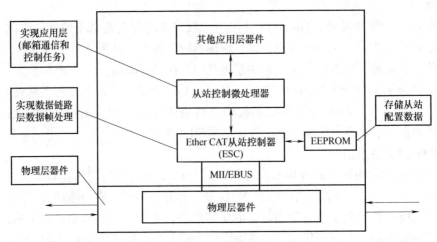

图 7-5　EtherCAT 从站组成

EtherCAT 从站由以下 4 个部分组成。

（1）EtherCAT 从站控制器 ESC　EtherCAT 从站通信控制器芯片负责处理 EtherCAT 数据帧，并使用双端口存储区实现 EtherCAT 主站与从站本地应用的数据交换。各个 ESC 按照各自在环路上的物理位置顺序移位读/写数据帧。在报文经过从站时，ESC 从报文中提取发送给自己的输出命令数据并将其存储到内部存储区，输入数据从内部存储区又被写到相应的子报文中。数据的提取和插入都是由数据链路层硬件完成的。

ESC 具有 4 个数据收发端口，每个端口都可以收发以太网数据帧。

ESC 使用两种物理层接口模式：MII 和 EBUS。

① MII 是标准的以太网物理层接口，使用外部物理层芯片，一个端口的传输延时约为 500ns。

② EBUS 是德国 BECKHOFF 公司使用 LVDS 标准定义的数据传输标准，可以直接连接 ESC 芯片，不需要额外的物理层芯片，从而避免了物理层的附加传输延时，一个端口的传输延时约为 100ns。EBUS 最大传输距离为 10m，适用于距离较近的 I/O 设备或伺服驱动器之间的连接。

（2）从站控制微处理器　微处理器负责处理 EtherCAT 通信和控制任务。微处理器从 ESC 读取控制数据，实现设备控制功能，并采样设备的反馈数据，写入 ESC，由主站读取。

通信过程完全由 ESC 处理，与设备控制微处理器响应时间无关。从站控制微处理器性能选择取决于设备控制任务，可以使用 8 位、16 位的单片机及 32 位的高性能处理器。

（3）物理层器件　从站使用 MII 时，需要使用物理层芯片 PHY 和隔离变压器等标准以太网物理层器件。使用 EBUS 时不需要任何其他芯片。

（4）其他应用层器件　针对控制对象和任务需要，微处理器可以连接其他控制器件。

7.1.5　EtherCAT 系统主站设计

EtherCAT 系统的主站可以利用 BECKHOFF 公司提供的 TWinCAT（The Windows Control and Automation Technology）组态软件实现，用户可以利用该软件实现控制程序和人机界面程序。用户也可以根据 EtherCAT 网络接口及通信规范来实现 EtherCAT 的主站。

1. TWinCAT 系统

TWinCAT 系统由实时服务器（Realtime Server）、系统控制器（System Control）、系统 OCX 接口、PLC 系统、CNC 系统、输入/输出系统（I/O System）、用户应用软件开发系统（User Application）、自动化设备规范接口（ADS-Interface）及自动化信息路由器（AMS Router）等组成。

2. 系统管理器与配置

系统管理器（System Manger）是 TWinCAT 的配置中心，涉及 PLC 系统的个数及程序、轴控系统的配置及所连接的 I/O 通道配置。它关系到所有的系统组件以及各组件的数据关系、数据域及过程映射的配置。TWinCAT 支持所有通用的现场总线和工业以太网，同时支持个人计算机外设（并行或串行接口）和第三方接口卡。

系统管理器的配置主要包括系统配置、PLC 配置、CAM 配置以及 I/O 配置。系统配置中包括了实时设定、附加任务以及路由设定。实时设定就是要设定基本时间及实时程序运行的时间限制。PLC 配置就是要利用 PLC 控制器编写 PLC 控制程序加载到系统管理器中。CAM 配置是一些与凸轮相关的程序配置。I/O 配置就是配置 I/O 通道，涉及整个系统的设备。I/O 配置中要根据系统中不同的设备编写相应的 XML 配置文件。

XML 配置文件的作用就是用来解释整个 TWinCAT 系统，包括主站设备信息、各从站设备信息、主站发送的循环命令配置以及输入/输出映射关系。

3. 基于 EtherCAT 网络接口的主站设计

EtherCAT 主站系统可以通过组态软件 TWinCAT 配置实现，并且具有优越的实时性能。但是该组态软件主要支持逻辑控制的开发，如可编程逻辑控制器、数字控制等，在一定程度上约束了用户主站程序的开发。可利用 EtherCAT 网络接口与从站通信以实现主站系统，在软件设计上要以 EtherCAT 通信规范为标准。

实现基于 EtherCAT 网络接口的主站系统就是要实现一个基于网络接口的应用系统程序的开发。Windows 网络通信构架的核心是网络驱动接口规范（NDIS），它的作用就是实现一个或多个网卡（NIC）驱动与其他协议驱动或操作系统通信。它支持 3 种类型的网络驱动：网卡驱动（NIC Driver）、中间层驱动（Intermediate Driver）、协议驱动（Protocol Driver）。

网卡驱动是底层硬件设备的接口，对上层提供发送帧和接收帧的服务；中间层驱动主要作用就是过滤网络中的帧；协议驱动就是实现一个协议栈（如 TCP/IP），对上层的应用提供服务。

4. EtherCAT 主站驱动程序

EtherCAT 主站可由个人计算机或其他嵌入式计算机实现。当使用个人计算机构成 EtherCAT 主站时，通常用标准的以太网网卡（NIC）作为主站硬件接口，主站功能由软件实现。从站使用专用芯片 ESC，通常需要一个微处理器实现应用层功能。EtherCAT 通信协议栈如图 7-6 所示。

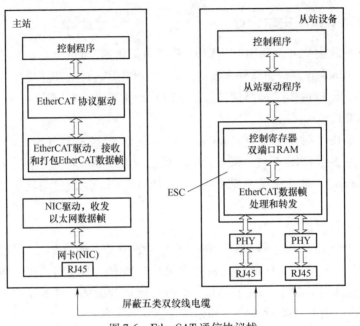

图 7-6　EtherCAT 通信协议栈

EtherCAT 数据通信包括 EtherCAT 通信初始化、周期性数据传输和非周期性数据传输。

7.2　EtherCAT 从站控制器概述

由于 EtherCAT 工业以太网技术是由德国 BECKHOFF 自动化公司提出的，因此本节以 BECKHOFF 公司生产的 EtherCAT 从站控制器为例，对 EtherCAT 从站控制器的功能进行讲述。

BECKHOFF 公司生产的 EtherCAT 从站控制器主要有 ET1100、ET1200、功能固定的二进制配置 FPGAs（ESC20）和可配置的 FPGAs IP 核（ET1810/ET1815）。

EtherCAT 从站控制器主要特征如表 7-1 所示。

表 7-1　EtherCAT 从站控制器主要特征

特　　征	ET1200	ET1100	IP 核	ESC20
端口	2~3 （每个 EBUS/MII， 最大 1 个 MII）	2~4 （每个 EBUS/MII）	1~3 MII/ 1~3 RGMII/ 1~2 RMII	2 MII
FMMUs	3	8	0~8	4
同步管理器	4	8	0~8	4

（续）

特　征	ET1200	ET1100	IP 核	ESC20
过程数据 RAM	1KB	8KB	0~60KB	4KB
分布式时钟	64 位	64 位	32/64 位	32 位
过程数据接口				
数字 I/O	16 位	32 位	8~32 位	32 位
SPI 从站	是	是	是	是
8/16 位微控制器	—	异步/同步	异步	异步
片上总线	—	—	是	—

EtherCAT 从站控制器功能框图如图 7-7 所示。

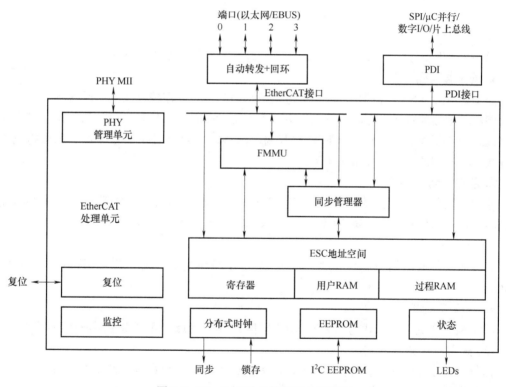

图 7-7　EtherCAT 从站控制器功能框图

7.2.1　EtherCAT 从站控制器功能块

1. EtherCAT 接口（以太网/EBUS）

EtherCAT 接口或端口将 EtherCAT 从站控制器连接到其他 EtherCAT 从站和主站。MAC 层是 EtherCAT 从站控制器的组成部分。物理层可以是以太网或 EBUS。EBUS 的物理层完全集成到 ASIC 中。对于以太网端口，外部以太网 PHY 连接到 EtherCAT 从站控制器的 MIL/

RGMII/RMII。通过全双工通信，EtherCAT 的传输速度固定为 100Mbit/s。链路状态和通信状态将报告给监控设备。EtherCAT 从站支持 2~4 个端口，逻辑端口编号为 0、1、2 和 3。

2. EtherCAT 处理单元

EtherCAT 处理单元（EPU）接收、分析和处理 EtherCAT 数据流，在逻辑上位于端口 0 和端口 3 之间。EtherCAT 处理单元的主要用途是启用和协调对内部寄存器和 EtherCAT 从站控制器存储空间的访问，可以从 EtherCAT 主站或通过 PDI 从本地应用程序对其寻址。EtherCAT 处理单元除了自动转发、回环功能和 PDI 外，还包含 EtherCAT 从站的主要功能块。

3. 自动转发

自动转发（Auto-Forwarder）接收以太网帧，执行帧检查并将其转发到回环功能。接收帧的时间戳由自动转发生成。

4. 回环功能

如果端口没有链路，或者端口不可用，又或者该端口的环路关闭，则回环功能（Loop-back）将以太网帧转发到下一个逻辑端口。端口 0 的回环功能可将帧转发到 EtherCAT 处理单元。环路设置可由 EtherCAT 主站控制。

5. FMMU

FMMU（现场总线存储管理单元）用于将逻辑地址按位映射到 ESC 的物理地址。

6. 同步管理器

同步管理器（SM）负责 EtherCAT 主站与从站之间一致性数据交换和邮箱通信。可以为每个同步管理器配置通信方向。读或写处理会分别在 EtherCAT 主站和附加的微控制器中生成事件。同步管理器可负责区分 ESC 和双端口内存，因为根据同步管理器状态可将它们的地址映射到不同的缓冲区并阻止访问。

7. 监控单元

监控单元包含监视定时器（Watch Dog Timer，WDT）和错误计数器。WDT 又称为看门狗，用于检测通信并在发生错误时返回安全状态；错误计数器用于错误检测和分析。

8. 复位单元

集成的复位控制器可检测电源电压并控制外部和内部复位，仅限 ET1100 和 ET1200 ASIC。

9. PHY 管理单元

PHY 管理单元通过 MII 与以太网 PHY 通信。PHY 管理单元可由主站或从站使用。

10. 分布式时钟

分布式时钟（DC）允许精确地同步生成输出信号和输入采样，以及事件时间戳。同步性可能会跨越整个 EtherCAT 网络。

11. 存储单元

EtherCAT 从站具有高达 64KB 的地址空间。第一个 4KB 块（0x0000~0x0FFF）用于寄存器和用户存储器。地址 0x1000 以后的存储空间用作过程存储器（最大 60KB），过程存储器的大小取决于设备。ESC 地址范围可由 EtherCAT 主站和附加的微控制器直接寻址。

12. 过程数据接口（PDI）或应用程序接口

接口的功能取决于 ESC，有以下几种 PDI：

1）数字 I/O（8~32 位，单向/双向，带 DC 支持）。

2）SPI 从站。

3）8/16 位微控制器（异步或同步）。

4）片上总线（比如 Avalon、PLB 或 AXI，具体取决于目标 FPGA 类型和选择方式）。

5）一般用途 I/O。

13. SII EEPROM

EtherCAT 从站信息（ESI）的存储需要使用一个非易失性存储器，通常是 I²C 串行接口的 EEPROM。如果 ESC 的实现为 FPGA，则 FPGA 配置代码中需要第二个非易失性存储器。

14. 状态/LEDs

状态块提供 ESC 和应用程序状态信息。它控制外部 LED，如应用程序运行 LED、错误 LED 和端口链接/活动 LED。

7.2.2　EtherCAT 协议

EtherCAT 使用标准 IEEE 802.3 以太网帧，因此可以使用标准网络控制器，主站侧不需要特殊硬件。

EtherCAT 具有一个保留的 EtherType 0x88A4，可将其与其他以太网帧区分开。因此，EtherCAT 可以与其他以太网协议并行运行。

EtherCAT 不需要 IP，但可以封装在 IP/UDP 中。EtherCAT 从站控制器以硬件方式处理帧。

EtherCAT 帧可被细化为 EtherCAT 报头与一个或多个 EtherCAT 数据报。至少有一个 EtherCAT 数据报必须在帧中。ESC 仅处理当前 EtherCAT 报头中具有类型 1 的 EtherCAT 帧。尽管 ESC 不评估 VLAN 标记内容，但 ESC 也支持 IEEE 802.1Q VLAN 标记。

如果以太网帧大小低于 64B，则必须添加填充字节。否则，EtherCAT 帧将会与所有 EtherCAT 数据报加 EtherCAT 报头的总和一样大。

1. EtherCAT 报头

带 EtherCAT 数据的以太网帧如图 7-8 所示，显示了如何组装包含 EtherCAT 数据的以太网帧。EtherCAT 报头如表 7-2 所示。

表 7-2　EtherCAT 报头

名　　称	数据类型	值/描述
长度	11 位	EtherCAT 数据报的长度（不包括 FCS）
保留	1 位	保留，0
类型	4 位	协议类型。ESC 只支持（Type＝0x1）EtherCAT 命令

EtherCAT 从站控制器忽略 EtherCAT 报头长度字段，它们取决于数据报长度字段。必须将 EtherCAT 从站控制器通过 DL 控制寄存器 0x0100［0］配置为转发非 EtherCAT 帧。

2. EtherCAT 数据报

EtherCAT 数据报如图 7-9 所示，显示了 EtherCAT 数据报的结构。EtherCAT 数据报描述如表 7-3 所示。

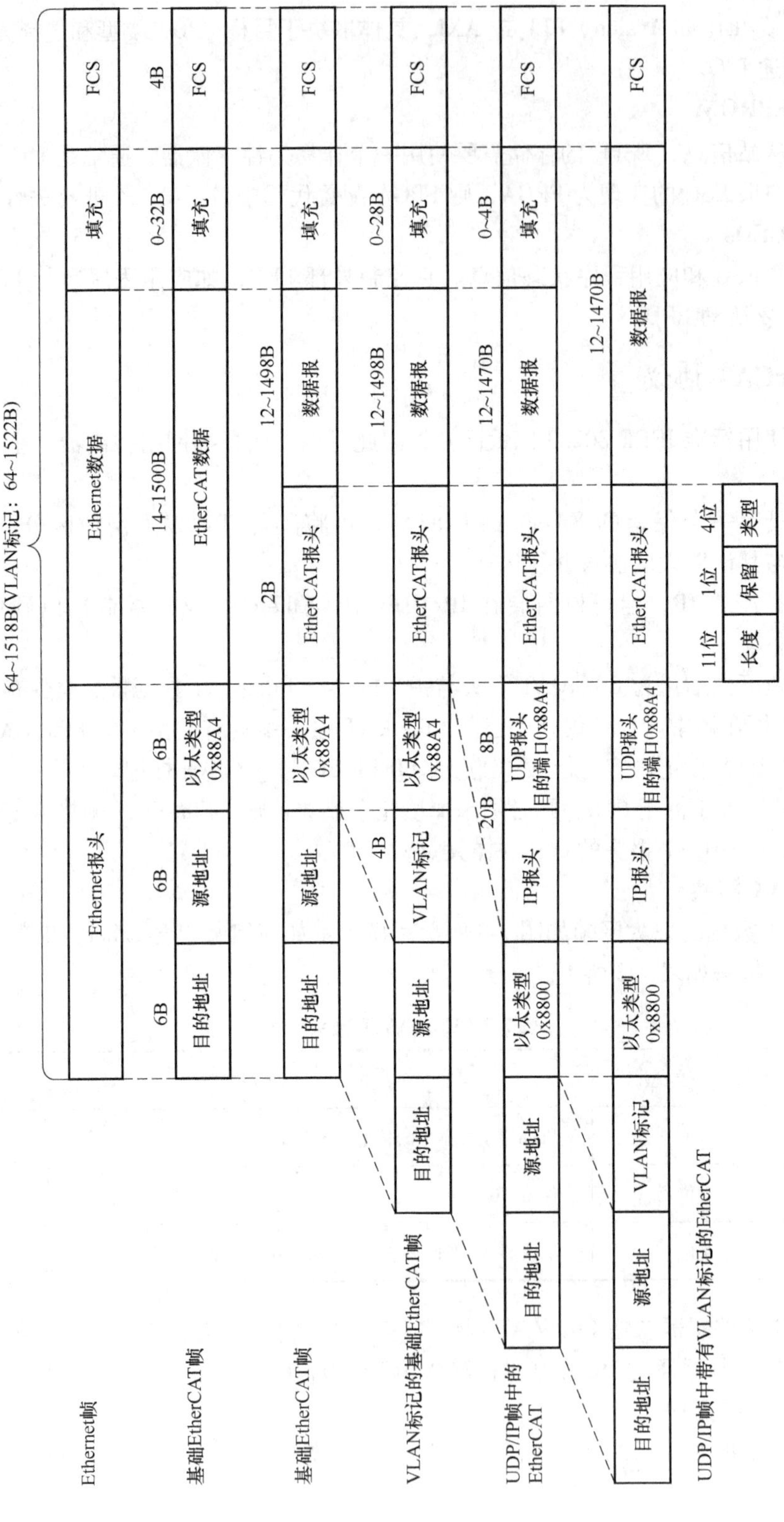

Ethernet帧					
	Ethernet报头		Ethernet数据	填充	FCS
	6B	6B	14~1500B		4B

基础EtherCAT帧

目的地址	源地址	以太类型 0x88A4	EtherCAT数据	0~32B	FCS
		2B	12~1498B	填充	

基础EtherCAT帧

目的地址	源地址	以太类型 0x88A4	EtherCAT报头	数据报	填充	FCS
				12~1498B		

VLAN标记的基础EtherCAT帧

目的地址	源地址	VLAN标记	以太类型 0x88A4	EtherCAT报头	数据报	填充	FCS
		4B			12~1470B	0~28B	

UDP/IP帧中的 EtherCAT

目的地址	源地址	以太类型 0x8800	IP报头	UDP报头 目的端口0x88A4	EtherCAT报头	数据报	填充	FCS
			20B	8B		12~1470B	0~4B	

UDP/IP帧中带有VLAN标记的EtherCAT

目的地址	源地址	VLAN标记	以太类型 0x8800	IP报头	UDP报头 目的端口0x88A4	EtherCAT报头	数据报	填充	FCS
							12~1470B		

64~1518B(VLAN标记：64~1522B)

EtherCAT报头

长度	保留	类型
11位	1位	4位

图 7-8 带 EtherCAT 数据的以太网帧

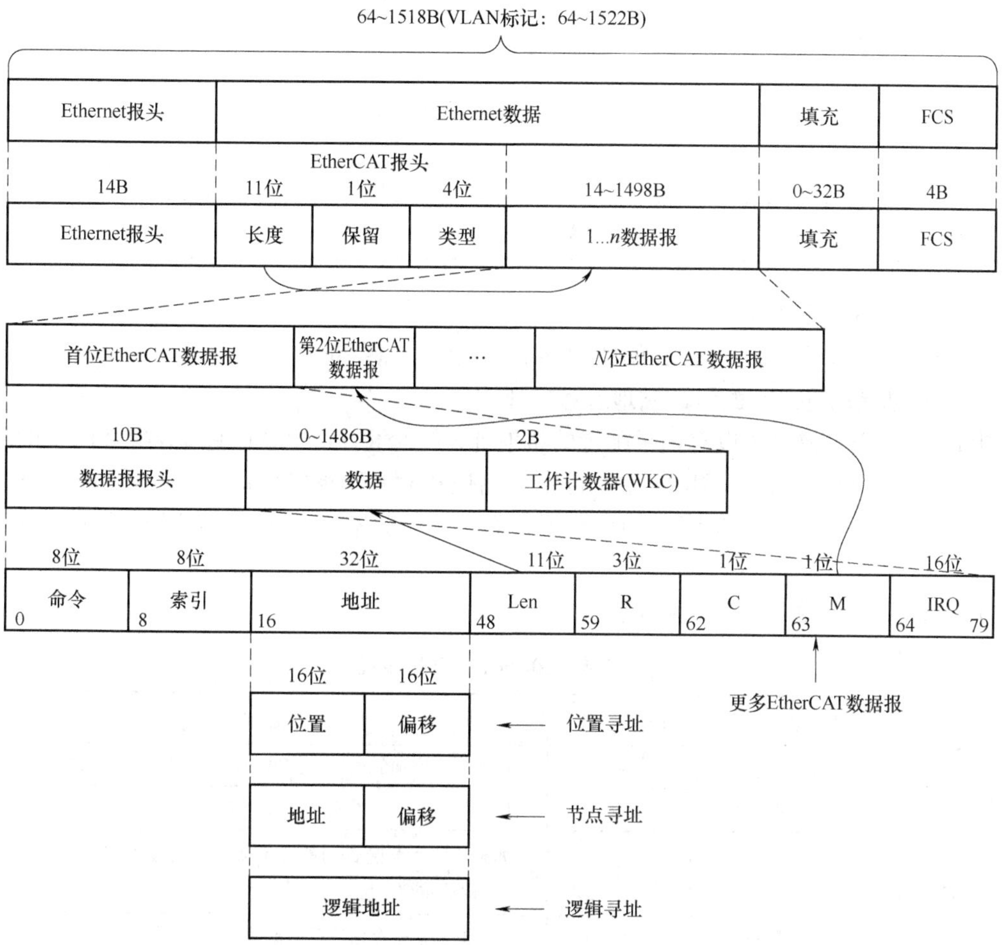

64~1518B(VLAN标记: 64~1522B)

Ethernet报头	Ethernet数据				填充	FCS

	EtherCAT报头					
14B	11位	1位	4位	14~1498B	0~32B	4B
Ethernet报头	长度	保留	类型	1...n数据报	填充	FCS

首位EtherCAT数据报	第2位EtherCAT数据报	...	N位EtherCAT数据报

10B	0~1486B	2B
数据报报头	数据	工作计数器(WKC)

8位	8位	32位	11位	3位	1位	1位	16位
命令	索引	地址	Len	R	C	M	IRQ
0	8	16	48	59	62	63	64 79

更多EtherCAT数据报

16位	16位	
位置	偏移	← 位置寻址
地址	偏移	← 节点寻址
逻辑地址		← 逻辑寻址

图 7-9 EtherCAT 数据报

表 7-3 EtherCAT 数据报描述

名　称	数 据 类 型	值/描述
Cmd	字节	EtherCAT 命令类型
Idx	字节	索引是主站用于标识重复/丢失数据报的数字标识符。EtherCAT 从站不应更改它
Address	字节［4］	地址（自动递增，配置的站地址或逻辑地址）
Len	11 位	此数据报中后续数据的长度
R	3 位	保留，0
C	1 位	循环帧 0：帧没有循环 1：帧已循环一次
M	1 位	更多 EtherCAT 数据报 0：最后一个 EtherCAT 数据报 1：随后将会有更多 EtherCAT 数据报

（续）

名　称	数据类型	值/描述
IRQ	字	结合了逻辑 OR 的所有从站的 EtherCAT 事件请求寄存器
Data	字节 [n]	读/写数据
WKC	字	工作计数器

3. EtherCAT 寻址模式

一个段内支持 EtherCAT 设备的两种寻址模式：设备寻址和逻辑寻址。提供 3 种设备寻址模式：自动递增寻址、配置的站地址和广播。

EtherCAT 设备最多可以有两个配置的站地址，一个由 EtherCAT 主站分配（配置的站地址）；另一个存储在 SII EEPROM 中，可由从站应用程序（配置的站点别名地址）进行更改。配置的站点别名地址的 EEPROM 设置仅在上电或复位后的第一次 EEPROM 加载时被接管。

EtherCAT 寻址模式如表 7-4 所示。

表 7-4　EtherCAT 寻址模式

模　式	名　称	数据类型	值/描述
自动递增寻址	位置	字	每个从站增加的位置。如果 Position＝0，则从站被寻址
	偏移	字	ESC 的本地寄存器或存储器地址
配置的站地址	地址	字	如果地址匹配配置的站地址或配置的站点别名（如果已启用），则从站被寻址
	偏移	字	ESC 的本地寄存器或存储器地址
广播	位置	字	每个从站增加位置（不用于寻址）
	偏移	字	ESC 的本地寄存器或存储器地址
逻辑寻址	地址	双字	逻辑地址（由 FMMU 配置）。如果 FMMU 配置与地址匹配，则从站被寻址

4. 工作计数器

每个 EtherCAT 数据报都以一个 16 位工作计数器（WKC）字段结束。工作计数器计算此 EtherCAT 数据报成功寻址的设备数量。成功意味着 ESC 已被寻址并且可以访问所寻址的存储器（比如受保护的 SyncManager 缓冲器）。每个数据报应具有主站计算的预期工作计数器值。主站可以通过将工作计数器与期望值进行比较来校验 EtherCAT 数据报的有效处理。

如果成功读取或写入整个多字节数据报中至少一个字节或一位，则工作计数器增加。对于多字节数据报，如果成功读取或写入所有字节或仅一个字节，则无法从工作计数器值中获知。这允许通过忽略未使用的字节来使用单个数据报读取分散的寄存器区域。

5. EtherCAT 命令类型

EtherCAT 命令类型如表 7-5 所示，表中列出了所有支持的 EtherCAT 命令类型。对于读写（ReadWrite）操作，读操作在写操作之前执行。

表 7-5　**EtherCAT 命令类型**

命令	缩写	名　称	描　述
0	NOP	无操作	从站忽略命令
1	APRD	自动递增读取	从站递增地址。如果接收的地址为零，从站将读取数据放入 EtherCAT 数据报
2	APWR	自动递增写入	从站递增地址。如果接收的地址为零，从站将数据写入存储器位置
3	APRW	自动递增读写	从站递增地址。从站将读取数据放入 EtherCAT 数据报，并在接收到的地址为零时将数据写入相同的存储单元
4	FPRD	配置地址读取	如果地址与其配置的地址之一相匹配，则从站将读取的数据放入 EtherCAT 数据报
5	FPWR	配置地址写入	如果地址与其配置的地址之一相匹配，则将数据写入存储器位置
6	FPRW	配置地址读写	如果地址与其配置的地址之一相匹配，则从站将读取的数据放入 EtherCAT 数据报并将数据写入相同的存储器位置
7	BRD	广播读取	所有从站将存储区数据和 EtherCAT 数据报数据的逻辑或放入 EtherCAT 数据报。所有从站增加位置字段
8	BWR	广播写入	所有从站都将数据写入内存位置。所有从站增加位置字段
9	BRW	广播读写	所有从站将存储区数据和 EtherCAT 数据报数据的逻辑或放入 EtherCAT 数据报，并将数据写入存储单元。通常不使用 BRW。所有的从站增加位置字段
10	LRD	逻辑内存读取	如果接收的地址与配置的 FMMU 读取区域之一匹配，则从站将读取数据放入 EtherCAT 数据报
11	LWR	逻辑内存写入	如果接收的地址与配置的 FMMU 写入区域之一匹配，则从站将数据写入存储器位置
12	LRW	逻辑内存读写	如果接收的地址与配置的 FMMU 读取区域之一匹配，则从站将读取数据放入 EtherCAT 数据报。如果接收的地址与配置的 FMMU 写入区域之一匹配，则从站将数据写入存储器位置
13	ARMW	自动递增多次读写	从站递增地址。如果接收的地址为零，从站将读取的数据放入 EtherCAT 数据报，否则从站将数据写入存储器位置
14	FRMW	配置多次读写	如果地址与配置的地址之一相匹配，则从站将读取的数据放入 EtherCAT 数据报，否则从站将数据写入存储器位置
15~255		保留	

229

6. UDP/IP

EtherCAT 从站控制器评估如表 7-6 所示的头字段，用以检测封装在 UDP/IP 中的 EtherCAT 帧。

表 7-6　EtherCAT UDP/IP 封装

字　段	EtherCAT 预期值
以太类型	0x0800（IP）
IP 版本	4
IP 报头长度	5
IP	0x11（UDP）
UDP 目的端口	0x88A4

如果未评估 IP 和 UDP 头字段，则不检查其他所有字段，并且不检查 UDP 校验和。

由于 EtherCAT 帧是即时处理的，因此在修改帧内容时，ESC 无法更新 UDP 校验和。相反，EtherCAT 从站控制器可清除任何 EtherCAT 帧的 UDP 校验和（不管 DL 控制寄存器 0x0100［0］如何设置），这表明校验和未被使用。如果 DL 控制寄存器 0x0100［0］＝0，则在不修改非 EtherCAT 帧的情况下转发 UDP 校验和。

7.2.3　帧处理

ET1100、ET1200、IP Core 和 ESC20 从站控制器仅支持直接寻址模式：既没有为 EtherCAT 从站控制器分配 MAC 地址，也没有为其分配 IP 地址，它们可使用任何 MAC 或 IP 地址处理 EtherCAT 帧。

在这些 EtherCAT 从站控制器之间或主站和第一个从站之间无法使用非托管交换机，因为源地址和目标 MAC 地址不由 EtherCAT 从站控制器评估或交换。使用默认设置时，仅修改源 MAC 地址，因此主站可以区分传出和传入帧。

这些帧由 EtherCAT 从站控制器即时处理，即它们不存储在 EtherCAT 从站控制器之内。当比特通过 EtherCAT 从站控制器之时，读取和写入数据。最小化转发延迟以实现快速的循环。转发延迟由接收 FIFO 大小和 EtherCAT 处理单元延迟定义。可省略发送 FIFO 以减少延迟时间。

EtherCAT 从站控制器支持 EtherCAT、UDP/IP 和 VLAN 标记，处理包含 EtherCAT 数据报的 EtherCAT 帧和 UDP/IP 帧。具有 VLAN 标记的帧由 EtherCAT 从站控制器处理，忽略 VLAN 设置并且不修改 VLAN 标记。

通过 EtherCAT 处理单元的每个帧都改变源 MAC 地址（SOURCE_MAC［1］设置为 1，本地管理的地址）。这有助于区分主站发送的帧和主站接收的帧。

7.2.4　FMMU

现场总线存储器管理单元（FMMU）通过内部地址映射将逻辑地址转换为物理地址。因此，FMMU 允许对跨越多个从设备的数据段使用逻辑寻址：一个数据报寻址几个任意分布的 EtherCAT 从站控制器内的数据。每个 FMMU 通道将一个连续的逻辑地址空间映射到从站的一个连续物理地址空间。EtherCAT 从站控制器的 FMMU 支持逐位映射，支持的 FMMU 数量取决于 EtherCAT 从站控制器。FMMU 支持的访问类型可配置为读、写或读/写。

7.2.5　同步管理器

EtherCAT 从站控制器的存储器可用于在 EtherCAT 主站和本地应用程序（在连接到 PDI 的微控制器上）之间交换数据，而没有任何限制。像这样使用内存进行通信有一些缺点，可以通过 EtherCAT 从站控制器内部的同步管理器来解决：

① 不保证数据一致性。信号量必须以软件实现，以便使用协调的方式交换数据。

② 不保证数据安全性。安全机制必须用软件实现。

③ EtherCAT 主站和应用程序必须轮询内存，以便得知对方的访问在何时完成。

同步管理器可在 EtherCAT 主站和本地应用程序之间实现一致且安全的数据交换，并生成中断来通知双方发生数据更改。

同步管理器的通信方向以及通信模式由 Ether CAT 主站配置。同步管理器使用位于内存区域的缓冲区来交换数据，对此缓冲区的访问由同步管理器的硬件控制。

对缓冲区的访问必须从起始地址开始，否则拒绝访问。访问起始地址后，整个缓冲区甚至是起始地址可以作为一个整体或几个行程再次访问。通过访问结束地址完成对缓冲区访问，之后缓冲区状态会发生变化，并生成中断或 WDT 触发脉冲（如果已配置）。结束地址不能在一帧内访问两次。

同步管理器支持以下两种通信模式：

1. 缓冲模式

缓冲模式允许 EtherCAT 主站和本地应用程序随时访问通信缓冲区。消费者总是获得由生产者写入的最新的缓冲区，并且生产者总是可以更新缓冲区的内容。如果缓冲区的写入速度比读出的速度快，则会丢弃旧数据。

缓冲模式通常用于循环过程数据。

2. 邮箱模式

邮箱模式以握手机制实现数据交换，因此不会丢失数据。EtherCAT 主站或本地应用程序只有在另一方完成访问后才能访问缓冲区。首先，生产者写入缓冲区。然后，锁定缓冲区的写入直到消费者将其读出。之后，生产者再次具有写访问权限，同时消费者缓冲区被锁定。

邮箱模式通常用于应用程序层协议。

仅当帧的 FCS 正确时，同步管理器才接受由主机引起的缓冲区更改，因此，缓冲区更改将在帧结束后不久生效。

同步管理器的配置寄存器位于寄存器地址 0x0800 处。

EtherCAT 从站控制器具有以下主要功能：

1）集成数据帧转发处理单元，通信性能不受从站微处理器性能限制。每个 EtherCAT 从站控制器最多可以提供 4 个数据收发端口；主站发送 EtherCAT 数据帧操作被 EtherCAT 从站控制器称为 ECAT 帧操作。

2）最大 64 KB 的双端口存储器 DPRAM 存储空间，其中包括 4KB 的寄存器空间和 1~60KB 的用户数据区。DPRAM 可以由外部微处理器使用并行或串行数据总线访问，访问 DPRAM 的接口称为物理设备接口（Physical Device Interface，PDI）。

3）可以不用微处理器控制，作为数字量输入/输出芯片独立运行，具有通信状态机处理功能，最多提供 32 位数字量输入/输出。

4）具有 FMMU 逻辑地址映射功能，提高数据帧利用率。

5）由存储同步管理器（SM）通道管理 DPRAM，保证了应用数据的一致性和安全性。

6）集成分布时钟（Distribute Clock，DC）功能，为微处理器提供高精度的中断信号。

7）具有 EEPROM 访问功能，存储 EtherCAT 从站控制器和应用配置参数，定义从站信息接口（Slave Information Interface，SII）。

7.2.6 EtherCAT 从站控制器存储空间

EtherCAT 从站控制器具有 64KB 的 DPRAM 地址空间，前 4KB（0x0000~0x0FFF）空间为寄存器空间。0x1000~0xFFFF 的地址空间为过程数据存储空间，不同的芯片类型所包含的过程数据空间有所不同。EtherCAT 从站控制器内部存储空间如图 7-10 所示。

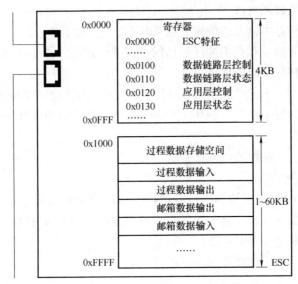

图 7-10　EtherCAT 从站控制器内部存储空间

0x0000~0x0F7F 的寄存器具有缓存区，当 EtherCAT 从站控制器在接收到一个写寄存器操作数据帧时，数据首先存放在缓存区中。如果确认数据帧接收正确，缓存区中的数值将被传送到真正的寄存器中，否则不接收缓存区中的数据。也就是说，寄存器内容在正确接收到 EtherCAT 数据帧的 FCS 之后才被刷新。用户和过程数据存储区没有缓存区，所以对它的写操作将立即生效。如果数据帧接收错误，EtherCAT 从站控制器将不向上层应用控制程序通知存储区数据的改变。EtherCAT 从站控制器的存储空间分配如表 7-7 所示。

表 7-7　EtherCAT 从站控制器的存储空间分配

功 能 结 构	地　　址	数据长度 /B	描　　述	读/写	
				ECAT 帧	PDI
ESC 信息	0x0000	1	类型	R	R
	0x0001	1	版本号	R	R
	0x0002~0x0003	2	内部标号	R	R
	0x0004	1	FMMU 数	R	R
	0x0005	1	SM 通道数	R	R
	0x0006	1	RAM 容量	R	R
	0x0007	1	端口描述	R	R
	0x0008~0x0009	2	特性	R	R

（续）

功能结构	地 址	数据长度 /B	描 述	读/写 ECAT 帧	读/写 PDI
站点地址	0x0010～0x0011	2	配置站点地址	R/W	R
	0x0012～0x0013	2	配置站点别名	R	R/W
写保护	0x0020	1	寄存器写使能	W	
	0x0021	1	寄存器写保护	R/W	R
	0x0030	1	写使能	W	
	0x0031	1	写保护	R/W	R
ESC 复位	0x0040	1	复位控制	R/W	R
数据链路层	0x0100～0x0103	4	数据链路控制	R/W	R
	0x0108～0x0109	2	物理读/写偏移	R/W	R
	0x0110～0x0111	2	数据链路状态	R	R
应用层	0x0120～0x0121	2	应用层控制	R/W	R
	0x0130～0x0131	2	应用层状态	R	R/W
	0x0134～0x0135	2	应用层状态码	R	R/W
物理设备接口（PDI)	0x0140～0x0141	2	PDI 控制	R	R
	0x0150	1	PDI 配置	R	R
	0x0151	1	SYNC/LATCH 接口配置	R	R
	0x0152～0x0153	2	扩展 PDI 配置	R	R
中断控制	0x0200～0x0201	2	ECAT 中断屏蔽	R/W	R
	0x0204～0x0207	4	应用层中断事件屏蔽	R	R/W
	0x0210～0x0211	2	ECAT 中断请求	R	R
	0x0220～0x0223	4	应用层中断事件请求	R	R
错误计数器	0x0300～0x0307	4x2	接收错误计数器	R/W（clr）	R
	0x0308～0x030B	4	转发接收错误计数器	R/W（clr）	R
	0x030C	1	ECAT 处理单元错误计数器	R/W（clr）	R
	0x0300	1	PDI 错误计数器	R/W（clr）	R
	0x0310～0x0313	4	链接丢失计数器	R/W（clr）	R
WDT 设置	0x0400～0x0401	2	WDT 分频器	R/W	R
	0x0410～0x0411	2	PDI WDT 定时器	R/W	R
	0x0420～0x0421	2	过程数据 WDT 定时器	R/W	R
	0x0440～0x0441	2	过程数据 WDT 状态	R	R
	0x0442	1	过程数据 WDT 超时计数器	R/W（clr）	R
	0x0443	1	PDI WDT 超时计数器	R/W（clr）	R
EEPROM 控制接口	0x0500	1	EEPROM 配置	R/W	R
	0x0501	1	EEPROM PDI 访问状态	R	R/W
	0x0502～0x0503	2	EEPROM 控制/状态	R/W	R/W
	0x0504～0x0507	4	EEPROM 地址	R/W	R/W
	0x0508～0x050F	8	EEPROM 数据	R/W	R/W

功能结构	地 址	数据长度/B	描 述	读/写	
				ECAT 帧	PDI
MII 管理接口	0x0510~0x0511	2	MII 管理控制/状态	R/W	R/W
	0x0512	1	PHY 地址	R/W	R/W
	0x0513	1	PHY 寄存器地址	R/W	R/W
	0x0514~0x0515	2	PHY 数据	R/W	R/W
	0x0516	1	MII 管理 ECAT 操作状态	R/W	R
	0x0517	1	MII 管理 PDI 操作状态	R/W	R
	0x0518~0x051B	4	PHY 端口状态	R	R
FMMU 配置寄存器	0x0600~0x06FF	16x16	FMMU [15：0]		
	+0x0：0x3	4	逻辑起始地址	R/W	R
	+0x4：0x5	2	长度	R/W	R
	+0x6	1	逻辑起始位	R/W	R
	+0x7	1	逻辑停止位	R/W	R
	+0x8：0x9	2	物理起始地址	R/W	R
	+0xA	1	物理起始位	R/W	R
	+0xB	1	FMMU 类型	R/W	R
	+0xC	1	FMMU 激活	R/W	R
	+0xD：xF	3	保留	R	R
SM 通道配置寄存器	0x080~x087F	16x16	同步管理器（SM）[15：0]		
	+0x0：0xl	2	物理起始地址	R/W	R
	+0x2：0x3	2	长度	R/W	R
	+0x4	1	SM 通道控制寄存器	R/W	R
	+0x5	1	SM 通道状态寄存器	R	R
	+0x6	1	激活	R/W	R
	+0x7	1	PDI 控制	R	R/W
分布时钟（DC）控制寄存器	0x0900~0x09FF		分布时钟（DC）控制		
DC 接收时间	0x0900~0x0903	4	端口 0 接收时间	R/W	R
	0x0904~0x0907	4	端口 1 接收时间	R	R
	0x0908~0x090B	4	端口 2 接收时间	R	R
	0x090C~0x090F	4	端口 3 接收时间	R	R
DC 控制环单元	0x0910~0x0917	4/8	系统时间	R/W	R/W
	0x0918~0x091F	4/8	数据帧处理单元接收时间	R	R
	0x0920~0x0927	4	系统时间偏移	R/W	R/W
	0x0928~0x092B	4	系统时间延迟	R/W	R/W
	0x092C~0x092F	4	系统时间漂移	R	R
	0x0930~0x0931	2		R/W	R/W
	0x0932~0x0933	2		R	R
	0x0934	1	系统时差滤波深度	R/W	R/W
	0x0935	1		R/W	R/W

（续）

功 能 结 构	地 址	数据长度/B	描 述	读/写 ECAT帧	PDI
DC 周期性单元控制	0x0980	1	周期单元控制	R/W	R
DC SYNC 输出单元	0x0981	1	激活	R/W	R/W
	0x0982~0x0983	2	SYNC 信号脉冲宽度	R	R
	0x098E	1	SYNC0 信号状态	R	R
	0x098F	1	SYNC1 信号状态	R	R
	0x0990~0x0997	4/8	周期性运行开始时间/下一个 SYNC0 脉冲时间	R/W	R/W
	0x0998~0x099F	4/8	下一个 SYNC1 脉冲时间	R	R
	0x09A0~0x09A3	4	SYNC0 周期时间	R/W	R/W
	0x09A4~0x09A7	4	SYNC1 周期时间	R/W	R/W
DC 锁存单元	0x09A8	1	Latch0 控制	R/W	R/W
	0x09A9	1	Latch1 控制	R/W	R/W
	0x09AE	1	Latch0 状态	R	R
	0x09AF	1	Latch1 状态	R	R
	0x09B0~0x09B7	4/8	Latch0 上升沿时间	R	R
	0x09B8~0x09BF	4/8	Latch0 下降沿时间	R	R
	0x09C0~0x09C7	4/8	Latch1 上升沿时间	R	R
	0x09C8~0x09CF	4/8	Latch1 下降沿时间	R	R
DC SM 时间	0x09F0~0x09F3	4	EtherCAT 缓存改变事件时间	R	R
	0x09F8~0x09FB	4	PDI 缓存开始事件时间	R	R
	0x09FC~0x09FF	4	PDI 缓存改变事件时间	R	R
ESC 特征寄存器	0xE000~0x0EFF	256	ESC 特征寄存器，如上电值，产品和厂商的 ID		
数字量输入和输出	0x0F00~0x0F03	4	数字量 I/O 输出数据	R/W	R
	0x0F10~0x0F17	1~8	通用功能输出数据	R/W	R/W
	0x0F18~0x0F1F	1~8	通用功能输入数据	R	R
用户 RAM/扩展 ESC 特性	0x0F80~0x0FFF	128	用户 RAM/扩展 ESC 特性	R/W	R/W
过程数据 RAM	0x1000~0x1003	4	数字量 I/O 输入数据	R/W	R/W
	0x1000~0xFFFF	8K	过程数据 RAM	R/W	R/W

7.2.7 EtherCAT 从站控制器特征信息

EtherCAT 从站控制器的寄存器空间的前 10B 表示其基本配置性能，可以读取这些寄存器的值而获取 EtherCAT 从站控制器的类型和功能，其特征寄存器如表7-8所示。

235

表 7-8　EtherCAT 从站控制器的特征寄存器

地　址	位	名　称	描　述	复　位　值
0x0000	0~7	类型	芯片类型	ET1100：0x11 ET1200：0x12
0x0001	0~7	修订号	芯片版本修订号 IP Core：主版本号 X	ESC 相关
0x0002、0x0003	0~15	内部版本号	内部版本号 IP Core：[7：4]=子版本号 Y [3：0]=维护版本号 Z	ESC 相关
0x0004	0~7	FMMU 支持	FMMU 通道数目	IP Core：可配置 ET1100：8 ET1200：3
0x0005	0~7	SM 通道支持	SM 通道数目	IP Core：可配置 ET1100：8 ET1200：4
0x0006	0~7	RAM 容量	过程数据存储区容量，以 KB 为单位	IP Core：可配置 ET1100：8 ET1200：1
0x0007	0~7	端口配置	4 个物理端口的用途	ESC 相关
0x0008、0x0009	1：0	Port 0	00：没有实现	
	3：2	Port 1	01：没有配置	
	5：4	Port 2	10：EBUS	
	7：6	Port 3	11：MII	
	0	FMMU 操作	0：按位映射 1：按字节映射	0
	1	保留		
	2	分布时钟	0：不支持 1：支持	IP Core：可配置 ET1100：1 ET1200：1
	3	时钟容量	0：32 位 1：64 位	ET1100：1 ET1200：1 其他：0
	4	低抖动 EBUS	0：不支持，标准 EBUS 1：支持，抖动最小化	ET1100：1 ET1200：1 其他：0
	5	增强的 EBUS 链接检测	0：不支持 1：支持，如果在过去的 256 位中发现超过 16 个错误，则关闭链接	ET1100：1 ET1200：1 其他：0

（续）

地　址	位	名　称	描　述	复位值
0x0008、0x0009	6	增强的 MII 链接检测	0：不支持 1：支持，如果在过去的 256 位中发现超过 16 个错误，则关闭链接	ET1100：1 ET1200：1 其他：0
	7	分别处理 FCS 错误	0：不支持 1：支持	ET1100：1 ET1200：1 其他：0
	8~15	保留		

7.3　EtherCAT 从站控制器的数据链路控制

1. 数据链路层概述

1）标准 IEEE 802.3 以太网帧。

① 对 EtherCAT 主站没有特殊要求。

② 标准以太网基础设施。

2）IEEE 注册 EtherType：88A4h。

① 优化的帧开销。

② 不需要 IP 栈。

③ 简单的主站实现。

3）通过 Internet 进行 EtherCAT 通信。

4）从属侧的帧处理。EtherCAT 从站控制器以硬件方式处理帧。

5）通信性能独立于处理器能力。

2. 数据链路层的作用

1）数据链路层链接物理层和应用层。

2）数据链路层负责底层通信基础设施。

① 链接控制。

② 访问收发器（PHY）。

③ 寻址。

④ 从站控制器配置。

⑤ EEPROM 访问。

⑥ 同步管理器配置和管理。

⑦ FMMU 配置和管理。

⑧ 过程数据接口配置。

⑨ 分布式时钟。

⑩ 设置 AL 状态机交互。

7.3.1　EtherCAT 从站控制器的数据帧处理

EtherCAT 从站控制器的帧处理顺序取决于端口数和芯片模式（使用逻辑端口号），其帧处理顺序如表 7-9 所示。

表 7-9　EtherCAT 从站控制器的帧处理顺序

端口数	帧处理顺序
2	0→数据帧处理单元→1/1→0
3	0→数据帧处理单元→1/1→2/2→0（逻辑端口 0，1 和 2） 或 0→数据帧处理单元→3/3→1/1→0（逻辑端口 0，1 和 3）
4	0→数据帧处理单元→3/3→1/1→2/2→0

数据帧在 EtherCAT 从站控制器内部的处理顺序取决于所使用的端口数目，在 EtherCAT 从站控制器内部经过数据帧处理单元的方向称为"处理"方向，其他方向称为"转发"方向。

每个 EtherCAT 从站控制器可以最多支持 4 个数据收发端口，每个端口都可以处在打开或闭合状态。如果端口打开，则可以向其他 EtherCAT 从站控制器发送数据帧或从其他 EtherCAT 从站控制器接收数据帧。一个闭合的端口不会与其他 EtherCAT 从站控制器交换数据帧，它在内部将数据帧转发到下一个逻辑端口，直到数据帧到达一个打开的端口。

EtherCAT 从站控制器内部数据帧处理过程如图 7-11 所示。

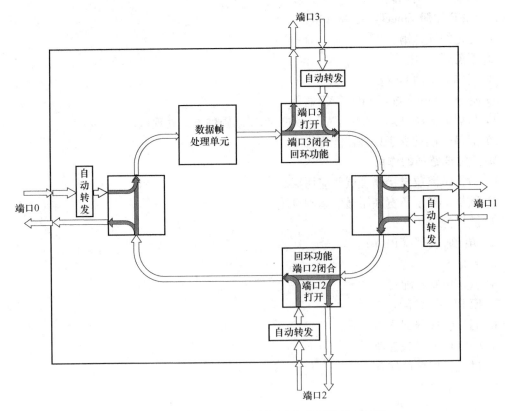

图 7-11　EtherCAT 从站控制器内部数据帧处理过程

EtherCAT 从站控制器支持 EtherCAT、UDP/IP 和 VLAN（Virtual Local Area Network）数

据帧类型，并能处理包含EtherCAT数据子报文的EtherCAT数据帧和UDP/IP数据帧，也能处理带有VLAN标记的数据帧，此时VLAN设置被忽略而VLAN标记不被修改。

由于ET1100、ET1200和EtherCAT从站没有MAC地址和IP地址，它们只能支持直连模式或使用管理型的交换机实现开放模式，由交换机的端口地址来识别不同的EtherCAT网段。

EtherCAT从站控制器修改了标准以太网的数据链路（Data Link，DL），数据帧由Ether-CAT从站控制器直接转发处理，从而获得最小的转发延时和最短的周期时间。为了降低延迟时间，EtherCAT从站控制器省略了发送FIFO。但是，为了隔离接收时钟和处理时钟，EtherCAT从站控制器使用了接收FIFO（RX FIFO）。RX FIFO的大小取决于数据接收方和数据发送方的时钟源精度，以及最大的数据帧字节数。主站可以通过设置数据链路（DL）控制寄存器（0x0100~0x0103）的16~18位来调整RX FIFO，但是不允许完全取消RX FIFO。默认的RX FIFO可以满足最大的以太网数据帧和100ppm的时钟源精度。使用25ppm的时钟源精度可以将RX FIFO设置为最小。

EtherCAT从站控制器的转发延时由RX FIFO的大小和ESC数据帧处理单元延迟决定，而EtherCAT从站的数据帧传输延时还与它使用的物理层器件有关，使用MII时，由于PHY芯片的接收和发送延时比较大，一个端口的传输延时约为500ns；使用EBUS接口时，延时较小，通常约为100ns，EBUS接口最大传输距离为10m。

7.3.2　EtherCAT从站控制器的通信端口控制

EtherCAT从站控制器端口的回路状态可以由主站写数据链路（DL）控制寄存器（0x0100~0x0103）来控制。

EtherCAT从站控制器支持强制回路控制（不管连接状态如何都强制打开或闭合）以及自动回路控制（由每个端口的连接状态决定打开或闭合）。

在自动模式下，如果建立连接则端口打开，如果失去连接则端口闭合。端口失去连接而自动闭合，再次建立连接后，它必须被主动打开，后者端口收到有效的以太网数据帧后也可以自动打开。

EtherCAT从站控制器端口的状态可以从DL状态寄存器（0x0110~0x0111）中读取。

1. 通信端口打开的条件

通信端口由主站控制，从站微处理器或微控制器不操作数据链路。端口被使能，而且满足如下任一条件时，端口将被打开。

1）DL控制寄存器中端口设置为自动时，端口上有活动的连接。

2）DL控制寄存器中回路设置为自动闭合时，端口上建立连接，并且向寄存器0x0100相应控制位再次写入0x01。

3）DL控制寄存器中回路设置为自动闭合时，端口上建立连接，并且收到有效的以太网数据帧。

4）DL控制寄存器中回路设置为常开。

2. 通信端口闭合的条件

满足以下任一条件时，端口将被闭合。

1）DL控制寄存器中端口设置为自动时，端口上没有活动的连接。

2）DL控制寄存器中回路设置为自动闭合时，端口上没有活动的连接，或者建立连接后没有向相应控制位再次写入0x01。

239

3）DL 控制寄存器中回路设置为常闭。

当所有的通信端口不论是因为强制还是自动而处于闭合状态时，端口 0 都将打开作为回复端口，可以通过这个端口实现读/写操作，以便修改 DL 控制寄存器的设置。此时 DL 状态寄存器仍然反映正确的状态。

7.3.3 EtherCAT 从站控制器的数据链路错误检测

EtherCAT 从站控制器在两个功能块中检测 EtherCAT 数据帧错误：自动转发模块和 EtherCAT 数据帧处理单元。

1. 自动转发模块检测到的错误

自动转发模块能检测到的错误有：

1）物理层错误（RX 错误）。

2）数据帧过长。

3）循环冗余校验（CRC）错误。

4）数据帧无以太网起始符（Start Of Frame，SOF）。

2. EtherCAT 数据帧处理单元检测到的错误

EtherCAT 数据帧处理单元可以检测到的错误有：

1）物理层错误（RX 错误）。

2）数据帧长度错误。

3）数据帧过长。

4）数据帧过短。

5）循环冗余校验（CRC）错误。

6）非 EtherCAT 数据帧（若 0x100.0 为 1）。

EtherCAT 从站控制器有一些错误指示寄存器用来监测和定位错误。所有计数器的最大值都为 0xFF，计数到达 0xFF 后停止，不再循环计数，须由写操作来清除。EtherCAT 从站控制器可以区分首次发现的错误和其之前已经检测到的错误，并且可以对接收错误计数器和转发错误计数器进行分析及错误定位。

7.3.4 EtherCAT 从站控制器的数据链路地址

EtherCAT 通信协议使用设置寻址时，有两种从站地址模式。

EtherCAT 从站控制器的数据链路地址寄存器描述如表 7-10 所示，表 7-10 中列出了两种设置站点地址时使用的寄存器。

表 7-10　EtherCAT 从站控制器的数据链路地址寄存器描述

地　址	位	名　称	描　述	复　位　值
0x0010、0x0011	0~15	设置站点地址	设置寻址所用地址（FPRD、FPWR 和 FPRW 命令）	0
0x0012、0x0013	0~15	设置站点别名	设置寻址所用的地址别名，是否使用这个别名，取决于 DL 控制寄存器 0x0100、0x0103 的位 24	0，保持该复位值，直到对 EEPROM 地址 0x0004 首次载入数据

1. 通过主站在数据链路启动阶段配置给从站

主站在初始化状态时，通过使用 APWR 命令，写从站寄存器 0x0010～0x0011，为从站设置一个与连接位置无关的地址，在以后的运行过程中使用此地址访问从站。

2. 通过从站在上电初始化时从配置数据存储区装载

每个 EtherCAT 从站控制器均配有 EEPROM 存储配置数据，其中包括一个站点别名。

EtherCAT 从站控制器在上电初始化时自动装载 EEPROM 中的数据，将站点别名装载到寄存器 0x0012～0x0013。

主站在链路启动阶段使用顺序寻址命令 APRD 读取各个从站的设置地址别名，并在以后运行中使用。使用别名之前，主站还需要设置 DL 控制寄存器 0x0100～0x0103 的位 24 为 1，通知从站将使用站点别名进行设置地址寻址。

使用从站别名可以保证即使网段拓扑改变或者添加或取下设备时，从站设备仍然可以使用相同的设置地址。

7.3.5　EtherCAT 从站控制器的逻辑寻址控制

EtherCAT 子报文可以使用逻辑寻址方式访问 EtherCAT 从站控制器内部存储空间，EtherCAT 从站控制器使用 FMMU 通道实现逻辑地址的映射。

每个 FMMU 通道使用 16B 配置寄存器，从 0x0600 开始。

7.4　EtherCAT 从站控制器的应用层控制

7.4.1　EtherCAT 从站控制器的状态机控制和状态

EtherCAT 主站和从站按照如下规则执行状态转化：

1）主站要改变从站状态时将目的状态写入从站 AL 控制位（0x0120.0～3）。

2）从站读取到新状态请求之后，检查自身状态。

① 如果可以转化，则将新的状态写入状态机实际状态位（0x0130.0～3）。

② 如果不可以转化，则不改变实际状态位，设置错误指示位（0x0130.4），并将错误码写入 0x0134～0x0135。

3）EtherCAT 主站读取状态机实际状态（0x0130）。

① 如果正常转化，则执行下一步操作。

② 如果出错，主站读取错误码并写 AL 错误应答（0x0120.4）来清除 AL 错误指示。

使用微处理器 PDI 接口时，AL 控制寄存器由握手机制操作。ECAT 写 AL 控制寄存器后，PDI 必须执行一次，否则，ECAT 不能继续写操作。只有在复位后 ECAT 才能恢复写 AL 控制寄存器。

PDI 接口为数字量 I/O 时，没有外部微处理器读 AL 控制寄存器，此时主站设置设备模拟位 0x0140.8 = 1，EtherCAT 从站控制器将自动复制 AL 控制寄存器的值到 AL 状态寄存器。

7.4.2　EtherCAT 从站控制器的中断控制

EtherCAT 从站控制器支持两种类型的中断：给本地微处理器的 AL 事件请求中断以及给

主站的 ECAT 帧中断。

分布时钟的同步信号也可以用作微处理器的中断信号。

1. PDI 中断

AL 事件的所有请求都映射到寄存器 0x0220～0x0223，由事件屏蔽寄存器 0x0204～0x0207 决定哪些事件将触发给微处理器的中断信号 IRQ。

微处理器响应中断后，在中断服务程序中读取 AL 事件请求寄存器，根据所发生的事件做出相应的处理。

2. ECAT 帧中断

ECAT 帧中断用来将从站所发生的 AL 事件通知 EtherCAT 主站，并使用 EtherCAT 子报文头中的状态位传输 ECAT 帧中断请求寄存器 0x0210～0x0211。ECAT 帧中断屏蔽寄存器 0x0200～0x0201 决定哪些事件会被写入状态位并发送给 EtherCAT 主站。

3. SYNC 同步信号中断

SYNC 同步信号可以映射到 IRQ 信号以触发中断。此时，同步引脚可以用作 Latch 输入引脚，IRQ 信号有 40ns 左右的抖动，同步信号有 12ns 左右的抖动。因此也可以将 SYNC 信号直接连接到微处理器的中断输入信号，微处理器将快速响应同步信号中断。

7.4.3 EtherCAT 从站控制器的 WDT 控制

EtherCAT 从站控制器支持两种内部 WDT：监测过程数据刷新的过程数据 WDT 以及监测 PDI 运行的 WDT。

1. 过程数据 WDT

通过设置 SM 控制寄存器（0x0804+Nx8）的位 6 来使能相应的过程数据 WDT。设置过程数据 WDT 的值（0x0420～0x0421）为零，将使 WDT 无效。过程数据缓存区被刷新后，过程数据 WDT 将重新开始计数。

过程数据 WDT 超时后，将触发如下操作：

1）设置过程数据 WDT 状态寄存器 0x0440.0＝0。

2）数字量 I/O PDI 收回数字量输出数据，不再驱动输出信号或拉低输出信号。

3）过程数据 WDT 超时，计数寄存器（0x0442）值增加。

2. PDI WDT

一次正确的 PDI 读/写操作可以启动 PDI WDT 重新计数。设置 PDI WDT 的值（0x0410～0x0411）为零，将使 WDT 无效。

PDI WDT 超时后，将触发以下操作：

1）设置 EtherCAT 从站控制器的 DL 状态寄存器 0x0110.1，DL 状态变化映射到 ECAT 帧的子报文状态位并将其发给 EtherCAT 主站。

2）PDI WDT 超时，计数寄存器（0x0443）值增加。

7.5 EtherCAT 从站控制器的存储同步管理

7.5.1 EtherCAT 从站控制器存储同步管理器

EtherCAT 定义了如下两种 SM 通道运行模式：

1）缓存类型。该 SM 运行模式用于过程数据通信。

① 使用 3 个缓存区，保证可以随时接收和交付最新的数据。

② 经常有一个可写入的空闲缓存区。

③ 在第一次写入之后，经常有一个连续可读的数据缓存区。

2）邮箱类型。

① 使用一个缓存区，支持握手机制。

② 对数据溢出产生保护。

③ 只有写入新数据后才可以进行成功的读操作。

④ 只有成功读取之后才允许再次写入。

EtherCAT 从站控制器内部过程数据存储区可以用于 EtherCAT 主站与从站应用程序数据的交换，需要满足如下条件：

1）保证数据一致性，必须由软件实现协同的数据交换。

2）保证数据安全，必须由软件实现安全机制。

3）EtherCAT 主站和应用程序都必须轮询存储器来判断另一端是否完成访问。

EtherCAT 从站控制器使用了存储同步管理器（SM）通道来保证主站与本地应用数据交换的一致性和安全性，并在数据状态改变时产生中断来通知双方。SM 通道把存储空间组织为一定大小的缓存区，由硬件控制对缓存区的访问。缓存区的数量和数据交换方向可配置。

SM 配置寄存器从 0x800 开始，每个通道使用 8B，包括配置寄存器和状态寄存器。

要从起始地址开始操作一个缓存区，否则操作被拒绝。操作起始地址之后，就可以操作整个缓存区。

SM 允许再次操作起始地址，并且可以分多次操作。操作缓存区的结束地址表示缓存区操作结束，随后缓存区状态改变，同时可以产生一个中断信号或 WDT 触发脉冲。不允许在一个数据帧内两次操作结束地址。

7.5.2　SM 通道缓存区的数据交换

EtherCAT 的缓存模式使用 3 个缓存区，允许 EtherCAT 主站和从站控制微处理器双方在任何时候访问数据交换缓存区。数据接收方可以随时得到一致的最新数据，而数据发送方也可以随时更新缓存区的内容。如果写缓存区的速度比读缓存区的速度快，以前的数据将被覆盖。

3 个缓存区模式通常用于周期性过程数据交换。3 个缓存区由 SM 通道统一管理，SM 通道只配置了第一个缓存区的地址范围。根据 SM 通道的状态，对第一个缓存区的访问将被重新定向到 3 个缓存区中的一个。第二和第三个缓存区的地址范围不能被其他 SM 通道所使用。SM 通道缓存区分配如表 7-11 所示。

表 7-11　SM 通道缓存区分配

地　　址	缓存区分配
0x1000~0x10FF	缓存区 1，可以直接访问
0x1100~0x11FF	缓存区 2，不可以直接访问，不可以用于其他 SM 通道
0x1200~0x12FF	缓存区 3，不可以直接访问，不可以用于其他 SM 通道
0x1300	可用存储空间

配置了一个 SM 通道，其起始地址为 0x1000，长度为 0x100，则 0x1100~0x12FF 的地址范围不能被直接访问，而是作为缓存区由 SM 通道来管理。所有缓存区由 SM 通道控制，只有缓存区 1 的地址配置给 SM 通道，并由 EtherCAT 主站和本地应用直接访问。

SM 缓存区的运行原理如图 7-12 所示。

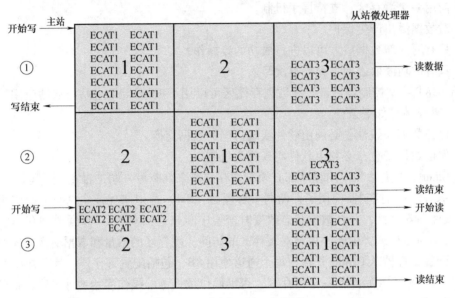

图 7-12　SM 缓存区的运行原理

在图 7-12 的状态①中，缓存区 1 正由主站数据帧写入数据，缓存区 2 空闲，缓存区 3 由从站微处理器读数据。

主站写缓存区 1 完成后，缓存区 1 和缓存区 2 交换，变为图 7-12 中的状态②。

从站微处理器读缓存区 3 完成后，缓存区 3 空闲，并与缓存区 1 交换，变为图 7-12 中的状态③。

此时，主站和微处理器又可以分别开始写和读操作。如果 SM 控制寄存器（0x0804+Nx8）中使能了 ECAT 帧或 PDI 中断，那么每次成功的读/写操作都将在 SM 状态寄存器（0x0805+Nx8）中设置中断事件请求，并映射到 ECAT 中断请求寄存器（0x0210~0x0211）和 AL 事件请求寄存器（0x0220~0x0221）中，再由相应的中断屏蔽寄存器决定是否映射到数据帧状态位或触发中断信号。

7.5.3　SM 通道邮箱数据通信模式

SM 通道的邮箱模式使用一个缓存区，实现了带有握手机制的数据交换，所以不会丢失数据。只有在一端完成数据操作之后，另一端才能访问缓存区。

首先数据发送方写缓存区，然后缓存区被锁定为只读，直到数据接收方读数据。随后，发送方再次写操作缓存区，同时缓存区对接收方锁定。

邮箱模式通常用于应用层非周期性数据交换，分配的这一个缓存区也称为邮箱。邮箱模式只允许以轮询方式读和写操作，实现完整的数据交换。

只有 EtherCAT 从站控制器接收数据帧 FCS 正确时，SM 通道的数据状态才会改变。这样，在数据帧结束之后缓存区状态立刻变化。

邮箱数据通信使用两个存储同步管理器通道。通常，主站到从站通信使用 SM0 通道，从站到主站通信使用 SM1 通道，它们被配置成为一个缓存区方式，使用握手来避免数据溢出。

7.6　EtherCAT 从站信息接口

EtherCAT 从站控制器采用 EEPROM 来存储所需要的设备相关信息，称为从站信息接口 (Slave Information Interface，SII)。

EEPROM 的容量为 1kbit~4Mbit，取决于 EtherCAT 从站控制器规格。

EEPROM 数据结构如表 7-12 所示。

表 7-12　EEPROM 数据结构

字地址 0	EtherCAT 从站控制器的寄存器配置区			
字地址 8	厂商标识	产品码	版本号	序列号
字地址 16	硬件延时		引导状态下邮箱配置	
字地址 24	邮箱 SM 通道配置			
	保留			
	分类附加信息 …			
字地址 64	字符串类信息			
	设备信息类			
	FMMU 描述信息			
	SM 通道描述信息			
	…			

EEPROM 使用字地址，字 0~63 是必须的基本信息，其各部分描述如下：

1）EtherCAT 从站控制器的寄存器配置区（字 0~7），由 EtherCAT 从站控制器在上电或复位后自动读取并装入相应寄存器，检查校验和。

2）产品标识区（字 8~15），包括厂商标识、产品码、版本号和序列号等。

3）硬件延时（字 16~19），包括端口延时和处理延时等信息。

4）引导状态下邮箱配置（字 20~23）。

5）标准邮箱通信 SM 通道配置（字 24~27）。

7.6.1　EEPROM 中的信息

EtherCAT 从站控制器配置数据如表 7-13 所示。

表 7-13　EtherCAT 从站控制器配置数据

字　地　址	参　数　名	描　述
0	PDI 控制	PDI 控制寄存器初始值（0x0140~0x0141）
1	PDI 配置	PDI 配置寄存器初始值（0x0150~0x0151）
2	SYNC 信号脉冲宽度	SYNC 信号脉宽寄存器初始值（0x0982~0x0983）
3	扩展 PDI 配置	扩展 PDI 配置寄存器初始值（0x0152~0x0153）
4	站点别名	站点别名配置寄存器初始值（0x0012~0x0013）
5，6	保留	保留，应为 0
7	校验和	字 0~6 的校验和

EEPROM 中的分类附加信息包含了可选的从站信息，有两种类型的数据：

1）标准类型。

2）制造商定义类型。

所有分类数据都使用相同的数据结构，包括一个字的数据类型、一个字的数据长度和数据内容。标准的分类数据类型如表 7-14 所示。

表 7-14　标准的分类数据类型

类　型　名	数　值	描　述
STRINGS	10	文本字符串信息
General	30	设备信息
FMMU	40	PMMU 使用信息
SyncM	41	SM 通道运行模式
TXPDO	50	TxPDO 描述
RXPDO	51	RxPDO 描述
DC	60	分布式时钟描述
End	0xffff	分类数据结束

7.6.2　EEPROM 的操作

EtherCAT 从站控制器具有读/写 EEPROM 的功能，主站或 PDI 通过读/写 EtherCAT 从站控制器的 EEPROM 控制寄存器来读/写 EEPROM，在复位状态下由主站控制 EEPROM 的操作之后可以移交给 PDI 控制。EEPROM 控制寄存器功能描述如表 7-15 所示。

表 7-15　EEPROM 控制寄存器功能描述

地　　址	位	名　　称	描　　述	复　位　值
0x0500	0	EEPROM 访问分配	0：ECAT 帧 1：PDI	0
	1	强制 PDI 操作释放	0：不改变 0x0501.0 1：复位 0x0501.0 为 0	0
	2~7	保留		0
0x0501	0	PDI 操作	0：PDI 释放 EEPROM 操作 1：PDI 正在操作 EEPROM	0
	1~7	保留		0

（续）

地　　址	位	名　　称	描　　述	复　位　值
0x0502、0x0503	0~15	EEPROM 控制和状态寄存器		
	0	ECAT 帧写使能	0：写请求无效 1：使能写请求	0
	1~5	保留		
	6	支持读字节数	0：4B 1：8B	ET1100：1 ET1200：1 其他：0
	7	EEPROM 地址范围	0：1个地址字节（1kbit~16kbit） 1：2个地址字节（32kbit~4Mbit）	芯片配置引脚
	8	读命令位	读写操作时含义不同 当写时 0：无操作 1：开始读操作 当读时 0：无读操作 1：读操作进行中	0
	9	写命令位	读写操作时含义不同 当写时 0：无操作 1：开始写操作 当读时 0：无写操作 1：写操作进行中	0
	10	重载命令位	读写操作时含义不同 当写时 0：无操作 1：开始重载操作 当读时 0：无重载操作 1：重载操作进行中	0
	11	ESC 配置区校验	0：校验和正确 1：校验和错误	0
	12	器件信息校验	0：器件信息正确 1：从 EEPROM 装载器件信息错误	0
	13	命令应答	0：无错误 1：EEPROM 无应答或命令无效	0
	14	写使能错误	0：无错误 1：请求写命令时无写使能	0
	15	忙位	0：EEPROM 接口空闲 1：EEPROM 接口忙	0

（续）

地　址	位	名　称	描　述	复 位 值
0x0504~0x0507	0~32	EEPROM 地址	请求操作的 EEPROM 地址，以字为单位	0
0x0508~ 0x050F	0~15	EEPROM 数据	将写入 EEPROM 的数据或从 EEP-ROM 读到数据，低位字	0
	16~63	EEPROM 数据	从 EEPROM 读到数据，高位字，一次读 4B 时只有 16~31 位有效	0

1. 主站强制获取操作控制

寄存器 0x0500 和 0x0501 分配 EEPROM 的访问控制权。

如果 0x0500.0=0，并且 0x0501.0=0，则由 EtherCAT 主站控制 EEPROM 访问接口，这也是 EtherCAT 从站控制器的默认状态；否则由 PDI 控制 EEPROM。

双方在使用 EEPROM 之前需要检查访问权限，EEPROM 访问权限的移交有主动放弃和被动剥夺两种形式。

双方在访问完成后可以主动放弃控制权，EtherCAT 主站应该在以下情况通过写 0x0500.0=1，将访问权交给应用控制器：

1）在 I→P 转换时。

2）在 I→B 转换时并在 BOOT 状态下。

3）若在 ESI 文件中定义了"AssignToPdi"元素，除 INIT 状态外，EtherCAT 主站应该将访问权交给 PDI。

EtherCAT 主站可以在 PDI 没有释放控制权时强制获取操作控制，操作如下：

1）主站操作 EEPROM 结束后，主动写 0x0500.0=1，将 EEPROM 接口移交给 PDI。

2）如果 PDI 要操作 EEPROM，则写 0x0501.0=1，接管 EEPROM 控制。

3）PDI 完成 EEPROM 操作后，写 0x0501.0=0，释放 EEPROM 操作。

4）主站写 0x0500.0=0，接管 EEPROM 控制权。

5）如果 PDI 未主动释放 EEPROM 控制，主站可以写 0x0500.1=1，强制清除 0x0501.0，从 PDI 夺取 EEPROM 控制。

2. 读/写 EEPROM 的操作

EEPROM 接口支持 3 种操作命令：

1）写一个 EEPROM 地址。

2）从 EEPROM 读。

3）从 EEPROM 重载 EtherCAT 从站控制器配置。

需要按照以下步骤执行读/写 EEPROM 的操作：

1）检查 EEPROM 是否空闲（0x0502.15 是否为 0）。如果不空闲，则必须等待，直到空闲。

2）检查 EEPROM 是否有错误（0x0502.13 是否为 0 或 0x0502.14 是否为 0）。如果有错误，则写 0x0502.[10：8]=[000] 清除错误。

3）写 EEPROM 字地址到 EEPROM 地址寄存器。

4）如果要执行写操作，首先将要写入的数据写入 EEPROM 数据寄存器 0x0508~0x0509。

5）写控制寄存器以启动命令的执行。

① 读操作，写 0x500.8=1。

② 写操作，写 0x500.0=1 和 0x500.9=1，这两位必须由一个数据帧写完成。0x500.0 为写使能位，可以实现写保护机制，它对同一数据帧中的 EEPROM 命令有效，并随后自动清除；对于 PDI 访问控制不需要写这一位。

③ 重载命令，写 0x500.10=1。

6）EtherCAT 主站发起的读/写操作是在数据帧结束符（End Of Frame，EOF）之后开始执行的，PDI 发起的操作则马上被执行。

7）等待 EEPROM 忙位清除（0x0502.15 是否为 0）。

8）检查 EEPROM 错误位。如果 EEPROM 应答丢失，则可以重新发起命令，即回到第 5）步。在重试之前等待一段时间，使 EEPROM 有足够时间保存内部数据。

9）获取执行结果。

① 读操作，读到的数据在 EEPROM 数据寄存器 0x0508~0x050F 中，数据长度可以是 2 或 4 个字，取决于 0x0502.6。

② 重载操作，EtherCAT 从站控制器配置被重新写入相应的寄存器。

在 EtherCAT 从站控制器上电启动时，将从 EEPROM 载入开始的 7 个字，以配置 PDI。

7.6.3 EEPROM 操作的错误处理

EEPROM 操作错误由 EEPROM 控制/状态寄存器 0x0502~0x0503 指示，如表 7-16 所示。

表 7-16 EEPROM 操作错误

位	名　称	描　述
11	校验和错误	EtherCAT 从站控制器配置区域校验和错误，使用 EEPROM 初始化的寄存器保持原值 原因：CRC 错误 解决方法：检查 CRC
12	设备信息错误	EtherCAT 从站控制器配置没有被装载 原因：校验和错误、应答错误或 EEPROM 丢失 解决方法：检查其他错误位
13	应答/命令错误	无应答或命令无效 原因： ① EEPROM 芯片无应答信号 ② 发起了无效的命令 解决方法： ① 重试访问 ② 使用有效的命令
14	写使能错误	EtherCAT 主站在没有写使能的情况下执行了写操作 原因：EtherCAT 主站在写使能位无效时发起了写命令 解决方法：在写命令的同一个数据帧中设置写使能位

EtherCAT 从站控制器在上电或复位后读取 EEPROM 中的配置数据，如果发生错误，则

重试读取。连续两次读取失败后，设置设备信息错误位，此时 EtherCAT 从站控制器数据链路状态寄存器中 PDI 允许运行位（0x0110.0）保持无效。发生错误时，所有由 EtherCAT 从站控制器配置区初始化的寄存器保持其原值，EtherCAT 从站控制器过程数据存储区也不可访问，直到成功装载 EtherCAT 从站控制器配置数据。

EEPROM 无应答错误是一个常见的问题，更容易在 PDI 操作 EEPROM 时发生。

连续写 EEPROM 时产生无应答错误原因：

1）EtherCAT 主站或 PDI 发起第一个写命令。

2）EtherCAT 从站控制器将写入数据传送给 EEPROM。

3）EEPROM 内部将输入缓存区中数据传送到存储区。

4）主站或 PDI 发起第二个写命令。

5）EtherCAT 从站控制器将写入数据传送给 EEPROM，EEPROM 不应答任何访问，直到上次内部数据传送完成。

6）EtherCAT 从站控制器设置应答/命令错误位。

7）EEPROM 执行内部数据传送。

8）EtherCAT 从站控制器重新发起第二个命令，命令被应答并成功执行。

7.7　EtherCAT 从站控制器 LAN9252

7.7.1　LAN9252 概述

LAN9252 是由 Microchip 公司生产的一款集成两个以太网 PHY 的 2/3 端口 EtherCAT 从站控制器，每个以太网 PHY 包含一个全双工 100BASE-TX 收发器，且支持 100Mbit/s（100BASE-TX）通信速率。LAN9252 支持 HP Auto-MDIX，允许采用直接连接或交叉 LAN 电缆。通过外部光纤收发器支持 100BASE-FX。

LAN9252 包括一个 EtherCAT 从站控制器，该 EtherCAT 从站控制器具有 4 KB 双端口存储器（DPRAM）和 3 个现场总线存储器管理单元（FMMU）。每个 FMMU 均执行将逻辑地址映射到物理地址的任务。EtherCAT 从站控制器还包括 4 个同步管理器（SyncManager），允许在 EtherCAT 主器件和本地应用之间进行数据交换，每个同步管理器的方向和工作模式由 EtherCAT 主站配置。

同步管理器提供两种工作模式：缓冲模式和邮箱模式。

在缓冲模式下，本地单片机和 EtherCAT 主站可同时写入器件。LAN9252 中的缓冲区始终包含最新数据。如果新数据在旧数据可读出前到达，则旧数据将丢失。

在邮箱模式下，本地单片机和 EtherCAT 主站通过握手来访问缓冲区，从而确保不会丢失任何数据。

1. LAN9252 主要特点

EtherCAT 从站控制器 LAN9252 具有如下主要特点：

1）带 3 个现场总线存储器管理单元（FMMU）和 4 个同步管理器的 2/3 端口 EtherCAT 从站控制器。

2）通过 8/16 位总线与大多数 8/16 位嵌入式控制器和 32 位嵌入式控制器接口。

3）支持 HP Auto-MDIX 的集成以太网 PHY。

4）LAN 唤醒（Wake on LAN，WoL）支持。

5）低功耗模式允许系统进入休眠模式，直到被主器件寻址。

6）电缆诊断支持。

7）1.8~3.3V 可变电压 I/O。

8）集成 1.2V 稳压器以实现 3.3V 单电源操作。

9）引脚少和小尺寸封装。

2. LAN9252 主要优势

1）集成高性能 100Mbit/s 以太网收发器。

① 符合 IEEE 802.3/802.3u（快速以太网）标准。

② 通过外部光纤收发器实现 100BASE-FX 支持。

③ 回环模式。

④ 自动极性检测和校正。

⑤ HP Auto-MDIX。

2）EtherCAT 从站控制器。

① 支持 3 个 FMMU。

② 支持 4 个 SyncManager。

③ 分布式时钟支持允许与其他 EtherCAT 器件同步。

④ 4KB DPRAM。

3）8/16 位主机总线接口。

① 变址寄存器或复用总线。

② 允许本地主机进入休眠模式，直到被 EtherCAT 主站寻址。

③ SPI/4 SPI 支持。

4）数字 I/O 模式，优化系统成本。

5）第 3 个端口可实现灵活的网络配置。

6）全面的功耗管理功能。

① 3 种掉电级别。

② 链路状态变化时唤醒（能量检测）。

③ 魔术包（Magic packet）唤醒、LAN 唤醒（WoL）、广播唤醒和理想 DA（Perfect DA）唤醒。

④ 唤醒指示事件信号。

7）电源和 I/O。

① 集成上电复位电路。

② 闪锁性能超过 150mA，符合 EIA/JESD78 II 类。

③ JEDEC 3A 类 ESD 性能。

④ 3.3V 单电源（集成 1.2V 稳压器）。

8）附加功能。

① 多功能 GPIO。

② 能够使用低成本 25MHz 晶振，从而降低 BOM 成本。

9）封装。符合 RoHS 标准的无铅 64 引脚 QFN 或 64 引脚 TQFP-EP 封装。

10）提供商业级、工业级和扩展工业级温度范围的器件。

3. LAN9252 应用领域

LAN9252 应用领域如下：

1）电动机运动控制。

2）过程/工厂自动化。

3）通信模块和接口卡。

4）传感器。

5）液压阀和气动阀系统。

6）操作员界面。

7.7.2 LAN9252 的典型应用和内部结构

LAN9252 支持多种功耗管理和唤醒功能。

对于没有单片机的简单数字模块，LAN9252 还可在数字 I/O 模式下工作。在此模式下，可通过 EtherCAT 主器件控制或监视 16 个数字信号。

为实现星形或树形网络拓扑，可将器件配置为 3 端口从器件，从而提供额外的 MII 端口。该端口可连接到外部 PHY，成为当前菊花链的一个抽头；或者也可连接到另一个 LAN9252，构成 4 端口解决方案。MII 端口可以指向上行方向（作为端口 0）或下行方向（作为端口 2）。

对于 LED 支持，每个端口包含一个标准运行指示器和一个链路/活动指示器。该器件包含 64 位分布式时钟，用于实现高精度同步以及提供本地数据采集时序的准确信息。

LAN9252 可配置为由采用集成的 3.3V 转 1.2V 线性稳压器的 3.3V 单电源供电。可选择禁止线性稳压器，以便使用高精度的外部稳压器，从而降低系统功耗。

图 7-13 详细给出了 LAN9252 典型系统应用，图 7-14 给出了 LAN9252 的内部结构框图。

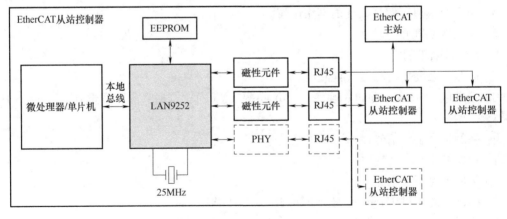

图 7-13　LAN9252 典型系统应用

7.7.3 LAN9252 工作模式

LAN9252 提供单片机、扩展或数字 I/O 3 种工作模式。LAN9252 工作模式如图 7-15 所示。

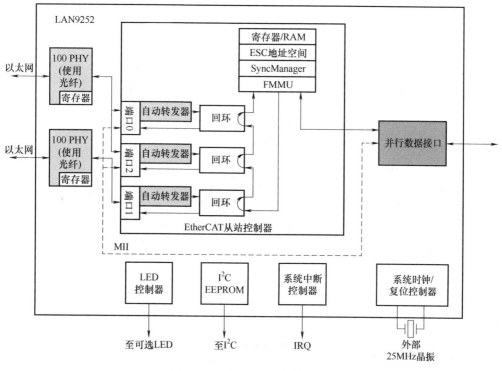

图 7-14　LAN9252 的内部结构框图

1. 单片机模式

LAN9252 通过类似 SRAM 的从接口与单片机通信。凭借简单但功能强大的主机总线接口，该器件可通过 8 位或 16 位外部总线无缝连接到大多数通用 8 位或 16 位微处理器和单片机以及 32 位微处理器。或者，该器件也可通过 SPI 或 SPI/4 进行访问，还提供最多 16 个通用输入/输出，如图 7-15a 和 7-15b 所示。

2. 扩展模式

当器件处于 SPI 或 SPI/4 模式时，可使能第三个网络端口以提供额外的 MII 端口。该端口可连接到外部 PHY，以实现星形或树形网络拓扑；或者也可连接到另一个 LAN9252，以构成 4 端口解决方案。该端口可配置为上行方向或下行方向，如图 7-15c 所示。

3. 数字 I/O 模式

对于没有单片机的简单数字模块，LAN9252 可在数字 I/O 模式下工作，如图 7-15d 所示。在此模式下，可通过 EtherCAT 主器件控制或监视 16 个数字信号。该模式还提供 6 个控制信号。

7.7.4　LAN9252 引脚

1. LAN9252 引脚分配

LAN9252 为 64-TQFP-EP 封装，其引脚图如图 7-16 所示。

封装底部的外露焊盘（VSS）必须通过过孔区域连接到地。

当信号名称末尾使用"#"时，表示该信号低电平有效。例如，RST#表示该复位信号低电平有效。

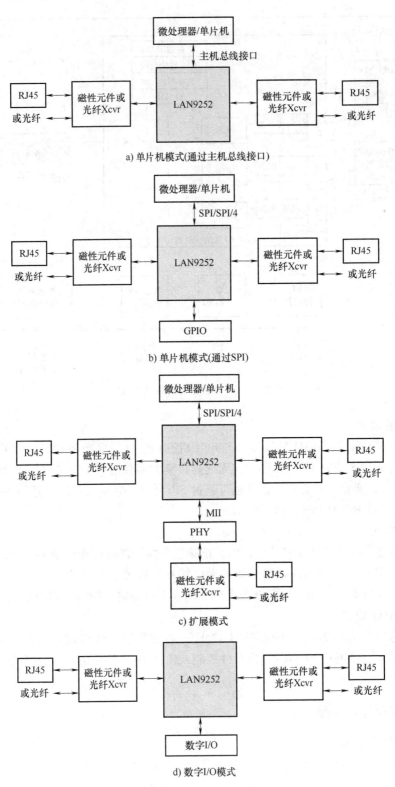

a) 单片机模式(通过主机总线接口)

b) 单片机模式(通过SPI)

c) 扩展模式

d) 数字I/O模式

图 7-15　LAN9252 工作模式

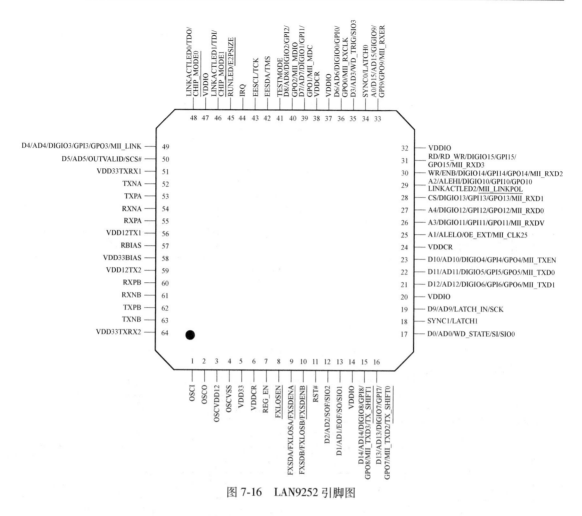

图 7-16 LAN9252 引脚图

在图 7-16 和表 7-17 中，配置脚引脚通过带下画线的符号名称标识，配置脚值在上电复位时或 RST#置为无效时锁存。

LAN9252 的 64-TQFP-EP 封装引脚分配如表 7-17 所示。从表 7-17 中可以看出，所选引脚的功能会随着器件工作模式的不同而变化。对于某个特定引脚没有功能的模式，对应的表格单元格将标记为 "—"。

255

表 7-17　LAN9252 的 64-TQFP-EP 封装引脚分配

引脚号	HBI 变址寻址模式 引脚名称	HBI 复用模式 引脚名称	数字 I/O 模式 引脚名称	SPI（使能 GPIO） 模式引脚名称	SPI（使能 MII） 模式引脚名称
1	OSCI				
2	OSCO				
3	OSCVDD12				
4	OSCVSS				
5	VDD33				
6	VDDCR				

（续）

引脚号	HBI 变址寻址模式引脚名称	HBI 复用模式引脚名称	数字 I/O 模式引脚名称	SPI（使能 GPIO）模式引脚名称	SPI（使能 MII）模式引脚名称
7	REG_EN				
8	FXLOSEN				
9	FXSDA/FXLOSA/FXSDENA				
10	FXSDB/FXLOSB/FXSDENB				
11	RST#				
12	D2	AD2	SOF	SIO2	
13	D1	AD1	EOF	SO/SIO1	
14	VDDIO				
15	D14	AD14	DIGIO8	GPI8/GPO8	MII_TXD3/TX_SHIFT1
16	D13	AD13	DIGIO7	GPI7/GPO7	MII_TXD2/TX_SHIFT0
17	D0	AD0	WD_STATE	SI/SIO0	
18	SYNC1/LATCH1				
19	D9	AD9	LATCH_IN	SCK	
20	VDDIO				
21	D12	AD12	DIGIO6	GPI6/GPO6	MII_TXD1
22	D11	AD11	DIGIO5	GPI5/GPO5	MII_TXD0
23	D10	AD10	DIGIO4	GPI4/GPO4	MII_TXEN
24	VDDCR				
25	A1	ALELO	OE_EXT	—	MII_CLK25
26	A3	—	DIGIO11	GPI11/GPO11	MII_RXDV
27	A4	—	DIGIO12	GPI12/GPO12	MII_RXD0
28	CS		DIGIO13	GPI13/GPO13	MII_RXD1
29	A2	ALEHI	DIGIO10	GPI10/GPO10	LINKACTLED2/MII_LINKPOL
30	WR/ENB		DIGIO14	GPI14/GPO14	MII_RXD2
31	RD/RD_WR		DIGIO15	GPI15/GPO15	MII_RXD3
32	VDDIO				
33	A0/D15	AD15	DIGIO9	GPI9/GPO9	MII_RXER
34	SYNC0/LATCH0				

（续）

引脚号	HBI 变址寻址模式 引脚名称	HBI 复用模式 引脚名称	数字 I/O 模式 引脚名称	SPI（使能 GPIO） 模式引脚名称	SPI（使能 MII） 模式引脚名称
35	D3	AD3	WD_TRIG	SIO3	
36	D6	AD6	DIGIO0	GPI0/GPO0	MII_RXCLK
37	VDDIO				
38	VDDCR				
39	D7	AD7	DIGIO1	GPI1/GPO1	MII_MDC
40	D8	AD8	DIGIO2	GPI2/GPO2	MII_MDIO
41	TESTMODE				
42	EESDA/TMS				
43	EESCL/TCK				
44	IRQ				
45	RUNLED/E2PSIZE				
46	LINKACTLED1/TDI/CHIP_MODE1				
47	VDDIO				
48	LINKACTLED0/TDO/CHIP_MODE0				
49	D4	AD4	DIGIO3	GPI3/GPO3	MII_LINK
50	D5	AD5	OUTVALID	SCS#	
51	VDD33TXRX1				
52	TXNA				
53	TXPA				
54	RXNA				
55	RXPA				
56	VDD12TX1				
57	RBIAS				
58	VDD33BIAS				
59	VDD12TX2				
60	RXPB				
61	RXNB				
62	TXPB				
63	TXNB				
64	VDD33TXRX2				
外露焊盘	VSS				

2. 引脚功能说明

LAN9252 的引脚功能说明分为如下各个功能组：

1）LAN 端口 A 引脚说明。端口 A 连接到 EtherCAT 端口 0 或 2。

TXPA：端口 A 双绞线发送/接收正通道 1 或端口 A 光纤发送正通道。

TXNA：端口 A 双绞线发送/接收负通道 1 或端口 A 光纤发送负通道。

RXPA：端口 A 双绞线发送/接收正通道 2 或端口 A 光纤接收正通道。

RXNA：端口 A 双绞线发送/接收负通道 2 或端口 A 光纤接收负通道。

FXSDA：端口 A 光纤信号检测。

FXLOSA：端口 A 光纤信号损失。

FXSDENA：端口 A FX-SD 使能。

2）LAN 端口 B 引脚说明。端口 B 连接到 EtherCAT 端口 1。

TXPB：端口 B 双绞线发送/接收正通道 1 或端口 B 光纤发送正通道。

TXNB：端口 B 双绞线发送/接收负通道 1 或端口 B 光纤发送负通道。

RXPB：端口 B 双绞线发送/接收正通道 2 或端口 B 光纤接收正通道。

RXNB：端口 B 双绞线发送/接收负通道 2 或端口 B 光纤接收负通道。

FXSDB：端口 B 光纤信号检测。

FXLOSB：端口 B 光纤信号损失。

FXSDENB：端口 B FX-SD 使能。

3）LAN 端口 A 和端口 B 的电源和通用引脚说明。

RBIAS：用于内部偏置电路。

FXLOSEN：端口 A 和端口 B FX-LOS 使能。

VDD33TXRX1：3.3V 端口 A 模拟电源。

VDD33TXRX2：3.3V 端口 B 模拟电源。

VDD33BIAS：3.3V 主偏置电源。

VDD12TX1：该引脚由外部 1.2V 电源供电或者由器件的内部稳压器通过 PCB 供电。该引脚必须连接至 VDD12TX2 引脚，才能正常工作。

VDD12TX2：该引脚由外部 1.2V 电源供电或者由器件的内部稳压器通过 PCB 供电。该引脚必须连接至 VDD12TX1 引脚，才能正常工作。

4）EtherCAT MII 端口和配置脚引脚说明。

MII_CLK25：自由运行的 25MHz 时钟，可用作 PHY 的时钟输入。

MII_RXD [3：0]：从外部 PHY 接收数据。

MII_RXDV：从外部 PHY 接收数据有效信号。

MII_RXER：从外部 PHY 接收错误信号。

MII_RXCLK：从外部 PHY 接收时钟。

MII_TXD [3：0]：向外部 PHY 发送数据。

TX_SHIFT [1：0]：决定 MII 端口的 MII 发送时序移位图。

MII_TXEN：向外部 PHY 发送数据使能信号。

MII_LINK：由 PHY 提供，指示已建立 100Mbit/s 全双工链路。

MII_MDC：外部 PHY 的串行管理时钟。

MII_MDIO：外部 PHY 的串行管理接口数据输入/输出。

5）主机总线引脚说明。

RD：主机总线读选通引脚。通常为低电平有效，极性可通过 PDI 配置寄存器的 HBI 读取以及读/写极性位更改（HBI 模式）。

RD_WR：主机总线方向控制引脚。与 ENB 引脚配合使用时，它指示读或写操作。

WR：主机总线写选通引脚。通常为低电平有效，极性可通过 PDI 配置寄存器的 HBI 写入以及使能极性位更改（HBI 模式）。

ENB：主机总线数据使能选通引脚。与 RD_WR 引脚配合使用时，它指示数据工作阶段。通常为低电平有效，极性可通过 PDI 配置寄存器的 HBI 写入以及使能极性位更改（HBI 模式）。

CS：主机总线片选引脚，指示器件被选择用于当前传输。通常为低电平有效，极性可通过 PDI 配置寄存器的 HBI 片选极性位更改（HBI 模式）。

A [4：0]：为非复用地址模式提供地址。在 16 位数据模式下，不使用 0 位。

D [15：0]：非复用地址模式的主机总线数据总线。在 8 位数据模式下，不使用 8~15 位，其对应的输入和输出驱动器被禁止。

AD [15：0]：复用地址模式的主机总线地址/数据总线。8~15 位为单阶段复用地址模式提供地址的高字节。0~7 位为单阶段复用地址模式提供地址的低字节，为双阶段复用地址模式提供地址的高字节和低字节。在 8 位数据双阶段复用地址模式下，不使用 8~15 位，其对应的输入和输出驱动器被禁止。

ALEHI：指示复用地址模式的地址阶段。它用于在双阶段复用地址模式下装载高地址字节。通常为低电平有效（在上升沿保存地址），极性可通过 PDI 配置寄存器的 HBI ALE 极性位配置（HBI 模式）。

ALELO：指示复用地址模式的地址阶段。它用于在单阶段复用地址模式下装载高地址字节和低地址字节，在双阶段复用地址模式下装载低地址字节。通常为低电平有效（在上升沿保存地址），极性可通过 PDI 配置寄存器的 HBI ALE 极性位配置（HBI 模式）。

6）SPI/SQI 引脚说明。

SCS#：SPI/SQI 从片选输入。低电平时，选择 SPI/SQI 从器件进行 SPI/SQI 传输。高电平时，SPI/SQI 串行数据输出为三态。

SCK：SPI/SQI 从串行时钟输入。

SIO [3：0]：多位 I/O 的 SPI/SQI 从数据输入和输出。

SI：SPI 从串行数据输入。SI 与 SIO0 引脚共用。

SO：SPI 从串行数据输出。SO 与 SIO1 引脚共用。

7）EtherCAT 分布式时钟引脚说明。

SYNC [1]、SYNC [0]：分布式时钟同步（输出）或锁存（输入）信号。方向可按位配置。

LATCH [1]、LATCH [0]：分布式时钟同步（输出）或锁存（输入）信号。方向可按位配置。

8）EtherCAT 数字 I/O 和 GPIO 引脚说明。

GPI [15：0]：通用输入，直接映射到通用输入寄存器。不提供通用输入的一致性。

GPO [15：0]：通用输出，反映不带 WDT 保护时通用输出寄存器的值。

DIGIO [15:0]：输入/输出或双向数据。

OUTVALID：指示输出有效并且可被捕捉到外部寄存器中。

LATCH_IN：外部数据锁存器信号。输入数据在每次识别到 LATCH_IN 上升沿时进行采样。

WD_TRIG：SyncManager WDT 触发信号输出。

WD_STATE：SyncManager WDT 状态输出。0 表示 WDT 已超时。

SOF：帧起始输出，指示以太网/EtherCAT 帧的起始。

EOF：帧结束输出，指示以太网/EtherCAT 帧的结束。

OE_EXT：输出使能输入。低电平时，它会清零输出数据。

9）EEPROM 引脚说明。

EESDA：当器件正访问外部 EEPROM 时，该引脚是 I^2C 串行数据输入/漏极开路输出。注意：该引脚必须始终通过外部电阻上拉。

EESCL：当器件正访问外部 EEPROM 时，该引脚是 I^2C 时钟漏极开路输出。注意：该引脚必须始终通过外部电阻上拉。

10）LED 和配置脚引脚说明。

LINKACTLED2：端口 2 的链路/活动 LED 输出（熄灭＝无链路；点亮＝有链路但无活动；闪烁＝有链路且有活动）。

MII_LINKPOL：通过设置 link_pol_strap_mii 的值来配置 MII_LINK 引脚的极性。

RUNLED：运行 LED 输出，由 AL 状态寄存器控制。

E2PSIZE：配置 EEPROM 大小硬配置脚的值。低电平选择 1KB（128B×8）至 16KB（2KB×8）；高电平选择 32KB（4KB×8）至 4MB（512KB×8）。

LINKACTLED1：端口 1 的链路/活动 LED 输出（熄灭＝无链路；点亮＝有链路但无活动；闪烁＝有链路且有活动）。

CHIP_MODE1：该引脚与CHIP_MODE0共同配置芯片模式硬配置脚的值。

LINKACTLED0：端口 0 的链路/活动 LED 输出（熄灭＝无链路；点亮＝有链路但无活动；闪烁＝有链路且有活动）。

CHIP_MODE0：该引脚与CHIP_MODE1共同配置芯片模式硬配置脚的值。

11）JTAG 引脚说明。

TMS：JTAG 测试模式选择。

TCK：JTAG 测试时钟。

TDI：JTAG 数据输入。

TDO：JTAG 数据输出。

12）内核和 I/O 电源引脚说明。

VDD33：内部稳压器 3.3V 电源。

VDDIO：1.8~3.3V 可变 I/O 电源。

VDDCR：除非通过 REG_EN 配置为稳压器关闭模式，否则通过片上稳压器供电。应在引脚 6 上使用并联接地的 1μF 和 470pF 去耦电容。

VSS：公共接地端。此外露焊盘必须通过过孔阵列连接到地平面。

13）其他引脚说明。

IRQ：中断请求输出。

RST#：作为输入时，该低电平有效信号允许外部硬件复位器件。作为输出时，该信号在 POR 或响应来自主控制器或主机接口的 EtherCAT 复位命令序列期间被驱动为低电平。

REG_EN：当连接 3.3V 电压时，将使能内部 1.2V 稳压器。

TESTMODE：该引脚必须连接至 VSS 引脚，才能正常工作。

OSCI：外部 25MHz 晶振输入。该引脚也可由单端时钟振荡器驱动。如果采用这种方法，OSCO 应保持未连接状态。

OSCO：外部 25MHz 晶振输出。

OSCVDD12：除非通过 REG_EN 配置为稳压器关闭模式，否则通过片上稳压器供电。

OSCVSS：晶振地。

7.7.5　LAN9252 寄存器映射

LAN9252 部分寄存器地址映射如图 7-17 所示。

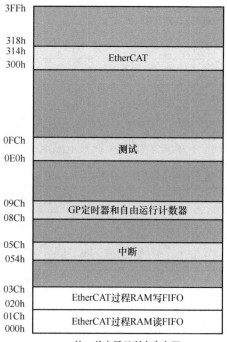

注：并未显示所有寄存器

图 7-17　LAN9252 部分寄存器地址映射

系统 CSR 可直接寻址的存储器映射寄存器，其基址偏移范围为 050h~314h。这些寄存器可由主机通过主机总线接口（Host Bus Interface，HBI）或 SPI/SQI 寻址。

系统控制和状态寄存器地址分配如表 7-18 所示。当触发芯片级复位时，所有系统 CSR 均复位为默认值。

表 7-18　系统控制和状态寄存器地址分配

地　　址	寄存器名称
000h~01Ch	EtherCAT 过程 RAM 读数据 FIFO（ECAT_PRAM_RD_DATA）
020h~03Ch	EtherCAT 过程 RAM 写数据 FIFO（ECAT_PRAM_WR_DATA）

261

（续）

地　址	寄存器名称
050h	芯片 ID 和版本（ID_REV）
054h	中断配置寄存器（IRQ_CFG）
058h	中断状态寄存器（INT_STS）
05Ch	中断允许寄存器（INT_EN）
064h	字节顺序测试寄存器（BYTE_TEST）
074h	硬件配置寄存器（HW_CFG）
084h	功耗管理控制寄存器（PMT_CTRL）
08Ch	通用定时器配置寄存器（GPT_CFG）
090h	通用定时器计数寄存器（GPT_CNT）
09Ch	自由运行 25MHz 计数器寄存器（FREE_RUN）
复位寄存器	
1F8h	复位控制寄存器（RESET_CTL）
EtherCAT 寄存器	
300h	EtherCAT CSR 接口数据寄存器（ECAT_CSR_DATA）
304h	EtherCAT CSR 接口命令寄存器（ECAT_CSR_CMD）
308h	EtherCAT 过程 RAM 读地址和长度寄存器（ECAT_PRAM_RD_ADDR_LEN）
30Ch	EtherCAT 过程 RAM 读命令寄存器（ECAT_PRAM_RD_CMD）
310h	EtherCAT 过程 RAM 写地址和长度寄存器（ECAT_PRAM_WR_ADDR_LEN）
314h	EtherCAT 过程 RAM 写命令寄存器（ECAT_PRAM_WR_CMD）

7.7.6　LAN9252 系统中断

1. LAN9252 中断功能

LAN9252 提供了多层可编程中断结构，此结构通过系统中断控制器来控制。可编程系统中断由各个器件子模块在内部生成，并可配置为通过 IRQ 中断输出引脚生成单个外部主机中断。主机中断的可编程性为用户提供了根据应用要求优化性能的能力。IRQ 中断缓冲器类型、极性和置为无效间隔是可修改的。IRQ 中断可配置为漏极开路输出，以便与其他器件共用中断。所有内部中断均可屏蔽并且能够触发 IRQ 中断。

2. LAN9252 中断源

LAN9252 能生成以下类型的中断：

① 以太网 PHY 中断。

② 功耗管理中断。

③ 通用定时器中断（GPT）。

④ EtherCAT 中断。

⑤ 软件中断（通用）。

⑥ 器件就绪中断。

⑦ 时钟输出测试模式。

所有中断均通过排列成多层类分支结构的寄存器进行访问和配置。器件中断结构的顶层是中断状态寄存器（INT_STS）、中断允许寄存器（INT_EN）和中断配置寄存器（IRQ_CFG）。

中断状态寄存器（INT_STS）和中断允许寄存器（INT_EN）聚合并允许/禁止来自各个器件子模块的所有中断，将它们组合在一起以产生 IRQ 中断。这两个寄存器为通用定时器、软件和器件就绪中断提供直接中断访问配置。可以在这两个寄存器内直接监视、允许/禁止和清除这些中断。

此外，还为 EtherCAT 从器件、功耗管理和以太网 PHY 中断提供了事件指示。这些中断的区别在于中断源在其他子模块寄存器中生成和清除。INT_STS 寄存器不提供有关子模块内的哪个特定事件引起中断的详细信息，需要软件轮询额外的子模块中断寄存器才能确定准确的中断源并将其清除。对于涉及多个寄存器的中断，只有在处理了中断并在其中断源清除后，才能在 INT_STS 寄存器中将其清除。

中断配置寄存器（IRQ_CFG）负责使能/禁止 IRQ 中断输出引脚以及配置其属性。IRQ_CFG 寄存器允许修改 IRQ 引脚缓冲器类型、极性和置为无效间隔。置为无效定时器可保证 IRQ 输出的最小中断置为无效周期，可通过中断配置寄存器（IRQ_CFG）的中断置为无效间隔（INT_DEAS）字段进行编程。全零设置将禁止置为无效定时器。无论出于何种原因，置为无效间隔都从 IRQ 引脚置为无效时开始。

（1）以太网 PHY 中断　每个以太网 PHY 都提供一组相同的中断源。中断状态寄存器（INT_STS）的顶层 PHY A 中断事件（PHY_INT_A）和 PHY B 中断事件（PHY_INT_B）位为 PHY x 中断源标志寄存器（PHY_INTERRUPT_SOURCE_x）中的 PHY 中断事件发生提供指示。

PHY 中断通过各自的 PHY x 中断屏蔽寄存器（PHY_INTERRUPT_MASK_x）允许/禁止。PHY 中断源可通过 PHY x 中断源标志寄存器（PHY_INTERRUPT_SOURCE_x）确定和清除。

各个中断基于以下事件产生：

① ENERGYON 激活。

② 自适应完成。

③ 检测到远程故障。

④ 链路中断（链路状态置为无效）。

⑤ 链路接通（链路状态有效）。

⑥ 自适应 LP 应答。

⑦ 并行检测故障。

⑧ 收到自适应页。

⑨ 检测到 LAN 唤醒事件。

为了使中断事件触发外部 IRQ 中断引脚，必须在相应的 PHY x 中断屏蔽寄存器（PHY_INTERRUPT_MASK_x）中允许所需的 PHY 中断事件，中断允许寄存器（INT_EN）的 PHY A 中断事件允许（PHY_INT_A_EN）和/或 PHY B 中断事件允许（PHY_INT_B_EN）位必须置 1 且 IRQ 输出必须通过中断配置寄存器（IRQ_CFG）的 IRQ 使能（IRQ_EN）位使能。

（2）功耗管理中断　器件提供了多个功耗管理事件中断源。中断状态寄存器（INT_STS）的顶层功耗管理中断事件（PME_INT）位提供发生功耗管理控制寄存器（PMT_CTRL）中功耗管理中断事件的指示。

功耗管理控制寄存器（PMT_CTRL）提供所有功耗管理条件的使能/禁止以及状态。其中包括 PHY 上的能量检测以及通过 PHY A 和 PHY B 提供的 LAN 唤醒（理想 DA、广播、唤醒帧或魔术包）检测。

为了使功耗管理中断事件触发外部 IRQ 中断引脚，必须在功耗管理控制寄存器（PMT_CTRL）中允许所需的功耗管理中断事件，中断允许寄存器（INT_EN）的功耗管理事件中断允许（PME_INT_EN）位必须置 1 且必须通过中断配置寄存器（IRQ_CFG）的 IRQ 使能（IRQ_EN）位使能 IRQ 输出。

功耗管理中断只是器件功耗管理功能的一部分。

（3）通用定时器中断　顶层中断状态寄存器（INT_STS）和中断允许寄存器（INT_EN）中提供 GP 定时器中断（GPT_INT）。此中断在通用定时器计数寄存器（GPT_CNT）从 0 折回 FFFFh 时发出，在中断状态寄存器（INT_STS）的 GP 定时器中断（GPT_INT）位写 1 时清除。

为了使通用定时器中断事件触发外部 IRQ 中断引脚，必须通过通用定时器配置寄存器（GPT_CFG）中的通用定时器使能（TIMER_EN）位使能 GPT，中断允许寄存器（INT_EN）的 GP 定时器中断允许（GPT_INT_EN）位必须置 1 且必须通过中断配置寄存器（IRQ_CFG）的 IRQ 使能（IRQ_EN）位使能 IRQ 输出。

（4）EtherCAT 中断　中断状态寄存器（INT_STS）的顶层 EtherCAT 中断事件（ECAT_INT）位提供发生 AL 事件请求寄存器中 EtherCAT 中断事件的指示。AL 事件屏蔽寄存器提供所有 EtherCAT 中断条件的允许/禁止。AL 事件请求寄存器提供所有 EtherCAT 中断的状态。

为了使 EtherCAT 中断事件触发外部 IRQ 中断引脚，必须在 AL 事件屏蔽寄存器中允许所需的 EtherCAT 中断，中断允许寄存器（INT_EN）的 EtherCAT 中断事件允许（ECAT_INT_EN）位必须置 1 且必须通过中断配置寄存器（IRQ_CFG）的 IRQ 使能（IRQ_EN）位使能 IRQ 输出。

（5）软件中断　顶层中断状态寄存器（INT_STS）和中断允许寄存器（INT_EN）中提供了通用软件中断。当中断允许寄存器（INT_EN）的软件中断允许（SW_INT_EN）位从清零切换为置 1（即在使能的上升沿）时，将产生中断状态寄存器（INT_STS）的软件中断（SW_INT）位。此中断提供了一种简单的软件产生中断的方法，用于常规软件使用。

为了使软件中断事件触发外部 IRQ 中断引脚，必须通过中断配置寄存器（IRQ_CFG）的 IRQ 使能（IRQ_EN）位使能 IRQ 输出。

（6）器件就绪中断　顶层中断状态寄存器（INT_STS）和中断允许寄存器（INT_EN）中提供了器件就绪中断。中断状态寄存器（INT_STS）的器件就绪（READY）位用于指示器件已准备好在上电或复位条件后接受访问。在中断状态寄存器（INT_STS）中对该位写 1 会将其清零。

为了使器件就绪中断事件触发外部 IRQ 中断引脚，中断允许寄存器（INT_EN）的器件就绪中断允许（READY_EN）位必须置 1 且必须通过中断配置寄存器（IRQ_CFG）的 IRQ

使能（IRQ_EN）位使能 IRQ 输出。

（7）时钟输出测试模式　要实现系统级调试，可通过将中断配置寄存器（IRQ_CFG）的 IRQ 时钟选择（IRQ_CLK_SELECT）位置 1，将晶振时钟使能到 IRQ 引脚上。

IRQ 引脚应通过 IRQ 缓冲器类型（IRQ_TYPE）位设置为推挽式驱动器，以获得最佳效果。

7.7.7　LAN9252 中断寄存器

下面详细介绍与可直接寻址中断相关的系统 CSR。这些寄存器用于控制、配置和监视 IRQ 中断输出引脚以及各种器件中断源。LAN9252 中断寄存器如表 7-19 所示。

表 7-19　LAN9252 中断寄存器

地　　址	寄存器名称（符号）
054h	中断配置寄存器（IRQ_CFG）
058h	中断状态寄存器（INT_STS）
05Ch	中断允许寄存器（INT_EN）

1. 中断配置寄存器（IRQ_CFG）

LAN9252 中断配置寄存器（IRQ_CFG）的偏移量为 054h，32 位，如表 7-20 所示。读/写该寄存器可用于配置和指示 IRQ 信号的状态。

表 7-20　LAN9252 中断配置寄存器（IRQ_CFG）

位	说　　明	类型	默认值
31：24	中断置为无效间隔（INT_DEAS） 此字段用于确定中断请求置为无效间隔（10μs 的倍数） 将此字段设置为 0，会使器件禁止 INT_DEAS 间隔，复位间隔计数器并发出任何待处理中断。如果向此字段写入新的非零值，任何后续中断都将遵循新设置	R/W	00h
23：15	保留	RO	—
14	中断置为无效间隔清零（INT_DEAS_CLR） 向此寄存器写入 1，会将中断控制器中的置为无效计数器清零，从而使新的置为无效间隔开始（无论中断控制器当前是否处于有效的置为无效间隔） 0：正常工作 1：清零置为无效计数器	R/W SC	0h
13	中断置为无效状态（INT_DEAS_STS） 此位置 1 时，表示中断控制器当前处于置为无效间隔中，并且可能的中断将不会发送到 IRQ 引脚 此位清零时，表示中断控制器当前未处于置为无效间隔中，并且中断将发送到 IRQ 引脚 0：中断控制器未处于置为无效间隔中 1：中断控制器处于置为无效间隔中	RO	0b

265

（续）

位	说　明	类型	默认值
12	主器件中断（IRQ_INT） 此只读位用于指示内部 IRQ 线的状态，无论 IRQ_EN 位的设置或中断置为无效功能的状态如何。当此位置 1 时，允许的中断之一当前处于有效状态 0：没有允许的中断处于有效状态 1：一个或多个允许的中断处于有效状态	RO	0b
11：9	保留	RO	—
8	IRQ 使能（IRQ_EN） 此位控制 IRQ 引脚的最终中断输出。清零时，IRQ 输出禁止且永久置为无效。此位对任何内部中断状态位均不起作用 0：禁止 IRQ 引脚上的输出 1：使能 IRQ 引脚上的输出	R/W	0b
7：5	保留	RO	—
4	IRQ 极性（IRQ_POL） 清零时，此位使 IRQ 线用作低电平有效输出；置 1 时，IRQ 输出高电平有效； 当 IRQ（通过 IRQ_TYPE 位）配置为漏极开路输出时，此位被忽略且中断始终低电平有效 0：IRQ 低电平有效输出 1：IRQ 高电平有效输出	R/W NASR 注 1	0b
3：2	保留	RO	—
1	IRQ 时钟选择（IRQ_CLK_SELECT） 当此位置 1 时，IRQ 引脚上可输出晶振时钟。适用于系统调试，目的为观察时钟，不适用于任何功能目的 当使用此位时，IRQ 引脚应设置为推挽式驱动器	R/W	0b
0	IRQ 缓冲器类型（IRQ_TYPE） 当此位清零时，IRQ 引脚用作漏极开路输出，用于线或中断配置；置 1 时，IRQ 为推挽式驱动器 当配置为漏极开路输出时，IRQ_POL 位被忽略且中断输出始终低电平有效 0：IRQ 引脚漏极开路输出 1：IRQ 引脚推挽式驱动器	R/W NASR 注 1	0b

注：当复位控制寄存器（RESET_CTL）中的 DIGITAL_RST 位置 1 时，不会复位指定为 NASR 的寄存器位。

2. 中断状态寄存器（INT_STS）

LAN9252 中断状态寄存器（INT_STS）的偏移量为 058h，32 位，如表 7-21 所示。

表 7-21　LAN9252 中断状态寄存器（INT_STS）

位	说　明	类型	默认值
31	软件中断（SW_INT） 当中断允许寄存器（INT_EN）的软件中断允许（SW_INT_EN）位设置为高电平时，将产生此中断。写入 1 将清除此中断	R/WC	0b

（续）

位	说　　明	类型	默认值
30	器件就绪（READY） 此中断用于指示器件已准备好在上电或复位条件后接受访问	R/WC	0b
29	保留	RO	—
28	保留	RO	—
27	PHY B 中断事件（PHY_INT_B） 此位指示来自 PHY B 的中断事件。中断源可通过轮询 PHY x 中断源标志寄存器（PHY_INTERRUPT_SOURCE_x）确定	RO	0b
26	PHY A 中断事件（PHY_INT_A） 此位指示来自 PHY A 的中断事件。中断源可通过轮询 PHY x 中断源标志寄存器（PHY_INTERRUPT_SOURCE_x）确定	RO	0b
25：23	保留	RO	—
22	保留	RO	—
21：20	保留	RO	—
19	GP 定时器中断（GPT_INT） 当通用定时器计数寄存器（GPT_CNT）从 0 回到 FFFFh 时，将发出此中断	R/WC	0b
18	保留	RO	—
17	功耗管理中断事件（PME_INT） 当按功耗管理控制寄存器（PMT_CTRL）中的配置检测到功耗管理事件时，将发出此中断。写入 1 将清零此位。要将此位清零，必须先将功耗管理控制寄存器（PMT_CTRL）中的所有未屏蔽位清零 中断置为无效间隔不适用于 PME 中断	R/WC	0b
16：13	保留	RO	—
12	保留	RO	—
11：3	保留	RO	—
2：1	保留	RO	—
0	EtherCAT 中断事件（ECAT_INT） 此位指示 EtherCAT 中断事件。中断源可通过轮询 AL 事件请求寄存器确定	RO	0b

　　此寄存器包含中断的当前状态。值 1 表示满足相应中断条件，而值 0 表示未满足中断条件。此寄存器的位反映了中断源的状态，与在中断允许寄存器（INT_EN）中是否允许中断源作为中断无关。当指示为 R/WC 时，向相应位写入 1 将响应并清除中断。

3. 中断允许寄存器（INT_EN）

　　LAN9252 中断允许寄存器（INT_EN）的偏移量为 05Ch，32 位，如表 7-22 所示。

表 7-22　LAN9252 中断允许寄存器（INT_EN）

位	说　明	类型	默认值
31	软件中断允许（SW_INT_EN）	R/W	0b
30	器件就绪中断允许（READY_EN）	R/W	0b
29	保留	RO	—
28	保留	RO	—
27	PHY B 中断事件允许（PHY_INT_B_EN）	R/W	0b
26	PHY A 中断事件允许（PHY_INT_A_EN）	R/W	0b
25：23	保留	RO	—
22	保留	RO	—
21：20	保留	RO	—
19	GP 定时器中断允许（GPT_INT_EN）	R/W	0b
18	保留	RO	—
17	功耗管理事件中断允许（PME_INT_EN）	R/W	0b
16：13	保留	RO	—
12	保留	RO	—
11：3	保留	RO	—
2：1	保留	RO	—
0	EtherCAT 中断事件允许（ECAT_INT_EN）	R/W	0b

此寄存器包含 IRQ 输出引脚的中断允许。向任何一位写入 1 均会允许相应中断作为 IRQ 的中断源。中断状态寄存器（INT_STS）中的位仍将反映中断源的状态，与在此寄存器中是否允许中断源作为中断无关（软件中断允许（SW_INT_EN）除外）。有关每个中断的说明，请参见中断状态寄存器（INT_STS）中的各位，这些位的布局与此寄存器的布局相同。

7.7.8　LAN9252 主机总线接口

1. 主机总线接口功能概述

主机总线接口（HBI）模块提供高速异步从接口，简化了器件与主机系统之间的通信。HBI 允许访问系统 CSR、内部 FIFO 和存储器，并基于字节顺序选择来处理字节交换。

HBI 提供的功能如下：

（1）地址总线输入　支持两种寻址模式，分别是复用地址/数据总线和支持地址变址寄存器访问的多路复用地址总线。模式选择通过配置输入来完成。

（2）可选数据总线宽度　主机数据总线宽度是可选的，支持 16 位和 8 位数据模式。该选择通过配置输入来完成。写入数据时，HBI 执行字节/字到双字汇编；读取数据时，HBI 会保持跟踪字节/字的长度。在 16 位模式下，不支持单字节访问。

（3）可选读/写控制模式　提供两种控制模式。单独的读取和写入引脚或者使能和方向引脚。模式选择通过配置输入来完成。

（4）可选控制线极性　片选、读/写和地址锁存信号的极性可通过配置输入选择。

（5）动态字节顺序控制　HBI支持基于字节顺序信号选择大尾数法和小尾数法的主机字节顺序。该高度灵活的接口提供混合字节顺序的方法来访问寄存器和存储器。根据器件寻址模式的不同，该信号可以是受配置寄存器控制的信号，或者作为选通地址输入的一部分。

（6）直接FIFO访问　FIFO直接选择信号将直接对EtherCAT过程RAM写数据FIFO（仅复用地址模式）执行所有主机写操作，并且直接从EtherCAT过程RAM读数据FIFO（仅复用地址模式）执行所有主机读操作。该信号作为地址输入的一部分选通。

2. 读/写控制信号和极性

（1）器件支持两种不同的读/写信号方法

1）读（RD）和写（WR）选通是单独引脚上的输入。

2）读信号和写信号从使能输入（ENB）和方向输入（RD_WR）解码。

（2）器件支持对以下各项进行极性控制

1）芯片选择输入（CS）。

2）读选通（RD）/方向输入（RD_WR）。

3）写选通（WR）/使能输入（ENB）。

4）地址锁存控制（ALELO和ALEHI）。

3. 复用地址/数据模式

在复用地址/数据模式下，地址、FIFO直接选择和字节顺序选择输入与数据总线共用。支持两种方法，即单阶段地址（利用多达16个地址/数据引脚）和双阶段地址（仅利用低8位数据位）。

（1）地址锁存周期

1）单阶段地址锁存。在单阶段模式下，所有地址位、FIFO直接选择信号和字节顺序选择均通过ALELO信号的后沿选通到器件中。地址锁存在全部16个地址/数据引脚上实现。在8位数据模式下，引脚AD［15：8］专用于寻址，不必通过读/写操作连续驱动这些具有有效地址的高地址线。但由于器件始终不会驱动这些引脚，因此这种称为部分地址复用的操作是可以接受的。

可选择通过CS信号限定ALELO信号。使能限定时，CS必须在ALELO期间有效，以选通地址输入。未使能限定时，CS在地址阶段期间状态为无关。

地址将被保留以供未来所有读/写操作使用，直至发生复位事件或加载新地址。这样，无需多次执行地址锁存操作也可对同一地址多次发出读/写请求。

2）双阶段地址锁存。在双阶段模式下，地址低8位通过ALELO信号的无效边沿选通到器件中，剩余的地址高位、FIFO直接选择信号和字节顺序选择均通过ALEHI信号的后沿选通到器件中。选通可采用任意顺序。在8位数据模式下，不使用引脚AD［15：8］。在16位数据模式下，引脚AD［15：8］仅用于数据。

可选择通过CS信号限定ALELO和ALEHI信号。使能限定时，CS必须在ALELO和ALEHI期间有效，以选通地址输入。未使能限定时，CS在地址阶段期间状态为无关。

地址将被保留以供未来所有读/写操作使用，直至发生复位事件或加载新地址。这样，无需多次执行地址锁存操作也可对同一地址多次发出读/写请求。

3）地址位到地址/数据引脚的映射。

在 8 位数据模式下，地址 bit0 与引脚 AD [0] 复用，地址 bit1 与引脚 AD [1] 复用，以此类推。最高地址位是 bit9，与引脚 AD [9]（单阶段）或 AD [1]（双阶段）复用。锁存到器件中的地址被视为字节地址，包含 1KB（0~3FFh）。

在 16 位数据模式下，地址 bit1 与引脚 AD [0] 复用，地址 bit2 与引脚 AD [1] 复用，以此类推。最高地址位是 bit9，与引脚 AD [8]（单阶段）或 AD [0]（双阶段）复用。锁存到器件中的地址被视为字地址，包含 512 字（0~1FFh）。

当地址发送到器件的其余部分时，将被转换为字节地址。

4）字节顺序选择到地址/数据引脚的映射。字节顺序选择包含在复用地址中，从而允许主机系统基于所用的存储器地址动态选择字节顺序。这允许通过混合字节顺序的方法来访问寄存器和存储器。

字节顺序选择与最后一个地址位之前一位的数据引脚复用。

5）FIFO 直接选择到地址/数据引脚的映射。将 FIFO 直接选择信号包含在复用地址中，从而允许主机系统将 EtherCAT 过程 RAM 数据 FIFO 视为较大的扁平地址空间进行寻址。

FIFO 直接选择信号与最后一个地址位之前两位的数据引脚复用。

（2）数据周期　主机数据总线可以是 8 位或 16 位宽，而所有内部寄存器均是 32 位宽。在 8 位或 16 位数据模式下，主机总线接口执行字/字节到双字的转换。要执行读/写操作，需要在同一双字中执行两次或四次连续访问。

1）写周期。当 CS 和 WR 有效时（或当 ENB 有效且 RD_WR 指示写操作时），将发生写周期。地址锁存周期期间已捕捉主机地址和字节顺序。

在写周期的后沿（CS、WR 或 ENB 变为无效），主机数据将被捕捉到 HBI 中的寄存器内。根据总线宽度的不同，捕捉的数据可以是字或字节。对于 8 位或 16 位数据模式，其用作为双字汇编，受影响的字或字节由低地址输入确定。此时，字节交换也是基于字节顺序完成的。

① 初始化后的写操作。器件初始化之后，来自主机总线的写操作将被忽略，直至执行读周期以后。

② 8 位和 16 位访问。在 8 位或 16 位数据模式下，主机需要执行两次 16 位/四次 8 位写操作，才能完成一次双字传输。不存在顺序要求。主机可先访问低位或高位字/字节，前提是对其余的字或字节执行额外的写操作。

2）读周期。当 CS 和 RD 有效时（或当 ENB 有效且 RD_WR 指示读操作时），将发生读周期。地址锁存周期期间已捕捉主机地址和字节顺序。

在读周期开始时，会选择相应的寄存器，其中的数据会被驱动到数据引脚上。根据总线宽度的不同，读取的数据可以是字或字节。对于 8 位或 16 位数据模式，返回的字节或字由字节顺序和低地址输入确定。

① 初始化完成的轮询。器件初始化之前，HBI 将不会返回有效数据。要确定 HBI 何时工作，应轮询字节顺序测试寄存器（BYTE_TEST）。每次轮询都应包含地址锁存周期和一个数据周期。一旦读取到正确的模式，即可认为接口为工作状态。此时，可以通过轮询硬件配置寄存器（HW_CFG）的器件就绪（READY）位来确定器件何时完全配置。

② 8 位和 16 位访问。对于某些寄存器访问，主机需要执行两次连续的 16 位/四次连续的 8 位读操作，才能完成一次双字传输。不存在顺序要求。主机可先访问低位或高位字或字节，前提是对其余的字或字节执行额外的读操作。

读字节/字计数器保持跟踪读操作次数。该计数器与上述写计数器是相互独立的。在读周期的后沿，计数器递增计数。在最后一次读取双字时，会执行内部读操作以更新任何读取时更改 CSR。

（3）EtherCAT 过程 RAM 数据 FIFO 访问　FIFO 直接选择信号允许主机系统将 EtherCAT 过程 RAM 数据 FIFO 视为较大的线性地址空间进行寻址。当地址锁存周期期间锁存的 FIFO 直接选择信号有效时，将对 EtherCAT 过程 RAM 写数据 FIFO 执行所有主机写操作，并从 EtherCAT 过程 RAM 读数据 FIFO 执行所有主机读操作。仅解码锁存的低地址信号，以选择正确的字节或字。该模式将忽略所有其他的地址输入。所有其他操作均相同（双字汇编和 FIFO 弹出等）。

FIFO 直接选择访问的字节顺序取决于地址锁存周期期间锁存的字节顺序选择。

读取 EtherCAT 过程 RAM 读数据 FIFO 时不支持突发访问。但是，由于 FIFO 直接选择信号在复位事件发生或者新地址加载之前一直保留，因此无须多次执行地址锁存操作也可多次发出读/写请求。

7.7.9　LAN9252 的以太网 PHY

1. 以太网 PHY 功能

该器件包含 PHY A 和 PHY B。PHY A 和 PHY B 的功能相同。PHY A 连接到 EtherCAT 内核端口 0 或 2。PHY B 连接到 EtherCAT 内核端口 1。这些 PHY 通过内部 MII 与相应的 MAC 接口互连。

PHY 符合针对双绞线以太网的 IEEE802.3 物理层标准，可配置为全双工 100Mbit/s（100BASE-TX/100BASE-FX）以太网操作。所有 PHY 寄存器均遵循 IEEE 802.3（第 22.2.4 条）指定的 MII 管理寄存器组规范并且可完全配置。

PHY 寻址根据器件模式将 PHY A 的地址设置为 0 或 2，并将 PHY B 的地址固定设置为 1。

此外，可以通过 PHY x 特殊模式寄存器（PHY_SPECIAL_MODES_x）中的 PHY 地址（PHYADD）字段更改 PHY A 和 PHY B 的地址。为确保正常工作，PHY A 和 PHY B 的地址必须唯一。

2. PHY A 和 PHY B

该器件集成了两个 IEEE 802.3 PHY 功能。PHY 可配置为 100Mbit/s 铜缆（100BASE-TX）或 100Mbit/s 光缆（100BASE- FX）以太网操作，并包括自动协商和 HP Auto-MDIX 功能。

271

每个 PHY 在功能上可分为以下几部分：

1) 100BASE-TX 发送和 100BASE-TX 接收。

2) 自适应。

3) HP Auto-MDIX。

4) PHY 管理控制和 PHY 中断。

5) PHY 掉电模式。

6) LAN 唤醒（WoL）。

7) 复位。

8) 链路完整性测试。

9）电缆诊断。

10）环回运行。

11）100BASE-FX 远端故障指示。

LAN9252 每个 PHY 主要组成部分框图如图 7-18 所示。

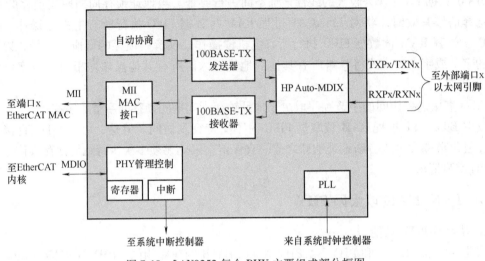

图 7-18　LAN9252 每个 PHY 主要组成部分框图

7.7.10　LAN9252 的 EtherCAT 功能

1. LAN9252 的 EtherCAT 功能概述

LAN9252 的 EtherCAT 模块实现了一个 3 端口 EtherCAT 从站控制器，该控制器具有 4KB 双端口存储器（DPRAM）、4 个 SyncManager、3 个现场总线存储器管理单元（FMMU）和 1 个 64 位分布式时钟。每个端口均接收以太网帧、执行帧校验并将以太网帧转发到下一个端口。接收到帧时会生成时间戳。如果某个端口上没有链路、端口不可用或者端口的环路关闭，则各端口的环回功能会将以太网帧转发到下一个逻辑端口。端口 0 的环回功能将帧转发到 EtherCAT 处理单元。环路设置可通过 EtherCAT 主器件控制。

数据包按以下顺序转发：端口 0→EtherCAT 处理单元→端口 1→端口 2。

EtherCAT 处理单元（EtherCAT Processing Unit，EPU）接收、分析并处理 EtherCAT 数据流。EtherCAT 处理单元的主要用途是实现并协调对 ESC 的内部寄存器和存储空间的访问，这两部分均可被 EtherCAT 主站和本地应用寻址。主站和从站应用间的数据交换与双端口存储器（过程存储器）相当，并且通过一致性校验（SyncManager）和数据映射（FMMU）等特殊功能得到了增强。

每个 FMMU 均执行将逻辑 EtherCAT 系统地址按位映射到器件物理地址的任务。

SyncManager 负责确保 EtherCAT 主站与从站之间的数据交换和邮箱通信的一致性。每个 SyncManager 的方向和工作模式由 EtherCAT 主器件配置。提供两种工作模式：缓冲模式和邮箱模式。在缓冲模式下，本地单片机和 EtherCAT 主器件可同时写入器件。LAN9252 中的缓冲区始终包含最新数据。如果新数据在旧数据可读出前到达，则旧数据将丢失。在邮箱模式下，本地单片机和 EtherCAT 主器件通过握手来访问缓冲区，从而确保不会丢失任何数据。

凭借分布式时钟（Distributed Clock，DC），可以精确同步输出信号、输入采样和事件时间戳的生成。

2. LAN9252 的分布式时钟

LAN9252 从站控制器支持 64 位分布式时钟。

1）SYNC/LATCH 引脚复用。EtherCAT 内核提供两个输入引脚（LATCH0 和 LATCH1），用于外部事件的时间戳。上升沿和下降沿时间戳均会被记录。这两个引脚分别与 SYNC0 和 SYNC1 输出引脚共用，用于指示是否发生了时间事件。SYNC0/LATCH0 和 SYNC1/LATCH1 引脚的功能分别由 SYNC/LATCH PDI 配置寄存器的 SYNC0/LATCH0 配置位和 SYNC1/LATCH1 配置位确定。

当设置为 SYNC0/SYNC1 功能时，输出类型（推挽式和漏极/源极开路）和输出极性由 SYNC/LATCH PDI 配置寄存器的 SYNC0 输出驱动器/极性位和 SYNC1 输出驱动器/极性位确定。

2）SYNC IRQ 映射。SYNC0 和 SYNC1 的状态可分别映射到 AL 事件请求寄存器的 DC SYNC0 的状态位和 DC SYNC1 的状态位。SYNC0 和 SYNC1 的状态的映射分别由 SYNC/LATCH PDI 配置寄存器的 SYNC0 映射位和 SYNC1 映射位使能。

3）SYNC 脉冲长度。SYNC0 和 SYNC1 脉冲长度由同步信号寄存器的脉冲长度控制。同步信号寄存器的脉冲长度根据 EEPROM 的内容进行初始化。

3. PDI 选择和配置

器件使用的过程数据接口（Process Data Interface，PDI）由 PDI 控制寄存器指示。可用的 PDI 包括：

1）04h：数字 I/O PDI。

2）80h~8Dh：主机接口 PDI（SPI 和 HBI 单阶段或双阶段 8 或 16 位）。

4. 数字 I/O PDI

数字 I/O PDI 提供 16 个可配置数字 I/O（DIGIO［15：0］），用于不带主机控制器的简单系统。数字 I/O 输出数据寄存器用于控制输出值，而数字 I/O 输入数据寄存器用于读取输入值。每 2 位数字 I/O 对可配置为输入或输出。方向由扩展 PDI 配置寄存器选择，该寄存器通过 EEPROM 配置。

数字 I/O 也可配置为双向模式，此时输出会在外部驱动和锁存之后释放，以便可采样输入数据。双向操作由 PDI 配置寄存器的单向/双向模式位选择。PDI 配置寄存器根据 EEPROM 的内容进行初始化。

5. 主机接口 PDI

主机接口 PDI 用于带主机控制器的系统，该系统使用 HBI 或 SPI 芯片级主机接口。

PDI 配置寄存器和扩展 PDI 配置寄存器中的值反映来自 EEPROM 的值。PDI 配置寄存器中的值用于在主机接口模式下配置 HBI。如果使能了 GPIO（SPI 使能 GPIO），则会使用扩展 PDI 配置寄存器中的值。

PDI 配置寄存器和扩展 PDI 配置寄存器根据 EEPROM 的内容进行初始化。

6. 端口连接

1）端口 0 和端口 2（内部 PHY A 或外部 MII）。

① 当 chip_mode_strap［1：0］不等于 11B 时（双端口或三端口下行模式），EtherCAT 从站控制器的端口 0 连接至内部 PHY A。当 chip_mode_strap［1：0］等于 11B 时（三端口上行模式），端口 0 连接至 MII 引脚。

② 当 chip_mode_strap［1：0］等于 11B 时（三端口上行模式），EtherCAT 从站控制器

的端口 2 连接至内部 PHY A。当 chip_mode_strap［1：0］等于 10B 时（三端口下行模式），端口 2 连接至 MII 引脚。

2）外部 MII PHY 连接。外部 PHY 连接至 MII，如图 7-19 所示。以太网 PHY 与 EtherCAT 从站控制器的时钟源必须相同。25MHz 输出（MII_CLK25）用作 PHY 的参考时钟。由于 EtherCAT 从站控制器不包含发送 FIFO，因此 PHY 的 TX_CLK 未连接。来自 EtherCAT 从站控制器的发送信号可根据 CLK25 输出，通过发送移位补偿进行延时，以便其像由 PHY 的 TX_CLK 驱动一样正确对齐。

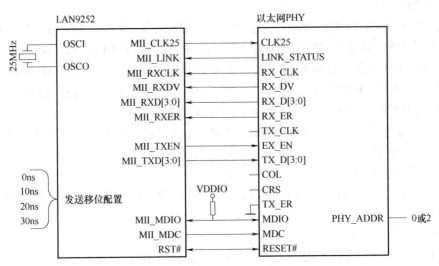

图 7-19　LAN9252 外部 PHY 连接

以太网 PHY 应连接至 EtherCAT 从站控制器 RST#引脚，以便其在 EtherCAT 从站控制器就绪之前保持复位。否则，远端链路伙伴会检测到来自 PHY 的有效链路信号，并会"打开"其端口，假定本地 EtherCAT 从站控制器就绪。

MII_MDC 和 MII_MDIO 信号在 EtherCAT 从站控制器和 PHY 之间连接。MII_MDIO 需要外部上拉。外部 PHY 的管理地址必须在 chip_mode_strap［1：0］等于 11B 时（三端口上行模式）设置为 0，在 chip_mode_strap［1：0］等于 10B 时（三端口下行模式）设置为 2。

PHY 的 LINK_STATUS 是 LED 输出，指示 100Mbit/s 全双工链路是否处于活动状态。EtherCAT 从站控制器的 MII_LINK 输入的极性可配置。

由于 EtherCAT 在全双工模式下工作，因此 PHY 的 COL 和 CRS 输出未连接。

由于 EtherCAT 从站控制器不产生发送错误，因此 PHY 的 TX_ER 输入连接至系统地。

7. LED

器件的每个端口都包含一个运行 LED（RUNLED）和一个链路/活动 LED（LINKACTLED［0：2］）。LED 引脚的极性由相应的 LED 极性配置引脚确定。引脚输出为漏极开路或源极开路。

EtherCAT 内核配置能够通过运行 LED 改写寄存器直接控制运行 LED。

通过将功耗管理控制寄存器（PMT_CTRL）中的 LED_DIS 位置 1 可禁止（停止驱动）所有 LED 输出。

8. EtherCAT CSR 和过程数据 RAM 访问

EtherCAT CSR 提供对 EtherCAT 内核的各种参数的寄存器级访问。根据访问方式的不同，EtherCAT 的相关寄存器的间接访问方式为：可间接访问的 EtherCAT 内核寄存器位于 EtherCAT 内核中，必须通过 EtherCAT CSR 接口数据寄存器（ECAT_CSR_DATA）和 EtherCAT CSR 接口命令寄存器（ECAT_CSR_CMD）间接访问；可间接访问的 EtherCAT 内核 CSR 提供对 EtherCAT 内核的许多可配置参数的完全访问。

习　　题

7-1　说明 EtherCAT 物理拓扑结构。

7-2　说明 EtherCAT 数据链路层的组成。

7-3　说明 EtherCAT 应用层的功能。

7-4　EtherCAT 设备行规包括哪些内容？

7-5　简述 EtherCAT 系统的组成。

7-6　EtherCAT 从站控制器主要有哪些功能块？

7-7　说明 EtherCAT 数据报的结构。

7-8　EtherCAT 数据报的工作计数器（WKC）字段的作用是什么？

7-9　EtherCAT 从站控制器的主要功能是什么？

7-10　EtherCAT 从站控制器内部存储空间是如何配置的？

7-11　简述 EtherCAT 从站控制器的特征信息。

7-12　说明 EtherCAT 从站控制器的帧处理顺序。

7-13　简述 EtherCAT 从站控制器 LAN9252 的组成。

7-14　EtherCAT 从站控制器 LAN9252 具有哪些主要特点？

7-15　LAN9252 提供哪两个用户可选的主机总线接口？分别进行说明。

7-16　LAN9252 提供哪 3 种工作模式？分别进行说明。

7-17　画出 LAN9252 的寄存器地址映射图。

7-18　LAN9252 的中断源有哪些？

7-19　LAN9252 的主机总线接口（HBI）模块提供哪些功能？

第 8 章

EtherCAT主站与从站应用系统设计

    EtherCAT 由主站和从站组成工业控制网络。主站不需要专用的控制器芯片，只要在个人计算机、工业计算机（IPC）或嵌入式计算机系统上运行主站软件即可。主站软件一般采用 BECKHOFF 公司的 TwinCAT3 等产品或者采用开源主站。EtherCAT 主站主要有 TwinCAT3、IgH 等。

    EtherCAT 从站的软硬件开发一般建立在 EtherCAT 从站评估板或开发板的基础上。EtherCAT 从站评估板或开发板的硬件主要包括 MCU（如 Microchip 公司的 PIC24HJ128GP306）、DSP（如 TI 公司的 TMS320F28335）和 ARM（如 ST 公司的 STM32F407）等微处理器或微控制器，ET1100 或 LAN9252 等 EtherCAT 从站控制器，物理层收发器 KS8721，RJ45 连接器 HR911105A 或 HR911103A，简单的数字量输入/输出（DI/DO）电路（如 Switch 按键开关数字量输入电路、LED 指示灯数字量输出电路）、模拟量输入/输出（AI/AO）电路（如通过电位器调节 0~3.3V 的电压信号作为模拟量输入电路）等，并给出详细的硬件电路原理图；软件主要包括运行在该硬件电路系统上的 EtherCAT 从站驱动和应用程序代码包。

    开发者选择 EtherCAT 从站评估板或开发板时，最好选择与自己要采用的微处理器或微控制器相同的型号。这样，软硬件移植和开发的工作量要小很多，可以达到事半功倍的效果。

    无论是购买或者是开发的 EtherCAT 从站，都需要和 EtherCAT 主站组成工业控制网络。首先要在计算机上安装主站软件，然后进行主站和从站之间的通信。

    本章首先讲述了 EtherCAT 主站分类，然后介绍了 EtherCAT 主站 TwinCAT3。由于 ARM 微控制器应用较为广泛，本章以采用微控制器 STM32F407 和 EtherCAT 从站控制器 LAN9252 的开发板为例，介绍了 EtherCAT 从站驱动和应用程序设计方法。最后以 BECKHOFF 公司的主站软件 TwinCAT3 为例，讲述了主站软件的安装与从站开发调试。

8.1 EtherCAT 主站分类

8.1.1 概述

    终端用户或系统集成商在选择 EtherCAT 主站设备时，希望获得所定义的最低功能和互操作性，但并不是每个主站都必须支持 EtherCAT 技术的所有功能。

    EtherCAT 主站分类规范定义了具有良好的主站功能集的主站分类。方便起见，只定义了两个主站分类：

1）A类：标准 EtherCAT 主站设备。

2）B类：最小 EtherCAT 主站设备。

其基本思想是每个实现都应以满足类型 A 的需求为目标，只有在资源被禁止的情况下，比如在嵌入式系统中，才至少必须满足 B 类的要求。

其他可被认为是可选的功能则由功能包来描述。功能包描述了特定功能的所有强制性主站功能，比如冗余。

8.1.2　主站分类

EtherCAT 主站的主要任务是网络的初始化和所有设备状态机、过程数据通信的处理，并为在主站和从站应用程序之间进行交换的参数数据提供非循环访问。然而，主站本身并不收集初始化和循环命令列表中的信息，这些是由网络配置逻辑完成的。在许多情况下，这是一个 EtherCAT 网络配置软件。

配置逻辑从 ESI 或 SII，ESC 寄存器和对象库或 IDN 列表中收集所需要的信息，生成 EtherCAT 网络信息（ENI）并提供给 EtherCAT 主站。

EtherCAT 主站分类和配置工具结构如图 8-1 所示。

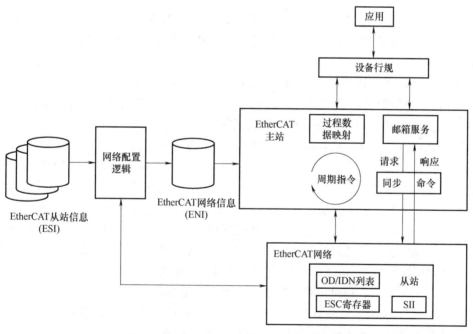

图 8-1　EtherCAT 主站分类和配置工具结构

配置工具或主站配置功能之一统称为配置工具，代表了两个版本。主站应用可能是 PLC 或运动控制功能，也可能是在线诊断应用。

1. A 类主站

A 类主站设备必须支持 ETG 规范 ETG.1000 系列以及 ETG.1020 系列中所描述的所有功能。主站设备应支持 A 类主站的要求。

2. B 类主站

B 类主站与 A 类主站相比减少了部分功能，不过对于这一类来说运行大多数 EtherCAT

设备所需的主要功能（比如支持 COE、循环处理数据交换）是必需的。只有那些不能满足 A 类主站设备要求的主站设备才必须满足 B 类主站的要求。

3. 功能包

功能包（FP）定义了一组可选择的功能。如果一个功能包被支持，则应满足其所列要求的所有功能。

4. 主站分类和功能包的有效性

对主站分类和功能包的定义是一个持续的过程，因为一直需要进行技术和附加特性上的提高来满足客户和应用的需求。而主站分类的作用也就是通过用这些提高来为最终用户的利益考虑。因此，基本功能集和每个单独功能包的功能范围都是由版本号来定义的。如果没有相应的版本号，主站供应商就不能对其主站分类的实现（基本功能集以及每个功能包）进行分类。

8.2　TwinCAT3 EtherCAT 主站

8.2.1　TwinCAT3 概述

TwinCAT 是德国 BECKHOFF 公司的基于个人计算机平台和 Windows 操作系统的控制软件。它的作用是把工业计算机或者嵌入式计算机变成一个功能强大的 PLC 或者运动控制器控制生产设备。

1995 年 TwinCAT 首次被推向市场，现存版本有两种：TwinCAT 2 和 TwinCAT 3。

TwinCAT 2 是针对单 CPU 及 32 位操作系统开发设计的，其运行核不能工作在 64 位操作系统上。对于多 CPU 系统，只能发挥单核的运算能力。

TwinCAT 3 考虑了 64 位操作系统和多核 CPU，并且可以集成 C++编程和 MATLAB 建模，所以 TwinCAT 3 的运行核既可以工作在 32 位操作系统，也可以工作在 64 位操作系统，并且可以发挥全部 CPU 的运算能力。对于 PLC 控制和运动控制项目，TwinCAT 3 和 TwinCAT 2 除了开发界面有所不同之外，编程、调试、通信的原理和操作方法都几乎完全相同。

TwinCAT 是一套纯软件的控制器，完全利用个人计算机标配的硬件，实现逻辑运算和运动控制。TwinCAT 运行核安装在 BECKHOFF 的 IPC 或者 EPC 上，其功能就相当于一台计算机加上一个逻辑控制器"TwinCAT PLC"和一个运动控制器"TwinCAT NC"。对于运行在多核 CPU 上的 TwinCAT 3，还可以集成机器人等更多更复杂的功能。

TwinCAT PLC 的特点：与传统的 PLC 相比，其 CPU、存储器和内存资源都有了数量级的提升。运算速度快，尤其是传统 PLC 不擅长的浮点运算，比如多路温控、液压控制以及其他复杂算法时，TwinCAT PLC 可以轻松胜任。数据区和程序区仅受限于存储介质的容量。随着信息技术的发展，用户可以订购的存储介质 CF 卡、CFast 卡、内存卡及硬盘的容量越来越大，CPU 的速度越来越快，而性价比越来越高，因此 TwinCAT PLC 在需要处理和存储大量数据比如趋势、配方和文件时优势明显。

TwinCAT NC 的特点：与传统的运动控制卡、运动控制模块相比，TwinCAT NC 最多能够控制 255 个运动轴，并且支持几乎所有的硬件类型，具备所有单轴点动、多轴联动功能。由于运动控制器和 PLC 实际上工作于同一台个人计算机，两者之间的通信只是两个内存区之间的数据交换，其数量和速度都远非传统的运动控制器可比。这使得凸轮耦合、自定义轨迹运动时数据修改非常灵活，并且响应迅速。TwinCAT3虽然可以用于64位操作系统和多核CPU，现阶段仍然只能控制255个轴，当然这也可以满足绝大部分的运动控制需求。

归根结底，TwinCAT PLC和TwinCAT NC的性能最主要依赖于CPU。尽管BECKHOFF的控制器种类繁多，无论是安装在导轨上的EPC，还是安装在电柜内的Cabinet个人计算机，或者是集成到显示面板的面板式个人计算机，其控制原理、软件操作都一样，同一套程序可以移值到任何一台PC-Based控制器上运行。移植后的唯一结果是CPU利用率的升高或者降低。

1. TwinCAT 3 Runtime 的运行条件

用户订购BECKHOFF控制器时必须决定控制软件使用TwinCAT 2还是TwinCAT 3的运行核，软件为出厂预装，用户不能自行更改。TwinCAT 3的运行核的控制器必须使用TwinCAT 3开发版编程。

TwinCAT运行核分为Windows CE和Windows Standard两个版本，Windows Standard版本包括Windows XP、Windows Xpe、Windows NT、Windows 7、WES 7。由于Windows CE系统小巧轻便、经济实惠，相对于传统PLC而言，功能上仍然有绝对的优势，所以在工业自动化市场上尤其是国内市场，Windows CE显然更受欢迎。

2. TwinCAT 3 功能介绍

TwinCAT 3软件的结构如图8-2所示。

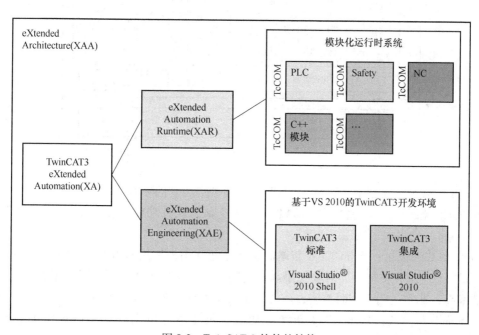

图8-2　TwinCAT 3软件的结构

TwinCAT运行核是Windows底层优先级最高的服务，又是所有TwinCAT PLC、NC和其他任务的运行平台。TwinCAT 3分为开发版（XAE）和运行版（XAR）。XAE安装运行在开发个人计算机上，既可以作为一个插件集成到标准的Visual Studio软件，也可以独立安装（with VS2010 Shell）。XAR运行在控制器上的，必须要购买授权且为出厂预装。

在运行内核上，TwinCAT3首次提出了TcCOM和Module的概念。基于同一个TcCOM创建的 Module 有相同的运算代码和接口。TcCOM 概念的引入使 TwinCAT 具有了无限的扩展性，BECKHOFF 公司和第三方厂家都有可能把自己的软件产品封装成 TcCOM 集成到 TwinCAT 中。已经发布的 TcCOM 如图 8-3 所示。

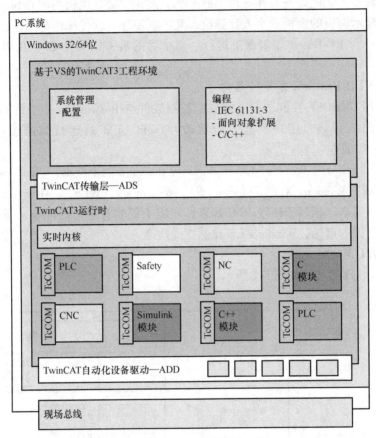

图 8-3　TcCOM

1）PLC 和 NC：这是与 TwinCAT 兼容的两种基本类别的 TcCOM。

2）Safety 和 CNC：这也是 TwinCAT 2 中已经有的软件功能，在这里以 TcCOM 的形式出现。

3）C 和 C++模块：TwinCAT 3 新增的功能，允许用户使用 C 和 C++编辑实时的控制代码和接口。C++编程支持面向对象（继承、封装、接口）的方式，可重复利用性好，代码的生成效率高，非常适用于实时控制，广泛用于图像处理、机器人和仪器测控。

4）Simulink 模块：TwinCAT 3 新增的功能，允许用户事先在 MATLAB 中创建控制模型（模型包含了控制代码和接口），然后把模型导入到 TwinCAT 3。Simulink 模块利用 MATLAB 的模型库和各种调试工具，比 TwinCAT 编程更容易实现对复杂的控制算法的开发、仿真和优化，通过 RTW 自动生成仿真系统代码，并支持图形化编程。

基于一个 TcCOM，用户可以重复创建多个 Module。每个 Module 都有自己的代码执行区、接口数据区，此外还有数据区、指针和端口等。

TwinCAT 模块如图 8-4 所示。

Module 可以把功能封装在 Module 里而保留标准的接口，与调用它的对象代码隔离开

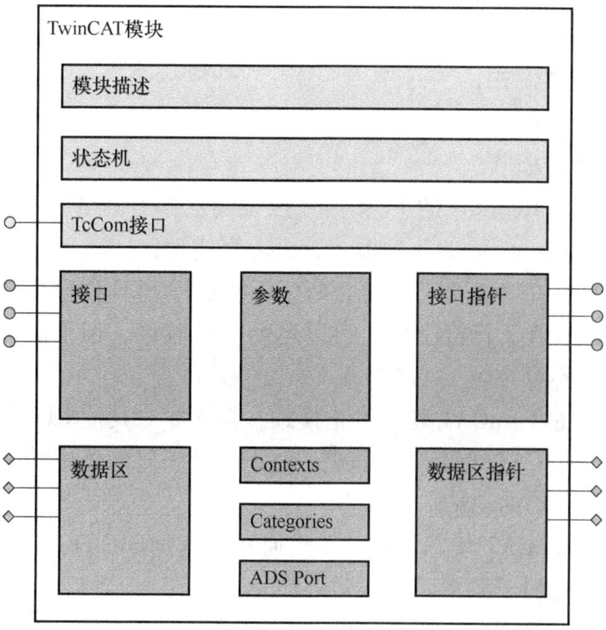

图 8-4　TwinCAT 模块

来，既便于重复使用，又保证代码安全。一个 Module 既可以包含简单的功能，也可以包含复杂的运算和实时任务，甚至一个完整的项目。TwinCAT 3 运行内核上能够执行的 Module 数量几乎没有限制，可以装载到一个多核处理器的不同核上。

TwinCAT 3 的运行核为多核 CPU，使大型系统的集中控制成为可能。与分散控制相比，所有控制由一个 CPU 完成，通信量大大减少。在项目开发阶段，用户只要编写一个 Project，而不用编写 32 个 Project 以致还要考虑它们之间的通信。在项目调试阶段，所有数据都存放在一个过程映像，更容易诊断。在设备维护阶段，控制器更换备件、数据和程序的备份都更为简便。

BECKHOFF 公司目前的最高配置 IPC 使用 32 核 CPU，理论上可以代替 32 套 TwinCAT 2 控制器。

8.2.2　TwinCAT3 编程

1. 概述

TwinCAT3 软件分为开发版和运行版。在前面的系统概述中，简单介绍了 TwinCAT 的原理和若干特点，都指的是 TwinCAT 运行版（XAR），又称为 TwinCAT Runtime，它是控制系统的核心。运行版是用户订购，并在出厂前就预装好的。

下面要介绍的是 TwinCAT3 开发版（XAE）的使用，包括安装过程、配置编程环境以及一些常用的基本操作步骤。TwinCAT3 开发版是免授权的，可以从 BECKHOFF 公司任意分支机构获取 TwinCAT 套装 DVD，也可以从 BECKHOFF 公司官网下载，然后安装在工程师的编程计算机上。

2. 开发环境概述

1）TwinCAT 3 图标和 TwinCAT 3 Runtime 的状态。TwinCAT 安装成功并重启后，编程计

算机桌面右下角会出现 TwinCAT 图标。

图标的颜色代表了编程计算机上的 TwinCAT 工作模式：

- 蓝色图标表示配置模式；
- 绿色图标表示运行模式；
- 红色图标表示停止模式。

任何运行了 TwinCAT Runtime 的 PC-Based 控制器上都有这 3 种模式。如果用传统的硬件 PLC 来比喻 TwinCAT Runtime 的 3 种模式，可以表述为：

配置模式——PLC 存在，但没有上电，所以不能运行 PLC 程序，可以装配 I/O 模块；

运行模式——PLC 存在，已经上电，可以运行 PLC 程序，但不能再装配 I/O 模块；

停止模式——PLC 不存在。

如果编程计算机上的 TwinCAT 处于停止模式，就不能对其他 PLC 编程。

如果控制器上的 TwinCAT 处于停止模式，就不接受任何计算机的编程配置。

2）TwinCAT3 快捷菜单的功能。

① 编程计算机的 TwinCAT 状态切换。单击通知区域 TwinCAT 图标，在弹出的菜单中选择 System，就显示出左边的子菜单。

TwinCAT 状态快捷切换菜单如图 8-5 所示。

然后单击 Start/Restart，编程计算机就进入仿真运行模式；单击 Config，就进入配置模式；状态切换失败，或者服务启动失败，才会进入停止模式。

② 进入 TwinCAT 开发环境的快捷方式。如果开发计算机上安装有多个 Visual Sudio 版本，单击右下角的 TwinCAT3 图标，就可以选择进入哪个版本的 Visual Sudio 中的 TwinCAT 3。进入 TwinCAT 开发环境的快捷菜单如图 8-6 所示。

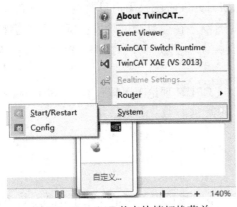

图 8-5　TwinCAT 状态快捷切换菜单

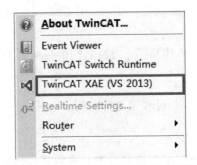

图 8-6　进入 TwinCAT 开发环境的快捷菜单

对于 Windows 8 系统，会提示 0x4115 错误，提示到 TwinCAT \ 3. 1 中找 Win8…bat 文件，运行并重启计算机。

③ 本机的 ADS 路由信息查看和编辑。本机 ADS 路由信息查看和编辑的快捷菜单如图 8-7 所示。

3）启动 TwinCAT3 的帮助系统。在 VS2013 Shell 的开发环境下，按〈F1〉键或者从图 8-8 所示界面进入。

4）TwinCAT3 Quick Start 教程。TwinCAT3 Quick Start 如图 8-9 所示。

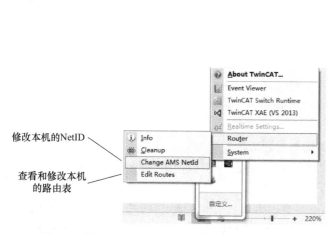

修改本机的NetID

查看和修改本机
的路由表

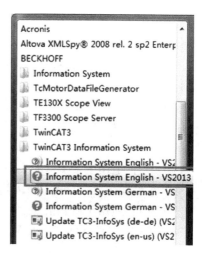

图 8-7 本机 ADS 路由信息查看和编辑的快捷菜单   图 8-8 启动 TwinCAT3 的帮助系统

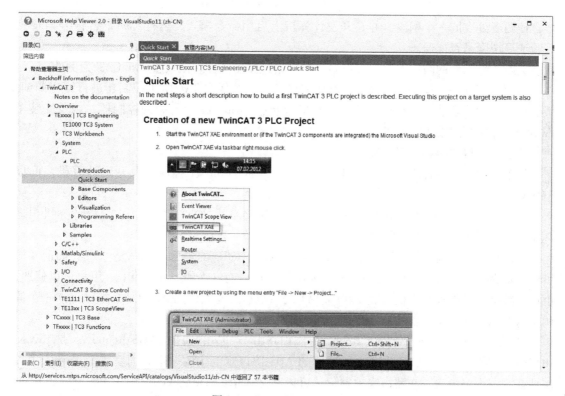

图 8-9 TwinCAT3 Quick Start

3. 添加路由

1）设置 IP 地址。编程计算机总是通过以太网对 PC-Based 控制器进行编程和配置，与其他计算机之间的通信一样，通信双方必须处于同一个网段。为此，必须先确定控制器的 IP 地址，才可能把编程计算机和控制器的 IP 地址设置为相同网段。

设置 BECKHOFF 控制器的 IP 地址有以下方法：

方法 1：适用于新购控制器或者重刷过操作系统的控制器。

控制器出厂时，IP 分配方式为 DHCP，即由外接路由器分配地址。如果网内没有路由器，则默认 IP 地址为 169.254.X.X。

方法 2：适用于已经使用过的控制器，没有显示器，但不确认 IP 地址，Windows CE 操作系统。

掉电，拔出 CF 卡，用读卡器删除文件夹 Document and Setting，删除 TwinCAT\Boot 下所有文件。注意删除之前应做好备份。然后插回 CF 卡，重新上电，按默认设置的情况处理。

方法 3：适用于带 DVI 接口并且连接显示器的控制器。

从显示器进入 Control Panel，找到 Network Setting 项，修改 IP 设置。

方法 4：适用于所有情况。

用第三方工具软件，比如 Wireshark。网线连接计算机和控制器后，将控制器掉电，开启计算机网卡的 Frame Capture，然后控制器上电。观察数据包，可以看到除了计算机的 IP 地址之外，另有一个 IP 地址会发送数据包，这就是控制器的 IP 地址。

确定控制器的 IP 地址之后，用适当的方法修改编程计算机或者 TwinCAT 控制器的 IP 地址，使两者处在同一个网段，并在开发计算机上启用命令模式，运行 Cmd，然后用 Ping 指令验证局域网是否连通。

关闭杀毒软件的防火墙以及操作系统的网络连接防火墙，或设置 TwinCAT 为例外。

2）设置 NetID。编程计算机可以对所在局域网内的任意 TwinCAT 控制器进行编程调试。假定局域网内除了普通计算机之外，还有多台装有 TwinCAT 运行版的控制器，以及安装了 TwinCAT 开发版的编程计算机。

这些计算机之间如何区分呢？

简单地说，所有计算机之间以 IP 地址区分，而 TwinCAT 控制器及开发计算机之间以 AMSNetID 区分。

AMSNetID 简称 NetID，NetID 是 TwinCAT 控制器最重要的一个属性，编程计算机根据 TwinCAT 的 NetID 来识别不同的控制器。

NetID 是一个 6 段的数字代码。TwinCAT 控制器 NetID 的最后 2 段总是"1"，而前 4 段可以自定义。从 BECKHOFF 公司订购的控制器出厂时有一个默认的 NetID，用户可以修改，也可以维持。而编程计算机安装了 TwinCAT 之后也有一个默认的 NetID。必须确保同一个局域网内的 NetID 没有重复。

3）在 TwinCAT 3 的 System | Routes 中添加路由。"路由"即"AMS Router"，是 BECKHOFF 公司定义的 TwinCAT 设备之间通信的 ADS 协议规范中的一个名词。每个 TwinCAT 控制器都有一个路由表，在路由表中登记了可以与之通信的 TwinCAT 系统的信息，包括 IP 地址（或 Host Name）、NetID 和连接方式等。

快捷方式访问路由表如图 8-10 所示。本机的路由表可以从图标右键快捷菜单的 Router 访问。

实际上，每个 TwinCAT 控制器都有一个路由表，每个控制器只接受自己路由表中的计算机编程。控制器的路由表要添加路由表完成以后才能从 System Manager 页面看到。

设置好 IP 地址和 NetID 后，就可以添加路由表了。

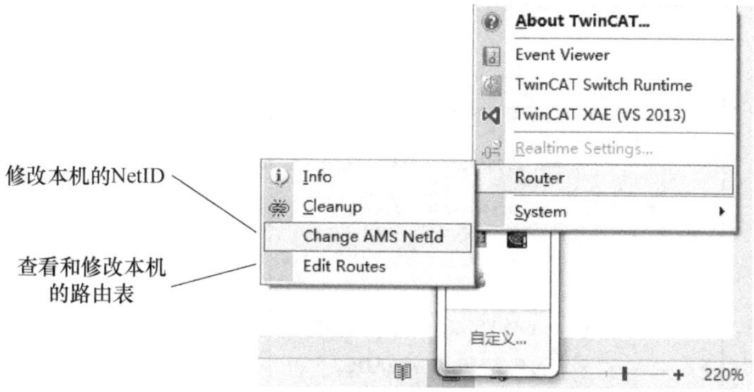

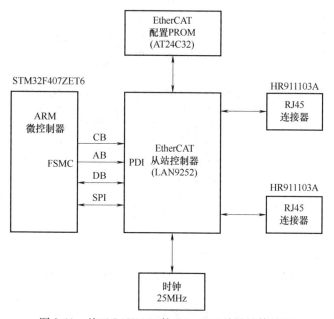

图 8-10　快捷方式访问路由表

8.3　基于 LAN9252 的 EtherCAT 从站硬件电路系统设计

基于 LAN9252 的 EtherCAT 从站总体结构如图 8-11 所示。

图 8-11　基于 LAN9252 的 EtherCAT 从站总体结构

其主要由以下几部分组成：

1）微控制器 STM32F407ZET6。

2）EtherCAT 从站控制器 LAN9252。

3）EtherCAT 配置 PROM AT24C32。

4）RJ45 连接器 HR911103A。

5）实现测量与控制的 I/O 的电路，这一部分的电路设计在智能测控模块的设计中详细讲述。

285

LAN9252 与 STM32F407ZET6 的 FSMC 接口电路如图 8-12 所示。

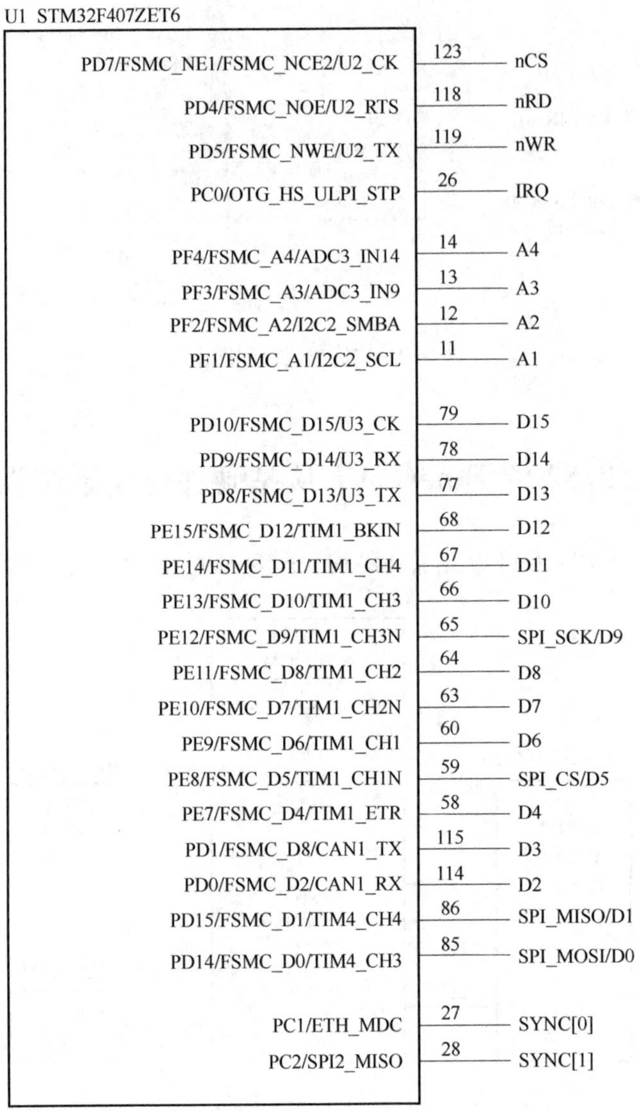

图 8-12 LAN9252 与 STM32F407ZET6 的 FSMC 接口电路

LAN9252 使用 16 位异步微处理器 PDI 或 SPI，连接两个 MII。

EtherCAT 从站控制器 LAN9252 应用电路如图 8-13 所示。

在图 8-13 中，LAN9252 左边是与 STM32F407ZET6 的 FSMC 接口电路、AT24C32 EEPROM 存储电路和时钟电路等。FSMC 接口电路包括 LAN9252 的片选信号、读/写控制信号、中断控制信号、4 位地址线和 16 位数据线。另外，LAN9252 也可以通过 SPI 总线与 STM32F407ZET6 接口。右边为两个 MII 的相关引脚。

LAN9252 物理端口 0 电路如图 8-14 所示，LAN9252 物理端口 1 电路设计与 LAN9252 物理端口 0 电路设计完全类似。

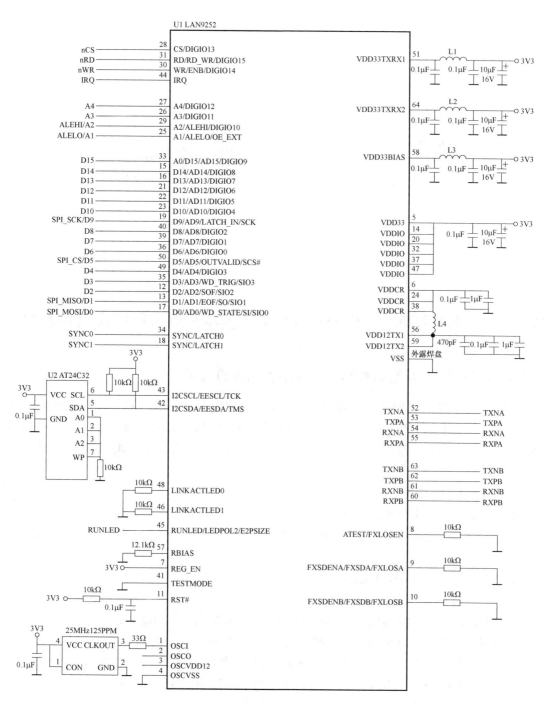

图 8-13　EtherCAT 从站控制器 LAN9252 应用电路

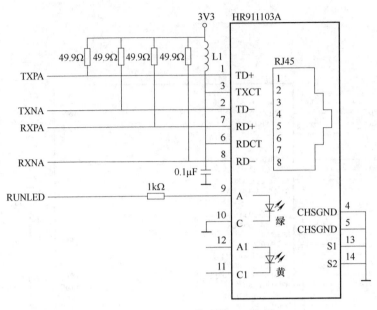

图 8-14　LAN9252 物理端口 0 电路

8.4　基于 LAN9252 的 EtherCAT 从站驱动和应用程序代码包架构

8.4.1　EtherCAT 从站驱动和应用程序代码包的组成

EtherCAT 从站采用 STM32F4 微控制器和 LAN9252 从站控制器，编译器为 KEIL5，工程名文件夹为"FBECT-M16-IO"，该文件夹包含 EtherCAT 从站驱动和应用程序。EtherCAT 从站驱动和应用程序代码包的架构如图 8-15 所示。图 8-15 中所有不带格式扩展名的条目均为文件夹名称。

1. Libraries 文件夹

1)"CMSIS"文件夹包含与 STM32 微控制器内核相关的文件。

2)"STM32F4xx_StdPeriph_Driver"文件夹包含与 STM32F4xx 处理器外设相关的底层驱动。

2. STM32F407 Ethercat 文件夹

该文件夹包括以下文件夹和文件：

1)"Ethercat"文件夹包含与 EtherCAT 通信协议和应用层控制相关的文件。

2)"MDK-ARM"文件夹包含工程的 uvprojx 工程文件。

3)"User"文件夹包含与 STM32 定时器、ADC、外部中断和 FSMC 等配置相关的文件。

4)"stm32f4xx_it. c"和"stm32f4xx_it. h"与 STM32 中断处理函数有关。

5)"system_stm32f4xx. c"与 STM32 系统配置有关。

8.4.2　EtherCAT 通信协议和应用层控制相关的文件

下面详细介绍"Ethercat"文件夹包含的与 EtherCAT 通信协议和应用层控制相关的文件。

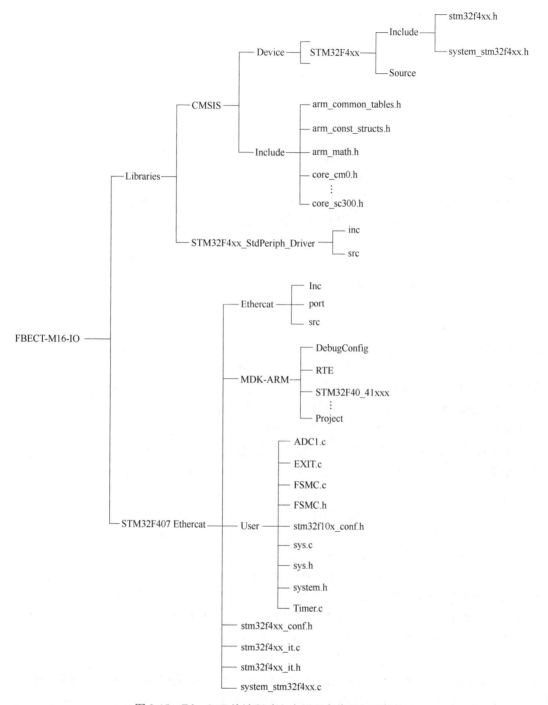

图 8-15　EtherCAT 从站驱动和应用程序代码包的架构

"Ethercat" 文件夹下包含 3 个文件夹："Inc" 文件夹、"port" 文件夹和 "src" 文件夹，分别介绍如下。

1. 头文件夹 "Inc"

"Inc" 文件夹包含与 EtherCAT 通信协议有关的头文件。该文件夹包含文件如图 8-16 所示。

1）applInterface. h：定义了应用程序接口函数。

2）bootmode. h：声明了在引导状态下需要调用的函数。

3）cia402appl. h：定义了与 cia402 相关的变量、对象和轴结构。

4）coeappl. h：该文件对 coeappl. c 文件中的函数进行声明。

5）ecat_def. h：定义了从站样本代码配置。

6）ecataoe. h：定义了和 AoE 相关的宏和结构体，并对 ecataoe. c 文件中的函数进行了声明。

7）ecatappl. h：对 ecatappl. c 文件中的函数进行了声明。

8）ecatcoe. h：定义了与错误码、CoE 服务和 CoE 结构相关的宏，并对 ecatcoe. c 文件中的函数进行了声明。

9）ecateoe. h：定义了与 EoE 相关的宏和结构体，并对 ecateoe. c 文件中的函数进行了声明。

10）ecatfoe. h：定义了与 FoE 相关的宏和结构体，并对 ecatfoe. c 文件中的函数进行了声明。

11）ecatslv. h：该文件对若干数据类型、从站状态机状态、ESM 转换错误码、应用层状态码、从站的工作模式、应用层事件掩码和若干全局变量进行了定义。

12）ecatsoe. h：定义了与 SoE 相关的宏和结构体，并对 ecatsoe. c 文件中的函数进行了声明。

13）el9800appl. h：该文件对对象字典中索引为 0x0800、0x1601、0x1802、0x1A00、0x1A02、0x1C12、0x1C13、0x6000、0x6020、0x7010、0x8020、0xF000、0xF0100 和 0xFFFF 的这些特定对象进行了定义。

14）el9800hw. h：定义了访问从站开发板外设的函数，并对 el9800hw. c 文件中的函数进行了声明。

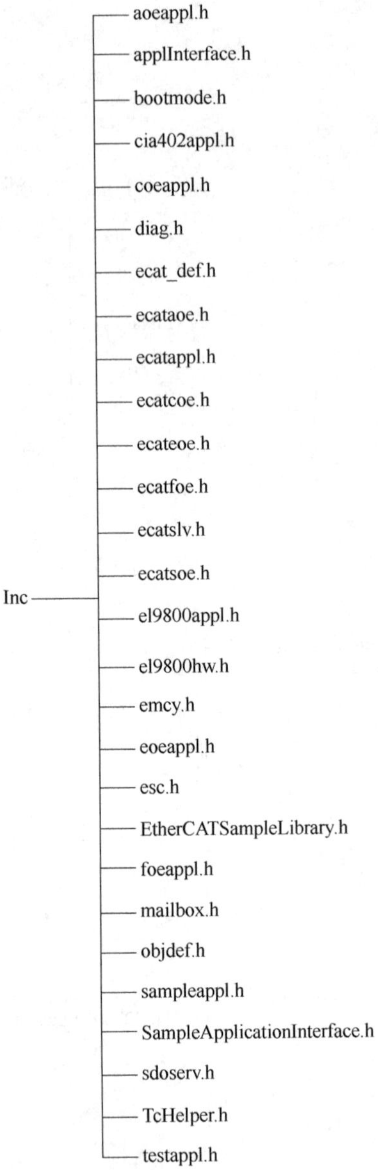

图 8-16 "Inc" 文件夹包含的与 EtherCAT 通信协议有关的头文件

15）esc. h：该文件中对 EtherCAT 从站控制器芯片中寄存器的地址和相关掩码进行了说明。

16）mailbox. h：定义了和邮箱通信相关的宏和结构体，并对 mailbox. c 文件中的函数进行了声明。

17）objdef. h：该文件中定义了某些数据类型，对表示支持的同步变量的类型进行了宏定义，定义了描述对象字典的结构体类型。

2. 外围端口初始化和驱动源文件夹"port"

"port" 文件夹包含与从站外围端口初始化和驱动相关的文件。该文件夹包含一个名称为 "el9800hw. c" 的 C 源文件，如图 8-17 所示。该源文件包含对 STM32F407 微控制器的

GPIO、定时器、ADC、外部中断等外设进行初始化的程序，同时提供了读取和写入从站控制器芯片中寄存器的函数。

图 8-17　"port"文件夹包含的文件

3. EtherCAT 通信协议源文件夹"src"

"src"文件夹包含与 EtherCAT 通信协议有关的源文件。该文件夹包含文件如图 8-18 所示。

1) aoeappl. c：该文件包含 AoE 邮箱接口。

2) bootmode. c：包含 boot 模式虚拟函数。

3) cia402appl. c：该文件包含所有 cia402 相关的函数。

4) coeappl. c：CoE 服务的应用层接口模块。该文件对对象字典中索引为 0x1000、0x1001、0x1008、0x1009、0x100A、0x1018、0x10F1、0x1C00、0x1C32 和 0x1C33 的这些通用对象进行定义；对 CoE 服务实际应用的处理以及 CoE 对象字典的处理，包括对象字典的初始化、添加对象到对象字典、移除对象字典中的某一条目以及清除对象字典等处理函数进行定义。

5) diag. c：该文件包含诊断对象处理。

6) ecataoe. c：该文件包含 AoE 邮箱接口。

7) ecatappl. c：EtherCAT 从站应用层接口，整个协议栈运行的核心模块，EtherCAT 从站状态机和过程数据接口。输入/输出过程数据对象的映射处理、ESC 与处理器本地内存的输入/输出过程数据的交换等都在该文件中实现。

8) ecatcoe. c：该文件包含 CoE 邮箱接口函数。

9) ecateoe. c：该文件包含 EoE 邮箱接口函数。

10) ecatfoe. c：该文件包含 FoE 邮箱接口函数。

11) ecatslv. c：处理 EtherCAT 状态机模块。状态机转换请求由主站发起，主站将请求状态写入 AL-Control 寄存器中，从站采用查询的方式获取当前该状态转换的事件，将寄存器值作为参数传入 AL_ControlInd() 函数中，该函数作为核心函数来处理状态机的转换，根据主站请求的状态配置 SM 通道的开启或关闭，检查 SM 通道参数是否配置正确等。

12) ecatsoe. c：该文件包含一个演示 SoE 的简短示例。

13) el9800appl. c：该文件提供了与应用层接口的函数和主函数。

14) emcy. c：该文件包含紧急接口。

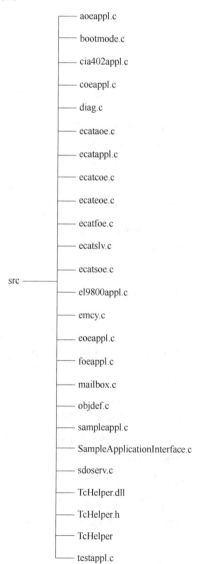

图 8-18　"src"文件夹包含的与 EtherCAT 通信协议有关的源文件

291

15）eoeappl. c：该文件包含一个如何使用 EoE 服务的例子。

16）foeappl. c：该文件包含一个如何使用 FoE 的例子。

17）mailbox. c：处理 EtherCAT 邮箱服务模块，包括邮箱通信接口的初始化、邮箱通道的参数配置、根据当前状态机来开启或关闭邮箱服务、邮箱通信失败后的邮箱重复发送请求、邮箱数据的读/写以及根据主站请求的不同服务类型调用相应服务函数来处理。

18）objdef. c：访问 CoE 对象字典模块。读/写对象字典、获得对象字典的入口以及对象字典的具体处理函数由该模块实现。

19）sdoserv. c：SDO 服务处理模块，处理所有 SDO 信息服务。

8.5　基于 LAN9252 的 EtherCAT 从站驱动和应用程序的设计实例

本章首先对 ecatslv. h、esc. h 和 objdef. h 3 个头文件中关键定义进行介绍；然后将从主函数的执行过程、过程数据的通信过程和状态机的转换过程 3 个方面对从站驱动和程序设计进行介绍。

从站系统采用 STM32F407ZET6 作为从站微处理器，下面介绍从站驱动程序。

8.5.1　EtherCAT 从站代码包解析

下面介绍从站栈代码 STM32 工程中关键 c 文件。

1. Timer. c

该文件对 STM32 定时器 9 及其中断进行配置。文件中的关键函数介绍如下。

函数原型：void TIM_Configuration（uint8_t period）。

功能描述：对定时器 9 进行配置，使能定时器 9，并配置相关中断。

参数：period，计数值。

返回值：void。

2. EXIT. c

该文件对 STM32 外部中断 0、外部中断 1 和外部中断 2 进行配置。文件中的关键函数介绍如下。

1）函数原型：void EXTI0_Configuration（void）。

功能描述：将外部中断 0 映射到 PC0 引脚，并对中断参数进行配置。

参数：void。

返回值：void。

2）函数原型：void EXTI1_Configuration（void）。

功能描述：将外部中断 1 映射到 PC1 引脚，并对中断参数进行配置。

参数：void。

返回值：void。

3）函数原型：void EXTI2_Configuration（void）。

功能描述：将外部中断 2 映射到 PC2 引脚，并对中断参数进行配置。

参数：void。

返回值：void。

3. ADC1. c

该文件对 STM32 的 ADC1 和 DMA2 通道进行配置。

4. el9800hw. c 和 el9800hw. h

el9800hw. c 和 el9800hw. h 对从站开发板的外设和 GPIO 进行初始化，对定时器、ADC、外部中断等模块进行初始化，定义读取和写入从站控制器芯片 DPRAM 中寄存器的函数，也实现了中断入口函数的定义。文件中的关键函数介绍如下。

1）函数原型：void GPIO_Config（void）。

功能描述：对从站开发板上与 LED 和 Switch 关联的 I/O 接口进行初始化。

参数：void。

返回值：void。

2）函数原型：UINT8 HW_Init（void）。

功能描述：初始化主机控制器、过程数据接口（PDI）并分配硬件访问所需的资源，对 GPIO、ADC 等进行初始化，读/写 ESC 从站控制器 DPRAM 中部分寄存器。

参数：void

返回值：如果初始化成功返回 0；否则返回一个大于 0 的整数。

3）函数原型：UINT16 HW_GetALEventRegister（void）。

功能描述：获取 AL 事件寄存器（0x220-0x221）的前两个字节。

参数：void。

返回值：0x220-0x221 寄存器的内容。

4）函数原型：void HW_EscRead（MEM_ADDR ∗pData，UINT16 Address，UINT16 Len）。

功能描述：对从站控制器 DPRAM 中的寄存器进行读操作。

参数："pData"，指向本地目标缓冲区的指针，指针的类型取决于主机控制器结构（在 ECAT_Def. h 中指定）。

"Address"，从站控制器地址，指定以字节表示的 ESC 内存区域内的偏移量。

"Len"，以字节为单位的访问长度。

返回值：void。

5）函数原型：void HW_EscWrite（MEM_ADDR ∗pData，UINT16 Address，UINT16 Len）。

功能描述：对从站控制器 DPRAM 中的寄存器进行写操作。

参数："pData"，指向本地源缓冲区的指针，指针的类型取决于主机控制器结构（在 ECAT_Def. h 中指定）。

"Address"，从站控制器地址，指定以字节表示的 ESC 内存区域内的偏移量。

"Len"，以字节为单位的访问长度。

返回值：void。

6）函数原型：void EcatIsr（void）。

功能描述：通过宏定义将该函数与 EXTI0_IRQHandler 相关联，在外部中断 0 触发时会进入该函数。若在主站上将运行模式设置为同步模式，每当有过程数据更新，LAN9252 芯片与 STM32 外部中断引脚相连的引脚则会发出中断信号来触发 STM32 的外部中断，以执行 EcatIsr() 函数。

参数：void。

返回值：void。

7）函数原型：void Sync0Isr（void）。

功能描述：通过宏定义将该函数与 EXTI3_IRQHandler 相关联，在外部中断 3 触发时会进入该函数。若在主站上将运行模式设置为 DC 模式，按照固定的同步时间周期，LAN9252 芯片与 STM32 的外部中断引脚相连的引脚则会周期性地发出中断信号来触发 STM32 的外部中断，以执行 Sync0Isr（）函数。

参数：void。

返回值：void。

8）函数原型：void Sync1Isr（void）。

功能描述：通过宏定义将该函数与 EXTI1_IRQHandler 相关联，在外部中断 1 触发时会进入该函数。

参数：void。

返回值：void。

9）函数原型：void TimerIsr（void）。

功能描述：通过宏定义将该函数与 TIM2_IRQHandler 相关联，在定时器 2 中断触发时会进入该函数。

参数：void。

返回值：void。

10）函数原型：void HW_EscRead（MEM_ADDR ∗ pData，UINT16 Address，UINT16 Len）。

功能描述：此函数用于访问 ESC 寄存器和 DPRAM 区域。

参数："pData"，指向本地目标缓冲区的指针，指针的类型取决于主机控制器结构（在 ECAT_Def. h 中指定）。

"Address"，从站控制器地址，指定以字节表示的 ESC 内存区域内的偏移量。

"Len"，以字节为单位的访问长度。

返回值：void。

11）函数原型：void HW_EscWrite（MEM_ADDR ∗ pData，UINT16 Address，UINT16 Len）。

功能描述：从 EtherCAT 从站控制器写入。此函数用于访问 ESC 寄存器和 DPRAM 区域。

参数："pData"，指向本地源缓冲区的指针，指针的类型取决于主机控制器结构（在 ECAT_Def. h 中指定）。

"Address"，从站控制器地址，指定以字节表示的 ESC 内存区域内的偏移量。

"Len"，以字节为单位的访问长度。

返回值：void。

5. el9800appl. c

该文件中提供了与应用层接口的函数和主函数。文件中关键函数介绍如下。

1）函数原型：UINT16 APPL_GenerateMapping（UINT16 ∗ pInputSize，UINT16 ∗ pOutputSize）。

功能描述：该函数分别计算主从站每次通信中输入过程数据和输出过程数据的字节数。当 EtherCAT 主站请求从 PreOP 到 SafeOP 转换时，将调用此函数。

参数：指向两个 16 位整型变量的指针，表示存储过程数据所用的字节数。

"pInputSize"，输入过程数据（从站到主站）。

"pOutputSize"，输出过程数据（主站到从站）。

返回值：参见文件 ecatslv. h 中关于应用层状态码的宏定义。

2）函数原型：void APPL_InputMapping（UINT16 ∗ pData）。

功能描述：在函数 PDO_InputMapping（）中被调用，在应用程序调用之后调用此函数，将输入过程数据映射到通用栈（通用栈将数据复制到 SM 缓冲区）。

参数："pData"，指向输入进程数据的指针。

返回值：void。

3）函数原型：void APPL_OutputMapping（UINT16 ∗ pData）。

功能描述：在函数 PDO_OutputMapping() 中被调用，此函数在应用程序调用之前调用，以获取输出过程数据。

参数："pData"，指向输出进程数据的指针。

返回值：void。

4）函数原型：void APPL_Application（void）。

功能描述：应用层接口函数，将临时存储输出过程数据的结构体中的数据赋给 STM32 的 GPIO 寄存器，以控制端口输出；将 STM32 的 GPIO 寄存器中的值赋给临时存储输入过程数据的结构体中。在该函数中实现对从站系统中 LED、ADC 模块和 Switch 开关等的操作。此函数由同步中断服务程序（ISR）调用，如果未激活同步，则从主循环调用。

参数：void。

返回值：void。

5）函数原型：void main（void）。

功能描述：主函数。

参数：void。

返回值：void。

6. coeappl. c

该文件提供了 CoE 服务的应用层接口模块。它对 CoE 服务实际应用的处理以及 CoE 对象字典的处理，包括对象字典的初始化、添加对象到对象字典、移除对象字典中的某一条目以及清除对象字典等处理函数进行定义。在前述 XML 文件中 Objects 下定义了若干个对象，在 STM32 工程 coeappl. c 和 el9800appl. h 两个文件中均以结构体的形式对对象字典进行了相应定义。

coeappl. c 中定义了索引号为 0x1000、0x1001、0x1008、0x1009、0x100A、0x1018、0x10F1、0x1C00、0x1C32、x1C33 的对象字典。

el9800appl. h 中定义了索引号为 0x0800、0x1601、0x1802、0x1A00、0x1A02、0x1C12、0x1C13、0x6000、0x6020、0x7010、0x8020、0xF000、0xF010、0xFFFF 的对象字典。

每个结构体中都含有指向同类型结构体的指针变量以形成链表。

在 STM32 程序中，对象字典是指将各个描述 object 的结构体串接起来的链表。文件中关键函数介绍如下。

1）函数原型：UINT16 COE_AddObjectToDic（TOBJECT OBJMEM ∗ pNewObjEntry）。

功能描述：将某一个对象添加到对象字典中，即将实参所指结构体添加到链表中。

参数："pNewObjEntry"，指向一个结构体的指针。

返回值：void。

2）函数原型：void COE_RemoveDicEntry（UINT16 index）。

功能描述：从对象字典中移除某一对象，即将实参所指结构体从链表中移除。

参数："index"，对象字典的索引值。

返回值：void。

3）函数原型：void COE_ClearObjDictionary（void）。

功能描述：调用函数 COE_RemoveDicEntry( )，清除对象字典中的所有对象。

参数：void。

返回值：void。

4）函数原型：UINT16 AddObjectsToObjDictionary（TOBJECT OBJMEM ＊ pObjEntry）。

功能描述：调用函数 COE_RemoveDicEntry( )，清除对象字典中的所有对象。

参数："pObjEntry"，指向某个结构体的指针。

返回值：成功会返回 0；否则返回一个不为 0 的整型数。

5）函数原型：UINT16 COE_ObjDictionaryInit（void）。

功能描述：初始化对象字典，调用函数 AddObjectsToObjDictionary( ) 将所有对象添加到对象字典中，即将所有描述 object 的结构体连接成链表。

参数：void。

返回值：成功会返回 0；否则返回一个不为 0 的整型数。

6）函数原型：void COE_ObjInit（void）。

功能描述：给部分结构体中元素赋值，并调用函数 COE_ObjDictionaryInit( ) 初始化 CoE 对象字典。

参数：void。

返回值：void。

7. ecatappl. c

该文件提供了 EtherCAT 从站应用层接口，整个协议栈运行的核心模块，EtherCAT 从站状态机和过程数据接口。输入/输出过程数据对象的映射处理、ESC 与处理器本地内存的输入/输出过程数据的交换等都在该文件中实现。文件中关键函数介绍如下。

1）函数原型：void PDO_InputMapping（void）。

功能描述：把存储输入过程数据的结构体中的值传递给 16 位的整型变量，并将变量写到 ESC 的 DPRAM 相应寄存器中作输入过程数据。

参数：void。

返回值：void。

2）函数原型：void PDO_OutputMapping（void）。

功能描述：以 16 位整型数的方式从 ESC 的 DPRAM 相应寄存器中读取输出过程数据，并将数据赋值给描述对象字典的结构体。

参数：void。

返回值：void。

3）函数原型：void PDI_Isr（void）。

功能描述：在函数 HW_EcatIsr( ) 中被调用，在函数 PDI_Isr( ) 中完成过程数据的传输和应用层数据的更新。

参数：void。

返回值：void。

4）函数原型：void Sync0_Isr（void）。

功能描述：在函数 Sync0Isr( ) 中被调用，在函数 Sync0_Isr( ) 中完成过程数据的传输和应用层数据的更新。

参数：void。

返回值：void。

5）函数原型：void Sync1_Isr（void）。

功能描述：在函数 Sync1Isr( ) 中被调用，在函数 Sync1_Isr( ) 中完成输入过程数据的更新并复位 Sync0 锁存计数器。

参数：void。

返回值：void。

6）函数原型：UINT16 MainInit（void）。

功能描述：初始化通用从站栈。

参数：void。

返回值：若初始化成功返回 0；否则返回一个大于 0 的整型数。

7）函数原型：void MainLoop（void）。

功能描述：该函数在 main( ) 函数中循环执行，当从站工作于自由运行模式时，会通过该函数中的代码进行 ESC 和应用层之间的数据交换。此函数处理低优先级函数，如 EtherCAT 状态机处理、邮箱协议等。

参数：void。

返回值：void。

8）函数原型：void ECAT_Application（void）。

功能描述：完成应用层数据的更新。

参数：void。

返回值：void。

8. ecatslv. c

该文件提供了处理 EtherCAT 状态机模块。状态机转换请求由主站发起，主站将请求状态写入 ALControl 寄存器中，从站采用查询的方式获取当前该状态转换的事件。将寄存器值作为参数传入 AL_ControlInd( ) 函数中，该函数作为核心函数来处理状态机的转换，根据主站请求的状态配置 SM 通道的开启或关闭，检查 SM 通道参数是否配置正确等。

几个关键函数介绍如下。

1）函数原型：void ResetALEventMask（UINT16 intMask）。

功能描述：从 ESC 应用层中断屏蔽寄存器中读取数据并将其与中断掩码进行逻辑与运算，再将运算结果写入 ESC 应用层中断屏蔽寄存器中。

参数："intMask"，中断屏蔽（禁用中断必须为 0）。

返回值：void。

2）函数原型：void SetALEventMask（UINT16 intMask）。

功能描述：从 ESC 应用层中断屏蔽寄存器中读取数据并将其与中断掩码进行逻辑或运算，再将运算结果写入 ESC 应用层中断屏蔽寄存器中。

参数："intMask"，中断屏蔽（使能中断必须为 1）。

返回值：void。

3）函数原型：void UpdateEEPROMLoadedState（void）。

功能描述：读取 EEPROM 加载状态。

参数：void。

返回值：void。

4）函数原型：void DisableSyncManChannel（UINT8 channel）。

功能描述：失能一个 SM 通道。

参数："channel"，通道号。

返回值：void。

5）函数原型：void EnableSyncManChannel（UINT8 channel）。

功能描述：使能一个 SM 通道。

参数："channel"，通道号。

返回值：void。

6）函数原型：UINT8 CheckSmSettings（UINT8 maxChannel）。

功能描述：检查所有的 SM 通道状态和配置信息。

参数："maxChannel"，要检查的通道数目。

返回值：void。

7）函数原型：UINT16 StartInputHandler（void）。

功能描述：该函数在从站从 Pre-OP 状态转换为 Safe-OP 状态时被调用，并执行检查各个 SM 通道管理的寄存器地址是否有重合、选择同步运行模式（自由运行模式、同步模式或 DC 模式）、启动 WDT、置位 ESC 应用层中断屏蔽寄存器等操作。若某一个操作未成功执行，则返回一个不为 0 的状态代码；若所有操作成功执行，则返回 0。

参数：void。

返回值：参见文件 ecatslv. h 中关于应用层状态码的宏定义。

8）函数原型：UINT16 StartOutputHandler（void）。

功能描述：该函数在从站从 Safe-OP 状态转化为 OP 状态时被调用，检查在转换到 OP 状态之前输出数据是否必须要接收，如果输出数据未接收到，则状态转换将不会进行。

参数：void。

返回值：参见文件 ecatslv. h 中关于应用层状态码的宏定义。

9）函数原型：void StopOutputHandler（void）。

功能描述：该函数在从站状态从 OP 状态转换为 Safe-OP 状态时被调用。

参数：void。

返回值：void。

10）函数原型：void StopInputHandler（void）。

功能描述：该函数在从站状态从 Safe-OP 转换为 Pre-OP 状态时被调用。

参数：void。

返回值：void。

11）函数原型：void SetALStatus（UINT8 alStatus，UINT16 alStatusCode）。

功能描述：将 EtherCAT 从站状态转换到请求的状态。

参数："alStatus"，新的应用层状态。

"alStatusCode"，新的应用层状态码。

返回值：void。

12）函数原型：void AL_ControlInd（UINT8 alControl，UINT16 alStatusCode）。

功能描述：该函数处理 EtherCAT 从站状态机。

参数："alControl"，请求的新状态。

"alStatusCode"，新的应用层状态码。

返回值：void。

13）函数原型：void AL_ControlRes（void）。

功能描述：该函数在某个状态转换处于挂起状态时会被周期性调用。

参数：void。

返回值：void。

14）函数原型：void DC_CheckWatchdog（void）。

功能描述：检查当前的同步运行模式并设置本地标志。

参数：void。

返回值：void。

15）函数原型：void CheckIfEcatError（void）。

功能描述：检查通信和同步变量，并在错误发生时更新应用层状态和应用层状态码。

参数：void。

返回值：void。

16）函数原型：void ECAT_StateChange（UINT8 alStatus，UINT16 alStatusCode）。

功能描述：应用程序将调用此函数，以便在出现应用程序错误时触发状态转换或完成挂起的转换。如果该函数是由于错误而调用的，若错误消失，则将再次调用该函数。比当前状态更高的状态请求是不允许的。

参数："alStatus"，请求的应用层新状态。

"alStatusCode"，写到应用层状态寄存器中的值。

返回值：void。

17）函数原型：void ECAT_Init（void）。

功能描述：该函数将初始化 EtherCAT 从站接口，获得采用 SM 通道的最大数目和支持的 DPRAM 的最大字节数，获取 EEPROM 加载信息，初始化邮箱处理和应用层状态寄存器。

参数：void。

返回值：void。

18）函数原型：void ECAT_Main（void）。

功能描述：该函数在函数 Mainloop() 中被周期性调用。

参数：void。

返回值：void。

9. object. c

该文件提供了访问 CoE 对象字典模块。读/写对象字典、获得对象字典的入口以及对象字典的具体处理由该模块实现。几个关键函数介绍如下。

1）函数原型：OBJCONST TOBJECT OBJMEM ＊ OBJ_GetObjectHandle（UINT16 index）。

功能描述：该函数根据实参提供的索引搜索对象字典，并在找到后返回指向该结构体的指针。

参数："index"，描述对象字典信息的结构体的索引号。

返回值：返回一个指向索引号与实参相同的结构体的指针。

2）函数原型：UINT32 OBJ_GetObjectLength（UINT16 index，UINT8 subindex，OBJCONST TOBJECT OBJMEM ＊ pObjEntry，UINT8 bCompleteAccess）。

功能描述：该函数返回实参提供的对象字典和子索引所指示条目的字节数。

参数："index"，描述对象字典信息的结构体的索引号。

"subindex"，对象字典的子索引。

"pObjEntry"，指向对象字典的指针。

"bCompleteAccess"，决定是否读取对象的所有子索引所代表的对象的参数。

返回值：对象的字节数。

10. FSMC. c

1) 函数原型：void SRAM_Init（void）。

功能描述：配置 STM32 读/写 SRAM 内存区的 FSMC 和 GPIO 接口，在对 SRAM 内存区进行读/写操作之前必须调用该函数完成相关配置。

参数：void。

返回值：void。

2) 函数原型：void SRAM_WriteBuffer（uint16_t * pBuffer, uint32_t WriteAddr, uint32_t NumHalfwordToWrite）。

功能描述：将缓存区中的数据写入 SRAM 内存中。

参数："pBuffer"：指向一个缓存区的指针。

"WriteAddr"：SRAM 内存区的内部地址，数据将要写到该地址表示的内存区。

"NumHalfwordToWrite"：要写入数据的字节数。

返回值：void。

3) 函数原型：void SRAM_ReadBuffer（uint16_t * pBuffer, uint32_t ReadAddr, uint32_t NumHalfwordToRead）。

功能描述：将 SRAM 内存区中的数据读到缓存区。

参数："pBuffer"：指向一个缓存区的指针。

"ReadAddr"：SRAM 内存区的内部地址，将要从该地址表示的内存区中读取数据。

"NumHalfwordToRead"：要读取数据的字节数。

返回值：void。

8.5.2 从站驱动和应用程序的入口

从站以 EtherCAT 从站控制器芯片为核心，实现了 EtherCAT 数据链路层，完成数据的接收和发送以及错误处理。从站使用微处理器操作 EtherCAT 从站控制器，实现应用层协议，包括以下任务：

① 微处理器初始化，通信变量和 ESC 寄存器初始化。

② 通信状态机处理，完成通信初始化：查询主站的状态控制寄存器，读取相关配置寄存器，启动或终止从站相关通信服务。

③ 周期性数据处理，实现过程数据通信：从站以自由运行模式（查询模式）、同步模式（中断模式）或 DC 模式（中断模式）处理周期性数据和应用层任务。

1. 主函数

主函数 Main() 是从站驱动和应用程序的入口函数，其执行过程如图 8-19 所示。

2. STM32 硬件初始化函数 HW_Init()

Main() 函数中调用了函数 HW_Init()。函数 HW_Init() 执行过程如图 8-20 所示。

函数 HW_Init( ) 主要用于初始化发光二极管（LED）和按键开关（Switch）对应的 STM32 的 GPIO 端口、配置 ADC 模块和 DMA 通道、初始化过程数据接口、读/写 ESC 的应用层中断屏蔽寄存器和中断使能寄存器，对 STM32 的外部中断和定时器中断进行初始化和使能操作。

3. ESC 寄存器和通信变量初始化函数 MainInit( )

主函数 Main( ) 调用了函数 MainInit( )，用于初始化 EtherCAT 从站控制器（ESC）和通信变量。函数 MainInit( ) 执行过程如图 8-21 所示。

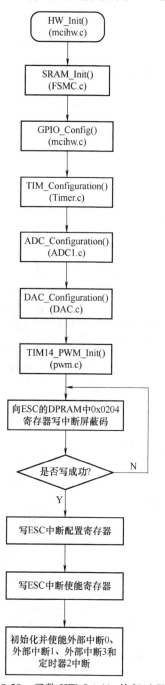

图 8-20 函数 HW_Init( ) 执行过程

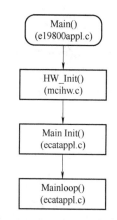

图 8-19 Main( ) 函数执行过程

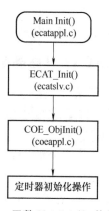

图 8-21 函数 MainInit( ) 执行过程

函数 MainInit( ) 源代码如下：

```
UINT16 MainInit(void)
{
    UINT16 Error=0;
#ifdef SET_EEPROM_PTR
    SET_EEPROM_PTR
#endif
    ECAT_Init();            /*初始化 EtherCAT 从站控制器接口*/
    COE_ObjInit();          /*初始化对象字典*/
    /*定时器初始化*/
    u16BusCycleCntMs=0;
    StartTimerCnt=0;
    bCycleTimeMeasurementStarted=FALSE;
    /*表明从站栈初始化结束*/
    bInitFinished=TRUE;
    return Error;
}
```

1）函数 MainInit( ) 调用了函数 ECAT_Init( )，用于获取主从站通信中使用的 SM 通道数目和支持的 DPRAM 字节数，查询 EEPROM 加载状态，调用函数 MBX_Init( ) 初始化邮箱处理，对 bApplEsmPending 等变量进行初始化，这些变量在程序的分支语句中作为判断条件使用。

函数 ECAT_Init( ) 执行过程如图 8-22 所示。

2）函数 MainInit( ) 调用了函数 COE_ObjInit( )，函数 COE_ObjInit( ) 将 "coeappl. c" 和 "el9800appl. h" 两个文件中定义的描述对象字典的结构体进行初始化并连接成链表。

8.5.3 EtherCAT 从站周期性过程数据处理

EtherCAT 从站可以运行于自由运行模式、同步模式或 DC 模式：当运行于自由运行模式时，使用查询方式处理周期性过程数据；当运行于同步模式或 DC 模式时，使用中断方式处理周期性过程数据。

1. 查询方式

当 EtherCAT 从站运行于自由运行模式时，在函数 MainLoop( ) 中通过查询方式完成过程数据的处理，函数 MainLoop( ) 在 Main( ) 函数的 while 循环中执行。

函数 MainLoop( ) 的执行过程如图 8-23 所示。

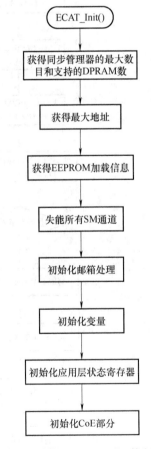

图 8-22　函数 ECAT_Init( ) 执行过程

302

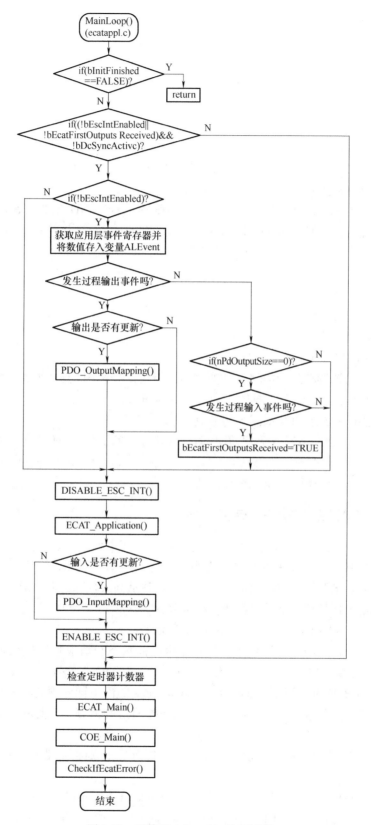

图 8-23　函数 MainLoop( ) 执行过程

2. 中断方式

在主从站通信过程中，过程数据的交换及 LED 等硬件设备状态的更新可通过中断实现。

在从站栈代码中，定义了 HW_EcatIsr( )（即 PDI 中断）、Sync0Isr( )、Sync1Isr( )、TimerIsr( ) 4 个中断服务程序，它们分别和 STM32 的外部中断 0、外部中断 1、外部中断 2 和定时器 9 中断对应。3 个外部中断分别由 ESC 的（PDI_）IRQ、Sync0 和 Sync1 3 个物理信号触发。

通信中支持哪种信号，可根据 STM32 程序中以下两个宏定义进行设置：

① AL_EVENT_ENABLED：若将该宏定义置为 0，则禁止（PDI_）IRQ 支持；若将该宏定义置为非 0 值，则使能（PDI_）IRQ 支持。

② DC_SUPPORTED：若将该宏定义置为 0，则禁止 DC UNIT 生成的 Sync0/Sync1 信号；若将该宏定义置为非 0 值，则使能 DC UNIT 生成的 Sync0/Sync1 信号。

（1）同步模式 当从站运行于同步模式时，会通过中断函数 PDI_Isr( ) 对周期性过程数据进行处理。从站控制器芯片的（PDI_）IRQ 信号可触发该中断，PDI 中断的触发条件（即 IRQ 信号的产生条件）如下：

① 主站写应用层控制寄存器。

② SYNC 信号（由 DC 时钟产生）。

③ SM 通道配置发生改变。

④ 通过 SM 通道读/写 DPRAM（即通过前面所述 SM0~SM3 这 4 个通道分别进行邮箱数据输出、邮箱数据输入、过程数据输出和过程数据输入）。

函数 PDI_Isr( ) 执行过程如图 8-24 所示。

（2）DC 模式 当从站运行于 DC 模式时，会通过中断函数 Sync0_Isr( ) 对周期性过程数据进行处理。

函数 Sync0_Isr( ) 执行过程如图 8-25 所示。

8.5.4 EtherCAT 从站状态机转换

EtherCAT 从站在主函数的主循环中查询状态机改变事件请求位。如果发生变化，则执行状态机管理机制。主站程序首先要检查当前状态转换必须的 SM 配置是否正确，如果正确，则根据转换要求开始相应的通信数据处理。从站从高级别状态向低级别状态转换时，则停止相应的通信数据处理。从站状态转换在函数 AL_ControlInd( ) 中完成。

函数 AL_ControlInd( ) 执行过程如图 8-26 所示。

在进入函数 AL_ControlInd( ) 后，将状态机当前状态和请求状态的状态码分别存储于变量 stateTrans 的高 4 位和低 4 位中。然后根据状态机当前状态和请求状态（即根据变量 stateTrans）检查相应的 SM 通道配置情况（stateTrans 的值不同，则所检查的 SM 通道也不同），并将检查结果存储于变量 result 中，上述 SM 通道的检查工作是在 switch 语句体中完成的。

1）如果 SM 通道配置检查正确（即 result 结果为 0），则根据变量 stateTrans 进行状态转换：

若从引导状态转换为 Init 状态，则调用函数 BackToInitTransition( )；

若从 Init 状态转换为 Pre-OP 状态，则调用函数 MBX_StartMailboxHandler( )；

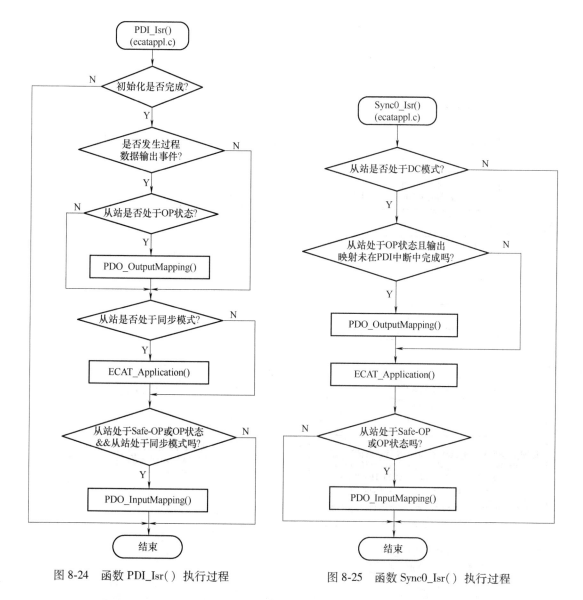

图 8-24　函数 PDI_Isr( ) 执行过程　　　　图 8-25　函数 Sync0_Isr( ) 执行过程

若从 Pre-OP 状态转换为 Safe-OP 状态，则调用函数 StartInputHandler( )；

若从 Safe-OP 状态转换为 OP 状态，则调用函数 StartOutputHandler( )。

2）如果 SM 通道检查不正确（即 result 的值不为 0），则根据状态机当前状态进行相关操作：

若当前处于 OP 状态，则执行函数 APPL_StopOutputHandler( ) 和 StopOutputHandler( ) 停止周期性输出过程数据通信；

若当前处于 Safe-OP 状态，则执行函数 APPL_StopInputHandler( ) 和 StopInputHandler( ) 停止周期性输入过程数据通信；

若当前处于 Pre-OP 状态，则执行函数 MBX_StopMailboxHandler( ) 和 APPL_StopMail- boxHandler( ) 停止邮箱数据通信。

在从站状态机转换过程中需要经过以下阶段：

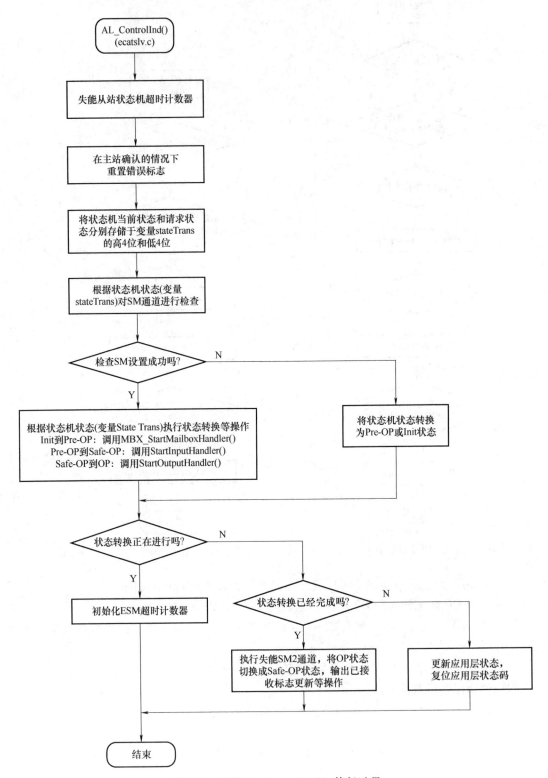

图 8-26　函数 AL_ControlInd( ) 执行过程

1）检查 SM 设置。在进入 Pre-OP 状态之前需要读取并检查邮箱通信相关 SM0 和 SM1 通道的配置，进入 Safe-OP 状态之前需要检查周期性过程数据通信使用的 SM2 和 SM3 通道的配置。需要检查的 SM 通道的设置内容有：

① SM 通道大小。

② SM 通道的设置是否重叠，特别注意 3 个缓存区应该预留 3 倍配置长度大小的空间。

③ SM 通道起始地址应该为偶数。

④ SM 通道应该被使能。

SM 通道配置的检查工作在函数 CheckSmSettings（）（位于 "ecatslv.c" 文件中）中完成。

2）启动邮箱数据通信，进入 Pre-OP 状态。在从站进入 Pre-OP 状态之前，先检查邮箱通信 SM 配置，如果配置成功则调用函数 MBX_StartMailboxHandler（）进入 Pre-OP 状态，函数执行过程如图 8-27 所示。

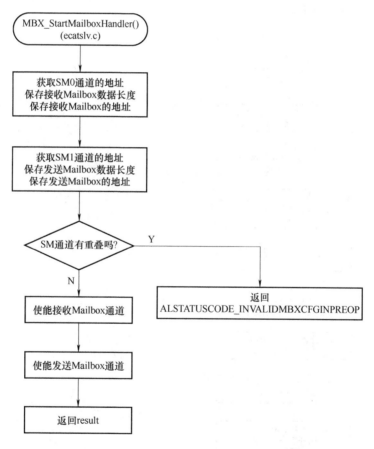

图 8-27 函数 MBX_StartMailboxHandler（）执行过程

3）启动周期性输入数据通信，进入 Safe-OP 状态。在进入 Safe-OP 状态之前，先检查过程数据 SM 通道设置是否正确，如正确则使能输入数据通道 SM3，调用函数 StartInputHandler（）进入 Safe-OP 状态，函数执行过程如图 8-28 所示。

4）启动周期性输出数据通信，进入 OP 状态。在进入 OP 状态之前，先检查过程数据

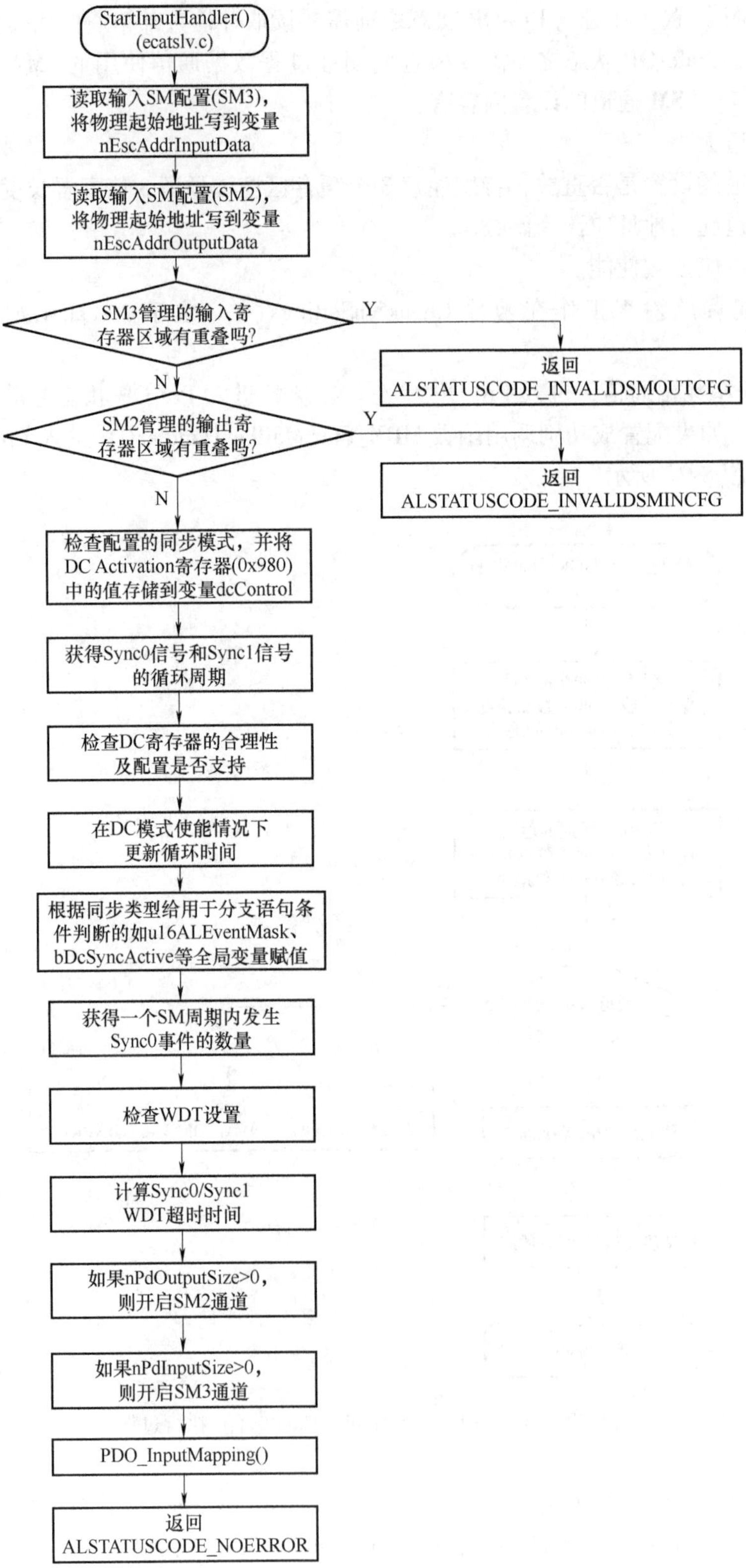

```
         ┌────────────────────────┐
         │   StartInputHandler()   │
         │      (ecatslv.c)        │
         └────────────────────────┘
                     │
         ┌────────────────────────┐
         │  读取输入SM配置(SM3),     │
         │  将物理起始地址写到变量    │
         │  nEscAddrInputData       │
         └────────────────────────┘
                     │
         ┌────────────────────────┐
         │  读取输入SM配置(SM2),     │
         │  将物理起始地址写到变量    │
         │  nEscAddrOutputData      │
         └────────────────────────┘
                     │
            ◇──────────────◇        Y      ┌──────────────────────────────┐
            │ SM3管理的输入寄  │───────────▶│           返回                │
            │ 存器区域有重叠吗? │            │  ALSTATUSCODE_INVALIDSMOUTCFG │
            ◇──────────────◇              └──────────────────────────────┘
                     │ N
            ◇──────────────◇        Y      ┌──────────────────────────────┐
            │ SM2管理的输出寄  │───────────▶│           返回                │
            │ 存器区域有重叠吗? │            │  ALSTATUSCODE_INVALIDSMINCFG  │
            ◇──────────────◇              └──────────────────────────────┘
                     │ N
         ┌────────────────────────┐
         │  检查配置的同步模式,并将   │
         │  DC Activation寄存器(0x980)│
         │  中的值存储到变量dcControl │
         └────────────────────────┘
                     │
         ┌────────────────────────┐
         │  获得Sync0信号和Sync1信号 │
         │      的循环周期           │
         └────────────────────────┘
                     │
         ┌────────────────────────┐
         │  检查DC寄存器的合理性      │
         │    及配置是否支持          │
         └────────────────────────┘
                     │
         ┌────────────────────────┐
         │  在DC模式使能情况下        │
         │    更新循环时间           │
         └────────────────────────┘
                     │
         ┌────────────────────────┐
         │ 根据同步类型给用于分支语句条 │
         │ 件判断的如u16ALEventMask、 │
         │ bDcSyncActive等全局变量赋值 │
         └────────────────────────┘
                     │
         ┌────────────────────────┐
         │  获得一个SM周期内发生       │
         │    Sync0事件的数量         │
         └────────────────────────┘
                     │
         ┌────────────────────────┐
         │      检查WDT设置           │
         └────────────────────────┘
                     │
         ┌────────────────────────┐
         │   计算Sync0/Sync1         │
         │    WDT超时时间            │
         └────────────────────────┘
                     │
         ┌────────────────────────┐
         │  如果nPdOutputSize>0,      │
         │    则开启SM2通道           │
         └────────────────────────┘
                     │
         ┌────────────────────────┐
         │  如果nPdInputSize>0,       │
         │    则开启SM3通道           │
         └────────────────────────┘
                     │
         ┌────────────────────────┐
         │  PDO_InputMapping()        │
         └────────────────────────┘
                     │
         ┌────────────────────────┐
         │        返回                │
         │  ALSTATUSCODE_NOERROR      │
         └────────────────────────┘
```

图 8-28 函数 StartInputHandler( ) 执行过程

SM 通道设置是否正确，如正确则使能输出数据通道 SM2，调用函数 StartOutputHandler( ) 进入 OP 状态，函数执行过程如图 8-29 所示。

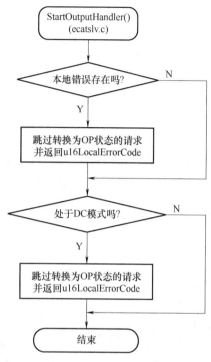

图 8-29　函数 StartOutputHandler( ) 执行过程

5）停止 EtherCAT 数据通信。在 EtherCAT 通信状态回退时停止相应的数据通信 SM 通道，其回退方式有 3 种：

① 从高状态退回 Safe-OP 状态时，调用函数 StopOutputHandler( ) 停止周期性过程数据输出处理。

② 从高状态退回 Pre-OP 状态时，调用函数 StopInputHandler( ) 停止周期性过程数据输入处理。

③ 从高状态退回 Init 状态时，调用函数 BackToInitTransition( ) 停止所有应用层数据处理。

8.6　EtherCAT 通信中的数据传输过程

8.6.1　EtherCAT 从站到主站的数据传输过程

以 STM32 外接 Switch 开关的状态在通信中的传输过程为例，介绍 EtherCAT 从站到主站的数据传输过程。

1. 从 STM32 的 GPIO 寄存器到结构体

首先，在头文件"el9800hw. h"中通过宏定义"#define　SWITCH_1　PCin（13）"将 Switch1 开关的状态（即 STM32 GPIO 寄存器中的值）赋给变量 SWITCH_1。在函数 APPL_Application( ) 中通过语句"sDIInputs. bSwitch1 = SWITCH_1；"把 Swith1 开关的状态赋给结构体 sDIInputs 中元素 bSwitch1（结构体 sDIInputs 在文件"el9800appl. h"中定义）。

函数 APPL_Application( ) 中完成了 Switch 开关状态（GPIO 寄存器）向结构体的传送，其源代码如下所示。

```
void APPL_Application(void)
{
    float temp;
    uint16_t adcx1;
#if _STM32_IO4
    UINT16 analogValue;
#endif
    LED_1=sDOOutputs.bLED1;
    LED_2=sDOOutputs.bLED2;
    LED_3=sDOOutputs.bLED3;
    LED_4=sDOOutputs.bLED4;
#if _STM32_IO8
    LED_5=sDOOutputs.bLED5;
    LED_7=sDOOutputs.bLED7;
    LED_6=sDOOutputs.bLED6;
    LED_8=sDOOutputs.bLED8;
#endif
    sDIInputs.bSwitch1=SWITCH_1;
    sDIInputs.bSwitch2=SWITCH_2;
    sDIInputs.bSwitch3=SWITCH_3;
    sDIInputs.bSwitch4=SWITCH_4;
#if _STM32_IO8
    sDIInputs.bSwitch5=SWITCH_5;
    sDIInputs.bSwitch6=SWITCH_6;
    sDIInputs.bSwitch7=SWITCH_7;
    sDIInputs.bSwitch8=SWITCH_8;
#endif
    /*将模/数转换结果传递给结构体*/
    sAIInputs.i16Analoginput  =uhADCxConvertedValue;
    /*在更新相应 TxPDO 数据后切换 TxPDO Toggle*/
    sAIInputs.bTxPDOToggle ^=1;
    /* 模拟输入的问题,如果在这个例子中,TxPDO 状态必须设置为向主站指示问题*/
    if ( sDIInputs.bSwitch4)
        sAIInputs.bTxPDOState=1;
    else
        sAIInputs.bTxPDOState=0;
}
```

2. 从结构体到 EtherCAT 从站控制器的 DPRAM

对象字典在 EtherCAT 通信过程中起到通信变量的作用。通过在函数 MainLoop( )、PDI_Isr( ) 或 Sync0_Isr( ) 中调用函数 PDO_InputMapping( ) 将结构体 sDIInputs 中变量的值写到从站控制器芯片的 DPRAM 中。

函数 PDO_InputMapping( ) 将结构体中的变量写入 EtherCAT 从站控制器芯片 DPRAM 中，其源代码如下所示。

```
void PDO_InputMapping(void)
{
    APPL_InputMapping((UINT16 *)aPdInputData);
    HW_EscWriteIsr(((MEM_ADDR *)aPdInputData),nEscAddrInputData,
nPdInputSize);
}
```

函数 APPL_InputMapping（（UINT16 *）aPdInputData）用于将结构体中的变量存放到指针 aPdInputData 所指的内存区；函数 HW_EscWriteIsr（（（MEM_ADDR *）aPdInputData），nEscAddrInputData，nPdInputSize）用于将指针 aPdInputData 所指内存区的内容写入 EtherCAT 从站控制器芯片的 DPRAM 中。

3. 从站控制器芯片到主站

通过 EtherCAT 主站和从站之间的通信，将从站控制器芯片 DPRAM 中的输入过程数据传送给主站，主站即可在线监测 Switch1 的状态。

8.6.2 EtherCAT 主站到从站的数据传输过程

下面以在主站控制 STM32 外接发光二极管（LED）状态为例，介绍从 EtherCAT 主站到从站的数据传输过程。

1. 主站到从站控制器芯片

在主站上改变 LED1 的状态，经过主从站通信，主站将表示 LED1 状态的过程数据写入从站控制器芯片的 DPRAM 中。

2. EtherCAT 从站控制器芯片到结构体

通过在函数 MainLoop( )、PDI_Isr( ) 或 Sync0_Isr( ) 中调用函数 PDO_OutputMapping( ) 将从站控制器芯片 DPRAM 中的输出过程数据读取到结构体 sDOOutputs 中，其中 LED1 的状态读取到 sDOOutputs. bLED1 中。

函数 PDO_OutputMapping( ) 将 EtherCAT 从站控制器芯片 DPRAM 中的过程数据读取到结构体中，其源代码如下。

```
void PDO_OutputMapping(void)
{
    HW_EscReadIsr(((MEM_ADDR *)aPdOutputData),nEscAddrOutputData,
nPdOutputSize);
    APPL_OutputMapping((UINT16 *)aPdOutputData);
}
```

其中，函数 HW_EscReadIsr（（（MEM_ADDR *）aPdOutputData），nEscAddrOutputData， nPdOutputSize）将 EtherCAT 从站控制器芯片 DPRAM 中的过程数据读取到指针 aPdOutputData 所指的 STM32 内存区；函数 APPL_OutputMapping（（UINT16 ∗）aPdOutput-Data）将指针所指内存区中的数据读取到结构体中。

3. 结构体到 STM32 的 GPIO 寄存器

在函数 APPL_Application（）中通过语句"LED_1 = sDOOutputs. bLED1；"将主站设置的 LED1 的状态赋值给变量 LED_1，通过头文件"el9800hw. h"中的宏定义"#define LED_1 PGout（11）"即可改变 GPIO 寄存器中的值，进而将 LED 的状态改变为预期值。

函数 APPL_Application（）中完成了结构体数据向 LED（GPIO 寄存器）的传送，其源代码如下所示。

```
void APPL_Application(void)
{
    float temp;
    uint16_t adcx1;
#if _STM32_IO4
    UINT16 analogValue;
#endif
    LED_1 = sDOOutputs. bLED1;
    LED_2 = sDOOutputs. bLED2;
    LED_3 = sDOOutputs. bLED3;
    LED_4 = sDOOutputs. bLED4;
#if _STM32_IO8
    LED_5 = sDOOutputs. bLED5;
    LED_6 = sDOOutputs. bLED6;
    LED_7 = sDOOutputs. bLED7;
    LED_8 = sDOOutputs. bLED8;
#endif

    sDIInputs. bSwitch1 = SWITCH_1;
    sDIInputs. bSwitch2 = SWITCH_2;
    sDIInputs. bSwitch3 = SWITCH_3;
    sDIInputs. bSwitch4 = SWITCH_4;
#if _STM32_IO8
    sDIInputs. bSwitch5 = SWITCH_5;
    sDIInputs. bSwitch6 = SWITCH_6;
    sDIInputs. bSwitch7 = SWITCH_7;
    sDIInputs. bSwitch8 = SWITCH_8;
#endif
    /*将模/数转换结果传递给结构体*/
    sAIInputs. i16Analoginput   = uhADCxConvertedValue;
```

```
    /*在更新相应 TxPDO 数据后切换 TxPDO Toggle */
    sAIInputs.bTxPDOToggle ^=1;

    /*模拟输入的问题,如果在这个例子中,TxPDO 状态必须设置为向主站指示问题*/
if (sDIInputs.bSwitch4)
    sAIInputs.bTxPDOState=1;
else
    sAIInputs.bTxPDOState=0;
}
```

8.7　EtherCAT 主站软件的安装与从站的开发调试

8.7.1　主站 TwinCAT 的安装

在进行 EtherCAT 开发前,首先要在计算机上安装主站 TwinCAT,计算机要装有 Intel 网卡,系统是 32 位或 64 位的 Windows 7 系统。经测试 Windows 10 系统容易出现蓝屏,不推荐使用。

在安装前要卸载杀毒软件并关闭系统更新。此目录下已经包含 VS2012 插件,因此不需要额外安装 VS2012。

TwinCAT 安装顺序如下:

1) NDP452-KB2901907-x86-x64-ALLOS-ENU.exe:用于安装 Microsoft.NET Framework,它是用于 Windows 的新托管代码编程模型。它将强大的功能与新技术结合起来,用于构建具有视觉上引人注目的用户体验的应用程序,实现跨技术边界的无缝通信,并且能支持各种业务流程。

2) vs_isoshell.exe:安装 VS 独立版,在独立模式下,可以发布使用 Visual Studio IDE 功能子集的自定义应用程序。

3) vs_intshelladditional.exe:安装 VS 集成版,在集成模式下,可以发布 Visual Studio 扩展,以供未安装 VisualStudio 的客户使用。

4) TC31-Full-Setup.3.1.4018.26.exe:安装 TwinCAT 3 完整版。

5) TC3-InfoSys.exe:安装 TwinCAT3 的帮助文档。

8.7.2　TwinCAT 安装主站网卡驱动

当个人计算机的以太网控制器型号不满足 TwinCAT3 的要求时,主站网卡可以选择 PCIe 总线网卡,如图 8-30 所示。该网卡的以太网控制器型号为 PC82573,满足 TwinCAT3 的要求。

PCI Express(简称 PCIe)是 Intel 公司提出的新一代总线接口,旨在替代旧的 PCI、PCI-X 和 AGP 总线标准,并称之为第三代 I/O 总线技术。

PCI Express 采用了目前流行的点对点串行连接,比起 PCI 以及更早期的计算机总线的共享并行架构,每个设备都有自己的专用连接,不需要向整个总线请求带宽,而且可以把数

图 8-30 PCIe 总线网卡

据传输率大大提高，达到 PCI 所不能提供的高带宽。相对于传统 PCI 总线在单一时间周期内只能实现单向传输，PCIe 的双单工连接能提供更高的传输速率和质量，它们之间的差异与半双工和全双工类似。

PCIe 在软件层面上兼容 PCI 技术和设备，支持 PCI 设备和内存模组的初始化，过去的驱动程序、操作系统可以支持 PCIe 设备。

PCIe 接口模式通常用于显卡、网卡等主板类接口卡。

打开 TwinCAT，单击 "TWINCAT"→"Show Realtime Ethernet Compatible Devices…"，安装主站网卡驱动的选项如图 8-31 所示。

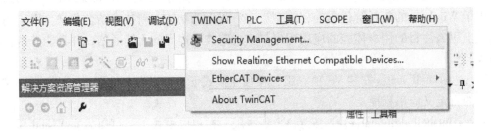

图 8-31 安装主站网卡驱动的选项

选择网卡，单击 "Install" 按钮，若安装成功，则会显示在安装成功等待使用的列表下，如图 8-32 所示。

若安装失败，检查网卡是否是 TwinCAT 支持的网卡，如果不是，则更换 TwinCAT 支持的网卡。

8.7.3 EtherCAT 从站的开发调试

下面给出建立并下载一个 TwinCAT 测试工程的实例。

主站采用已安装 Windows 7 系统的个人计算机。因为个人计算机原来的 RJ45 网口不满足 TwinCAT 支持的网卡以太网控制器型号，需要内置图 8-30 所示的 PCIe 总线网卡。

EtherCAT 主站与从站的测试连接如图 8-33 所示。EtherCAT 主站的 PCIe 网口与从站的

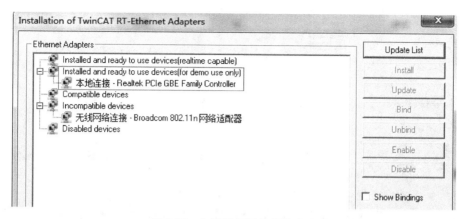

图 8-32　主站网卡驱动安装成功

RJ45 网口相连。

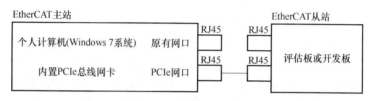

图 8-33　EtherCAT 主站与从站的测试连接

EtherCAT 从站开发板采用的是由 ARM 微控制器 STM32F407 和 EtherCAT 从站控制器 ET1100 组成的硬件系统。STM32 微控制器程序、EEPROM 中烧录的 XML 文件是在 EtherCAT 从站开发板的软件和 XML 文件基础上修改后的程序和 XML 文件。

STM32 微控制器程序、EEPROM 中烧录的 XML 文件和 TwinCAT 软件目录下的 XML 文件，三者必须对应，否则通信会出错。

在该文档所在文件夹中，有名为"FBECT_M16_IO"的子文件夹，该子文件夹中有一个名为"FBECT_LAN9252.xml"的 XML 文件和一个 STM32 工程。

习　　题

8-1　EtherCAT 定义了哪两类主站？并对这两类主站做简要说明。

8-2　EtherCAT 主站的功能有哪些？

8-3　简述 TwinCAT3 EtherCAT 主站的功能。

8-4　TwinCAT PLC 是如何与外设 I/O 连接的？

8-5　画出 EtherCAT 从站控制器 LAN9252 应用电路图，简要说明该电路图的工作原理和功能。

8-6　EtherCAT 从站采用 STM32F4 微控制器和 LAN9252 从站控制器，说明 EtherCAT 从站驱动和应用程序代码包的架构。

8-7　从站驱动和应用程序的主函数能实现哪些任务？

8-8　说明 EtherCAT 从站到主站的数据传输过程。

8-9　说明 EtherCAT 主站到从站的数据传输过程。

第 **9** 章

工业互联网技术

传统制造企业正在加快智能制造转型的进程，工业互联网迅速在全世界范围内兴起。工业互联网是面向制造业数字化、网络化、智能化需求，构建基于海量数据采集、汇聚、分析的服务体系，支撑制造资源泛在连接、弹性供给、高效配置的工业云网。

工业互联网技术与实践是全球范围内正在进行的人与机器、机器与机器连接的新一轮技术革命。工业互联网技术在美国、德国和中国三大主要制造业国家依据各自产业技术优势沿着不同的演进路径迅速扩散。

工业互联网实践则以全面互联与定制化为共性特点形成制造范式，深刻影响着研发、生产和服务等各个环节。工业互联网的内涵日渐丰富，传感器互联（物联）与综合集成、虚拟化技术、大规模海量数据挖掘预测等信息技术应用呈现出更为多样的工业系统智能化特征。基于工业互联网的商业与管理创新所集聚形成的产业生态将构建新型的生产组织方式，也将改变产品的技术品质和生产效率，进而从根本上颠覆制造业的发展模式和进程。

本章首先对工业互联网技术进行了概述，然后讲述了工业互联网的内涵与特征、工业互联网发展现状、工业互联网技术体系、工业互联网体系架构、工业互联网标准体系、无源光纤网络（PON）技术与工业 PON 技术、工业互联网与信息物理系统的关系，最后介绍了国内外主流工业互联网平台。

9.1 工业互联网概述

9.1.1 工业互联网的诞生

2012 年以来，美国政府将重塑先进制造业核心竞争力上升为国家战略。美国政府、企业及相关组织发布了《先进制造业国家战略计划》《高端制造业合作伙伴计划》（Advanced Manufacturing Partnership，AMP）等一系列纲领性政策文件，旨在推动建立本土创新机构网络，借助新型信息技术和自动化技术，促进及增强本国企业研发活动和制造技术方面的创新与升级。

在此背景下，深耕美国高端制造业多年的美国通用电气公司（GE）提出了"工业互联网"的新概念。GE 公司将工业互联网视为物联网之上的全球性行业开放式应用，是优化工业设施和机器的运行和维护、提升资产运营绩效、实现降低成本目标的重要资产。

工业互联网不仅连接人、数据、智能资产和设备，而且融合了远程控制和大数据分析等模型算法，同时建立针对传统工业设备制造业提供增值服务的完整体系，有着应用工业大数据改善运营成本、运营回报等清晰的业务逻辑。应用工业互联网的企业正在开始新一轮的工业革命。纵观装备制造行业，建立工业知识储备和软件分析能力已经成为核心技术路径，提供分析和预测服务、获得新业务市场则是战略转型的新模式。

9.1.2 工业互联网的发展

工业互联网源自 GE 公司的航空发动机预测性维护模式。在美国政府及企业的推动下，GE 公司为航空、医疗、生物制药、半导体芯片、材料等先进制造领域演绎了提高制造业效率、资产和运营优化的各种典型范例。其中的基础支撑和动力，正是 GE 公司整合 AT&T、思科、IBM、Intel 等信息龙头企业资源，联手组建了带有鲜明"跨界融合"特色的工业互联网联盟，随后吸引了全球制造、通信、软件等行业的企业加入。这些企业资源覆盖了电信服务、通信设备、工业制造、数据分析和芯片技术领域的产品和服务。

工业互联网联盟利用新一代信息通信技术的通用标准激活传统工业过程，突破了 GE 一家公司的业务局限，内涵拓宽至整个工业领域。

2013 年 4 月，德国在汉诺威工业博览会上发布《实施"工业 4.0"战略建议书》，正式"将工业 4.0"作为强化国家优势的战略选择。作为支撑《德国 2020 高科技战略》实施的组织保障，由德国政府统一支持、西门子公司牵头成立协同创新体系，并由德国电气电子和信息技术协会发布了"工业 4.0"标准化路线图。德国在传统制造业方面优势明显，包括控制系统、设备制造以及嵌入式控制设备制造等领域，而在信息技术方面相比美国并不突出。许多德国企业如西门子、奔驰、宝马以及博世等大型企业，因具有领先的技术和研发能力而广为人知。

2015 年，中国政府工作报告提出"互联网+"和《中国制造 2025》战略，进一步丰富了工业互联网的概念。工信部在对《中国制造 2025》战略实施的阐述中指出，工业互联网是新一轮工业革命和产业变革的重点发展行业，其应用及发展可以从智能制造以及将互联网引入企业、行业中这两个方面切入，最终达到融合发展。

作为当今世界上制造业三大主体的中国、美国和德国，几乎在相同时间提出三大战略，无论在具体做法和关注点上有何区别，其整体目标是一致的，都是在平台上将人、机器、设备信息进行有效的结合，并且通过工业生产力和信息生产力的融合，最终创造新的生产力，推进工业革命发展进程。

工业互联网和"工业 4.0"平台互联互补、相互增强。"工业 4.0"重在构造面向下一代制造价值链的详细模型；工业互联网重在工业物联网中的跨领域与互操作性。它们的终极目标都是要增强互联网经济时代企业、行业乃至国家的竞争力。

我国的"工业互联网"就是"互联网"+"工业"，其内涵不仅包含利用工业设施物联网和大数据实现生产环节的数字化、网络化和智能化，还包括利用互联网信息技术与工业融合创新，搭建网络云平台，构筑产业生态圈，实现产品的个性化定制。因此，我国的工业互联网内涵更为丰富，通过重塑生产过程和价值体系，推动制造业的服务化发展。

9.2 工业互联网的内涵与特征

9.2.1 工业互联网的内涵

工业互联网的准确定义众说纷纭，下面从多个层面剖析和探讨工业互联网的内涵。正如从字面的理解一样，工业互联网的内涵核心在于"工业"和"互联网"。"工业"是基本对象，是指通过工业互联网实现互联互通与共享协同的工业全生命周期活动中所涉及的各类人、机、物、信息数据资源与工业能力；"互联网"是关键手段，是综合利用物联网、信息通信、云计算、大数据等互联网相关技术推动各类工业资源与能力的开放接入，进而支撑由此而衍生的新型制造模式与产业生态。

可以从构成要素、核心技术和产业应用3个层面去认识工业互联网的的内涵。

1. 从构成要素角度

工业互联网是机器、数据和人的融合，工业生产中各种机器、设备组和设施通过传感器、嵌入式控制器和应用系统与网络连接，构建形成基于"云-网-端"的新型复杂体系架构。随着生产的推进，数据在体系架构内源源不断地产生和流动，通过采集、传输和分析处理，实现向信息资产的转换和商业化应用。人既包括企业内部的技术工人、领导者和远程协同的研究人员等，也包括企业之外的消费者，人员彼此间建立网络连接并频繁交互，完成设计、操作、维护以及高质量的服务。

2. 从核心技术角度

贯彻工业互联网始终的是大数据。从原始的杂乱无章到最有价值的决策信息，经历了产生、收集、传输、分析、整合、管理、决策等阶段，需要集成应用各类技术和各类软硬件，完成感知识别、远近距离通信、数据挖掘、分布式处理、智能算法、系统集成、平台应用等连续性任务。简而言之，工业互联网技术是实现数据价值的技术集成。

3. 从产业应用角度

工业互联网构建了庞大复杂的网络制造生态系统，为企业提供了全面的感知、移动的应用、云端的资源和大数据分析，实现各类制造要素和资源的信息交互和数据集成，释放数据价值。这有效驱动了企业在技术研发、开发制造、组织管理、生产经营等方面开展全向度创新，实现产业间的融合与产业生态的协同发展。这个生态系统为企业发展智能制造构筑了先进的组织形态，为社会化大协作生产搭建了深度互联的信息网络，为其他行业智慧应用提供了可以支撑多类信息服务的基础平台。

9.2.2 工业互联网的特征

1. 基于互联互通的综合集成

互联互通包括人与人（比如消费者与设计师）、人与设备（比如移动互联操控）、设备与设备（资源共享）、设备与产品（智能制造）、产品与用户（动态跟踪需求）、用户与厂家（定制服务）、用户与用户（信息共享）、厂家与厂家（制造能力协同），以及虚拟与现实（线上线下）的互联等，简单说就是把传统资源变成"数字化"资源。在此基础上通过传统的纵向集成、现代的横向集成，以及互联网特色的端到端的集成等方式实现综合集成，打破资源壁垒，使这些"数字化"的资源高效地流动运转起来。

对于制造业而言，上述过程的实现需要基于"数字化"资源构建一个复杂的研发链、生产链、供应链、服务链，以及保证这些链条顺畅运转的社会化网络大平台。

2. 海量工业数据的挖掘与运用

工业互联网时代，企业的竞争力已经不再是单纯的设备技术和应用技术。通过传感器收集数据，进而将经过分析后的数据反馈到原有的设备并进行更好的管理，甚至创造新的商业模式，将成为企业新的核心能力。例如，特斯拉公司就是基于软件和传感器，利用数据分析技术改造原有电池技术的移动互联网公司。

传统企业不仅要从原有的运营效率中挖掘潜力，更重要的是要站在数据分析和整合的更高层面去创造新的商业模式，跨界的竞争对手有可能携数据分析和大数据应用的利器颠覆原有的产业格局。数据资产的重要程度不仅不亚于原有的设备和生产资料为基础的资产，其作用和意义更具有战略性，以数据资产和大数据为基础的业务会成为每一个工业互联网企业的核心。

3. 商业模式和管理的广义创新

传统企业的企业家们最关注的是财务绩效或投资收益率，怎样使得工业互联网技术在短期内为企业产生直接可量化的效益，是采用这种新技术的主要动力，也是让更多人接受工业互联网必须实施的关键步骤。在此基础上，企业会逐步考虑用工业互联网技术来重塑原有的商业模式，甚至进一步创造新的商业模式，来颠覆原有的市场格局。这种情况使得更多通过跨界的方式进入到原有行业的颠覆者出现。举例来说，自动驾驶汽车的出现，以及和电动车结合出现的新的模式创新，有可能会使汽车行业最终演变成一个彻底的服务行业，而非如今的制造业。商业模式的创新有其自身的演进路径，除了赋予产品新的功能、创造新的模式之外，在整个价值链上还会产生巨大的裂变，甚至产生平台级、系统级的颠覆。

4. 制造业态更新和新生态形成

当前互联网已经不是一个行业，而是一个时代，"互联网+一切"（All in Internet），或者"一切+互联网"（All on Internet）是时代大潮。各种因素的综合作用使业态的更新成为必然，使新生态的形成成为可能。互联网技术对于资源"数字藩篱"的破除，使得共享经济新生态逐渐形成。对于制造业企业而言，以生产性服务业、科技服务业等为典型的制造业服务化已经成为业态更新的重要方向。越来越多的制造企业已经从传统的制造"产品"转型为提供"产品+服务"。

例如，沈阳机床的 i5 云制造系统和工业互联网平台的全面对接，使数控系统不仅是一台机床的控制器，而成为工厂信息化网络的一个节点。依托 i5 数控系统提供的丰富接口，实现异地工厂车间和设备之间的双向数据交互，可为用户提供不同层次和规模的产品和服务，比如产品租赁、个性化定制等。

9.3　工业互联网发展现状

当前，工业互联网已经引起了美国、德国、中国等制造业大国在国家战略层面的高度重视。各国普遍以产业联盟方式快速推动本国工业互联网技术、标准与产业生态的发展。以美国工业互联网联盟、德国"工业4.0"平台、中国工业互联网产业联盟等为代表的产业联盟组织在工业互联网方面迅速推进。

9.3.1　美国工业互联网联盟

工业互联网联盟（Industrial Internet Consortium，IIC），成立于2014年3月，由 GE 公司联合 AT&T、思科、IBM 和 Intel 发起。IIC 致力于构建涵盖工业界、信息与通信技术界和其他相关的产业生态，推动传感、连接、大数据分析等在工业领域的深度应用，协同其他机构尤其是标准组织解决标准规范等问题。

美国 IIC 以参考架构、测试床、应用案例为工作抓手，从企业案例阶段向产业推广阶段快速推进，强化工业互联网在大型工业企业中开展广泛应用，同时建立面向行业的测试床，以此为基础向全球范围开展产业辐射与标准推广。

9.3.2 德国"工业4.0"平台

2013年4月，德国在汉诺威工业博览会上正式提出了"工业4.0"计划，并且获得了德国科研机构的大力支持。德国"工业4.0"平台的产业发展模式重点以西门子、博世、SAP等领先企业的"工业4.0"关键部件产品与工业软件系统为抓手，在全球大量输出"工业4.0"核心产品与整体解决方案，同时高度重视技术标准推广与合作，广泛开展与美国、中国等国家的工业互联网标准对接与整合。"工业4.0"在德国政府发布的《高技术战略2020》中被列为十大未来项目之一。

9.3.3 中国工业互联网产业联盟

《中国制造2025》是中国政府提出的第一个十年行动计划，该战略通过"三步走"最终实现制造大国向制造强国的转型。

第一步，到2025年，迈入制造强国的行列。

第二步，到2035年，中国制造业整体达到世界制造强国阵营中等水平。

第三步，到新中国成立100年时，综合实力进入世界制造强国前列。

围绕实现制造强国的战略目标，明确了9项战略任务和重点，提出了8个方面的战略支撑和保障。工业互联网是实现智能制造变革的关键共性基础，在工信部的大力支持和指导下，中国信息通信研究院联合制造业、通信业、互联网等企业于2016年2月1日共同发起成立中国"工业互联网产业联盟"（Alliance of Industrial Internet，AII），加快推进工业互联网发展。

9.4 工业互联网技术体系

工业互联网技术体系由网络、平台和安全3个部分组成。无处不在的网络连接是实现工业互联网布局的重要基础，包括网络互联和数据互通两个层次，解决工厂内、外互联问题，其最终目的是形成高效、稳定、安全、确定、智能的工业网络体系。

工业互联网是融合工业技术与信息技术的系统工程，随着近几年的快速发展，已逐步形成包括总体技术、基础技术与应用技术等在内的技术体系。工业互联网技术体系如图9-1所示。

工业互联网的总体技术主要是指对工业互联网作为系统工程开展研发与实施过程中涉及的整体性技术，包括工业互联网的体系架构、各类标准规范构成的标准体系、产业应用模式等。

工业互联网的基础技术包括从工业技术与互联网技术层面支撑工业互联网系统搭建与应用实施的各类相关技术，如物联网技术、网络通信技术、云计算技术、工业大数据技术以及信息安全技术，基本可从网络、数据、安全3个维度划分。

工业互联网的应用技术包括基于工业互联网开展智能化大制造的各类模式及应用，从层次上包括网络化协同制造、智能化先进制造以及智慧化云端制造等。

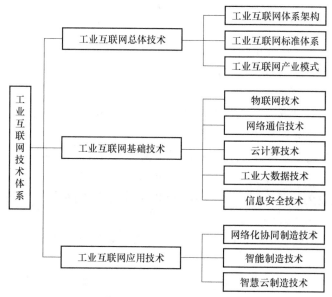

图 9-1 工业互联网技术体系

9.5 工业互联网体系架构

无处不在的网络连接是实现工业互联网布局的重要基础，工业互联网将整个工业系统连接起来，打破信息孤岛，保证数据在不同设备和系统之间实现无障碍传输，进而形成一个高效、稳定、安全、确定、智能的工业网络体系。具体而言，工业互联网网络通过 5G、工业 PON、工业 SDN、TSN、确定性网络、边缘计算等技术，实现工业环境泛在互联，为企业差异性需求提供定制化服务，实现稳定高效通信；通过融合 DNS、Handle、Ecode、UID 等多种标识解析体系，实现海量异主、异源、异构数据兼容接入，实现跨地域、跨行业、跨企业的信息查询和共享，解决产品追溯、多源异构数据共享、全生命周期管理等问题，从而为工业数据流通和企业智能化生产提供支持。

工业互联网平台是赋能企业数字化转型的重要基础设施，通过汇聚和分析 OT、IT 数据，平台能够实现工业设备和工业产品的资产管理和资源调度服务，优化企业传统业务和运营模式，打造新竞争模式。

从企业视角出发，工业互联网平台带来的成效主要体现在以下方面：

1）降低成本，具体指通过控制故障发生率、能源消耗、安全事故发生率等来降低运营维护成本。

2）提升效率，具体指通过缩短研发周期、加速产品迭代等来优化业务流程，通过提高资源利用率、提高员工工作效率、提升客户满意度等来提升服务效率和能力。

3）促进业务模式创新，具体指通过引入投资加强数据服务创新等新商业模式获得收入增长。

安全作为互联网领域的核心问题，将对工业互联网产生更为深刻的影响。工业互联网安全从设备层、网络层、控制层、数据层、应用层为工业互联网提供深层次全方位的安全防护，建立可检测、可防护、可替代的工业互联网安全深度防护体系，避免工业设备、系统遭到来自内部或外部的攻击。具体而言，工业互联网安全提供全面的数据传输和存储方案，防止数据监听、篡改、丢失和损坏；实现态势感知和实时风险探测，通过数据收集感知和预测发现潜在威胁；构建自主可控的工业系统安全框架，保证工控系统免疫及本质安全；为平台应用提供漏洞管理和补丁升级服务，提供完整的漏洞检测和全生命周期安全防护机制。

由此可见，网络是信息流通的高速路，平台是数据赋能的发动机，安全是系统运行的压舱石；结合网络、平台和安全3大技术体系，工业互联网能够从产能配置、生产运营和业务创新3方面优化工业生态，从而促进智能制造的发展。

工业互联网的核心是基于全面互联而形成数据驱动的智能，网络、数据、安全是工业和互联网两个视角的共性基础和支撑。

从工业智能化发展的角度出发，工业互联网将构建基于网络、数据、安全的3大优化闭环。

1) 面向机器设备运行优化的闭环，其核心是基于对机器操作数据、生产环境数据的实时感知和边缘计算，实现机器设备的动态优化调整，构建智能机器和柔性生产线。

2) 面向生产运营优化的闭环，其核心是基于信息系统数据、制造执行系统数据、控制系统数据的集成处理和大数据建模分析，实现生产运营管理的动态优化调整，形成各种场景下的智能生产模式。

3) 面向企业协同、用户交互与产品服务优化的闭环，其核心是基于供应链数据、用户需求数据、产品服务数据的综合集成与分析，实现企业资源组织和商业活动的创新，形成网络化协同、个性化定制、服务化延伸等新模式。

工业互联网体系架构如图9-2所示。

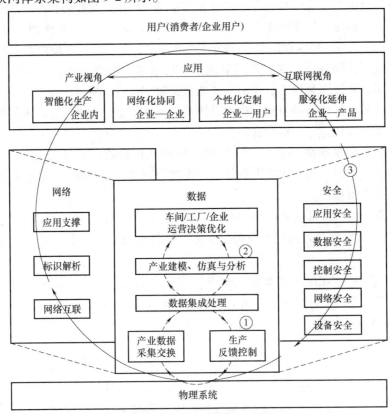

图9-2　工业互联网体系架构

图 9-2 中，网络是工业系统互联和工业数据传输交换的支撑基础，包括网络互联体系、标识解析体系和应用支撑体系，表现为通过泛在互联的网络基础设施、健全适用的标识解析体系、集中通用的应用支撑体系，实现信息数据在生产系统各单元之间、生产系统与商业系统各主体之间的无缝传递，从而构建新型的机器通信、设备有线与无线连接方式，支撑形成实时感知、协同交互的生产模式。

数据是工业智能化的核心驱动，包括数据采集交换、集成处理、建模分析、决策优化和反馈控制等功能模块，表现为通过海量数据的采集交换、异构数据的集成处理、机器数据的边缘计算、经验模型的固化迭代、基于云的大数据计算分析，实现对生产现场状况、协作企业信息、市场用户需求的精确计算和复杂分析，从而形成企业运营的管理决策以及机器运转的控制指令，驱动从机器设备、运营管理到商业活动的智能化和优化。

安全是网络与数据在工业中应用的安全保障，包括设备安全、网络安全、控制安全、数据安全、应用安全和综合安全管理，表现为通过涵盖整个工业系统的安全管理体系，避免网络设施和系统软件受到内部和外部攻击，降低企业数据被未经授权访问的风险，确保数据传输与存储的安全性，实现对工业生产系统和商业系统的全方位保护。

无处不在的网络连接是实现工业互联网的基础技术之一，与消费互联网中的"人人通信"不同，工业互联网需实现人、机、物间的两两互通。工业互联网连接框架如图 9-3 所示，网络连接提供了协作域内参与者之间的跨系统数据交换与互操作能力，网络中流通的数据包括传感器数据、事件、警报、状态更改、命令和配置更新等。

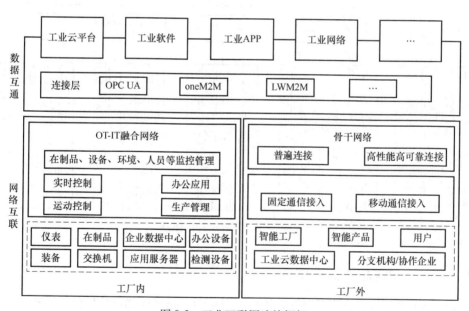

图 9-3 工业互联网连接框架

工业互联网包括网络互联和数据互通两个层次。网络互联主要解决两个问题：

1）工厂内网络互联，如工人、生产设备、物料传感器等之间的连接，实现自动化控制与智能生产。

2）工厂外互联，如用户数据中心工厂、上下游企业、合作单位等之间的连接，实现运营决策、企业合作、快速开发与部署等功能。数据互通则利用标识解析、协议转换等技术实现异构数据、异构协议和异构系统的屏蔽，使数据和信息可以在设备和系统间无缝传递，从而实现数据的互操作与信息集成。

9.6 工业互联网标准体系

依据工业互联网产业生态各环节，综合考虑安全及互联需求，构建工业互联网标准体系框架。工业互联网标准体系如图 9-4 所示，主要包括总体、基础共性、应用 3 大类标准，其中基础共性标准包括网络互联标准、标识解析标准、应用支撑标准、工业互联网数据标准、安全标准。

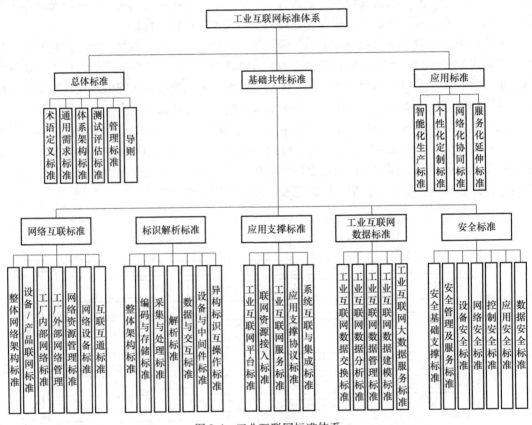

图 9-4 工业互联网标准体系

9.6.1 工业互联网总体标准体系

总体标准主要规范工业互联网的总体性、通用性、指导性和指南性标准，包括术语、需求、体系架构、测试评估、管理和导则等标准。

1）术语定义标准用于统一工业互联网主要概念认识，为其他工业互联网相关标准中的术语用法提供依据。标准主要涉及工业互联网领域下的场景、技术、业务等主要概念分类和汇总、新概念定义、旧术语完善、相近概念之间关系等。

2）需求标准主要给出工业互联网在流程工业、离散工业、产品服务化方面的典型应用场景，以及满足这些应用场景的能力型需求，包括功能、安全、性能、可靠性、管理等需求。

3）体系架构标准用以统一工业互联网标准化的对象、边界、各部分的层级关系和内在联系，规范工业互联网通用分层模型、总体架构、主要功能实体、接口要求以及工业互联网共性能力要求。

4）测试评估标准包括评估指标体系和认证评估方法，用于规定针对不同智能化对象的评估方法及评估指标。

5）管理标准包括工业互联网建设及运行中所涉及的相关管理标准，包括平台运行管理、服务管理、业务管理等方面的标准。

6）导则主要对于工业互联网建设和运行相关工作的实施给出指导，如设备/产品智能化、规范设备的智能化改造标准及如何实施。

9.6.2 工业互联网基础共性标准体系

工业互联网基础共性标准体系如下。

1. 网络互联标准

网络互联标准主要规范网络互联所涉及的关键技术、设备及组网，包括整体网络架构标准、设备/产品联网标准、工厂内部网络标准、工厂外部网络标准、网络资源管理标准、网络设备标准和互联互通标准等。

2. 标识解析标准

标识解析标准主要包括整体架构标准、编码与存储标准、采集与处理标准、解析标准、数据与交互标准、设备与中间件标准和异构标识互操作标准等。

3. 应用支撑标准

应用支撑标准主要包括工业互联网平台标准、联网资源接入标准、工业互联网服务标准、应用支撑协议标准和系统互联与集成标准等。

4. 工业互联网数据标准

工业互联网数据标准主要包括工业互联网数据交换标准、工业互联网数据分析标准、工业互联网数据管理标准、工业互联网数据建模标准和工业互联网大数据服务标准等。

5. 安全标准

安全标准主要包括安全基础支撑标准、安全管理及服务标准、设备安全标准、网络安全标准、控制安全标准、应用安全标准和数据安全标准等。

9.6.3 工业互联网应用标准体系

工业互联网应用标准体系主要包括智能化生产标准、个性化定制标准、网络化协同标准、服务化延伸标准。应用标准应在总体标准和基础共性标准基础上，针对不同应用场景标准化需求开发相关标准，包括工业互联网应用导则、特定技术产品标准和管理标准等。

1. 智能化生产标准

面向流程工业和离散工业，针对不同行业和场景，制定工业互联网应用导则，网络互联、标识解析、应用支撑、工业互联网数据和安全相关的特定技术产品标准，以及针对智能化生产的管理标准。

2. 个性化定制标准

面向大规模个性化定制总体及模块化定制、众创定制等典型模式，制定工业互联网应用导则，网络互联、标识解析、应用支撑、工业互联网数据和安全相关的特定技术产品标准，以及管理标准。

3. 网络化协同标准

面向网络化协同整体及网络协同设计、云制造、供应链协同等典型模式，制定工业互联网应用导则，网络互联、标识解析、应用支撑、工业互联网数据和安全相关的特定技术产品标准，以及管理标准。

4. 服务化延伸标准

面向服务化延伸整体及产品服务化、产品增值服务等典型模式，制定工业互联网应用导则，网络互联、标识解析、应用支撑、工业互联网数据和安全相关的特定技术产品标准，以及管理标准。

9.7 无源光纤网络（PON）技术与工业 PON 技术

工业互联网内外互联的新型生产模式对现有网络设备提出了新的需求，工业无源光纤网络技术将成熟的无源光纤网络（Passive Optical Network，PON）技术应用于制造领域，形成新型的工业信息网络系统，支撑制造企业构建信息化、数字化、网络化和智能化的生产模式。

随着信息化技术、工业生产网络、企业服务模式的进步，工业生产模式开始从单一工厂车间生产向跨网络协同化生产转变，工业生产信息系统之间通过互联网的手段进行了深度的互联和融合，具体包括 OT 系统、IT 系统、产品服务系统、企业专网系统等。这种内外互联的新型生产模式的出现对现有网络设备提出如下新的需求：

1）工厂内传感器和终端设备数量的爆炸性增长要求设备支持海量终端接入和超高带宽。

2）各类工业企业应用的安全级别差异要求设备支持用户安全隔离及分权分域。

3）工业应用稳定的端到端连接要求设备提供可靠的全程服务质量保证。

4）工业企业内部设备的可移动性操作要求设备具备灵活组网和网络编排能力。

PON 技术是一种点到多点的光纤接入技术。工业互联网场景下 PON 技术能较好地满足上述需求，具体如下：

1）高容量。PON 技术可提供 1~10Gbit/s 的传输速率，适合承载多种业务，如语音、视频流、接入网等。

2）高安全性。PON 内设置光纤网络单元（Optical Network Unit，ONU）安全注册机制，支持对下行数据传送进行加密，并利用时分机制对不同终端设备的上行数据进行隔离。

3）高可靠性。PON 通过无源器件组网，光分配网（Optical Distribution Network，ODN）不受电磁干扰和雷电影响；支持冗余组网及多种保护倒换方式，切换时间短、抵抗失效能力强。

4）部署简单灵活。PON 技术采用的传输架构为点对多点的形式，具有并行终端访问和灵活部署特点；只需依靠单根光纤缆线，便可实现最远覆盖 20km 的传输距离。

工业 PON 可以将网络灵活地组成树形、星形、总线型等拓扑结构，减少了点对多点连接方式所浪费的带宽和成本；同时，通过提供多种工业接口，工业 PON 适应各种工业设备信息传送及各种专用系统接入场景的要求。参考工业互联网网络体系，工业 PON 将用于连接工厂内的边缘网络与骨干网络，实现上层系统（如数据采集与监控系统等）与车间级智能设备的互联，从而完成终端（如传感器等）数据采集、控制信令下达、实时监控数据上传等功能。与此同时，工业 PON 适用于工厂办公网络的承载，通过工业 PON 和企业骨干网络，实现企业生产网和办公网络的互联，进一步保证生产线数据到工厂企业 IT 系统之间可以建立可靠有效的传输通路。

工业 PON 是一套融合了传统工业交换机系统原理、无源光纤网络和智能网关等技术所研发的灵活、可靠、安全的工业网络改造方案。该网络可以为工业互联网数据采集、信息交互、集中控制、远程控制、联动控制等功能提供稳定支撑。工业 PON 技术可以为企业构建双冗余容错环网，当生产网络发生连接中断时，该环网可以立即启用备用通路，使网络通信的可靠性大大提高。

工业 PON 比较适合部署在车间级网络中。其中，工业级 ONU 设备用于连接光纤网络和现场设备，工业级 ODN 用于汇聚传感器、生产过程等数据，工业级光线路终端（Optical Line Terminal，OLT）则负责对接企业已有网络，将车间生产数据有效可靠地传输至工厂或企业信息系统中。工业 PON 除了用于覆盖数控机床等生产线设备的有线网络之外，可以通过承载无线网络实现车间全覆盖一体化网络。工业 PON 可以满足工业应用场景中工业控制总线的要求，能够为这些工业应用场景提供适配的接口，为视频监控、环境探测、数据传输、工业控制、语音通信等各种业务应用提供支持。具体而言，PON 系统在承载各上行业务数据流后，通过 OLT 连接 GE/FE 接口，将数据流汇聚到工厂级网络中，从而对接下层物理设备与 MES、ERP、PLM 等企业级系统，实现环境探测、工业控制、语音通信等功能。

工业 PON 层涵盖 OLT、ONU 等 PON 基础设备以及各类网管设备，一方面与流水线传感器、数控机床、工业机器人等感知层设备交互数据，完成控制与信息收集等功能；另一方面与网管中心、生产指挥中心等应用层进行交互，实现整体信息收集获取与指令下发，基于整个工业 PON 系统架构，保障应用安全、网络安全、数据安全、控制安全与设备安全。

9.8　工业互联网与信息物理系统的关系

工业互联网、信息物理系统（CPS）以及智能制造是当前工业界最为热门的 3 个名词，代表着新一轮工业革命中技术、模式与产业的重要方向。

工业互联网是具有前瞻性、全局性的系统工程，涉及工业和信息技术等领域的各环节、各主体。在概念提出者 GE 公司所领衔的工业互联网联盟和中国工业互联网产业联盟的大力推动下，工业互联网将形成复杂的、全新的生态系统。

信息物理系统作为国内外学术和科技领域研究开发的重要方向，最早由美国自然科学基金委员会提出。随着"工业 4.0"战略的提出与全球推广，CPS 将成为各个企业优先选择发展的重点产业领域。

智能制造作为实现关键制造环节和工厂的设备、系统和数据的集成优化，以及制造流程与业务数字化管控的新型智能化制造技术与模式应用，将引领新一轮工业革命，并将逐步成为构成未来新型工业体系的先进制造模式。

工业互联网、CPS 以及智能制造作为制造业与信息技术深度融合的关键领域，三者各具特征又密不可分。CPS 是工业互联网的重要使能，其核心技术支撑了工业互联网实现物理实体世界与虚拟信息世界的互联互通；智能制造是工业互联网的关键应用，通过工业互联网实现工业设备、资源与能力的接入、调度与协同，驱动制造活动的智能化实施。

9.8.1 信息物理系统的概念内涵

CPS 是通过先进的传感、通信、计算与控制技术，基于数据与模型，驱动信息世界与物理世界的双向交互与反馈闭环，使得信息物理二元世界中涉及的人、机、物、环境、信息等要素自主智能地感知、连接、分析、决策、控制、执行，进而实现在给定的目标及时空约束下集成优化运行的一类系统。

9.8.2 信息物理系统的技术特点

信息物理系统（CPS）具有如下技术特点：

1. 以数据与模型为驱动

CPS 以实现物理与信息世界的融合为核心目标，其一方面通过传感器、标识解析、采集板卡等感知前端获取物理实体数据来构建虚体世界中的数字化模型，并驱动相应的计算与仿真进程；另一方面虚体模型通过智能化的仿真解算与分析决策，形成控制方法与执行指令下达至控制部件与物理执行单元，驱动相应的系统运行。因此，数据与模型构成 CPS 实现二元融合的核心驱动。

2. 感知与控制的交互和闭环

感知与控制的交互和闭环是 CPS 的核心技术特色之一，也是 CPS 区别于传统传感器网络和自动化设备的重要差异。感知与连接重点打通物理世界到信息世界的数据上行通道，控制和执行则是将信息世界的决策指令下行反馈至物理世界，进而实现"感""控"的上下行交互和闭环。

3. 内嵌的计算能力

内嵌运算是 CPS 接入设备的普遍特征，尤其是当 CPS 终端海量共存的情况下，依靠网络传输和云平台的集中解算难以支撑，如果把物联网视为瘦客户机/服务器架构，那么多数 CPS 应用都可看作胖客户机/服务器架构，具备基于内嵌计算的自治能力。

4. 严格的目标与时空约束

从控制学角度，CPS 是典型的连续（物理量）与离散（数字量）混合的计算机控制系统，有严格的控制目标与较强的时（时间序列）空（空间范围）约束。尤其是当 CPS 系统的规模扩大、包含的各类设备与计算单元异构性越来越强时，其对时间序列的正确性要求会越来越高，即变得越来越时序敏感（time-critical），从而要求 CPS 的分析决策与控制单元能够更好地处理不规律的指令和错误时序。

9.8.3 信息物理系统的相关技术

对应于 CPS 的定义，CPS 的相关技术从门类上说总体包括传感、通信、计算与控制 4 类技术。

1. CPS 与无线传感网络

一定区域内部署的大量微型传感器节点通过无线通信方式组成网络，这些节点投放后，基本保持静态，其优化技术程度高，具体链接方式不明朗，是一种开环的感知模式。无线传感网络技术的发展有效支撑了 CPS 自主感知能力的实现，但 CPS 对此提出了更高的要求，要求其克服目前大多数传感器面临的节点数量受限、电池寿命有限、价格偏高等一系列问题。

2. CPS 与物联网

近年来，物联网在我国得到了高度重视和快速发展。然而在业界一直存在一类观点，认为 CPS 与物联网在本质上是一类系统。其实，物联网是 CPS 技术的重要支撑。

物联网中的"物"要满足以下条件：

1）具有数据发送器和对应信息的接收器。

2）具有数据传输通信链路。

3）具有存储功能，要有 CPU 和操作系统。

4）具有专门的应用程序。

5）在世界网络中有可被识别的唯一编号，遵循物联网的通信协议。

而 CPS 中，相关的计算模块、物理实体、通信模块、网络节点，甚至包括人自身，都可以被视为系统中的组件。

CPS 具有更好的容错性、计算管理能力、协同能力和适应能力，能够处理不确定环境下的海量异构数据。而物联网依赖传统的小型嵌入式芯片，并不能应对海量信息的提取和计算。由此可见，物联网的发展为 CPS 的实现提供了一个物物相连的网络通信环境。随着 CPS 技术在工业互联网等大规模实时服务系统中的应用和普及，未来 RFID 等物联技术将能实现对工业资源要素的实时精确调度和控制，而不仅仅完成物品跟踪和监督。

3. CPS 与边缘计算

边缘计算强化了 CPS 的自嵌计算能力。CPS 由于其严格的目标与时空约束，要求 CPS 终端设备能够对部分任务基于自嵌计算能力快速进行初步解算与预决策，而不是上传云平台后等待控制与执行指令。

因此，在某种程度上，CPS 设备也必须具备计算设备所需的存储器和外设，甚至操作系统、语言处理系统、数据处理系统等，来支撑计算过程和物理过程的实时有效交互。此外，CPS 更加关注边缘计算的实时性、安全性、可靠性、防御性、保密性以及自适应等能力。

4. CPS 与工业控制系统

工业控制系统（ICS）涉及几种工业生产中使用的控制系统类型，包括监控和数据采集（SCADA）系统、分布式控制系统（DCS）和其他较小的控制系统配置，如可编程逻辑控制器（PLC），通常出现在工业部门和关键基础设施中。

工业控制系统是支撑 CPS 实现物理进程控制与执行的主要使能技术，但 CPS 又有别于现有的工业控制系统。现有的工业控制系统基本是封闭的系统，网络内部各个独立的子系统或者设备难以通过开放总线或者互联网进行互联，通信的功能比较弱。而 CPS 是涉及人和生物等感知因素的智能控制系统，强调的分布式应用系统中物理设备之间的协调是离不开通信的。因此，CPS 把通信放在与计算和控制同等地位上。CPS 不仅在被控对象的种类和数量，特别是在网络规模上都将远远超过现有的工控网络，也具有对网络中设备远程操控的能力。

9.9　国内外主流工业互联网平台

当前，国内外主流工业互联网平台大致可以分为以下 3 类：

1）以美国 GE 公司 Predix 为代表的工业互联网平台，侧重于从产品维护与运营的视角，自上而下，实现人、机、物和流程的互联互通，基于工业大数据技术，为用户提供核心资产的监控、检测、诊断和评估等服务。

2）以德国西门子公司 MindSphere 为代表的工业互联网平台，侧重于从生产设备维护与运营的角度，自下而上，为企业提供设备预防性维护、能源数据管理以及工厂资源优化等智能工厂改造服务。

3）以我国航天科工集团的航天云网平台（INDICS）为代表的工业互联网平台，是针对复杂产品制造所面临的大协作配套，多学科、跨专业多轮迭代，多品种、小批量、变批量柔性生产等重大现实问题与需求，从工业体系重构与资源共享和能力协同的视角，通过高效整合和共享国内外产业要素与优质资源，以资源虚拟化、能力服务化的云制造为核心业务模式，以提供覆盖产业链全过程和全要素的生产性服务为主线，构建"线上与线下相结合、制造与服务相结合、创新与创业相结合"适应互联网经济新业态的云端生态；自下而上，结合企业经营策略，逐步牵引底端（设备、岗位、工厂）进行数字化、网络化、智能化建设，最终达到智能工厂和智能制造的目标。

习　题

9-1　什么是工业互联网？

9-2　工业互联网具有什么特征？

9-3　工业互联网产业联盟主要有哪些？

9-4　简述工业互联网的体系架构。

9-5　什么是智能工厂？

参 考 文 献

［1］李正军，李潇然. 现场总线与工业以太网应用教程［M］. 北京：机械工业出版社，2021.

［2］李正军. EtherCAT 工业以太网应用技术［M］. 北京：机械工业出版社，2020.

［3］李正军，李潇然. 现场总线及其应用技术［M］. 2 版. 北京：机械工业出版社，2017.

［4］李正军，李潇然. 现场总线与工业以太网［M］. 北京：中国电力出版社，2018.

［5］李正军. 现场总线与工业以太网及其应用技术［M］. 北京：机械工业出版社，2011.

［6］李正军，李潇然. 现场总线与工业以太网［M］. 武汉：华中科技大学出版社，2021.

［7］李正军. 计算机控制系统［M］. 4 版. 北京：机械工业出版社，2021.

［8］李正军. 计算机测控系统设计与应用［M］. 北京：机械工业出版社，2004.

［9］李正军. 计算机控制技术［M］. 北京：机械工业出版社，2021.

［10］李正军. 现场总线与工业以太网及其应用系统设计［M］. 北京：人民邮电出版社，2006.

［11］肖维荣，王谨秋，宋华振. 开源实时以太网 POWERLINK 详解［M］. 北京：机械工业出版社，2015.

［12］梁庚. 工业测控系统实时以太网现场总线技术——EPA 原理及应用［M］. 北京：中国电力出版社，2013.

［13］POPP M. PROFINET 工业通信［M］. 刘丹，谢素芬，史宝库，等译. 北京：中国质检出版社，2019.

［14］赵欣. 西门子工业网络交换机应用指南［M］. 北京：机械工业出版社，2008.

［15］陈曦. 大话 PROFINET 智能连接工业 4.0［M］. 北京：化学工业出版社，2017.

［16］魏毅寅，柴旭东. 工业互联网技术与实践［M］. 北京：电子工业出版社，2019.

［17］霍如，谢人超，黄涛，等. 工业互联网网络技术与应用［M］. 北京：人民邮电出版社，2020.